# 山东棉花
# 绿色高效技术模式研究

王桂峰 主编

中国农业出版社
农村读物出版社
北 京

# 《山东棉花绿色高效技术模式研究》

## 专著编委

马　玲　李　敏　冯　丽　刘向东　陈　超
孙红滨　李文静　王　赫　张吉财　刘　瑾
张乾明　赵汝全　葛婷婷　陶春山　任万勇
梁之亮　毛书云

**主　　编**　王桂峰

**副 主 编**　秦都林　张　杰　高　涵　魏学文　张桂艳
刘树云　徐勤青　李　娟　张　巧　张少红
尚玉琢　徐永昊　王新语　田得龙　周晓燕
傅晓岩　张秀娟　王　凤

**主要参编人员**　李　雪　李　丽　寻丽丽　丛　琛　赵文路
于　蕾　赵红军　姜慧新　高　波　李振博
邵士锋　陈乔乔　徐小亚　李　锐　刘　敏
于舜章　于安军　吕　伟　刘光亚　许　晶
张慧英　司元明　仲晓琳　王桂敏　牛雯雯
李襄良　窦玉慧　张姗姗　杨淑华　张乃芹

**特邀咨询专家**　董合忠　冷彩凌　杜明伟　宋美珍　孙学振
李汝忠　石　岩　王德鹏　门兴元　刘兆东
李成亮　王玉杰　周洪文　徐兆春　张　捷
韩　璐　毛丽丽　关洪军　张玉芳　胡　斌
马荣辉　司洪宇　陈　敏

# 目　录

## 第一部分　山东省主产棉区不同生态环境下的棉花种植模式资源效率及农田生态特征研究



## 第二部分　山东省高效生态农作制度技术体系研究



## 第三部分　棉饲连作模式技术研究

# 第四部分 2021年山东省传统棉作结构调整优化推进工程技术试验项目总结

# 第一部分 DI-YI BUFEN

# 山东省主产棉区不同生态环境下的棉花种植模式资源效率及农田生态特征研究

# 山东省棉花种植模式及农田生态研究综述

王桂峰

## 一、山东棉区生态环境概况

### (一) 环境特点

山东是典型的暖温带季风气候，降雨相对集中，雨热同期，春秋两季相对较短，夏季和冬季的时间较长。年均温为11～14 ℃，地区温差东西大于南北。无霜期由东北沿海向西南递增，其中，鲁北和胶东一般为180天，而鲁西南地区可达220天。年超过10 ℃的积温为3 800～4 600 ℃，可满足一年两熟作物的热量需求。15 ℃以上积温量，鲁西南>鲁西北>鲁北。山东省棉花在6月底到7月初进入初花期，有效开花在8月底至9月初结束，吐絮发生在9月中上旬。多年来山东省在棉花全生育期内的平均降水量为457.7～701.9毫米，但不同地区之间有较大差异。降水量表现为南部和东部多，东北部和西部少。"双高中低"是山东省的日照时数区域分布特征。

### (二) 发展历史

全国主要产棉区先后从五大棉区（西北内陆棉区、北方特早熟棉区、黄河流域棉区、长江流域棉区、华南热带棉区）逐步演变为"三足鼎立"，即西北内陆棉区、黄河流域棉区、长江流域棉区；2014年西北内陆棉区棉花种植面积和总产占全国的47.20%和60.72%，成为全国的"半壁棉区"；2019年西北内陆棉区棉花种植面积和总产分别占我国的76.66%和85.50%，全国棉花生产格局形成了"二八"态势。

山东省是传统的棉花种植大省，是我国重要的棉花生产消费大省。棉花纺织加工业成为山东省经济和社会发展的支柱产业之一。棉花生产中存在的结构性矛盾、生产区域分布细碎化、农业集约性不足、产业可替代性强、区域转移性强、劳动率较低等问题，导致传统植棉区域集中度收缩加快，种植规模显著降低，植棉业区域化规模大幅收窄，棉花生产基本面的细碎化加重。2019年，全省棉花生产基本面集中在鲁北、鲁西北、鲁西南三大植棉集中度较高区域，其中，鲁北是黄河三角洲滨海盐碱地一年一熟传统棉区，鲁西北是一年一熟、一年两熟混作老棉区，鲁西南属一年两熟高效棉区且为目前全省植棉集中度最高的区域。

山东省棉花种植面积、单产和总产分别从1949年的45.6万公顷、180千克/公顷和8.1万吨变为2019年的16.9万公顷、1 158.0千克/公顷和19.6万吨，在此期间山东省植棉面积和总产都呈现出周期性波动增长，单产则呈现缓慢增长趋势。中华人民共和国成立以来，山东省棉花生产发展经历了从低速到高速、曲折变化、螺旋上升的过程。1949—1959 年，棉花种植面积达到 69.3 万公顷，单位面积皮棉、籽棉产量由 1949 年的 180 千克/公顷增加到 240 千克/公顷，年产量由 8.0 万吨增加到 21.6 万吨。但 1960 年后，棉花产量降到了低点。1960 年，棉花种植面积减少到 39.4 万公顷，年产量仅为 3.1 万吨，低于 1949 年的产量水平。1962 年至 1976 年为稳定发展时期，1962 年党和国家迅速研究制定恢复和发展棉花生产的政策措施，山东省委、省政府也采取了有力措施，制止了生产下滑，1963 年至 1976 年连续 13 年稳定发展，山东省棉花单位面积产量提高到 330 千克/公顷，年收获 19.4 万吨。改革开放初期，鲁西北 5 个地区率先启动农村改革，极大地调动了棉农的积极性，使棉花生产奇迹般地发展起来。1980 年不仅棉花种植面积恢复到 73.8 万公顷，而且产量也提高到727.5 千克/公顷。全年棉花总产量达到创纪录的 53.7 万吨。当年，棉花收购量达到 52.5 万吨，全省棉花收入达到 24 亿元，棉农人均增收 100 多元。20 世纪 80 年代初至 90 年代初的 10 年是山东省棉花生产的黄金时期，年均棉花种植面积约 130 万公顷，年总产量约 100 万吨。1984 年全省植棉面积及总产达到峰值，分别为 171.2 万公顷和 172.5 万吨，分别占全国的 24.7% 和 27.6%，棉花单产也达到20 世纪历史最高水平。1992 年后，棉铃虫和棉花黄萎病的严重为害，导致棉花种植面积大幅减少；2001—2004 年山东省棉花生产基本平稳，植棉面积及产量基本呈增长态势，2004 年全省植棉面积、总产创 21 世纪历史高值，分别为 105.9 万公顷和 109.8 万吨（表 1-1-1）。2008 年全球金融危机爆发，山东省植棉业进入关键拐点，以每年 4.67 万～5.33 万公顷的规模加速递减。2017—2019 年山东省植棉面积分别为 17.5 万、18.3 万和 16.9 万公顷，总产分别为 20.8 万吨、21.7 万吨和 19.6 万吨（表 1-1-1）。2019 年，山东省棉花播种面积、总产量全国占比分别为 5.07%、3.33%，明显落后于河北省，与湖北省大致相当（表 1-1-2）。2019 年山东省棉花种植的规模下降至 1949 年以来的最低水平，种植面积仅相当于 1984 年植棉面积的十分之一，且从 2017 年起，连续 3 年都低于本省棉花生产保护区规划。到 2019 年，山东省的植棉面积下降到国家规划棉花保护区规模的 63.5%，是全国内地跌幅最大的省份（表 1-1-3）。

**表 1-1-1　2001—2019 年山东省棉花种植面积和产量情况**

| 年份 | 植棉面积（万公顷） | 皮棉总产（万吨） | 皮棉单产（千克/公顷） |
|---|---|---|---|
| 2001 | 73.5 | 78.1 | 1 062.0 |
| 2002 | 66.5 | 72.2 | 1 086.0 |
| 2003 | 88.2 | 87.7 | 994.5 |
| 2004 | 105.9 | 109.8 | 1 036.4 |
| 2005 | 84.6 | 84.6 | 1 000.1 |
| 2006 | 89.0 | 102.3 | 1 149.3 |
| 2007 | 80.2 | 100.1 | 1 248.1 |
| 2008 | 79.3 | 104.1 | 1 312.3 |
| 2009 | 75.7 | 92.2 | 1 217.4 |
| 2010 | 63.4 | 72.4 | 1 142.6 |

（续）

| 年份 | 植棉面积（万公顷） | 皮棉总产（万吨） | 皮棉单产（千克/公顷） |
| --- | --- | --- | --- |
| 2011 | 60.2 | 61.3 | 1 017.9 |
| 2012 | 56.2 | 58.2 | 1 035.1 |
| 2013 | 55.2 | 53.3 | 966.4 |
| 2014 | 49.6 | 59.2 | 1 193.3 |
| 2015 | 45.1 | 47.8 | 1 059.2 |
| 2016 | 27.9 | 32.9 | 1 178.5 |
| 2017 | 17.5 | 20.8 | 1 186.3 |
| 2018 | 18.3 | 21.7 | 1 184.2 |
| 2019 | 16.9 | 19.6 | 1 158.0 |

注：数据来源于国家统计局。

**表 1-1-2　2019 年全国及各省（自治区、直辖市）棉花生产情况**

| 区域 | 种植面积（万公顷） | 皮棉单产（千克/公顷） | 皮棉总产（万吨） | 区域 | 种植面积（万公顷） | 皮棉单产（千克/公顷） | 皮棉总产（万吨） |
| --- | --- | --- | --- | --- | --- | --- | --- |
| 全国 | 333.9 | 1 763.7 | 588.9 | 河南 | 3.4 | 802.3 | 2.7 |
| 天津 | 1.4 | 1 262.0 | 1.8 | 湖北 | 16.3 | 882.0 | 14.4 |
| 河北 | 20.4 | 1 115.3 | 22.7 | 湖南 | 6.3 | 1 299.0 | 8.2 |
| 山西 | 0.2 | 1 307.9 | 0.3 | 广西 | 0.1 | 1 032.4 | 0.1 |
| 江苏 | 1.2 | 1 350.0 | 1.6 | 四川 | 0.3 | 975.1 | 0.3 |
| 浙江 | 0.6 | 1 454.8 | 0.8 | 山西 | 0.6 | 1 399.5 | 0.8 |
| 安徽 | 6.0 | 921.0 | 5.6 | 甘肃 | 1.9 | 1 689.5 | 3.3 |
| 江西 | 4.3 | 1 546.7 | 6.6 | 新疆 | 254.1 | 1 969.1 | 500.2 |
| 山东 | 16.9 | 1 158.0 | 19.6 | | | | |

注：数据来源于国家统计局。

从棉花播种面积、单位面积产量和棉花总产量 3 个方面研究近 30 年来山东省棉花生产波动的现状，可以看出，棉花总产量的波动幅度显著大于单位面积棉花产量的波动幅度。山东棉花总产量的波动一直很严重，形势相当严峻。总体而言，1987 年、1991 年、2004 年和 2008 年是近 30 年中的高产年份。

**表 1-1-3　2019 年山东省棉花与特色经济作物播种面积**

| 经济类作物 | 种植面积（万公顷） |
| --- | --- |
| 棉花 | 16.9 |
| 大蒜 | 23.0 |
| 薯类 | 19.0 |
| 花生 | 66.7 |
| 西瓜 | 14.5 |
| 甜瓜 | 4.2 |
| 大豆 | 18.4 |
| 油菜 | 1.3 |

注：数据来源于《2019 山东省农业农村经济统计手册》。

### （三）前景展望

棉纤维是棉作物种植后产生的纤维，是重要的绿色生态可持续纤维资源。棉纤维具有自然卷曲、截面有中腔的结构，由其制成的纺织品属于棉织品、黏胶织品等，有不可替代的特性，吸湿性强、透气性好、无静电、穿着舒适度高。棉花在全球纺织服装产业链的供应链结构组成中具有显著的国际资本金融衍生品属性。美棉、澳棉以及巴西棉，其棉纤维的比强度指标体系分布适宜、长度高纺性好、生态区域规模化种植和机械化程度高，其性价比优于国产棉，澳棉、美棉年产量基本稳定在560万吨左右。自2020年以来，我国的原棉需求量保持在750万～800万吨，然而我国的原棉产量仅为560万～610万吨，所以中国的棉花安全警戒线为65%。据农业农村系统统计，2019年山东棉花产业从业人员达260万～300万人，棉花产业基本覆盖8市23县，仍然是创业、就业非常重要的渠道。现在山东省纺织产业的原棉消耗达300万吨，但是原棉自产量仅为20万吨，需要大量购入，对外依赖比为94%，超过安全警戒线，植棉业可存续性问题严峻。

此外，棉子仁富含蛋白质、氨基酸和油脂，是优质饲料蛋白原料和植物油料的重要来源，在种植业生产结构上对于大豆、花生、饲用玉米种植区域单位的等位种植均同时具有显著的产业替代性效应。因此，棉花是集绿色植物纤维、油料“棉粮油”产业功能于一体，并能提供高蛋白质原料的复合型作物，产业价值和产业链延伸拓展潜力巨大。

目前，我国居民对纺织纤维的消费呈上升趋势，这主要有3个原因：一是居民生活水平的提高，二是人口和需求的增长，三是农村人口向城市的转移。同时，政府也高度重视国内棉花生产和发展目标的制定，如颁布《全国种植业结构调整规划（2016—2020年）》等文件，稳定棉花自给水平。此外，利用国际市场进口棉花资源，也有助于确保纺织业的稳定发展，已成为产业发展的重要选择。

当前山东棉花生产仍存在较多问题。例如：山东本土种植的棉花品种中，陆地棉品种体系类型单一、强度不足，缺乏纤维长度25毫米和31毫米（即可纺40～60支纱，主体长度31毫米以上，比强度30厘米/特克斯以上，马克隆值3.7～4.2的原棉）档次的国产原棉。棉花的高纺及适纺性能低，异质-异性纤维较多，棉花生产及轧工后的类别与品级混杂，高品质原棉匮乏，棉花生产品质、轧工品质显著偏离遗传品质，高质量棉花持续性差。当代纺织工业对棉花纤维品质的高要求及对多样性的需求，与山东省原棉品质、性状单一的矛盾加剧，导致本地产原棉不能适应本地中高端纺织工业市场的国际化商品结构性需求，传统植棉业不能融入现代高纺织产业市场化架构下的生产体系，致使传统植棉区惯性产能需求不断收窄，粮经饲种植业结构和产品结构的稳定性降低。

## 二、山东棉区演变及资源环境现状

### （一）棉区演变过程及原因

棉花是山东省的传统作物，种植历史悠久。20世纪80年代，根据自然条件的不同，将山东棉花种植区划分为鲁西南、鲁西北、鲁北、鲁东和鲁南五个生产区，各地区棉花平均种植面积分别占全省的28.8%、38.9%、14.7%、14.2%和3.4%。1992—1998年，由于棉铃虫的危害、棉花种植比较效益的下降和棉区种植结构的调整，山东省棉花种植面积大幅减少。而自1998年以后，由于棉花流通体制改革以及棉花生产、市场和价格的逐步开放，同时又大面积种植抗虫棉，山东棉花生产开始恢复。近年来，随着农业农村部发布《棉花优势区域发展规划》，山东省从实际情况出发，不断调整因地制宜的棉花生产布局。鲁南和鲁东的棉花种植面积下降，开始向北部沿海地区集中。同时，由于山东东北部沿海地区的棉花种植区与山东北部的棉花种植区之间的联系，以及生产条件和种植技术的趋同，东北部沿海地区的棉田逐渐收缩至鲁北地区。因此，当前山东省棉花种植区主要集中在鲁西南、鲁西北和鲁北棉区，形成了沿黄河与黄河三角洲棉花产业带。

## （二）棉区分布特点与现状

目前，山东省三大产棉区已占全省大部分棉花种植面积。鲁西南地区是全省光、热等自然条件最好的地区，也是黄河流域的灌溉区，水资源相对丰富，该地区棉花种植面积和产量居全省首位。鲁西北地区曾经是山东省最大的棉花产地，但近年来棉花种植面积逐年下降。鲁北地区水热资源少，同时该地区盐碱地分布较广，其他作物很难在这种土壤环境下生长发育，所以在该地区种植棉花的自然生态优势明显。因此，近年来鲁北地区棉花种植面积占比不断上升，发展迅速。在此新环境下，针对山东三大产棉区的情况，探寻棉花产业发展的关键点、敏感点和痛点，重点突破，对我国棉花产业的健康发展具有重要的现实意义。

鲁西南地区主要包括菏泽、济宁、泰安大部分地区和济南部分地区。该棉区年0℃以上积温为5 000～5 500℃，年降水量为650～700毫米，年辐射量为502～523千焦/平方厘米，年日照时数为2 500～2 600小时，有着全省最好的热资源。本区域也是沿黄河灌溉区，水资源比较丰富。该地区由于人均耕地较少，劳动力充足，光热资源丰富，棉花与小麦等作物套作面积是全省两种、多种作物（含棉花）套作中种植面积最大的，复种指数达185%。此外，近年来转基因抗虫杂交棉与高效经济作物（如大蒜等）套间作区已成为抗虫杂交棉的优势种植区和高效种植区。

鲁西北黄河故道老棉区主要包括聊城、德州、济南大部分地区。该棉区年0℃以上积温为4 900～5 100℃，年降水量为580毫米，年日照时数为2 600～2 690小时。土壤以潮土为主，土地资源相对丰富。适宜的种植方式为纯春棉与间作春棉，对单作与间作棉田同等重视，复种指数约为140%。根据本地自然条件，采用棉花春播瓜菜间作、麦棉两熟种植模式较为适宜。

鲁北盐碱地棉区包括滨州、东营、淄博、潍坊北部等区域。该区域全年无霜期180～200天，年0℃以上积温为4 700～4 900℃，年辐射量为523～5 655千焦/平方厘米，年日照时数约为2 640小时，年降水量量550～580毫米，水资源较少，浅层地下水盐度高，不能用于灌溉，灌溉较多的棉花地时需使用黄河水。该地区土壤类型主要为黄河等河流冲积形成的潮土或滨海盐化潮土，北部地区地势低洼平坦，但盐碱地面积大、荒地资源多，因此盐碱地棉花种植技术比较成熟、棉饲（草）两熟技术生态模式的经济效益高，棉花种植效率相对较高。近年来，该区占全省棉花种植面积比重不断增加，与 20 世纪 80—90 年代相比提高了 10%～15%。

## 三、棉花主要种植模式的生态特征

近年来，由于长期大量使用塑料地膜，棉田土壤中的地膜残留逐年增加，导致棉田的“白色污染”愈来愈重，很难从根本上加以治理。棉田土壤环境恶化，影响了棉花的生长发育。此外，早春剧烈的气候变化和较多的自然灾害，同样不利于棉田的丰产稳产。棉花单作种植模式下，更容易发生土壤病害，造成棉田生态环境恶化，甚至影响我国棉花生产的可持续发展。如何实现传统棉花种植业绿色高效高质转型，提升收益和解决白色污染问题，促进棉花产业可持续发展，是当前面临的重要问题。

与单作种植模式相比，棉花与不同作物轮作的模式更不易发生土壤病害，增加种植多样性的同时，对环境有害的农用化学投入品的使用会自然减少，进而实现棉花可持续绿色化生产。近年来，山东省多家棉花科研单位开展了高效种植制度研究，形成了麦（油）后棉、麦套棉、蒜后（套）棉、菜套棉等多个高效棉作制度，不仅提高了收益、改善了生态环境、增加了农民收入，而且对改变我国优质纤维和食用油料及饲用作物严重依赖国际贸易的局面具有重要意义。

资源效率用于衡量单位资源所产生的经济、社会、生态和环境等效益的相对数量。开展对种植模式资源效率的分析研究，有助于客观评估不同种植模式的生产效率和综合效益。高品质短季棉是植棉新业态，能够增加生态位的可利用性，实现对传统一熟种植制度的变革，最大限度地开发利用多种形式的时空生态位，有效增加作物种群数目，创造高效生态位效能。短季棉绿色高效栽培技术是一项新技术，是一种新型的棉花生产方式，可以促进棉花产业创新。以高质量短季棉品种技术为核心种植制度的更新，是对传统棉作种植制度的技术集成，对重要生产方式及产业模式的重构，自然地减少了传统植棉的地膜使用、农药总量次的使用，减轻了棉花田间生产的大量用工消耗，从本源上直接减少了农业面源污染。它有助于优化传统棉花生态区域种植业整体结构，综合降低棉花生产成本，提高棉花生产效率与综合效益，实现棉花传统种植区绿色高效生产结构调整，优化农作产业结构生态化优势布局，建立完善不同自然区域、生态类型下的绿色高质高效蒜后棉、鲁西南麦后棉、鲁北棉饲（草）两熟直播、鲁中南旱作区中熟棉间作花生“双花”生态位互作效应等类型的高效生态耕作制度及配套技术体系。

### （一）麦棉两熟高产高效种植模式

为充分利用土地资源和生长季节，同时保证棉花和粮食生产，黄淮海地区开始执行麦棉套种高产高效模式。该模式以棉为主，粮棉兼收，使小麦和棉花经济生态效益成倍增加。由于在产量上具有优势，这种种植方式被广为选择，是我国粮棉主产区一项成熟的种植制度。在麦棉套种期间，由于作物之间的相互影响，套种模式的选择对于充分发挥间套复种的边际补偿效应至关重要。相关研究表明，合适的种植技术能助力实现粮棉产量“双高”。目前有四种适合在黄淮海地区推广的棉麦种植方式：

**1. "四二式"** 秋播小麦 4 行，带宽为160～170 厘米，占地 60 厘米，留出 100～110 厘米空白行；套播春棉 2 行，棉花小行宽 50 厘米，小麦收获以后的棉花大行宽 110～120 厘米。这是山东省最适用的套播方法，平均亩* 产小麦 200～300 千克、棉花 80～160 千克。

**2. "三二式"** 秋播小麦 3 行，带宽 146 厘米，占地 40 厘米；套种春棉 2 行，棉花小行宽 46 厘米，大行宽 100 厘米。该方法有助于棉花早期育苗，适用于中等水肥小区，平均亩产小麦 200～250 千克，棉花 70～85 千克。

**3. "三一式"** 小麦带宽 40 厘米，套种 1 行春棉，小麦收获后棉花大行宽 100～110 厘米。这种种植模式的小麦产量高，但棉花苗保护困难，易晚发，适合在有充足的水和肥料、土壤状况好、管理技术水平高的地方应用。

**4. "二一式"** 2 行小麦，带宽为 60 厘米，占 20 厘米；夏棉套种 1 行，60 厘米等行的棉后小麦。

麦棉高低畦种植适用于春棉与小麦套种。小麦播种前要分好高畦低畦，小麦在低畦播种。如果高畦中间套种 2 行棉花，则高畦宽 100 厘米，比低畦高 15 厘米；如果套种 1 行棉花，则高畦宽 50～70 厘米，比低畦高 12 厘米。高低畦种植能有效减少遮阴，便于给小麦浇水，也有利于提高棉花行的地面温度。

前人进行了大量关于棉麦套种模式和环境因子之间互动的研究。光照资源在时间和空间上的合理配置是棉麦种植模式的重要研究方向，棉花播种时小麦株高较高，导致棉苗一直处于遮阴状态，长时间遮阴会使其功能叶片变薄、栅栏细胞密度下降、叶绿体数量减少并且缩小，最终导致光合作用减弱，不仅会造成棉花减产，还会影响棉纤维品质。Zhang 等研究表明，在套作形式下，棉花苗期受到小麦遮阴的影响。棉花生育期及生殖生长因遮阴延迟，成为限制棉花生产潜力的生态学瓶颈。无论是两熟种植还是单作种植，作物冠层的光能截获率决定生物量的大小，而冠层结构又受到品种、栽培措施、土壤水分条件等多种因素的综合影响。前人研究发现，作物生产的生物量与叶面积指数（LAI）呈正相关、与冠层的光能透光率呈负相关。此外，在不同行间距下，水分和肥料的竞争也会对两种作物的产量产生影响，因此，明确棉麦种植与环境因子之间的互作原理和生态效应，对于提高当前棉麦种植效益具有重要意义。

## （二）蒜棉两熟高产高效种植模式

蒜棉两熟模式是鲁西南棉区较为普遍采用的种植模式，解决了蒜棉套种中存在的费工费时问题，且该模式可提高种植机械化程度，在农机与农艺方面实现了有机融合。该模式前茬作物为大蒜，在大蒜生长后期（4 月下旬至 5 月上旬）将棉花移栽到蒜行。前人研究结果表明，蒜套棉生产模式下，大蒜产量可达 31.5 吨/公顷，而籽棉产量为 4.05 吨/公顷。但棉花育苗移栽或纸筒基质育苗的装备设施投入较大，前后茬口作物不一定适宜机械化作业，人工成本较高。目前提倡棉花轻简育苗技术，适宜的育苗时间在 3 月底至 4 月上旬，并根据天气情况灵活掌握。一般清明节前后开始下种，不宜过早下种，

* 亩为非法定计量单位，1 亩≈666.67 平方米。——编者注

否则会增加育苗风险。其主要种植管理技术包括：合理密植，移栽于4月下旬至5月上旬，浇完大蒜抽薹水后进行，移栽苗龄为1～2片真叶，密度为30 000～37 500株/公顷，自盛蕾期开始化控2～3次，最终株高控制在130厘米左右，留叶枝，去叶枝顶和主茎顶。

**1. 轻简施肥** 有机肥与无机化肥综合管理会对棉花所在土壤性状和最终产量形成一定的影响。应于棉花移栽后一周左右，结合浇大蒜膨大肥水对棉花施苗肥，提倡使用棉花营养套餐肥料，或冲施尿素75～97.5千克/公顷，大蒜田肥水足的可以不施肥。

**2. 轻简中耕** 6月下旬，棉花处于初花期时，使用机械中耕，中耕深度6～9厘米，并清除地膜接纳雨水。一般在10月上旬开始为种植大蒜腾茬（拔棉花柴）。应尽量做到晚拔柴来提高籽棉产量，提升棉花纤维品质。

该模式下也可以使用棉蒜后直播的高产高效种植技术，其主要技术特征包括：

（1）抢时播种。即协调棉花与大蒜的茬口抢时播种，这是高产高效的重要环节。

（2）合理密植。植株小的短季棉品种，有效结铃期较短。为保证铃的总数，应适当增加结铃密度。短季棉种植密度以7.5～9.0万株/公顷为宜，应以66厘米的等距种植。

（3）苗、蕾期管理。苗期、蕾期田间管理要“早”，促进快长、早发，建好产量框架。6月中下旬，结合中耕措施，追施蕾肥，每公顷施112.5～150千克的尿素和150千克的复合肥料；现蕾后，根据生长情况和气候，喷施7.5克/公顷缩节胺或30毫升/公顷助壮素。

（4）花铃期管理。早施和重施花铃肥，及时浇水，大雨过后要及时除去田间积水，以防止大量花蕾和铃铛脱落或铃铛腐烂；及时防治害虫，在第二代棉铃虫大量发生的年份，应注意在产卵高峰期对虫卵进行预防和杀灭，以避免残余棉铃虫的危害；7月25日前后及时打顶，适度进行化学调控，单株保留10～12台果枝；在盛花期，每公顷喷施60毫升助壮素或缩节胺。

（5）后期管理。注意防止棉铃早衰腐烂、棉株贪青晚熟，提高铃重。

两熟棉棉田产量较高，所以在种植大蒜前应施用有机肥作为基肥，在此期间不断施肥来培肥地力，满足两种作物对化肥的需求。但在设施和生产现状方面，棉蒜两熟模式的发展仍然受到机械化程度较低、田间用工多、劳作时间长、强度大等的制约。

## （三）花生-棉花间作高产高效种植模式

间作作为增加农田生态系统生物多样性的重要方式，合理利用了群落结构原理及种间的正相互作用，能够提高农田生态系统产量和产量稳定性，充分利用资源，抑制病虫害，应对气候变化，减少土壤污染。间作体系两种作物对地上、地下资源的吸收利用在时间和空间上的分异降低了种间资源竞争，提高了光能截获量和对土壤资源的获取。种间促进作用能够增加对土壤中的水、氮、磷以及微量元素的利用。花生、棉花间作是一种将土地用养结合的高效复种优化种植模式，花生根瘤菌的生物固氮作用降低了氮肥的施用量，结合边际效应，在提高棉花单位面积产量的前提下又增加了油料作物种植面积，有效提高了对土地、光热资源的利用率，并促进了“双花”互作和单位产量“双增”。花生与棉花间套作还可以缓解花生连作障碍，在棉花增产或稳产情况下可以使花生实现生产生态化种植，单位整体经济和生态效益要比单作模式高出很多。前人研究表明，花生与棉花间套作模式的产量是单作花生的1.04倍，产投比是单作棉花的1.01倍，棉田单位面积的净收入是单作棉花的 1.41 倍，而且单位面积花生田的净收入是单作花生的 2.10 倍。对新疆喀什地区及周边部分县市普遍采用的棉田“多熟制”种植模式的研究发现，小麦套种棉花后复播花生，能够充分地利用光、热、水、气、土等自然资源。

许多研究表明，棉花间套作花生是集约利用农业资源、提高土壤肥力的最佳种植模式。研究发现，光能利用率（RUE）在棉花、花生间作模式下可超 1.2%，但同样生产条件下棉花和花生单作的 RUE 分别是 0.61%和 0.95%，间作模式的 RUE 是棉花和花生分别单作的 1.2 倍以上。与单作棉田相比，棉花和花生间作田全氮、速效钾、有机质含量分别提高了 20.4%、11.3%和 4.3%，其他土壤养分，如速效氮、速效磷等含量也呈现显著上升趋势。由此可见，棉花与花生间作可有效提高土壤肥力，提供农作物所需营养物质，提高单位农田产量，是提高作物质量和增产的有效措施。

### （四）其他高产高效种植模式

除了上文提到的主要种植模式，山东省还有棉花-马铃薯间作、棉花-圆葱套作、棉花-西瓜套作、棉花-辣椒套作和棉花-菠菜连作等多种新型高产高效的种植模式。

棉花-马铃薯间作种植模式是近几年山东省植棉区发展规模较稳定、发展速度较快的一种高产高效的一年两熟种植模式。近年来，山东省年平均新增棉薯间作土地面积达 13.3 公顷，与纯播棉相比，每公顷土地面积上多产马铃薯 26.3 吨，相当于每公顷为农民增收 1.35 万元。同时，每公顷产籽棉 3.5 吨，与单作棉产量持平，显著增加了单位面积土地的产量，提高了单位土地面积的经济效益。不过这种模式也有不足之处：在棉花生育前期，棉苗生长迟缓；在马铃薯收获后，棉花又会出现贪青晚熟现象，导致生育期拉长，产量下降约 18%。因此，明确棉薯间作下两种作物的资源共享和互作关系，有助于为此模式提供理论支持。此外，小户生产模式下栽培技术的推广力度不够、马铃薯良种不足以及市场销路不畅等也是影响棉薯互作种植模式效益的重要因素。

棉花-圆葱套作种植模式在山东省有多方面的优势：一方面是充分提高土地利用率，利用棉花行距大与圆葱共生期短的特点，使两者在生育期上的时间差得到互补，使单茬棉花变成棉花和圆葱一年两熟；另一方面是三效互补结合。通过对杂交短季棉的引进与推广，并使用令其与圆葱套作的种植模式，实现了经济效益、技术效益和社会效益更大幅度的提高，尤其是促进了农民增收、产业增效。

棉花-西瓜套作模式亦能大幅度提高单位土地面积的种植效益。在棉花-西瓜套作模式中，通过选用早熟西瓜品种，与棉花生长旺盛期错开，缩短共生期，对棉花的产量基本无显著影响；另外，棉花-西瓜套作种植模式充分利用了大田空间和光能等资源，提高了土地利用效率。徐笑锋等研究表明，棉瓜套作模式中，棉花、西（甜）瓜、甘薯产量略低于单作产量，但单位面积经济效益增加 20%以上。

## 四、主要种植模式的生态效应

### （一）间套作生态位原理

间套作是实现多熟制大田作物高产高效栽培的重要途径。该种植模式将不同作物群体在相同季节合理地配置在一起，形成合理配置的生物复合群落，在层次上形成高矮成层、相间成行的立体结构，进而提高光能利用率，并改善田间小气候。该种植模式可充分利用作物生长季节内的温、光、水、土、养分等自然资源，提高作物复种指数，进而提高农田土地综合产出率。

以棉花为主体的不同配置间套作种植模式所利用的生态学原理为作物间的生态位差异。生态位是指一个种群在整个生态系统中，在时间和空间上占据的位置及其与相关种群之间相互的功能关系与作用，也表示每种生物在生态系统中生存所需要的最小生境阈值。生态位一词最早由格林内尔（Grinnel）于1917年提出，是指生物群落中某一物种能够栖息的最大理论空间，又称基础生态位。同一生境中参与竞争的种群数量越多，单个物种占有的实际生态位就越小。

## （二）棉花种植系统的生态效应

作物间套作共生系统是根据作物种间相互作用和群落生态位原理，在生产系统中改变单一作物结构和群落结构，人为地在作物结构配置过程中从分布、形态、营养、时间和空间等方面对农业生物的物种组成进行合理组配，改变单一种间结构，形成相对稳定的群落结构，进而形成多样化、可持续化、产品多元化的农业生态系统。该模式构建了相对稳定的群落结构，提高了对光、热等自然资源的利用效能。棉花不同间套作种植模式中的生态位主要表现为高矮搭配、根系深浅或粗细配合、叶形圆尖参差、叶角直平结合以及最大叶面积出现时间的早晚错峰等。利用间套作模式下作物间生物学特性的差异，可以使光能空间分布更为合理，并将光能有效分配到下层空间，从而易被矮位作物的叶片截获利用，提高系统光能利用效率。同时，相比于单作，间作下高位作物密度减小，行距增大，使植株侧面受光量增加、受光面扩大，有利于植株绿色器官对光能的接收与利用。

间套轮作模式可打破连作障碍，显著改善作物生长环境条件，有利于作物光能利用，促进物质生产和产量形成。前人分别对胡椒与槟榔间作、稻参轮作、桑树与苜蓿间作、菠萝与甘蔗轮作、玉米与花生间作、单季稻改为水旱轮作等模式进行研究，结果表明间套轮作下作物生物量及光合作用量等指标均高于单作处理，叶片叶绿素含量及净光合速率均显著高于连作模式，产量显著提高。与单作棉相比，麦棉两熟共生期时的土壤养分含量更低，而收获后更高。这主要是由于共生期间对养分的竞争吸收。与单作棉相比，麦棉共生期棉花根系分泌物会促进土壤中磷、钾元素向速效态转化，土壤速效磷和速效钾分别提高19.2%和34.0%。小麦棉花轮作能改善土壤结构，降低土壤中钠含量。间套轮作等种植模式能显著提高土壤养分的有效性，增加土壤微生物的生物量及生物多样性。但不同棉花种植模式下作物群体的光能利用特征仍不明确。

此外，间套轮作可有效改善棉田生态结构，抑制病虫害发生，减少肥料和农药投加量，进而增加土壤中的有益微生物量，提高农田生态系统的生物多样性，改善生态环境，保持土壤生态系统平衡。此外，间套轮作还可抑制杂草的生长，减少部分除草、打药的投入，从而节约劳动力，提高生态经济效益。

# 五、 棉花绿色高效技术集成应用

加强对高品质中早熟棉花品种的研发及绿色高效技术的应用，是促进产业融合、保持植棉业稳定的技术创新途径。2018—2020年，根据山东省农业农村厅调整优化传统棉区耕作制度的意见，山东省棉花生产技术指导站在全省20个不同生态的县（市、区）分别进行高品质短季棉品种茬口、播期、密度、种植模式优化试验。研究表明，通过鲁北棉区高品质中熟棉品种的晚春直播建立配套良繁体系，推进高品质短季棉品种选育及绿色高效技术应用，实现全省各生态棉区的“主栽区域＋高品质棉种”优势生产布局，是在保障粮食安全和保持农业特色产业格局下山东植棉区种植业结构全面优化的着力点，也是保持全省植棉生产体系完整的关键措施。

## （一）高品质棉新品种研发背景与方向

短季棉是一种植株偏矮、株型紧凑、节间和果枝相对较短、生育期相对较短的陆地棉。从中选育早熟性稳定、纤维品质较优的短季棉品种，既能满足纺织企业对高质量原棉的大量需求，也可推进传统植棉业的种植制度创新。中国农业科学院棉花研究所（简称“中棉所”）、山东棉花研究中心、河北省农业科学院、石家庄农业科学院、德州农业科学院等已审定适宜在山东种植的短季棉品种29个，主要有鲁棉241、鲁棉243、鲁棉2387、鲁棉532、中棉所94A361（中棉所106）、中棉所94A213（中棉所105）、中棉所74、中棉所84、德棉15、冀石929、石早3号等。近些年来，山东省在省内棉-作试验点进行了持续的适宜品种筛选与种植结构调整对照试验。

目前，在山东省短季棉品种推广中，种植品种多、杂且退化严重，主栽品种纤维品质处于中低端水平，成纱性能低，不能与中早熟小麦等作物形成两熟制高效生产技术体系，因而也缺乏相应的规划引导与棉花原种良种繁育公共服务体系。因此，高品质短季棉研发应以山东当地棉花纺织产业对高品质原棉的需求为导向，结合当地自然生态和经济条件，确定品种（系）选育目标，契合传统植棉区域大蒜（麦、马铃薯、油菜、饲料等作物）收获后直播的种植方式，引导优化粮经饲高效种植模式及区域布局，形成绿色高效耕作制度。

要注重对棉花优异基因的挖掘，将生物技术与常规育种结合，进行新材料遴选、创制和棉花品种改良。一是广泛收集早熟、优良的种质资源；二是利用多种杂交技术，创制亲本材料，实现优势组合；三是筛选开花期到吐絮阶段发育较快的遗传亲本材料；四是运用育种技术将优异材料的优良性状集合到高品质短季棉品种（系）中，培育适合在山东地区种植的高品质短季棉新品种（系）。

对相应棉花品种的具体要求：生育期为100～105天，于6月5日前播种，9月25日前集中收获；纤维长度（毫米）及断裂比强度（厘米/特克斯）均在30以上，长度整齐度指数在83.5%以上，马克隆值不超过4.6，可纺40支以上纱；比当地短季棉品种增产5%，综合性状相对稳定。

### （二）配套绿色高效栽培技术路线

根据选育短季棉新品系（种）进程，开展直播短季棉稳产、高品质、绿色、轻简化关键种植技术集成，试验不同播期、密度、肥水运筹、化控、机械化作业等方案，形成标准化生产技术规程。分析生物量、经济产量以及土壤营养物质组成，总结最优耕作模式，探索构建当地高品质短季棉良种繁育技术标准体系。

根据山东省短季棉良种繁育生态生产条件现状，在鲁北宜棉区建立高品质短季棉品种晚春直播良种（原种）繁育技术标准体系，建立省、市、县三级公共服务体系，组织协调短季棉原种生产，从而保障棉种健籽率、商品率，切实夯实建立绿色高效新型棉作制度的技术基础保障。

### （三）绿色高效栽培技术应用

20 世纪 90 年代至 21 世纪初的试验研究表明，在黄河流域的棉区和大蒜产区，棉花-大蒜两熟制种植模式基本稳定成熟，麦棉两熟种植模式更适合光、热、水资源丰富的植棉区。鲁南北纬 37°以南的旱作农业区和鲁豫苏皖接壤地区光、热、水资源丰富的两熟宜棉区，具有棉-作两熟制特色产业发展潜力。随着短季棉品种的研发、技术集成创新能力的提升、化控技术的完善、智能化植棉技术的全面应用，这一生态区可适当向北移至北纬 35°附近；因此，可以在鲁南边际宜棉区（东明、曹县、单县、定陶、滕州、薛城、台儿庄、鱼台、郯城、兰陵）试验示范并构建成麦棉双季高效生产技术体系。

应根据优质短季棉新品种的研发与技术集成进展，科学合理规划棉花生产区域化布局。主要是在传统宜棉区、次宜棉区的中早熟小麦（蒜、马铃薯、油菜、绿肥饲料等作物）种植中应用收后直播优质短季棉新模式，并且以示范推广形式形成山东省鲁南 8 万公顷小麦和棉花生产供应“双安”（粮棉安全）、全省棉花和大蒜 9.2 万公顷高效“双增”（棉蒜生产效率均增长）、鲁北盐碱地棉花和饲料作物轮作 8 万公顷生态“双保”（棉饲双保障）、鲁南棉花和马铃薯 3 万公顷三熟绿色“互优”（棉薯种植相互优化）、沿黄河流域砂壤土西瓜（甜瓜）收后直播短季棉 2 万公顷绿色高效棉瓜“双提”（棉花和西瓜或甜瓜增产）系列绿色生态轮作棉花生产新模式和鲁中南花生旱作区花生间作中熟优质棉 10 万公顷“双花双优”的新业态，为建立和完善山东传统植棉区粮经饲三元绿色、优质、高效的产业结构体系，统筹全省粮棉安全与特色经济作物产业的可持续发展，保持山东省 32.5 万公顷绿色高效优质棉花的产能稳定奠定基础。

## 六、本研究的相关情况、目的与意义

### （一）相关概念

**1. 生态特性** 生物的生存、活动、繁殖需要一定的空间、物质与能量。生物在长期进化过程中，逐渐形成对周围环境某些物理条件和化学成分，如空气、光照、水分、热量和无机盐类等的特殊需要。各种生物所需要的物质、能量以及它们所适应的理化条件是不同的，这种特性称为物种的生态特性。

**2. 生态效益** 生态效益指生态环境中的诸物质要素，在满足人类社会生产和生活过程中所发挥的作用。生态效益中的经济效益是人们进行经济活动所取得的结果，而经济活动的生产环节又是整个经济活动的基础，决定着分配、交换、消费等环节。在社会生产过程中，处于主体地位的是劳动者，处于客体地位的是生态环境提供的阳光、空气、水、土地、动植物、矿石等物质要素。棉花是全球基础性大宗农产品和重要的经济作物。其中，皮棉是纤维截面中腔单细胞自然转曲的天然植物纤维，具有独特的物理特性，是纺织服装工业不可替代的基础原材料；棉籽是世界五大植物性食用油料之一和植物蛋白来源，其他棉副产品在工业及医药产业中也占有重要位置。

**3. 农田生态系统** 农田生态系统指的是人类建设的以作物为中心的农田，是利用生物和非生物环境之间以及生物种群之间的相互关系，通过合理的生态结构和高效生态机能，进行能量转化和物质循环，并按人类社会需要进行物质生产的综合体。它是农业生态系统的一个主要亚系统，是一种被人类驯化了的生态系统。农田生态系统不仅受自然规律的制约，还受人类活动的影响；不仅受自然生态规律的支配，还受社会经济规律的支配。

## （二）山东省棉花产业当前存在的问题

**1. 效率问题** 山东省棉花产业存在资源利用及生产效率低、经济效益低的问题。长期以来，一些地区的棉花生产仍停留在春棉春播的一年一熟（即一年一茬）传统生产方式上，农膜、化肥、农药等投入量大，农业生态环境透支严重，农艺管理周期漫长而烦琐，机械化程度低，劳动用工量大；有限的自然资源（土地、光照、热量等生态因子）条件以及频发的阴雨寡照异常气候制约了生产。同时，鲁西南传统棉花套作区的生产方式落后，仍然使用主要依靠大量投入物资、设施与农作人力的棉花基质育苗移栽（麦、蒜套种）两熟制高投入产业模式。棉花一季的生产成本（包括土地资源成本、农膜等农化品成本、灌溉水资源成本、人工成本等）远远高于小麦、玉米两季的生产成本。

**2. 产业融合问题** 山东省棉业产业效率低、生产生态及产业融合度低。随着工业技术进步和人们的消费水平提高，纺织服装业及棉纤维品市场快速升级，由于传统棉区棉花生产的区域生态化品种结构及专业化布局不统一，山东地产棉（主要指皮棉纤维品质指标体系）的纤维一致性、整齐度、比强度、长度可纺性和中高级适纺性较差，大多仅成为当地中小型纺织业的少量配棉或南方发达省份小型纺织业的一般性原棉材料（即低等级原棉材料）。山东省棉花全产业化结构生态化问题导致了该产业的融合度低、产业效益差、产业优势降低。

## （三）研究的目的与意义

山东棉区位于黄淮流域腹地，黄河横贯东西，土质肥沃，光热水资源充沛，棉花生长时期雨热同季。山东棉区既有黄河冲积平原，又有海滨盐碱地；既有棉花与小麦、瓜菜等经济作物间套作两熟区，又有一熟区。山东省是中国传统意义上的棉花生产大省、纺织大省及纺织品服装出口大省，也是棉花研发与精耕细作大省，棉花产量占全国的10%，纱产量占全国的25%，纺织服装出口量占全国的8%。截至2023年，全省至少还有 800 万名农民、工人就业于棉产业。近年来，随着种植业结构的调整，传统的棉花生产栽培管理措施费时费工、投入较大的问题日益明显，山东棉田面积急剧萎缩、棉花生产无法满足需求、比较效益低下等问题凸显。面对这种局面，解析山东棉花种植模式现状及制约因素，提出相应对策措施，有利于促进山东棉区可持续发展，并为黄河流域棉区的棉业发展提供一个绿色高效的产业模式，为发展技术集成路径选择提供支持。

提高作物单产和资源利用效率依旧是当今作物生产的重中之重。在棉花作物生产中，干物质积累的能量主要来源于太阳光照辐射，提高棉花作物的光能利用率对获得棉花高产具有正面作用。棉花高光效栽培技术结合品种的光能利用特性，配套完善合理的栽培措施，能优化棉花的栽培时空和种植制度，增加群体光辐射拦截率，提高群体对光能的转化利用效率，最终实现群体产量和纤维品质的提升。尽管目前关于棉花高产高效栽培模式的研究较多，但大都集中于对某一种连作模式下产量或经济效益进行分析评价，主要种植模式（麦-棉、蒜-棉、花生-棉花和大豆-棉花种植模式）下的棉花产量形成、资源高效利用机理和环境生态效应仍不明确。因此，本研究通过在山东省主要植棉区设置不同的棉花高产高效栽培模式试验田来进行比较试验，探索如何提高各模式下棉花的干物质形成、叶片光合效率、群体光能利用率、系统养分吸收利用率和群体生态效应，以期在机理上阐明各种植模式丰产高效的机制，并提出进一步节本增效的棉花产业创新途径，为加快高品质专用短季棉品种研发及高效技术的产业化应用提供支撑。

短季棉生长期短，可以有效地提高土壤生态综合利用率，并借助连作/间作改善土壤生态环境，达到土壤资源上的良性循环。因此，高品质短季棉绿色高效种植制度及其配套棉作布局是解决当前棉业萎缩的重要技术与产业措施。本研究主要探讨已有优质短季棉品种及其相关的绿色高效栽培技术，以及不同农业生态系统下最适宜的棉花间套轮作种植模式。相比于棉花单作模式，棉花间套轮作种植模式使土壤理化性状和病虫害发生状况得以改善，肥料用量有所减少，可增加棉花生产效益，恢复棉田生态系统平衡。

## 七、本研究的技术路线

见图 1-1-1。

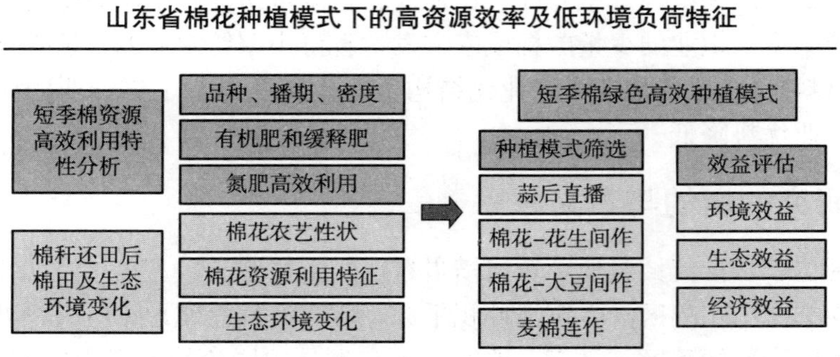


图 1-1-1　山东省主产棉区不同生态环境下的棉花种植模式资源效率及农田生态特征技术路线

## 八、研究内容

针对我国三大传统重要棉区之一的黄河流域棉区，在棉花种植中为追求高产而大量施肥、投入资源带来的环境污染风险和环境负荷加重等问题，本文以山东省为例，拟通过引入适宜棉花品种作为新生态因子，减少棉花育苗移栽，研究棉花单作、麦棉连作、蒜棉连作、棉花-花生间作和棉花-大豆间作等不同棉花种植模式的产量形成和资源利用效率，探索提高各模式下棉花的干物质形成量、群体光能利用率、养分吸收利用率和生态效益，以期在机理上阐明各种植模式的丰产高效机制，并进一步提出省工省时的棉花栽培新途径，为加快绿色高效技术产业化应用、提高棉花种植的资源利用率并减少对生态环境的影响提供理论参考和实践依据。本文的主要研究内容如下：

**1. 短季棉光能高效利用机制研究** 通过比较不同施肥方式及施肥量，选择合适的棉花品种，明确短季棉有机肥、缓释肥替代普通化肥及氮肥施用的实际效果，在兼顾棉田生态环境保护的同时，建立不同生态区的棉花绿色高效栽培技术，解决两熟种植中茬口衔接方面存在的问题，提高资源利用效率并减少环境负荷，以促进棉花生产向绿色优质高效发展。

**2. 麦棉两熟模式下棉花资源高效利用及低环境负荷特性研究** 通过麦棉两熟种植模式试验，找出不同种植密度下棉花的生理特性以及棉田中害虫和天敌种群密度的变化情况，确定此模式下棉花生理特性表现最好的最佳种植密度，并且找到自然防治棉田天敌的“绿色方法”，以减少农田环境污染，降低植棉对环境造成的危害。

**3. 蒜棉两熟模式下棉花资源高效利用特性研究** 通过蒜棉两熟种植模式试验，测定不同群体的棉花产量形成、干物质积累情况和棉花生理指标，分析棉田中主要害虫及其天敌种群种类及数量，从而探究蒜棉连作下不同棉花种植密度的经济与生态效益，并阐明蒜后棉高产的光能利用机理，为筛选出高光效的蒜棉连作种植模式提供理论依据。

**4. 棉花-花生间作模式对棉花产量形成、资源利用特性及经济效益的影响** 通过比较不同棉花-花生种植间作模式，进一步确定棉花-花生间作种植模式对土地资源利用效率、作物产量及田间收益的影响。旨在通过对棉花生产耕作技术的创新试验，探索出一套适合鲁西北棉区的绿色、生态、高效的作物种植模式。为提高农业种植综合生产效益、有效改善生态环境、增加棉花产量，通过合理的试验布局，进一步确定“两花”种间互作与生态位互补技术对农田各类资源的利用情况，明确间作技术模式下各项指标的变化，确定棉花-花生间作收益最高的组合模式。

**5. 棉花-大豆间作模式下棉花产量及资源利用特性** 通过合理的试验设计和布局，研究棉花-大豆间作体系在养分资源利用方面的种间竞争和促进作用，旨在探明不同行间比例的棉花-大豆间作方式对两种作物的养分吸收以及生长发育的影响，从而确定棉花-大豆间作体系中两种作物的最适比例，以实现不同农业生态环境下的土壤资源高效利用，为未来的生产和研究提供一定的理论依据。

**6. 棉秆还田对棉田生态环境的影响** 通过比较秸秆还田、秸秆不还田两种种植模式，探究棉秆还田以及不还田处理对棉田以及土壤微生态影响的差异，对两种情况下棉花各个时期的生理指标以及土壤养分含量的变化进行对比。这对于提高棉秆的利用效率以增加棉田土壤固碳量，减轻棉秆焚烧对生态环境的不良影响、减少农村生态环境污染和实现农业可持续发展具有重要意义。

# 短季棉光能高效利用机制研究

王桂峰

## 一、引言

发展生态农业，有效利用土地及自然资源，对于保护土地生态环境、提高农业生产效率十分重要。棉花单作作为传统的种植模式，在我国棉花生产中占有重要地位。短季棉是生育期较短，株型紧凑、植株偏矮、节间和果枝短，第一果枝节位低，枝叶较少，营养生长和生殖生长并进期较长，开花到吐絮生殖生长较快，成铃、吐絮集中的棉花品种。种植短季棉能推进传统植棉业生产方式创新，提高农业生产效率。本研究通过研究短季棉在不同肥料运筹和播栽配置下的产量和资源利用效率，探究短季棉的高产高肥效的生理机制，以进一步促进棉花生产的绿色高效发展。本研究通过设计不同施肥方式及施肥量、选择合适的棉花品种，明确短季棉有机肥、缓释肥替代普通化肥及氮肥的施用效益，在兼顾棉田生态环境保护的同时，设计适合不同生态区的棉花绿色高效栽培技术，解决两熟种植中茬口衔接方面存在的问题，提高资源利用效率并降低环境负荷，促进棉花生产向绿色优质高效方向发展，提高光、温和土地利用率，充分利用自然资源。

## 二、材料与方法

### （一）有机肥和缓释肥替代常规化肥

于2018年植棉季在山东省东平县开展研究。试验设置10个处理（表1-2-1），采取随机区组排列，每个处理重复3次，共30个小区。试验总面积1.6亩。小区行长10米，至少种植6行，等行距种植，行距66厘米，种植密度为$8.25\times10^4$株/公顷，各小区之间分别留0.3米的垄背，垄背之间留1米的排水沟，用于排放雨水。

供试品种：鲁棉532。

肥料管理：普通氮肥为尿素（含氮量46%），有机肥为山东农大肥业三星生物有机肥（有机质≥55%，氮、磷、钾含量≥5%，其中氮≥2%、五氧化二磷≥2%、氧化钾≥1%），缓控释肥为山东农大肥业聚合物包膜尿素（氮≥44.5%，控释期为3个月）。磷肥（五氧化二磷）用量54千克/公顷，钾肥（氧化钾）用量180千克/公顷。施肥深度10～15厘米。

**表 1-2-1 各处理施肥方式及施肥量**

| 处理 | 施肥方式 | 氮总量控制（千克/公顷） |
| --- | --- | --- |
| 试验组 A | 常规施肥：普通氮肥基追比 1∶1 | 225 |
| 试验组 B | 普通氮肥和缓控释氮肥 1∶1 配合，作为基肥一次性施用 | 225 |
| 试验组 C | 普通氮肥和有机肥 1∶1 配合，作为基肥一次性施用 | 225 |
| 试验组 D | 普通氮肥和缓控释氮肥 1∶2 配合，作为基肥一次性施用 | 225 |
| 试验组 E | 普通氮肥和有机肥 2∶1 配合，作为基肥一次性施用 | 225 |
| 试验组 F | 常规施肥：普通氮肥基追比 1∶1 | 150 |
| 试验组 G | 普通氮肥和缓控释氮肥 1∶1 配合，作为基肥一次性施用 | 150 |
| 试验组 H | 普通氮肥和有机肥 1∶1 配合，作为基肥一次性施用 | 150 |
| 试验组 I | 普通氮肥和缓控释氮肥 1∶2 配合，作为基肥一次性施用 | 150 |
| 试验组 J | 普通氮肥和有机肥 2∶1 配合，作为基肥一次性施用 | 150 |

## （二）肥料施用时期和比例

于 2018 年植棉季在山东省东平县开展研究。试验设置 7 个处理（表 1-2-2），其中 A 处理为常规 3 次施肥，B 处理为一次性施入氮肥，C、D、E、F 处理为 2 次施肥，G 处理为不施肥对照。每个处理采取随机区组排列，重复 3 次，共 24 个小区。试验总面积为 1.2 亩。小区行长 10 米，至少种植 6 行，等行距种植，行距 66 厘米，种植密度为9 万株/公顷，各小区之间分别留 0.3 米的垄背，垄背之间留 1 米的排水沟以排放雨水。

**表 1-2-2 各处理施肥方式及施肥量**

| 处理 | 施肥方式 | 尿素总量控制（千克/公顷） |
| --- | --- | --- |
| 试验组 A | 底肥：初花肥：盛花肥＝3∶4∶3 | 390 |
| 试验组 B | 底肥：初花肥：盛花肥＝0∶10∶0 | 390 |
| 试验组 C | 底肥：初花肥：盛花肥＝3∶7∶0 | 390 |
| 试验组 D | 底肥：初花肥：盛花肥＝5∶5∶0 | 390 |
| 试验组 E | 底肥：初花肥：盛花肥＝0∶7∶3 | 390 |
| 试验组 F | 底肥：初花肥：叶面肥＝0∶8∶2 | 390 |
| 试验组 G | 不施肥 | 0 |

供试品种：鲁棉 532。

试验肥料：尿素（含氮量 46%），尿素总量固定为 26 千克/亩；磷肥（五氧化二磷）用量 3.6 千克/亩；钾肥（氧化钾）用量 12.0 千克/亩，施肥深度 10～15 厘米。

## （三）棉花播期和种植密度

于 2018 年植棉季在山东省东平县开展研究。

供试品种：鲁棉 532 和鲁棉 2387。

试验设置 5 个播期（5 月 26 日、5 月 31 日、6 月 5 日、6 月 10 日、6 月 15 日），3 个种植密度（8.25 万株/公顷、9.75 万株/公顷、11.25 万株/公顷）。

采取裂区试验设计，播期为主区，密度为副区，品种为副副区，随机区组排列，每个处理重复 3 次，6 行区，行长 12 米，行距 66 厘米，区间留 1 米过道，无膜种植。

试验面积：试验共 90 个小区，每个小区面积 51.48 平方米，总面积 4 700 平方米。

## （四）测定项目与方法

**1. 棉花生长季光温、生育期以及田间管理记录** 试验中以微型气象站记录试验田全生育时期的光照辐射量、温度和降雨量。棉花的生育期是指在苗期、现蕾、初花期、盛铃期、吐絮期，以 50%的棉株达到相应要求作为生育期标准，并记录每个处理的生育期以及打顶期。田间管理措施具体记录喷药、施肥和灌溉的时间、用量和方式。

**2. 棉花叶面积指数** 分别在盛蕾期、初花期、盛花期、盛铃期和吐絮期，用 LAI-2200 植物冠层分析仪（LAI-2200，Plant canopy analyzers，PCA；Li-COR，Lincoln，Nebarska，USA）对每个小区的棉花群体冠层结构指标进行测定，绿叶面积与单位土地面积之比即为叶面积指数。

**3. 棉花光合效率及光能利用率** 分别在盛蕾期、初花期、盛花期、盛铃期和吐絮期，选取晴朗无风天气下的 8：30—11：30，使用 LI-6400 便携式光合测定仪（LI-COR，Lincoln，USA）测定每个小区的棉花叶光合指标，每个处理随机选择 5 株有代表性的棉花，测定最上部完全展开叶。

光能利用率（Radiation utilization efficiency，RUE）：在蕾期、花期、铃期、吐絮期，采用 LI-250A 光照计进行光辐射测定，计算不同处理棉花的光能利用率。利用 AccuPAR 植物冠层分析仪测定并计算光照拦截率（Ligh interception rate，LI%），每个小区测定 3 个点，每个点重复 3 次。首先，在植株冠层上部测定入射光照辐射（Incident radiation，IR，微摩尔平方米/秒）；然后，在冠层底部测定透射光照辐射（Transmitted radiation，TR，微摩尔平方米/秒）。

棉花冠层光能利用效率（Light use efficiency，LUE，克/兆焦耳）是棉花地上部分干物质积累量与冠层截获的光合有效辐射的线性拟合斜率值。不同生育阶段冠层截获的光合有效辐射为该阶段内日光合有效辐射与日光截获率乘积的累积和 ΣPAR。日截获的光合有效辐射（兆焦耳/平方米）是每天冠层截获的太阳总辐射的 0.5 倍。即

$$\sum IPAR = \sum PAR \times LI_m \quad \text{公式（1-2-1）}$$

其中，$LI_m$为日光截获率，其计算公式为：

$$LI_m = \frac{2LI}{1+LI} \quad \text{公式（1-2-2）}$$

其中，$LI$ 为根据辐射值算出的当天正午的冠层截光率。

最后根据总入射光照辐射（Total incident radiation，TIR）计算总拦截辐射量，某一生育期或时间段的干物质积累量（Total dry-weight）与总拦截辐射量的比值即为此生育期或时间段的 RUE。

### （五）数据处理

所有数据均采用 Excel（Microsoft office，2007）、Statistix（Stat SoftInc. Statistix. TulsaOK. 1991）、SAS 8.0 程序进行数据整理、方差分析和多重比较。采用 SigmaPlot 12.5 软件作图。

## 三、结果与分析

### （一）有机肥和缓释肥替代化肥对短季棉光能利用的影响

**1. 有机肥、缓释肥替代化肥施用对棉花叶面积指数的影响** 由表 1-2-3 可知，不同施肥处理对棉花叶面积指数产生较大影响。在盛铃期，施氮量为 15 千克/亩的处理叶面积指数比施氮量为 10 千克/亩的处理高 8.5%。处理 D（普通氮肥和缓控释肥 1∶1 配施）较处理 A（普通氮肥）叶面积指数提高 28.3%（盛铃期）和 53.1%（吐絮期），表明处理 D 的施肥有效促进棉花生长，提高叶面积指数，形成合理的冠层结构。

**表 1-2-3 有机肥、缓释肥替代化肥施用对棉花叶面积指数的影响**

| 处理 | 初花期 | 盛铃期 | 吐絮期 |
|---|---|---|---|
| A | 2.0$^{a}$ | 4.6$^{ab}$ | 3.2$^{d}$ |
| B | 1.4$^{ab}$ | 4.0$^{bc}$ | 5.4$^{a}$ |
| C | 1.5$^{ab}$ | 3.6$^{c}$ | 4.0$^{c}$ |
| D | 1.9$^{a}$ | 5.9$^{a}$ | 4.9$^{b}$ |
| E | 1.6$^{ab}$ | 4.0$^{bc}$ | 3.2$^{d}$ |
| F | 1.8$^{a}$ | 4.4$^{b}$ | 3.0$^{d}$ |
| G | 1.2$^{c}$ | 6.1$^{a}$ | 3.8$^{c}$ |
| H | 1.8$^{a}$ | 4.7$^{ab}$ | 4.8$^{b}$ |
| I | 1.4$^{ab}$ | 4.5$^{ab}$ | 5.3$^{a}$ |
| J | 1.3$^{bc}$ | 4.3$^{b}$ | 3.9$^{c}$ |

注：同列数值后标有相同字母的处理表示在 0.05 水平上差异不显著。

**2. 有机肥、缓释肥替代化肥施用对光合有效辐射截获量的影响** 不同施肥处理间光合有效辐射截获量存在显著差异，见表 1-2-4。在生长前期，常规施肥方式（处理 A）的光截获量高于其他处理，表明常规施肥在前期可以促进棉花的营养生长和棉花叶片的发育，促进更多光能的吸收并增强光合作用。随着生育进程的推进，不同施肥处理的冠层结构逐渐建立，对光的截获吸收率均有所增加。

**表 1-2-4 有机肥、缓释肥替代化肥模式下的光照辐射截获率**

| 处理 | 光照辐射截获率（%） | | |
|---|---|---|---|
| | 初花期 | 盛花期 | 盛铃期 |
| A | 81.7$^{a}$ | 96.3$^{a}$ | 97.3$^{a}$ |
| B | 75.1$^{ab}$ | 95.1$^{a}$ | 97.8$^{a}$ |

（续）

| 处理 | 光照辐射截获率（%） | | |
| --- | --- | --- | --- |
| | 初花期 | 盛花期 | 盛铃期 |
| C | 69.2[c] | 95.8[a] | 98.4[a] |
| D | 75.6[ab] | 98.3[a] | 97.7[a] |
| E | 73.1[bc] | 95.9[a] | 96.6[a] |
| F | 78.7[a] | 97.9[a] | 97.6[a] |
| G | 76.0[ab] | 95.8[a] | 97.6[a] |
| H | 65.3[c] | 93.4[a] | 98.8[a] |
| I | 56.9[d] | 95.6[a] | 98.8[a] |
| J | 52.5[d] | 96.4[a] | 98.3[a] |

注：同列数值后标有相同字母的处理表示在 0.05 水平上差异不显著。

**3. 有机肥、缓释肥替代化肥施用对棉花光合参数的影响** 对铃期不同肥料替代处理棉花光合性能进行分析发现（图 1-2-1），不同施肥处理下胞间二氧化碳浓度无显著性差异。不同施肥量间净光合速率无显著差异，肥料替代处理的净光合速率均高于处理 A（习惯施肥）。

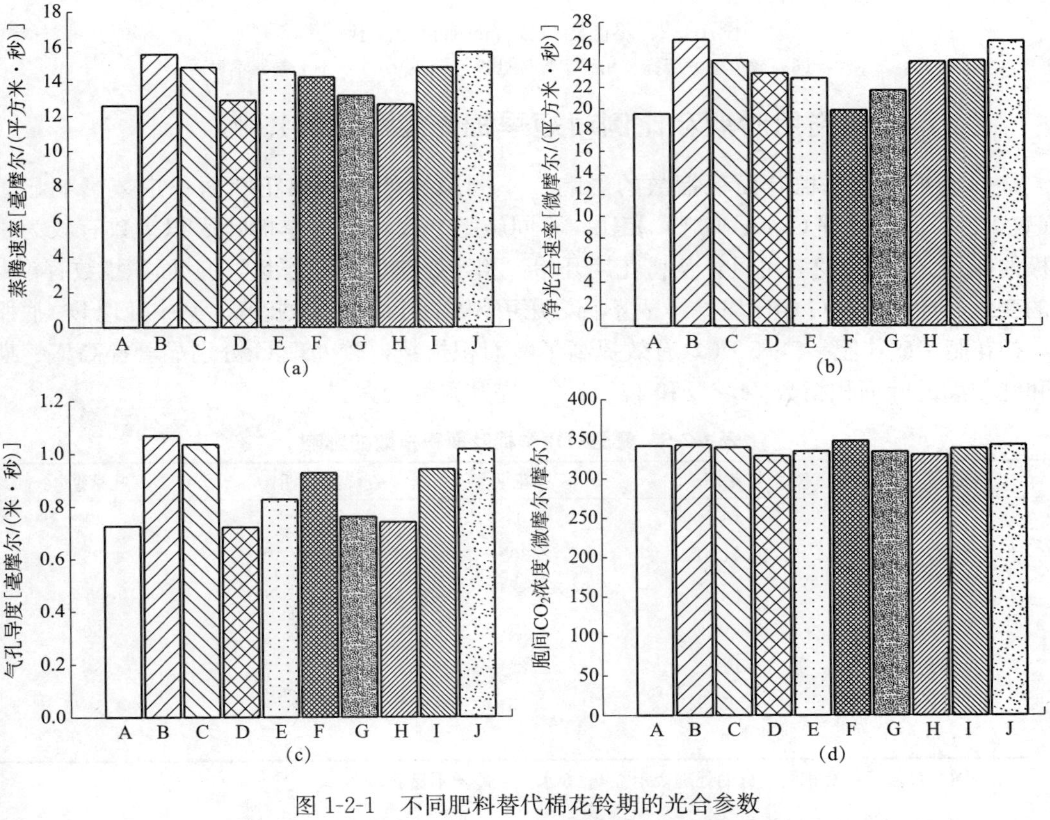


图 1-2-1 不同肥料替代棉花铃期的光合参数

（a：蒸腾速率，b：净光合速率，c：气孔导度，d：胞间二氧化碳浓度）

**4. 有机肥、缓释肥替代化肥施用对棉花光能利用率的影响** 不同施肥处理间棉花光能利用率存在显著差异（图 1-2-2）。常规施肥处理 A 的光能利用率最高，有机肥、缓控释氮肥与普通氮肥配比作基肥一次性施入会降低光能利用率，施肥效果不佳。处理 F 比处理 A 减少氮肥用量 5 千克/亩，光能利用率显著降低 24%。

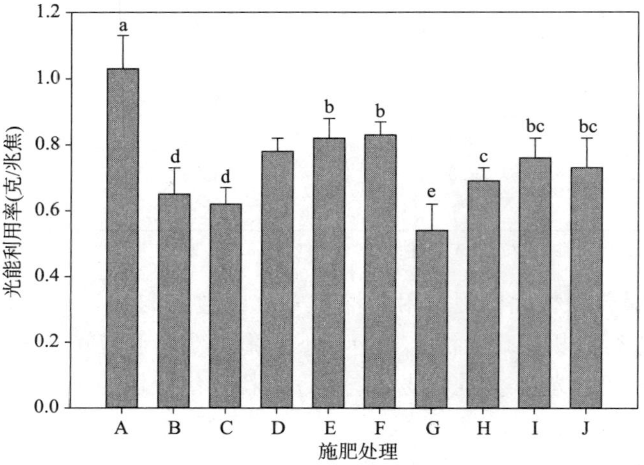


图 1-2-2 不同肥料替代的棉花光能利用率

注：同列数值上方后标有相同字母的处理表示在 0.05 水平上差异不显著

## （二）肥料施用时期和比例对短季棉光能利用的影响

**1. 氮肥对短季棉叶面积指数的影响** 不同施肥处理对棉花叶面积指数影响显著（表 1-2-5）。与处理 G（不施肥）相比，不同施肥方式均对短季棉叶面积指数有较为积极的作用。由表 1-2-5 可见，从盛花期开始，相比处理 G，其他处理的叶面积指数有较大的变化，且与处理 G 相比均差异显著，说明短季棉的叶面积指数提高。其中处理 D（底肥∶初花肥∶盛花肥＝5∶5∶0）有效提高了叶面积指数，较处理 G 分别显著提高盛铃期和吐絮期的叶面积指数 74.6%和 139.1%，提升幅度较大。

**表 1-2-5 氮肥对短季棉叶面积指数的影响**

| 处理 | 初花期 | 盛花期 | 盛铃期 | 吐絮期 |
|---|---|---|---|---|
| A | $1.07^{b}$ | $2.03^{c}$ | $4.50^{c}$ | $5.30^{ab}$ |
| B | $0.70^{d}$ | $2.30^{bc}$ | $4.35^{c}$ | $4.23^{d}$ |
| C | $1.07^{b}$ | $2.83^{a}$ | $4.70^{c}$ | $5.03^{bc}$ |
| D | $0.90^{c}$ | $2.90^{a}$ | $6.20^{a}$ | $5.50^{a}$ |
| E | $1.10^{ab}$ | $2.80^{a}$ | $5.30^{b}$ | $4.83^{c}$ |
| F | $0.93^{c}$ | $2.53^{b}$ | $4.30^{c}$ | $4.10^{d}$ |
| G | $1.33^{a}$ | $2.03^{c}$ | $3.55^{d}$ | $2.30^{e}$ |

注：同列数值后标有相同字母的处理表示在 0.05 水平上差异不显著。

**2. 氮肥对光合有效辐射截获量的影响** 随着生育进程的推进，不同施肥处理的光合有效辐射截获量先升高再降低（表 1-2-6）。施肥处理的光合有效辐射截获量均显著高于不施肥处理。从盛花期开始，处理A—F的光照辐射截获量均要高于或者显著高于处理G，可见合理施用氮肥能够提高短季棉的光合有效辐射截获量。

**表1-2-6　东平县氮肥模式下光照辐射截获量（%）**

| 处理 | 生育期 | | | |
|---|---|---|---|---|
| | 初花期 | 盛花期 | 盛铃期 | 吐絮期 |
| A | 65.29[a] | 80.90[ab] | 94.60[a] | 93.10[a] |
| B | 50.37[c] | 81.10[ab] | 91.20[ab] | 92.25[a] |
| C | 57.14[ab] | 83.80[a] | 96.30[a] | 94.84[a] |
| D | 42.43[d] | 81.10[ab] | 94.50[a] | 93.04[a] |
| E | 56.26[ab] | 72.90[c] | 91.80[ab] | 94.04[a] |
| F | 61.95[a] | 76.90[bc] | 85.70[c] | 92.50[a] |
| G | 52.35[bc] | 77.50[bc] | 80.60[d] | 79.58[b] |

注：同列数值后标有相同字母的处理表示在0.05水平上差异不显著。

**3. 氮肥对棉花光合参数的影响**　如图1-2-3所示，施用不同量氮肥的处理对棉花铃期和吐絮期的光合参数具有明显影响。棉花铃期的蒸腾速率、净光合速率、胞间二氧化碳浓度和气孔导度均高于棉花吐絮期。在棉花铃期，施肥处理的蒸腾速率、净光合速率高于不施肥处理。其中处理D（底肥：初花肥：盛花肥＝5：5：0）的蒸腾速率、净光合速率和气孔导度在各处理中均最高，光合效率最高。在吐絮期，处理F（底肥：初花肥：盛花肥＝0：7：3）的蒸腾速率、净光合速率、气孔导度在各处理中最高。

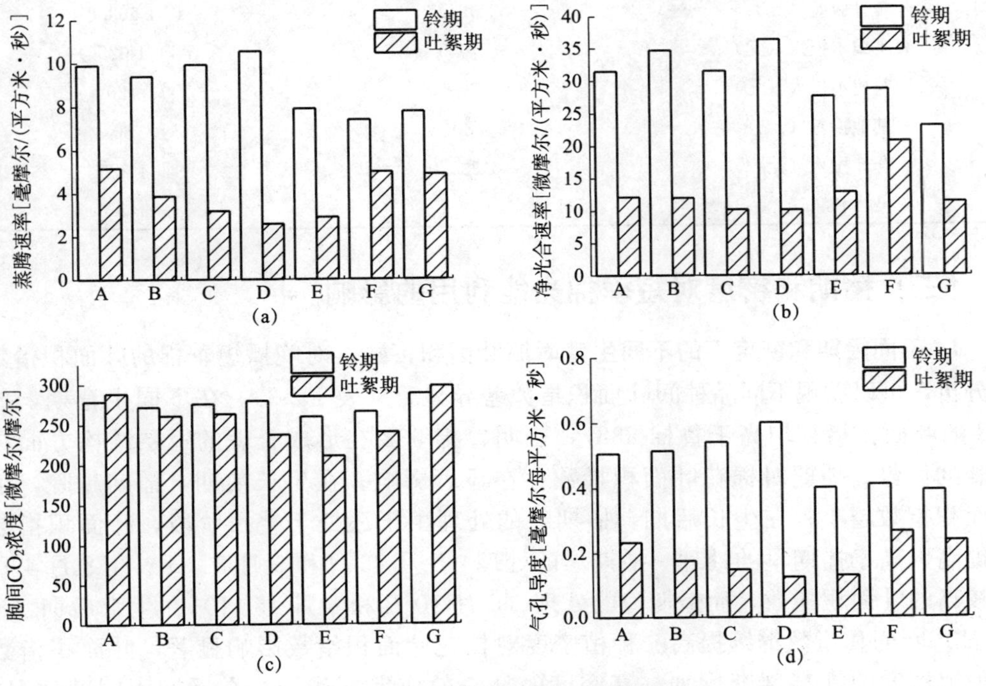


图1-2-3　氮肥对棉花光合参数的影响

（a：蒸腾速率，b：净光合速率，c：胞间二氧化碳浓度，d：气孔导度）

小区试验实打实收换算而来的经济效益，虽较田间实际收入有所差异，但各处理间的相对比较依然具有重要参考价值。如表 1-2-7 和表 1-2-8，不同处理的收益情况以及最佳模式对照收益表所示，处理 D 获得了最高的棉花种植收益和合计收益。这主要是由于处理 D 获得了最高产量，从而带来了最高的收益。

**表 1-2-7　不同处理收益情况表**

| 处理 | 籽棉产量（千克/亩） | 收益（元/亩） | 其他收益（元） | 合计收益（元） | 合计成本（元） | 纯收益（元） |
|---|---|---|---|---|---|---|
| A | 315.0 | 1 819.5 | 10 | 1 829.5 | 1 225.0 | 604.5 |
| B | 311.0 | 1 793.0 | 10 | 1 803.0 | 1 225.0 | 578.0 |
| C | 323.0 | 1 861.1 | 10 | 1 871.1 | 1 225.0 | 646.1 |
| D | 332.0 | 1 914.7 | 10 | 1 924.7 | 1 225.0 | 699.7 |
| E | 290.0 | 1 674.7 | 10 | 1 684.7 | 1 225.0 | 459.7 |
| F | 285.0 | 1 641.3 | 10 | 1 651.3 | 1 225.0 | 426.3 |
| G | 270.0 | 1 558.8 | 10 | 1 568.8 | 1 225.0 | 343.8 |

**表 1-2-8　最佳模式对照收益表**

| 指标 | D | G |
|---|---|---|
| 产量（千克/亩） | 332 | 270 |
| 棉花收益（元） | 1 914.7 | 1 558.8 |
| 其他收益（元） | 10 | 10 |
| 合计收益（元） | 1 924.7 | 1 568.8 |
| 人工成本投入（元） | 1 025 | 1 025 |
| 肥料成本投入（元） | 120 | 120 |
| 其他投入（元） | 80 | 80 |
| 合计投入（元） | 1 225.0 | 1 225 |
| 最终利润（元） | 699.7 | 343.8 |

## （三）播期和密度对短季棉光能利用的影响

**1. 不同播期和密度下的不同生育时期叶面积指数**　对晚播短季棉的叶面积指数进行分析，可以发现不同品种间叶面积指数差异显著（表 1-2-9）。在不同生育期，鲁棉 532 的叶面积指数均高于鲁棉 2387，表明鲁棉 532 在形成合理的冠层结构方面具有显著的优势。播期对棉花叶面积指数存在显著影响。在生长前期，播期越晚，植株叶面积指数越小；在生长后期，播期晚的处理由于还处于生长阶段，叶面积指数继续提高，高于播期早的处理。播期早的处理（5 月 26 日和 5 月 31 日）在 8 月 4 日形成较高的叶面积指数，而播期晚的处理（6 月 10 日和 6 月 15 日）在生育后期（8 月 26 日）叶面积指数继续提高。种植密度对棉花叶面积指数影响显著，叶面积指数随着种植密度的提高逐渐增加，高密度的补偿效应发挥作用，在播期不同的情况下，每公顷 11.25 万株的播种密度下叶面积指数最高。

**表 1-2-9　不同品种、密度和播期下的棉花叶面积指数**

| 品种 | 播期（月/日） | 密度（万株/公顷） | 7月22日 | 8月4日 | 8月26日 |
|---|---|---|---|---|---|
| 鲁棉 532 | 5/26 | 8.3 | 4.1[a] | 4.9[d] | 4.8[f] |
| | | 9.8 | 2.9[c] | 6.5[b] | 6.5[e] |
| | | 11.3 | 3.2[c] | 7.4[a] | 7.6[cd] |
| | 5/31 | 8.3 | 2.1 | 5.2[cd] | 7.9[bc] |
| | | 9.8 | 3.6[b] | 6.7[b] | 7.9[bc] |
| | | 11.3 | 3.8[ab] | 6.4[b] | 9.8[a] |
| | 6/5 | 8.3 | 2.1[e] | 5.2[cd] | 7.1[d] |
| | | 9.8 | 2.1[e] | 4.3[ef] | 7.2[d] |
| | | 11.3 | 2.6[cd] | 4.1[ef] | 7.8[bc] |
| | 6/10 | 8.3 | 2.0[e] | 4.5[de] | 8.2[b] |
| | | 9.8 | 2.4[de] | 5.6[c] | 7.7[cd] |
| | | 11.3 | 2.4[de] | 4.7[de] | 7.9[bc] |
| | 6/15 | 8.3 | 2.2[e] | 4.6[de] | 7.1[d] |
| | | 9.8 | 2.3[de] | 4.5[de] | 6.1[e] |
| | | 11.3 | 1.5[f] | 3.9[f] | 7.2[d] |
| 鲁棉 2387 | 5/26 | 8.3 | 3.0[c] | 6.2[b] | 5.0[e] |
| | | 9.8 | 3.7[b] | 6.3[b] | 5.7[de] |
| | | 11.3 | 4.5[a] | 7.3[a] | 5.6[de] |
| | 5/31 | 8.3 | 2.6[d] | 5.7[c] | 7.5[ab] |
| | | 9.8 | 3.2[c] | 6.5[b] | 6.1[de] |
| | | 11.3 | 3.7[b] | 6.3[b] | 6.2[cd] |
| | 6/5 | 8.3 | 1.6 | 3.4[e] | 5.5[de] |
| | | 9.8 | 2.4[d] | 4.4[d] | 7.3[ab] |
| | | 11.3 | 2.3[d] | 4.1[d] | 6.0[de] |
| | 6/10 | 8.3 | 1.7[e] | 4.0[d] | 7.0[bc] |
| | | 9.8 | 2.0[de] | 5.2[c] | 7.2[b] |
| | | 11.3 | 1.8[e] | 5.0[c] | 8.1[a] |
| | 6/15 | 8.3 | 0.3[f] | 3.6[e] | 4.4[f] |
| | | 9.8 | 0.5[f] | 3.8[de] | 6.4[cd] |
| | | 11.3 | 0.6[f] | 3.8[de] | 7.5[ab] |

注：字母代表不同处理间的差异性显著水平（$p<0.05$）。

**2. 不同播期和密度下的不同生育时期光照辐射截获量**　不同品种、播期和种植密度在棉花光照辐射截获量上均产生显著差异（表 1-2-10）。品种间光照辐射截获量存在差异，主要表现在初花期，鲁棉 532 比鲁棉 2387 光照辐射截获量提高 10.7%，而在盛花期和盛铃期无显著差异，鲁棉 532 仅比鲁棉 2387 光照辐射截获量提高 1.7% 和

0.5%。播期对棉花光照辐射截获量影响显著，播期越早，棉花前期生长越快，对光的吸收越多，在初花期和盛花期，5月播种处理的棉花光照辐射截获量要高于6月播种处理。但随着生育进程的推进，棉花能够较快地发育，密度的补偿效应得以发挥，使得不同播期处理对光照辐射的吸收量基本无差异。在种植密度方面，在生长前期，光照辐射截获量随着密度的增加而提高，种植密度在 $9.75\times10^4$ 和 $11.25\times10^4$ 株/公顷处理间无显著差异。而在生育后期，不同密度处理的光照辐射截获量均达到最大且无显著差异。

**表 1-2-10　不同短季棉品种、密度和播期下光照辐射截获量**

| 品种 | 播期（月/日） | 密度（万株/公顷） | 光照辐射截获量（%） | | |
|---|---|---|---|---|---|
| | | | 初花期 | 盛花期 | 盛铃期 |
| 鲁棉 532 | 5/26 | 8.3 | 96.0[a] | 97.9[a] | 98.9[a] |
| | | 9.8 | 96.4[a] | 99.1[a] | 97.9[a] |
| | | 11.3 | 96.4[a] | 99.4[a] | 99.4[a] |
| | 5/31 | 8.3 | 88.0[b] | 96.5[a] | 99.2[a] |
| | | 9.8 | 95.9[a] | 97.2[a] | 99.2[a] |
| | | 11.3 | 91.3[c] | 98.1[a] | 99.5[a] |
| | 6/5 | 8.3 | 82.6[bc] | 95.5[a] | 98.4[a] |
| | | 9.8 | 78.7[c] | 94.9[a] | 99.0[a] |
| | | 11.3 | 80.2[bc] | 96.9[a] | 99.1[a] |
| | 6/10 | 8.3 | 76.5[c] | 98.2[a] | 99.2[a] |
| | | 9.8 | 85.4[bc] | 97.2[a] | 98.9[a] |
| | | 11.3 | 81.9[bc] | 98.3[a] | 98.4[a] |
| | 6/15 | 8.3 | 61.2[d] | 95.6[a] | 98.8[a] |
| | | 9.8 | 76.9[c] | 95.9[a] | 99.2[a] |
| | | 11.3 | 53.8[f] | 95.3[a] | 98.4[a] |
| 鲁棉 2387 | 5/26 | 8.3 | 93.5[ab] | 97.4[a] | 92.3[b] |
| | | 9.8 | 96.8[a] | 97.0[a] | 98.0[a] |
| | | 11.3 | 95.6[a] | 98.8[a] | 98.3[a] |
| | 5/31 | 8.3 | 86.5[b] | 95.8[a] | 98.3[a] |
| | | 9.8 | 95.2[a] | 97.6[a] | 99.3[a] |
| | | 11.3 | 93.9[ab] | 97.9[a] | 98.0[a] |
| | 6/5 | 8.3 | 61.7[d] | 89.0[b] | 98.9[a] |
| | | 9.8 | 84.7[b] | 95.6[a] | 99.0[a] |
| | | 11.3 | 70.2[c] | 95.5[a] | 99.3[a] |
| | 6/10 | 8.3 | 65.1[cd] | 93.2[ab] | 99.2[a] |
| | | 9.8 | 63.4[cd] | 95.7[a] | 98.9[a] |
| | | 11.3 | 62.3[d] | 95.8[a] | 99.1[a] |
| | 6/15 | 8.3 | 51.7[fg] | 94.3[ab] | 99.1[a] |
| | | 9.8 | 45.3[g] | 92.9[ab] | 99.1[a] |
| | | 11.3 | 55.3[efg] | 93.5[ab] | 99.2[a] |

注：同列数值后标有相同字母的处理表示在0.05水平上差异不显著。

**3. 不同播期和密度下的不同生育时期棉花光合参数** 品种、播期和种植密度对棉花铃期的蒸腾速率、净光合速率、胞间二氧化碳浓度和气孔导度无显著影响（表1-2-11）。品种方面，对于净光合速率，鲁棉532略高于鲁棉2387；播期越早，净光合速率越高，越利于二氧化碳的固定和光合产物的积累，促进棉花干物质生产。播期早的处理，净光合速率随着种植密度的提高而降低，而播期晚的处理净光合速率情况相反。

**表1-2-11 不同短季棉品种、密度和播期下光合参数**

| 品种 | 播期（月/日） | 密度（万株/公顷） | 蒸腾速率（微摩尔/平方米·秒） | 净光合速率（微摩尔/平方米·秒） | 胞间 $CO_2$ 浓度（微摩尔/摩尔） | 气孔导度（摩尔/平方米·秒） |
|---|---|---|---|---|---|---|
| 鲁棉532 | 5/26 | 8.3 | 13.2 | 26.5 | 321.4 | 0.80 |
| | | 9.8 | 13.4 | 25.2 | 339.4 | 0.99 |
| | | 11.3 | 10.1 | 22.7 | 319.0 | 0.55 |
| | 5/31 | 8.3 | 17.2 | 26.3 | 332.6 | 0.95 |
| | | 9.8 | 14.5 | 26.4 | 329.5 | 0.87 |
| | | 11.3 | 16.4 | 25.7 | 335.1 | 0.94 |
| | 6/5 | 8.3 | 16.3 | 19.9 | 335.5 | 0.77 |
| | | 9.8 | 13.8 | 21.7 | 331.6 | 0.81 |
| | | 11.3 | 18.1 | 27.8 | 325.2 | 0.89 |
| | 6/10 | 8.3 | 15.9 | 22.5 | 308.3 | 0.72 |
| | | 9.8 | 12.4 | 20.8 | 319.6 | 0.65 |
| | | 11.3 | 16.7 | 26.8 | 335.0 | 0.96 |
| | 6/15 | 8.3 | 14.3 | 23.5 | 332.9 | 0.81 |
| | | 9.8 | 14.6 | 23.1 | 311.7 | 0.61 |
| | | 11.3 | 13.0 | 23.8 | 324.7 | 0.66 |
| 鲁棉2387 | 5/26 | 8.3 | 13.6 | 27.6 | 331.9 | 0.94 |
| | | 9.8 | 13.9 | 28.2 | 334.2 | 0.98 |
| | | 11.3 | 13.1 | 26.0 | 323.8 | 0.76 |
| | 5/31 | 8.3 | 15.5 | 25.6 | 341.7 | 0.97 |
| | | 9.8 | 14.9 | 22.4 | 342.7 | 0.94 |
| | | 11.3 | 12.5 | 23.5 | 328.1 | 0.75 |
| | 6/5 | 8.3 | 14.2 | 25.4 | 329.0 | 0.77 |
| | | 9.8 | 13.2 | 24.5 | 317.3 | 0.84 |
| | | 11.3 | 16.9 | 29.8 | 334.1 | 1.05 |
| | 6/10 | 8.3 | 13.7 | 23.9 | 330.2 | 0.80 |
| | | 9.8 | 13.3 | 23.8 | 326.9 | 0.68 |
| | | 11.3 | 14.2 | 26.8 | 323.0 | 0.83 |
| | 6/15 | 8.3 | 14.0 | 22.9 | 329.2 | 0.72 |
| | | 9.8 | 8.5 | 20.7 | 309.3 | 0.40 |
| | | 11.3 | 10.9 | 22.5 | 313.8 | 0.51 |

**4. 不同播期和密度下的不同生育时期棉花光能利用率的影响** 对晚播短季棉的光能利用率进行分析，可以发现不同品种间光能利用率差异显著（表1-2-12、表1-2-13）。

鲁棉532的光能利用率比鲁棉2387高12.1%，可能因为鲁棉532能够形成合理的冠层结构，群体光合能力强，干物质积累量多，能利用更多的光。播期对棉花叶面积指数存在显著影响，随着播种期的延长，光能利用率先升高再降低，在6月5日播种光能利用率最高。同时种植密度显著影响棉花光能利用率，种植密度9.75万株/公顷时光能利用率最高，推荐晚播短季棉的种植密度保持在9.75万株/公顷左右。

**表 1-2-12　不同品种、密度和播期下棉花光能利用率**

| 品种 | 播期（月/日） | 密度（万株/公顷） | 光能利用率（%） | 品种 | 播期（月/日） | 密度（万株/公顷） | 光能利用率（%） |
|---|---|---|---|---|---|---|---|
| 鲁棉532 | 5/26 | 8.25 | 1.44 | 鲁棉2387 | 5/26 | 8.25 | 1.49 |
| | | 9.75 | 1.49 | | | 9.75 | 1.37 |
| | | 11.25 | 2.02 | | | 11.25 | 1.31 |
| | 5/31 | 8.25 | 1.44 | | 5/31 | 8.25 | 1.57 |
| | | 9.75 | 1.79 | | | 9.75 | 1.73 |
| | | 11.25 | 1.52 | | | 11.25 | 1.75 |
| | 6/5 | 8.25 | 1.64 | | 6/5 | 8.25 | 1.27 |
| | | 9.75 | 1.88 | | | 9.75 | 2.47 |
| | | 11.25 | 2.22 | | | 11.25 | 1.81 |
| | 6/10 | 8.25 | 1.56 | | 6/10 | 8.25 | 1.17 |
| | | 9.75 | 2.04 | | | 9.75 | 1.62 |
| | | 11.25 | 1.74 | | | 11.25 | 1.75 |
| | 6/15 | 8.25 | 1.74 | | 6/15 | 8.25 | 1.47 |
| | | 9.75 | 2.29 | | | 9.75 | 1.83 |
| | | 11.25 | 2.17 | | | 11.25 | 1.45 |

**表 1-2-13　不同品种、密度和播期下棉花光能利用率显著性分析**

| 处理 | 光能利用率（%） |
|---|---|
| 品种 | |
| 鲁棉532 | 1.79[a] |
| 鲁棉2387 | 1.6[b] |
| 播期 | |
| 5月26日 | 1.52[c] |
| 5月31日 | 1.63[b] |
| 6月5日 | 1.88[a] |
| 6月10日 | 1.65[b] |
| 6月15日 | 1.83[a] |
| 密度 | |
| 8.25万株/公顷 | 1.47[b] |
| 9.75万株/公顷 | 1.85[a] |

（续）

| 处理 | 光能利用率（%） |
| --- | --- |
| 11.25 万株/公顷 | 1.77[a] |
| 方差分析 | |
| 品种 | * |
| 播期 | * |
| 密度 | * |
| 品种×播期 | * |
| 品种×密度 | * |
| 密度×播期 | * |
| 品种×密度×播期 | ns |

注：ns 表示差异不显著。* 表示在 0.05 水平上差异显著。

# 四、讨论

摩西（Monsi）等于 1983 年提出了作物冠层结构的概念，指出在作物群体水平上，地上部植株器官的多少及空间分布特征决定了冠层结构。冠层群体结构是作物产量的主要决定因素之一，它不仅直接影响太阳光的截获量，而且通过影响冠层内的温度、湿度和二氧化碳等微环境，最终影响群体的光合效率。叶面积指数是影响光拦截和光合作用的重要指标，提高叶面积指数可以有效改善冠层光合作用。当叶面积指数较高时，理想冠层需要使顶层叶片更加直立，而下部叶片则随冠层的深度逐渐增加而逐渐倾斜其叶片，从而避免冠层上部的光饱和，进而提高作物叶片对光能的利用效率，为干物质积累奠定基础。此外，光能利用效率不仅反映了作物将光能转化为有机物质的效率，更直接参与了陆地生态系统的碳循环过程。据研究报告，陆地生态系统每年可通过生态系统植被的光合作用过程吸收约 600 亿吨碳。因此，提高作物的光合利用效率，促进其对二氧化碳的吸收，不仅仅满足了作物干物质的积累，更是实现了碳固定，形成了“碳中和”的循环圈。

在以有机肥、缓释肥替代化肥的情况下，将普通氮肥和缓控释肥 1∶1 配施可以有效促进棉花生长，提高叶面积指数，形成合理的冠层结构，在棉花初花期、盛花期和盛铃期均可获得较高的冠层光照拦截率。同时，该模式具有较高的单叶净光合速率，这是该模式下棉花获得高产的基础，从而提高了植棉效益。地上部冠层结构的优化需要地下部养分的支撑，普通尿素可满足棉花前期生长所需养分，缓释肥养分缓慢持续释放的特性满足了棉花关键生育期的养分需求。此外，缓释肥氮素缓释的特性，避免了氮素的爆发式释放，从而降低了农业面源污染、土壤酸化和土地结构破坏等的风险。

棉花生长需要持续供应养分，但是不同阶段对于养分的需求不同。棉花在苗期阶段植株较小，吸收的氮素较少，而初花期至盛花期阶段为棉花快速积累生物量和吸收氮素的高峰期。因此，合理的氮肥运筹模式能构建良好的棉花群体结构，提高群体光能截获率和二氧化碳固定效率，进而提高光合有效辐射利用率，最终促进光合产物于生殖器官积累，提高棉花产量。相关研究表明，在棉花盛花期，生殖生长开始强于营养生长，叶片当中大部分的营养物质均用于供应花铃。底肥和初花养分的充足供应，可以保证棉花叶片等营养器官的生长，优化群体冠层光和结构，进而为盛花期的养分供给奠定基础。

在施肥时期和比例上，底肥：初花肥：盛花肥＝5：5：0模式可以有效提高叶面积指数，蒸腾速率、净光合速率、气孔导度在各处理中均最高。同时，光合速率的提升也表明了二氧化碳固定效率的提升，相对降低了大气中二氧化碳的含量，减弱了温室效应。李鹏程等和刘敬然等研究了氮肥对棉花功能叶光合效率及功能叶生理活性的影响，结果发现随着施氮量的增加，棉花功能叶净光合速率呈增加趋势，且叶柄硝酸盐含量与氮肥用量呈现正相关关系。众多研究表明，施氮对冠层结构的影响主要表现为对棉花的叶面积指数、棉铃空间分布、平均叶倾角、消光系数的调控，施氮量过低或过高均不利于形成理想的棉花冠层结构，且施氮量过高会造成植株徒长和土壤硝酸盐的过量积累，污染地下水。

此外，合理的棉花冠层结构不仅能减少漏光，有利于提高光能利用率，延长花铃期的光合能力高值持续期，提高光能利用效率，而且可以直接反映棉花的生物产量。本试验条件下，底肥：初花肥：盛花肥＝5：5：0模式获得了最高的棉花收益和合计收益，这主要是由于该处理提高了叶片的光能利用效率，获得了最高产量，从而带来了最高的收益。

作物播期和密度不仅会影响作物生长，还会通过地上部的冠层结构影响作物对光能资源的利用。本试验进一步探究了播期和密度对于棉花光能利用效率的影响。结果显示，播期和密度对棉花叶面积指数、冠层光照辐射截获率和单叶光合速率均存在显著影响。这种影响表现为在生长前期，播期越晚，植株叶面积指数越低；在生长后期，播期晚的处理叶面积指数继续提高，高于播期早的处理。播期晚导致的叶面积指数降低可能造成了漏光损失，因此降低了棉花叶片对于光能资源的利用。而不同种植密度的棉花群体冠层株形结构各不相同，不同密度下棉花不同生育期的冠层光合有效辐射截获率（PAR）差异显著，这主要由棉花茎叶的空间分布决定，且冠层光透射率随密度增加而减少。叶面积指数随着种植密度的提高逐渐增加，高密度的补偿效应发挥作用；而在生育后期，密度对光照辐射截获量的影响减小，这与前人的研究结果基本一致。

## 五、小结

普通氮肥和缓控释肥1：1配施可以有效促进棉花生长，提高叶面积指数，形成合理的冠层结构，提高光能利用效率。底肥：初花肥：盛花肥＝5：5：0模式可以有效提高叶面积指数，蒸腾速率、净光合速率、气孔导度在各处理中均最高。该模式由于提高了棉花叶面对于光能的利用，促进了干物质的积累，提高了最终的总效益和净收益。适当提前播种（5月31日前），且每公顷$9.75\times10^4$～$11.25\times10^4$株播量有助于获得较为合理的群体结构，提高光能的吸收与利用，促进二氧化碳的固定及其向生殖器官转移速率，保障棉铃发育和产量增加，从而提升经济效益。

研究化肥替代、时间及播期和密度对棉花光能利用效率的影响，有助于发挥短季棉优势，在一定程度上克服两熟种植中茬口衔接方面存在的问题，显著提高资源利用效率并降低环境负荷，对于种植业结构调整、促进两熟种植具有重要实用价值。这一研究也在兼顾了棉田生态环境保护的同时，设计了适合不同生态区的棉花绿色高效栽培技术，促进了棉花生产绿色优质高效发展。

# 麦棉两熟模式下棉花资源高效利用及低环境负荷特性研究

王桂峰

## 一、引言

棉花作为常用天然纺织品原料，是一种重要的经济作物。随着中国社会经济的迅速发展和人民生活水平的不断提高，棉纺织品越来越受到人们的喜爱。但农村劳动力的不足和棉花种植成本高、效益低的特性，使得棉农种植积极性不高，导致棉花种植面积连续下降。山东省棉花生产面临着产业结构调整，预计划定 $26.7\times10^4$ 公顷棉花生产保护区，而目前只有 $18\times10^4$ 公顷。在这种新的调整改革条件下，为充分利用有效的土地资源，在发展棉花生产的同时，保证粮食和其他作物的播种面积，应推广棉麦两熟种植模式。麦棉两熟种植能够有效缓解主产棉区粮棉争地矛盾，是实现我国粮棉“双扩双增”（即粮棉种植面积的双扩大和产量的双增加）的有效手段。叶片是作物进行光合作用和有机物质合成的主要器官，叶面积指数是决定冠层光合作用能力的重要指标，可直接影响作物对光能的截获，进而影响光合产物的合成，对作物的高产十分重要。合理密植是提高棉花叶面积指数、群体光能利用能力的重要措施，是棉花优质、高产的关键因素之一。本试验探讨了麦棉连作种植模式对棉花产量和光能利用效率的影响，为筛选出高产高光效种植模式提供理论依据，有利于实现小麦和棉花周年高产。这也将实现土壤环境资源的绿色高效利用，从而保护现有的农业生态系统。本章通过设计麦棉两熟种植模式试验，分析、比较不同种植密度下棉花生理特性以及棉田中害虫和天敌种群密度的变化，找出此模式下棉花生理特性表现最好的最佳种植密度，并且找到自然防治棉田天敌的“绿色方法”，以便减少农田环境污染、降低对环境造成的危害。

## 二、材料与方法

### （一）试验设计

试验地点：巨野县陶庙镇狄海村

供试品种：鲁棉 532 和德棉 15

试验处理：试验于 2018 和 2019 年棉花生长季开展，2 个品种均设置 4 个种植密度，分别为 6.75 万（D1）、8.25 万（D2）、9.75 万（D3）和 11.25 万（D4）株/公顷。行距 76 厘米，小区行长 10 米，种植 6 行，隔离带 1 米，3 次重复，共 24 个小区。两季试验均于 6 月 6 日播种。施肥、灌水、化控等田间管理按照当地高产田要求进行。其中氮肥

(N) 用量 180.0 千克/公顷；磷肥（$P_2O_5$）用量 54 千克/公顷；钾肥（$K_2O$）用量 180.0 千克/公顷，施肥深度 10～15 厘米。

## (二) 测定项目与方法

**1. 棉花生长季光温、生育期以及田间管理记录** 详见第二章“材料与方法”下“测定项目与方法”部分。

**2. 棉花产量及其构成和纤维品质** 棉花产量测定：在小区内选择连续长势均匀一致的 20 株棉花，按照果枝数平均分为上下两部分，挂上网袋，连续收取吐絮铃，记录铃数并称重，同时记录小区总株数，最终换算得到籽棉产量。轧花后对皮棉称重，计算衣分率和皮棉产量。送样进行纤维检测，测定纤维品质。计算小麦和棉花经济效益，分析麦棉连作的优点。

**3. 棉花农艺性状的调查** 在棉花生育期内，分别于 7 月 15 日、8 月 15 日和 9 月 10 日在每个小区内调查连续 10 株棉花。调查指标主要包括：株高，果枝数，每个果枝上对应的蕾、花、铃、烂铃、吐絮铃数目。

**4. 棉花干物质和养分的积累与分配的测定** 在现蕾期、开花期、盛花期、盛铃期、吐絮期（生育期：小区 50%棉株达到标准）进行干物质取样，每次取 3 株，分为生殖器官（蕾花铃）和营养器官（根茎叶），置于烘箱中 105 ℃杀青 1 小时，然后烘干至恒重，称重；同时测定植株氮、磷、钾含量，比较分析棉花干物质和养分积累的动态性变化。

对样品使用 $H_2SO_4$-$H_2O_2$ 消煮，然后分别以凯氏定氮法、钒钼黄比色法、火焰光度法测定植株的氮、磷、钾含量，折算为作物的氮、磷、钾吸收量。最后比较分析棉花的干物质和养分积累的动态性变化。

**5. 棉花冠层结构、光合性能及光能利用率** 冠层结构：分别在盛蕾期、初花期、盛花期、盛铃期和吐絮期，用 LAI-2200 植物冠层分析仪（LAI-2200，Plant canopy analyzers，PCA；Li-COR，Lincoln，Nebarska，USA）对每个小区的棉花群体冠层结构指标进行测定，计算群体叶面积指数（Leaf area index，LAI）、透光率（Transmittance，T）和平均叶倾角（Mean foliar leaf angle，MFLA）。

光合效率和光能利用率详见第二章“材料与方法”部分。

**6. 土壤供肥特性** 分别在小麦和棉花播种前和收获后测定土壤养分含量，利用“五点采样法”在各小区的 0～20 厘米和 20～40 厘米土层采集土样，剔除可见植物残体，带回实验室风干、磨细过 0.01 毫米筛，保存在玻璃磨口瓶中，用于土壤养分性质检测。测定指标有全氮（半微量凯氏定氮法）、碱解氮（碱解扩散法）、全磷（NaOH 熔融-钼锑抗比色法）、有效磷（$NaHCO_3$ 浸提-钼锑抗比色法）、全钾（NaOH 熔融-火焰光度法）、速效钾（$CH_3COONH_4$ 浸提-火焰光度法）。将结果折算为肥料农学效率以供比较。肥料农学效率是指对某种农资肥料的利用率，肥料农学效率＝棉花产量/肥料施用量。

**7. 害虫和天敌种群特征及病虫害防治** 在苗期、花蕾期和吐絮期害虫发生高峰期，调查麦棉两熟棉田不同密度下害虫和自然天敌的种类、种群数量。调查方法为在小区采用对角线五点法进行取样，每点取 10 株棉花，系统记录每株棉花上棉蚜、烟粉虱、棉盲蝽、棉叶蝉、斜纹夜蛾、黄蓟马等害虫及龟纹瓢虫、异色瓢虫、草蛉、小花蝽、大眼长蝽、蜘蛛等天敌的种群数量，其中棉蚜、烟粉虱的数量采用3叶目测法调查，其他害虫和天敌采用整株目测法调查。用单因素方差分析和多重比较的方法，分析种植密度对害虫和自然天敌种群的影响。调查病虫害防治情况，每个种植模式调查5块棉田。所有棉田在病虫害达到防治指标时进行喷药防治，记录防治措施、防治次数和每次农药用量。

### （三）数据处理

所有数据均采用 Excel（Microsoft office，2007）、Statistix（Stat SoftInc. Statistix. TulsaOK. 1991）、SAS 8.0 程序进行数据整理、方差分析和多重比较。采用 SigmaPlot 12.5 软件作图。

## 三、结果与分析

### （一）不同种植密度下棉花干物质积累与产量形成

**1. 各生育时期干物质积累与分配** 从图1-3-1可以看出，鲁棉532和德棉15各处理棉花干物质积累量在生育期内随时间推移的变化趋势较一致，随着棉花生育期进程的推进，各处理的干物质积累量均呈现显著增长的趋势。随着种植密度的增加，干物质积累量显著提高，且在T2时期后均达到显著水平。

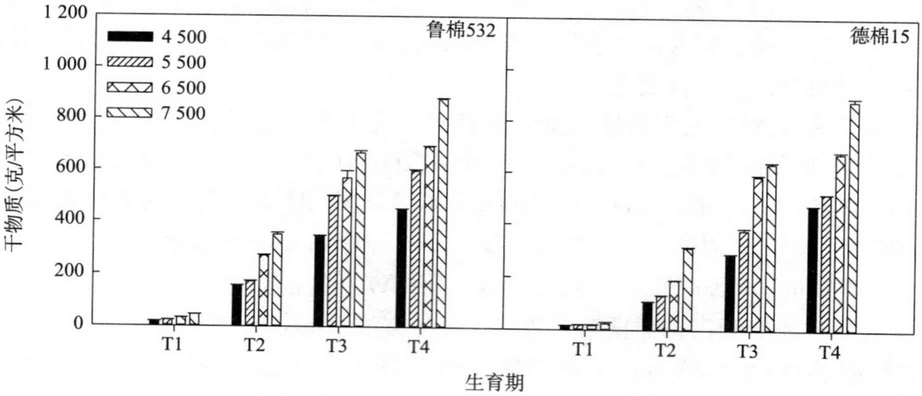


图1-3-1 不同种植密度下棉花各生育时期干物质积累量
（注：T1 现蕾期、T2 花期、T3 盛铃期、T4 吐絮期）

表1-3-1显示，随着种植密度的提高，各个生育时期的根茎、蕾花铃和叶片干物质重量均增加。在播种至播种后55天内，根茎干物质重量>叶片干物质重量>蕾花铃干物质重量，55天以后叶片与蕾花铃干物质重量基本一致，但品种间存在差异，鲁棉532表现为蕾花铃干物质重量高于叶片干物质重量。除盛铃期D3和D4种植密度下的根茎，鲁棉532在现蕾期、花期、盛铃期的根茎干物质重量较德棉15高，而吐絮期反之。除在D4密度下的吐絮期，其他各处理的各个生育时期内鲁棉532的叶片干物质重量均比德棉15高。蕾花铃干重方面，前期鲁棉532小于德棉15，后期逐渐超过德棉15。

**表 1-3-1　棉花不同器官干物质重量比较**

| 播后天数 | 品种 | 密度（万株/公顷） | 根茎（克/平方米） | 蕾花铃（克/平方米） | 叶片（克/平方米） |
|---|---|---|---|---|---|
| 播后 40 天 | 鲁棉 532 | 6.8 | 11.8c | 0.54d | 5.8d |
| | | 8.3 | 15.3b | 0.85cd | 7bc |
| | | 9.8 | 22.7a | 1.18abc | 7.6b |
| | | 11.3 | 24.7a | 1.5a | 8.8a |
| | 德棉 15 | 6.8 | 9.4c | 0.81cd | 4.4e |
| | | 8.3 | 12.3bc | 0.95bcd | 5.8d |
| | | 9.8 | 15.6b | 1.38ab | 6.5cd |
| | | 11.3 | 25.7a | 1.63a | 7bc |
| 播后 55 天 | 鲁棉 532 | 6.8 | 79.8c | 13.7c | 61.5e |
| | | 8.3 | 78.7c | 16c | 76.2d |
| | | 9.8 | 150.4b | 20.6b | 98.1c |
| | | 11.3 | 210.2a | 26.3a | 112.5b |
| | 德棉 15 | 6.8 | 41.8e | 13.7c | 51.6f |
| | | 8.3 | 58.1d | 15.1c | 57.6e |
| | | 9.8 | 68.3cd | 22.3b | 97.9c |
| | | 11.3 | 161.5b | 25a | 124.4a |
| 播后 61 天 | 鲁棉 532 | 6.8 | 120.3d | 110.1e | 112.5e |
| | | 8.3 | 203.7c | 165.8c | 129.6d |
| | | 9.8 | 246.5b | 184.5b | 171.9c |
| | | 11.3 | 250.8b | 206.5a | 209.5a |
| | 德棉 15 | 6.8 | 81.6e | 86.4f | 116.5e |
| | | 8.3 | 112.2d | 136.6d | 128.7d |
| | | 9.8 | 287.6a | 167.4c | 132.6d |
| | | 11.3 | 252.9b | 187.8b | 194.6b |
| 播后 78 天 | 鲁棉 532 | 6.8 | 113.2e | 210.2bc | 126.5f |
| | | 8.3 | 189.9d | 235.6ab | 172.7d |
| | | 9.8 | 217.2cd | 255.1a | 220.8a |
| | | 11.3 | 434a | 262.2a | 184.7c |
| | 德棉 15 | 6.8 | 238.3c | 109.4e | 124.4f |
| | | 8.3 | 222.6c | 152.5d | 144.8e |
| | | 9.8 | 285b | 186.1c | 204.8b |
| | | 11.3 | 445.4a | 211.2bc | 225a |

注：同列数值后标有相同字母的处理表示在 0.05 水平上差异不显著。

**2. 各处理棉花产量及构成因素**

由表 1-3-2 可知，两棉花品种不同种植密度处理间的籽棉产量、皮棉产量均存在显著差异，鲁棉 532 在 4 种种植密度下的籽棉产量依次为 784.2、1 005.7、1 275.8、1 111.1 千克/公顷，皮棉产量分别为 309.0、392.2、482.2 和 418.9 千克/公顷，随着种植密度的增加，皮棉产量和籽棉产量上升，D4 密度下皮棉产量和籽棉产量最高，且鲁棉 532 的产量高于德棉 15。分析产量构成因素可知，亩铃数是处理间产量差异的主要来源。两个品种的亩铃数都随着种植密度的增加而显著增加。两个品种的衣分率和单铃重均以 $6.75\times10^4$ 株密度下最高，但处理间衣分率差异不显著，单铃重差异达到显著水平。这表明种植密度对衣分率的影响不如对铃重和铃数的影响明显。鲁棉 532 和德棉 15 的果枝数均随着种植密度的增加而显著降低。

**表 1-3-2　棉花产量、产量构成因素与果枝数比较**

| 品种 | 密度（万株/公顷） | 籽棉产量（千克/公顷） | 衣分率（%） | 皮棉产量（千克/公顷） | 铃数 | 铃重（克） | 果枝数 |
|---|---|---|---|---|---|---|---|
| 鲁棉 532 | 6.8 | 784.2$^{e}$ | 39.4$^{a}$ | 309.0$^{d}$ | 208 270$^{h}$ | 4.43$^{a}$ | 6.27$^{a}$ |
| | 8.3 | 1 005.7$^{c}$ | 39.0$^{ab}$ | 392.2$^{bc}$ | 283 742$^{f}$ | 4.17$^{bc}$ | 5.73$^{bc}$ |
| | 9.8 | 1 275.8$^{a}$ | 37.8$^{cd}$ | 482.2$^{a}$ | 416 924$^{c}$ | 3.60$^{d}$ | 4.60$^{de}$ |
| | 11.3 | 1 111.1$^{b}$ | 37.7$^{cd}$ | 418.9$^{b}$ | 446 154$^{b}$ | 2.93$^{f}$ | 4.00$^{f}$ |
| 德棉 15 | 6.8 | 857.5$^{d}$ | 38.4$^{bc}$ | 329.3$^{d}$ | 232 996$^{g}$ | 4.33$^{ab}$ | 6.20$^{ab}$ |
| | 8.3 | 1 104.4$^{b}$ | 37.3$^{d}$ | 411.9$^{b}$ | 324 827$^{e}$ | 4.00$^{c}$ | 5.53$^{c}$ |
| | 9.8 | 1 038.4$^{c}$ | 38.0$^{cd}$ | 394.6$^{bc}$ | 373 608$^{d}$ | 3.27$^{e}$ | 4.73$^{d}$ |
| | 11.3 | 1 171.4$^{b}$ | 37.5$^{d}$ | 439.3$^{ab}$ | 475 231$^{a}$ | 2.90$^{f}$ | 4.20$^{ef}$ |

注：同列数值后标有相同字母的处理表示在 0.05 水平上差异不显著。

## （二）不同种植密度下棉花光合生理特性

**1. 关键生育时期的叶面积指数**　叶面积指数是衡量棉花群体结构是否合理的一个重要生理生态指标。从图 1-3-2 可以看出，各个处理的棉花叶面积指数在生育期内随时间推移的变化趋势较为一致，随着生育期进程的发展，棉花叶面积指数逐渐上升，且呈现先快后慢的趋势。除鲁棉 532 在花期内 D3 种植密度下的叶面积指数高于 D4 种植密度下的叶面积指数外，在各个生育时期内，棉花的叶面积指数随着种植密度的增加而提高。总体来看，鲁棉 532 在全生育时期内的叶面积指数高于德棉 15，且 D4 种植密度下的叶面积指数最高。

**2. 棉花花后光合性能参数**　图 1-3-3 为两品种在不同密度下的铃期和吐絮期的光合相关参数。由图可知，两棉花品种的蒸腾速率、净光合速率、胞间二氧化碳浓度和气孔导度在铃期均高于吐絮期。品种间净光合速率存在差异，表现为鲁棉 532 高于德棉 15。对于胞间二氧化碳浓度，不同品种、种植密度间均无显著性差异，而蒸腾速率、净光合速率及气孔导度均随种植密度的提高而呈增加趋势，但 D1、D2 和 D3 种植密度间差异不显著。

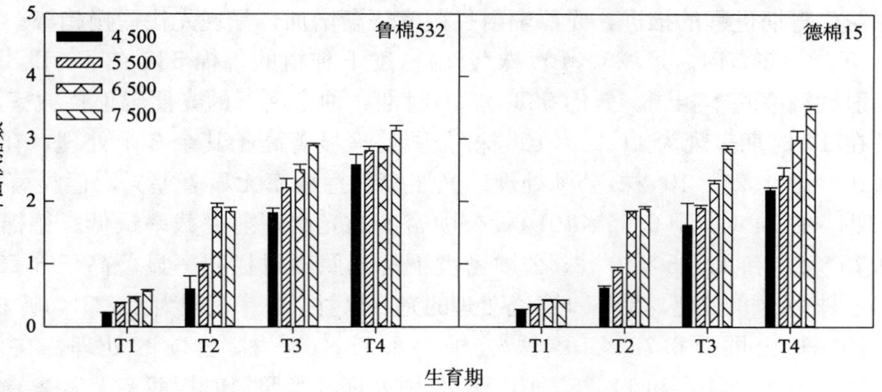


图 1-3-2　不同种植密度棉花各生育时期叶面积指数
（注：T1 现蕾期、T2 花期、T3 盛铃期、T4 吐絮期）

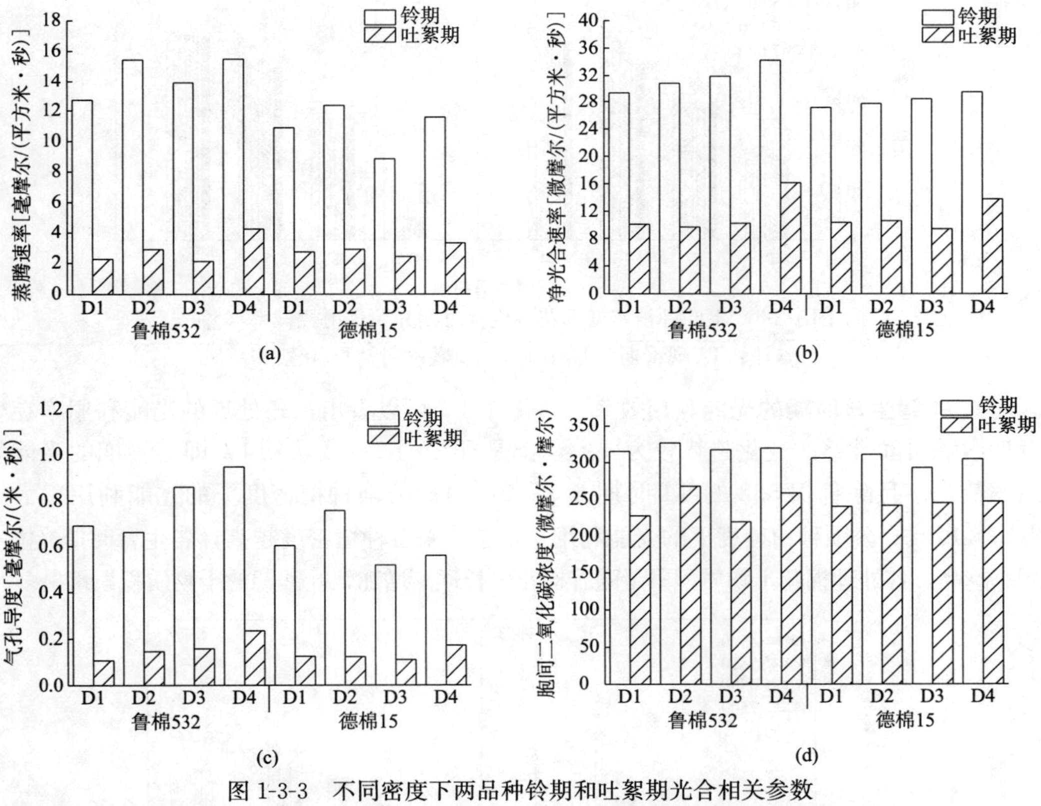


图 1-3-3　不同密度下两品种铃期和吐絮期光合相关参数
（a：蒸腾速率，b：净光合速率，c：气孔导度，d：胞间二氧化碳浓度）

**3. 关键生育时期的光照辐射拦截率**　棉花生长发育的能量基础是光合作用，棉花的产量与它的光照辐射拦截率有密切的关系。从图 1-3-4 可以看出，处理间光照辐射拦截率变化趋势，在生育期内随时间推移与叶面积指数变化趋势一致。除了德棉 15 在 8.25 万株的种植密度下光照辐射拦截率 T3 时期＞T4 时期外，其余密度处理均表现为随着棉花生育期进程的推进，光照辐射拦截率逐渐增加，呈现先快后慢趋势。总体表现为 T1<T2<T3<T4。11.25×$10^4$ 株/公顷密度下种植的鲁棉 532 在 T3 和 T4 时期的光照辐射拦截率基本相同。鲁棉 532 在 T1 时期 4 种密度下的光照辐射拦截率均无显著差异；在 T2 时期表现为 11.25×$10^4$ 株/公顷处理显著高于其余 3 个处理；在 T3 时期 9.75×$10^4$ 和 11.25×$10^4$ 株/公顷处理的光照辐射拦截率无显著差异，但显著高于其余 2 个处理；在 T4 时期，6.75×$10^4$ 株/公顷密度的光照辐射拦截率最低。德棉 15 在 T1 时期 9.75×$10^4$ 和 11.25×$10^4$ 株/公顷密度下的光照辐射拦截率显著高于 6.75×$10^4$ 和 8.25×$10^4$ 株/公顷的处理，在 T2 时期各处理的光照辐射拦截率表现为 11.25×$10^4$ 株/公顷>9.75×$10^4$ 株/公顷>6.75×$10^4$ 株/公顷>8.25×$10^4$ 株/公顷的处理，在 T3 时期 8.25×$10^4$、9.75×$10^4$ 和 11.25×$10^4$ 株/公顷处理的光照辐射拦截率无显著差异，但显著高于 6.75×$10^4$ 株/公顷的处理，在 T4 时期 4 种密度下的光照辐射拦截率均无显著差异。

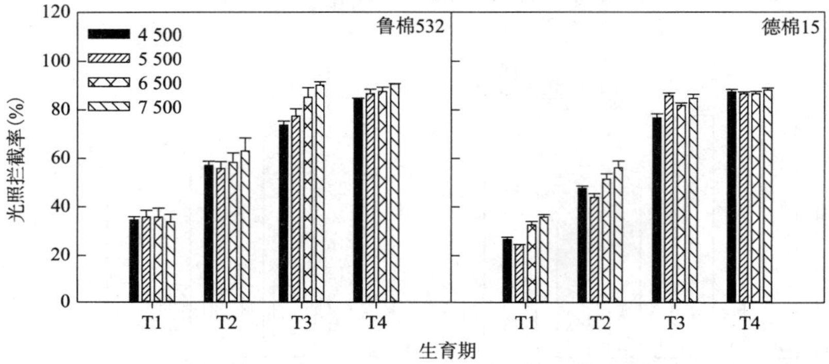


图 1-3-4　不同种植密度棉花各生育时期光照辐射拦截率（%）

（注：T1 现蕾期、T2 花期、T3 盛铃期、T4 吐絮期）

**4. 关键生育时期的光能利用效率**　从图 1-3-5 可以看出，各处理的光能利用率在生育期内随时间推移的变化趋势较为一致，都是 T3>T2= T4>T1，即盛铃期的光能利用率最高。且除鲁棉 532 的 T1 时期 6.75×$10^4$ 株/公顷种植密度下的光能利用率大于 8.25×$10^4$ 株/公顷种植密度下的光能利用率，总体来看种植密度越高，各生育时期光能利用率越高。各处理棉花干物质积累量随着棉花生长逐渐增加，吐絮期的干物质积累量最多。

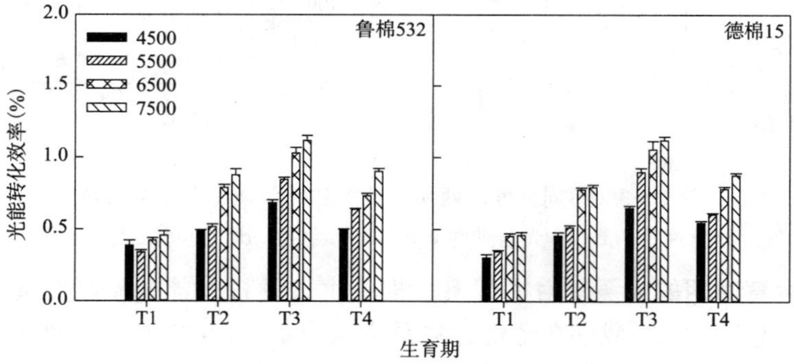


图 1-3-5　不同种植密度下棉花各生育时期光能利用率

（注：T1 现蕾期、T2 花期、T3 盛铃期、T4 吐絮期）

## （三）不同种植密度下棉花的养分利用效率

**1. 土壤肥力分析** 麦棉连作模式下各种植密度处理成熟期的土壤肥力指标如表 1-3-3 所示。各处理的碱解氮、有效磷、速效钾、全氮、全磷和全钾分别为 66.9～83.6 毫克/千克、12.2～17.2 毫克/千克、324.7～511.0 毫克/千克、0.12%～0.16%、0.62%～0.82%和 0.82%～1.35%。处理间比较，全氮有一定差异，鲁棉 532 在 8.25 万株/公顷密度下的土壤全氮最高，德棉 15 在 8.25 万株/公顷密度下的土壤全氮最低，其余指标处理间无显著差异。方差分析显示，品种、密度和其之间的互作均对土壤各指标无显著效应。

**表 1-3-3 麦棉两熟模式下成熟期土壤养分状况**

| 品种 | 密度（万株/公顷） | 碱解氮（毫克/千克） | 有效磷（毫克/千克） | 速效钾（毫克/千克） | 全氮（%） | 全磷（%） | 全钾（%） |
|---|---|---|---|---|---|---|---|
| 鲁棉 532 | 6.75 | 75.07[a] | 13.58[a] | 324.67[a] | 0.13[a]b | 0.70[a] | 1.18[a] |
| | 8.25 | 71.88[a] | 13.58[a] | 344.67[a] | 0.16[a] | 0.68[a] | 1.35[a] |
| | 9.75 | 74.56[a] | 15.58[a] | 412.33[a] | 0.12[b] | 0.82[a] | 0.99[a] |
| | 11.25 | 77.06[a] | 17.08[a] | 403.00[a] | 0.13[ab] | 0.69[a] | 0.93[a] |
| | 平均值 | 74.64[A] | 14.95[A] | 371.17[A] | 0.14[A] | 0.72[A] | 1.11[A] |
| 德棉 15 | 6.75 | 83.60[a] | 14.66[a] | 448.67[a] | 0.13[ab] | 0.66[a] | 1.01[a] |
| | 8.25 | 75.99[a] | 17.16[a] | 478.67[a] | 0.12[b] | 0.62[a] | 0.82[a] |
| | 9.75 | 67.77[a] | 15.12[a] | 421.67[a] | 0.13[ab] | 0.64[a] | 1.10[a] |
| | 11.25 | 66.91[a] | 12.19[a] | 511.00[a] | 0.14[ab] | 0.65[a] | 1.09[a] |
| | 平均值 | 73.57[A] | 14.78[A] | 465.00[A] | 0.13[A] | 0.65[A] | 1.00[A] |
| 品种 | | ns | ns | ns | ns | ns | ns |
| 密度 | | ns | ns | ns | ns | ns | ns |
| 品种×密度 | | ns | ns | ns | ns | ns | ns |

注：同列数值后标有相同大、小写字母的处理分别表示在 0.01、0.05 水平上差异不显著，ns 表示差异不显著。

**2. 不同种植密度下棉花植株氮、磷、钾积累量** 对 2019 年麦后棉现蕾期植株氮磷钾积累量进行分析，结果见表 1-3-4。以品种作为自变量进行单因素方差分析，不同品种的蕾花铃，根、茎、叶以及全植株的氮、磷、钾积累量均无显著差异。以密度作为自变量进行单因素方差分析，不同种植密度的蕾花铃，根、茎、叶以及全植株的氮、钾、积累量均无显著差异。分析品种与密度的交互作用，发现品种与密度的交互作用对氮、磷、钾积累无显著影响。

**表 1-3-4 麦棉两熟模式下现蕾期植株氮磷钾积累量**（克/平方米）

| 品种 | 密度（万株/公顷） | 蕾花铃 | | | 根、茎、叶 | | | 全植株 | | |
|---|---|---|---|---|---|---|---|---|---|---|
| | | 氮 | 磷 | 钾 | 氮 | 磷 | 钾 | 氮 | 磷 | 钾 |
| 鲁棉 532 | 6.75 | 0.200[c] | 0.033[b] | 0.120c | 9.32[b] | 1.67[b] | 5.49[c] | 9.52[c] | 1.70[c] | 5.60[c] |
| | 8.25 | 0.302[b] | 0.053[b] | 0.175[bc] | 15.18[b] | 2.79[bc] | 10.01[b] | 15.48[b] | 2.84[bc] | 10.19[b] |

（续）

| 品种 | 密度（万株/公顷） | 蕾花铃 | | | 根、茎、叶 | | | 全植株 | | |
|---|---|---|---|---|---|---|---|---|---|---|
| | | 氮 | 磷 | 钾 | 氮 | 磷 | 钾 | 氮 | 磷 | 钾 |
| 鲁棉 532 | 9.75 | 5.474$^{a}$ | 1.017$^{a}$ | 3.303$^{a}$ | 36.96$^{a}$ | 5.60$^{a}$ | 22.20$^{a}$ | 42.44$^{a}$ | 6.62$^{a}$ | 25.51$^{a}$ |
| | 11.25 | 0.415$^{b}$ | 0.075$^{b}$ | 0.237$^{b}$ | 16.84$^{b}$ | 3.49$^{b}$ | 12.51$^{b}$ | 17.25$^{b}$ | 3.56$^{b}$ | 12.75$^{b}$ |
| | 平均值 | 1.598$^{A}$ | 0.294$^{A}$ | 0.959$^{A}$ | 19.58$^{A}$ | 3.39$^{A}$ | 12.55$^{A}$ | 21.17$^{A}$ | 3.68$^{A}$ | 13.51$^{A}$ |
| 德棉 15 | 6.75 | 0.340$^{a}$ | 0.055$^{a}$ | 0.227$^{a}$ | 11.32$^{b}$ | 1.96$^{ab}$ | 6.38$^{b}$ | 11.66$^{b}$ | 2.01$^{ab}$ | 6.61$^{b}$ |
| | 8.25 | 0.258$^{a}$ | 0.041$^{a}$ | 0.159$^{a}$ | 9.95$^{b}$ | 2.03$^{ab}$ | 7.49$^{b}$ | 10.20$^{b}$ | 2.07$^{ab}$ | 7.65$^{b}$ |
| | 9.75 | 0.378$^{a}$ | 0.084$^{a}$ | 0.286$^{a}$ | 12.64$^{b}$ | 2.62$^{ab}$ | 9.67$^{b}$ | 13.02$^{b}$ | 2.71$^{ab}$ | 9.95$^{b}$ |
| | 11.25 | 0.389$^{a}$ | 0.059$^{a}$ | 0.215$^{a}$ | 13.66$^{b}$ | 2.93$^{ab}$ | 9.83$^{b}$ | 14.04$^{b}$ | 2.99$^{ab}$ | 10.05$^{b}$ |
| | 平均值 | 0.341$^{A}$ | 0.060$^{A}$ | 0.222$^{A}$ | 11.89$^{A}$ | 2.39$^{A}$ | 8.34$^{A}$ | 12.23$^{A}$ | 2.45$^{A}$ | 8.57$^{A}$ |
| 品种 | | ns | ns | ns | ns | ns | ns | ns | ns | ns |
| 密度 | | ns | ns | ns | ns | ns | ns | ns | ns | ns |
| 品种×密度 | | ns | ns | ns | ns | ns | ns | ns | ns | ns |

注：同列数值后标有相同大、小写字母的处理分别表示在 0.01、0.05 水平上差异不显著，ns 表示差异不显著。

在现蕾期，鲁棉 532 以 9.75 万株密度种植时的蕾花铃，根、茎、叶和全植株的氮、磷和钾积累量显著高于其他 3 个种植密度以及德棉 15 所有的种植密度。鲁棉 532 蕾花铃、根茎叶和全植株的氮、磷和钾积累量均高于德棉 15，但差异未达显著水平。德棉 15 的 4 种种植密度间的蕾花铃，根、茎、叶和全植株的氮、磷和钾积累量无显著差异。

由表 1-3-5 可知，鲁棉 532 花期地上部各器官的氮、磷、钾积累量处理间均无显著差异，德棉 15 根、茎、叶和全植株的磷和钾积累量均表现为随种植密度的增加而增加。品种间比较，鲁棉 532 各部分的养分积累量均高于德棉 15，其中根、茎、叶的磷和钾、全植株的磷和钾达到显著水平。以品种作为自变量进行单因素方差分析，发现各品种的根、茎、叶与全植株的磷和钾积累量差异极显著。

**表 1-3-5 麦棉两熟模式下花期植株氮、磷、钾积累量**（克/平方米）

| 品种 | 密度（万株/公顷） | 蕾花铃 | | | 根、茎、叶 | | | 全植株 | | |
|---|---|---|---|---|---|---|---|---|---|---|
| | | 氮 | 磷 | 钾 | 氮 | 磷 | 钾 | 氮 | 磷 | 钾 |
| 鲁棉 532 | 6.75 | 6.16$^{a}$ | 1.10$^{a}$ | 4.64$^{a}$ | 47.38$^{a}$ | 10.07$^{ab}$ | 38.60$^{ab}$ | 53.54$^{a}$ | 11.18$^{ab}$ | 43.24$^{ab}$ |
| | 8.25 | 6.69$^{a}$ | 1.51$^{a}$ | 6.20$^{a}$ | 56.24$^{a}$ | 10.42$^{ab}$ | 41.21$^{ab}$ | 62.93$^{a}$ | 11.93$^{ab}$ | 47.41$^{ab}$ |
| | 9.75 | 6.14$^{a}$ | 1.03$^{a}$ | 4.34$^{a}$ | 51.21$^{a}$ | 7.80$^{abc}$ | 34.86$^{ab}$ | 57.35$^{a}$ | 8.83$^{abc}$ | 39.20$^{ab}$ |
| | 11.25 | 8.02$^{a}$ | 1.82$^{a}$ | 6.79$^{a}$ | 62.27$^{a}$ | 12.12$^{a}$ | 50.28$^{a}$ | 70.29$^{a}$ | 13.93$^{a}$ | 57.07$^{a}$ |
| | 平均值 | 6.75$^{A}$ | 1.36$^{A}$ | 5.49$^{A}$ | 54.28$^{A}$ | 10.10$^{A}$ | 41.24$^{A}$ | 61.03$^{A}$ | 11.47$^{A}$ | 46.73$^{A}$ |
| 德棉 15 | 6.75 | 5.34$^{a}$ | 0.76$^{a}$ | 3.69$^{a}$ | 41.05$^{a}$ | 6.24$^{bc}$ | 25.62$^{b}$ | 46.39$^{a}$ | 7.01$^{b}$c | 29.31$^{b}$ |
| | 8.25 | 4.41$^{a}$ | 0.85$^{a}$ | 3.77$^{a}$ | 38.12$^{a}$ | 5.18$^{c}$ | 26.30$^{b}$ | 42.53$^{a}$ | 6.03$^{c}$ | 30.07$^{b}$ |
| | 9.75 | 6.98$^{a}$ | 1.27$^{a}$ | 5.35$^{a}$ | 42.63$^{a}$ | 8.12$^{abc}$ | 35.27$^{ab}$ | 49.61$^{a}$ | 9.39$^{abc}$ | 40.63$^{ab}$ |
| | 11.25 | 6.16$^{a}$ | 1.11$^{a}$ | 4.79$^{a}$ | 47.51$^{a}$ | 8.50$^{abc}$ | 34.72$^{ab}$ | 53.67$^{a}$ | 9.61$^{abc}$ | 39.5$^{ab}$ |
| | 平均值 | 5.72$^{A}$ | 1.00$^{A}$ | 4.40$^{A}$ | 42.33$^{A}$ | 7.01$^{B}$ | 30.48$^{B}$ | 48.05$^{A}$ | 8.01$^{B}$ | 34.88$^{B}$ |

（续）

| 品种 | 密度（万株/公顷） | 蕾花铃 | | | 根、茎、叶 | | | 全植株 | | |
|---|---|---|---|---|---|---|---|---|---|---|
| | | 氮 | 磷 | 钾 | 氮 | 磷 | 钾 | 氮 | 磷 | 钾 |
| 品种 | | ns | ns | ns | ns | ** | * | ns | * | * |
| 密度 | | ns | ns | ns | ns | ns | ns | ns | ns | ns |
| 品种×密度 | | ns | ns | ns | ns | ns | ns | ns | ns | ns |

注：同列数值后标有相同大、小写字母的处理分别表示在 0.01、0.05 水平上差异不显著，ns 表示差异不显著。** 表示在 0.01 水平上差异显著，* 表示在 0.05 水平上差异显著。

对 2019 年巨野麦后棉盛铃期植株氮、磷、钾积累量进行分析（表 1-3-6），根、茎、叶中氮、磷、钾的积累量远大于蕾花铃中氮、磷、钾的积累量。以品种作为自变量进行单因素方差分析，不同品种的蕾花铃以及全植株的磷、钾积累量差异显著，即鲁棉 532 的磷积累量大于德棉 15，其他均无显著差异。以密度作为自变量进行单因素方差分析，不同种植密度下麦后棉的氮、磷、钾积累量均无显著差异。探究品种与密度的交互作用时，发现品种与密度的交互作用对氮、磷、钾积累的影响可以忽略不计。

以 6.75 万株/公顷和 11.25 万株/公顷密度种植的鲁棉 532 蕾花铃的氮积累量显著高于以 11.25 万株/公顷密度种植的德棉 15，以 6.75 万株/公顷密度种植的德棉 15 根、茎、叶磷积累量显著低于以 9.75 万株/公顷、11.25 万株/公顷密度种植的鲁棉 532 和以 11.25 万株/公顷密度种植的德棉 15。以每公顷 9.75 万株、11.25 万株/公顷密度种植的鲁棉 532 根、茎、叶以及全植株钾积累量显著高于以 6.75 万株/公顷密度种植的德棉 15，以 11.25 万株/公顷密度种植的鲁棉 532 全植株磷积累量显著高于以 6.75 万株/公顷密度种植的德棉 15 全植株磷积累量。以 11.25 万株/公顷密度种植的鲁棉 532 的植株氮、磷、钾积累量最高。

**表 1-3-6　麦棉两熟模式下盛铃期植株氮、磷、钾积累量**（克/平方米）

| 品种 | 密度（万株/公顷） | 蕾花铃 | | | 根、茎、叶 | | | 全植株 | | |
|---|---|---|---|---|---|---|---|---|---|---|
| | | 氮 | 磷 | 钾 | 氮 | 磷 | 钾 | 氮 | 磷 | 钾 |
| 鲁棉 532 | 6.75 | $63.46^{a}$ | $9.01^{a}$ | $29.68^{a}$ | $91.43^{a}$ | $16.26^{ab}$ | $57.64^{ab}$ | $154.89^{a}$ | $25.27^{ab}$ | $87.32^{ab}$ |
| | 8.25 | $57.03^{ab}$ | $8.96^{a}$ | $34.38^{a}$ | $102.17^{a}$ | $16.60^{ab}$ | $63.99^{ab}$ | $159.20^{a}$ | $25.56^{ab}$ | $98.36^{ab}$ |
| | 9.75 | $55.88^{ab}$ | $10.03^{a}$ | $35.32^{a}$ | $99.35^{a}$ | $19.50^{a}$ | $73.77^{a}$ | $155.23^{a}$ | $29.53^{ab}$ | $109.09^{a}$ |
| | 11.25 | $70.36^{a}$ | $10.78^{a}$ | $36.80^{a}$ | $111.49^{a}$ | $20.18^{a}$ | $80.60^{a}$ | $181.85^{a}$ | $30.96^{a}$ | $117.40^{a}$ |
| | 平均值 | $61.68^{A}$ | $9.69^{A}$ | $34.05^{A}$ | $101.11^{A}$ | $18.14^{A}$ | $69.00^{A}$ | $162.79^{A}$ | $27.83^{A}$ | $103.04^{A}$ |
| 德棉 15 | 6.75 | $36.61^{ab}$ | $7.33^{a}$ | $18.94^{a}$ | $68.32^{a}$ | $10.27^{b}$ | $40.21^{b}$ | $104.92^{a}$ | $17.60^{b}$ | $59.15^{b}$ |
| | 8.25 | $33.93^{ab}$ | $6.17^{a}$ | $20.86^{a}$ | $80.46^{a}$ | $13.08^{ab}$ | $54.58^{ab}$ | $114.39^{a}$ | $19.26^{ab}$ | $75.44^{ab}$ |
| | 9.75 | $42.95^{ab}$ | $7.12^{a}$ | $29.34^{a}$ | $96.84^{a}$ | $14.17^{ab}$ | $61.22^{ab}$ | $139.79^{a}$ | $21.29^{ab}$ | $90.57^{ab}$ |
| | 11.25 | $25.44^{b}$ | $5.86^{a}$ | $22.72^{a}$ | $123.2^{a}$ | $19.55^{a}$ | $61.18^{ab}$ | $148.64^{a}$ | $25.40^{ab}$ | $83.90^{ab}$ |
| | 平均值 | $34.73^{B}$ | $6.62^{B}$ | $22.97^{B}$ | $92.21^{A}$ | $14.27^{A}$ | $54.30^{A}$ | $126.94^{A}$ | $20.89^{B}$ | $77.26^{B}$ |
| 品种 | | ** | * | * | ns | ns | ns | ns | * | * |
| 密度 | | ns | ns | ns | ns | ns | ns | ns | ns | ns |
| 品种×密度 | | ns | ns | ns | ns | ns | ns | ns | ns | ns |

注：同列数值后标有相同大、小写字母的处理分别表示在 0.01、0.05 水平上差异不显著，ns 表示差异不显著。** 表示在 0.01 水平上差异显著，* 表示在 0.05 水平上差异显著。

由表 1-3-7 可知，对 2019 年巨野麦后棉吐絮期植株氮、磷、钾积累量进行分析，发现以品种作为自变量进行单因素方差分析，不同品种的蕾花铃氮、磷的积累量有显著差异。以密度作为自变量进行单因素方差分析，不同种植密度处理的蕾花铃和全植株氮的积累量有显著差异，其他均无显著差异。探究品种与密度的交互作用时，发现品种与密度的交互作用对氮、磷、钾积累的影响可以忽略不计。

**表 1-3-7　麦棉连作模式下吐絮期植株氮磷钾积累量**（克/平方米）

| 品种 | 密度（万株/公顷） | 蕾花铃 | | | 根、茎、叶 | | | 全植株 | | |
|---|---|---|---|---|---|---|---|---|---|---|
| | | 氮 | 磷 | 钾 | 氮 | 磷 | 钾 | 氮 | 磷 | 钾 |
| 鲁棉 532 | 6.75 | 76.40$^{b}$ | 11.40$^{b}$ | 41.77$^{b}$ | 49.88$^{b}$ | 10.77$^{a}$ | 46.61$^{b}$ | 126.28$^{b}$ | 22.17$^{b}$ | 88.38$^{b}$ |
| | 8.25 | 78.27$^{b}$ | 14.82$^{ab}$ | 45.95$^{b}$ | 75.94$^{b}$ | 14.56$^{a}$ | 49.45$^{b}$ | 154.21$^{b}$ | 29.38$^{ab}$ | 95.41$^{b}$ |
| | 9.75 | 74.06$^{b}$ | 14.61$^{ab}$ | 43.12$^{b}$ | 85.54$^{ab}$ | 14.77$^{a}$ | 50.29$^{b}$ | 159.60$^{b}$ | 29.38$^{ab}$ | 93.41$^{b}$ |
| | 11.25 | 159.87$^{a}$ | 21.44$^{a}$ | 80.20$^{a}$ | 150.25$^{a}$ | 23.40$^{a}$ | 94.74$^{a}$ | 310.13$^{a}$ | 44.83$^{a}$ | 174.93$^{a}$ |
| | 平均值 | 97.15$^{A}$ | 15.57$^{A}$ | 52.76$^{A}$ | 90.40$^{A}$ | 17.24$^{A}$ | 60.27$^{A}$ | 187.55$^{A}$ | 31.44$^{A}$ | 113.03$^{A}$ |
| 德棉 15 | 6.75 | 49.86$^{b}$ | 9.65$^{b}$ | 28.58$^{b}$ | 54.10$^{b}$ | 9.98$^{a}$ | 38.67$^{b}$ | 103.96$^{b}$ | 19.62$^{b}$ | 67.25$^{b}$ |
| | 8.25 | 72.80$^{b}$ | 10.80$^{b}$ | 39.90$^{b}$ | 64.55$^{b}$ | 15.32$^{a}$ | 48.41$^{b}$ | 137.35$^{b}$ | 26.12$^{ab}$ | 88.31$^{b}$ |
| | 9.75 | 49.72$^{b}$ | 11.15$^{b}$ | 35.89$^{b}$ | 91.35$^{ab}$ | 19.95$^{a}$ | 54.97$^{ab}$ | 141.07$^{b}$ | 31.09$^{ab}$ | 90.85$^{b}$ |
| | 11.25 | 87.53$^{b}$ | 12.21$^{b}$ | 44.11$^{b}$ | 83.33$^{ab}$ | 23.71$^{a}$ | 65.18$^{ab}$ | 170.86$^{b}$ | 35.92$^{ab}$ | 109.30$^{ab}$ |
| | 平均值 | 64.98$^{B}$ | 10.95$^{B}$ | 37.12$^{A}$ | 73.33$^{A}$ | 15.88$^{A}$ | 51.81$^{A}$ | 138.31$^{A}$ | 28.19$^{A}$ | 88.93$^{A}$ |
| 品种 | | * | * | ns | ns | ns | ns | ns | ns | ns |
| 密度 | | * | ns | ns | ns | ns | ns | * | ns | ns |
| 品种×密度 | | ns | ns | ns | ns | ns | ns | ns | ns | ns |

注：同列数值后标有相同大、小写字母的处理分别表示在 0.01、0.05 水平上差异不显著，ns 表示差异不显著。* 表示在 0.05 水平上差异显著。

以 11.25 万株/公顷密度种植鲁棉 532 的蕾花铃，根、茎、叶以及全植株的氮、钾积累量显著高于其他处理。以 11.25 万株/公顷密度种植的鲁棉 532 的蕾花铃磷积累量显著高于以各密度种植的德棉 15 的蕾花铃磷积累量和以 6.75 万株/公顷密度种植的鲁棉 532 的蕾花铃的磷积累量。以 11.25 万株/公顷密度种植的鲁棉 532 的全植株磷积累量显著高于以 6.75 万株/公顷密度种植的鲁棉 532 和德棉 15 全植株磷积累量。吐絮期氮、磷、钾积累量最高，且以 11.25 万株/公顷密度种植的鲁棉 532 的植株氮、磷、钾积累量最高。不同处理收益情况以及最佳种植模式收益情况见表 1-3-8、表 1-3-9。

**表 1-3-8　不同处理收益情况表**

| 处理 | 产量（千克/亩） | 棉花收益（元/亩） | 其他收益（元） | 合计收益（元） | 合计成本（元） | 纯收益（元） |
|---|---|---|---|---|---|---|
| D1 | 265 | 1 696.0 | 10 | 1 706.0 | 903 | 803.0 |
| D2 | 273 | 1 747.2 | 10 | 1 757.2 | 903 | 854.2 |
| D3 | 281 | 1 798.4 | 10 | 1 808.4 | 903 | 905.4 |
| D4 | 290 | 1 856.0 | 10 | 1 866.0 | 903 | 963.0 |

**表 1-3-9　最佳种植模式收益**

| 指标 | 4 500 株/亩 | 7 500 株/亩 |
|---|---|---|
| 产量（千克/亩） | 265 | 290 |
| 棉花收益（元） | 1 696 | 1 856 |
| 其他收益（元） | 10 | 10 |
| 合计收益（元） | 1 706 | 1 866 |
| 人工成本投入（元） | 450 | 450 |
| 肥料成本投入（元） | 150 | 150 |
| 其他投入（元） | 303 | 303 |
| 合计投入（元） | 903 | 903 |
| 最终利润（元） | 803 | 963 |

### 3. 不同种植密度下肥料利用率

由表 1-3-10 可知，鲁棉 532 的肥料农学效率在 D3 处理最大，德棉 15 的肥料农学效率在 D4 处理最大。除 D3 密度外，德棉 15 的氮、磷和钾农学效率均高于鲁棉 532。

**表 1-3-10　麦棉连作模式下各处理的肥料利用率**

| 品种 | 密度（万株/公顷） | 氮肥农学效率（千克/千克） | 磷肥农学效率（千克/千克） | 钾肥农学效率（千克/千克） |
|---|---|---|---|---|
| 鲁棉 532 | 6.75 | 4.36 | 14.52 | 4.36 |
| | 8.25 | 5.59 | 18.62 | 5.59 |
| | 9.75 | 7.09 | 23.63 | 7.09 |
| | 11.25 | 6.17 | 20.58 | 6.17 |
| 德棉 15 | 6.75 | 4.76 | 15.88 | 4.76 |
| | 8.25 | 6.14 | 20.45 | 6.14 |
| | 9.75 | 5.77 | 19.23 | 5.77 |
| | 11.25 | 6.51 | 21.69 | 6.51 |

## （四）不同种植密度下棉田主要害虫和天敌种群密度

本研究在调查中共获得节肢动物 506 452 头，烟粉虱、棉蚜、蓟马、绿盲蝽是主要的害虫（表 1-3-11）。龟纹瓢虫、东亚小花蝽、八斑球腹蛛、草间小黑蛛、寄生蜂、草蛉和横纹金蛛为主要天敌。单因素方差分析表明，在两次调查中，棉花不同种植密度对害虫和天敌的种群密度均无显著影响（$P>0.05$）。在花蕾期，即害虫的第一个高峰期，棉蚜、烟粉虱、蓟马 3 种小型刺吸性害虫混合发生，东亚小花蝽、蜘蛛类为优势自然天敌；在吐絮期，烟粉虱的种群数量最多，其数量约为 9 月 1 日的 2.94 倍，棉蚜和蓟马种群消失，自然天敌的数量为 9 月 1 日的 8.68 倍，其中龟纹瓢虫、东亚小花蝽和寄生蜂是优势自然天敌。

表 1-3-11 不同种植密度下害虫和天敌种群密度

| 物种 | 9月1日 | | | | 9月27日 | | | |
|---|---|---|---|---|---|---|---|---|
| | D1 | D2 | D3 | D4 | D1 | D2 | D3 | D4 |
| 棉蚜 | 354.7 | 470.7 | 378.7 | 353.3 | — | — | — | — |
| 烟粉虱 | 9 553.3 | 10 322.7 | 10 278.7 | 11 176.0 | 33 068.0 | 29 593.3 | 29 313.3 | 29 633.3 |
| 绿盲蝽 | 1.3 | 8.0 | 2.7 | 2.7 | 1.3 | | 1.3 | 26.7 |
| 棉铃虫 | — | — | — | — | — | — | — | 1.3 |
| 蓟马 | 825.3 | 966.7 | 1 101.3 | 777.3 | — | — | — | — |
| 龟纹瓢虫 | 1.3 | 1.3 | 1.3 | — | 72.0 | 68.0 | 54.6 | 33.3 |
| 三突花蛛 | — | 2.7 | — | 1.3 | — | — | — | — |
| 八斑球腹蛛 | 5.3 | 9.3 | 9.3 | 2.7 | 1.3 | 1.3 | 4.0 | — |
| 东亚小花蝽 | 9.3 | 4.0 | 2.7 | 2.7 | 40.0 | 25.3 | 25.3 | 24.0 |
| 草间小黑蛛 | 2.7 | — | 1.3 | — | 1.3 | 8.0 | — | 2.7 |
| 横纹金蛛 | — | — | — | — | 5.3 | 8.0 | 4.0 | — |
| 食蚜蝇 | 1.3 | — | — | — | — | — | 1.3 | 1.3 |
| 草蛉 | — | — | — | — | 5.3 | 2.7 | 4.0 | 4.0 |
| 寄生蜂 | — | — | — | — | 20.0 | 14.7 | 34.7 | 41.3 |

注：表中数据单位为百株虫量。

麦棉两熟棉田和对照直播棉田的平均病虫害防治次数分别为 4.2 次和 7.6 次，直播棉田比麦棉两熟棉田多 3.4 次（图 1-3-6）。麦棉两熟棉田和对照直播棉田的化学农药每亩用量（农药纯品用量）分别为 16.76 克和 28.51 克，两者存在极显著差异（$F=35.49$，$P<0.001$）。麦棉两熟棉田的农药使用量比直播棉田减少 41.21%。因此，麦棉两熟模式能够减少农药使用量，能在一定程度上节省资源以及保护棉田环境。

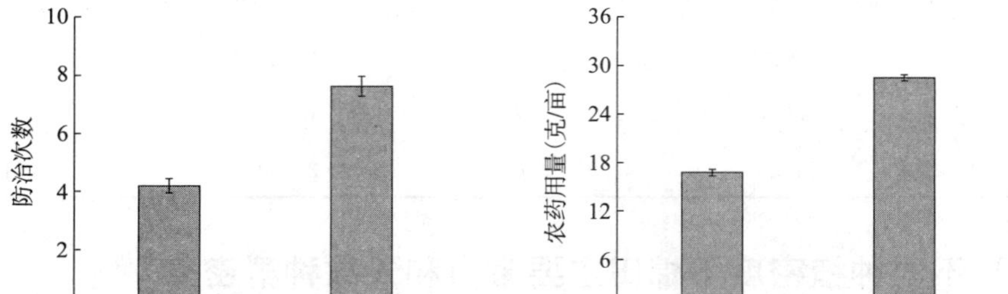


图 1-3-6 麦棉两熟和春播棉的防治措施

## 四、讨论

作物的产量形成是源和库共同协调作用的结果。自梅森（Mason）和哈斯克尔（Haskell）通过对碳水化合物在棉株体内分配方式的研究，提出了作物源库理论（Source-sink theory）以来，这一概念已被广泛应用于产量研究，其在应用方面也已取得了重要进展。光合速率是度量源强最直观的一个指标。一般说来，作物的光合速率越高，其合成与输出同化物能力越强。因此，希望作物获得高产，就要以增大叶面积和提高光合作用能力为主要目标，这就要求作物个体要有理想的株型，群体要有较大的叶面积指数且要能维持较长的时间。

研究表明，麦棉连作种植模式下棉花产量降低是养分供应不足和棉花自身光合效率减弱共同作用的结果。杜祥备的研究发现，套作棉和麦后移栽棉两种生产模式下，棉花生殖器官生物量与单作棉差异不显著，但棉株的总生物量、果节数和成铃数差异达显著水平。在产量构成上，单作棉、套作棉和麦后移栽棉模式下的铃重差异较小，而铃数差异显著，库容差异主要表现在铃数的差异上，进而造成对光合同化产物的吸收能力差异。罗振等研究表明，内蒙古西部旱区盐碱地适宜种植密度为 13.5 万～18 万株/公顷，新疆地区种植密度可达 18 万～19.5 万株/公顷，长江中下游棉区密度为 9 万株/公顷时麦后直播棉产量最高。在简化整枝条件下，黄河流域植棉区在 4.5 万～9 万株/公顷密度下产量最高。密度过高易导致棉株个体间相互遮阴，降低碳的有效性；但密度过低、群体较小，会造成光照资源的严重浪费，光合产物降低，两种情况均会影响产量。本研究结果表明，在黄淮植棉区，麦后棉种植密度为 11.25 万株/公顷时产量最高，主要是高密度下单位面积铃数较高的缘故，但是果枝数随着种植密度的增加而显著降低，这与前人的研究结果基本一致。

棉花的光能利用特性对棉花产量至关重要，本研究对不同种植密度下棉花的光能利用特性也进行了深入研究。研究表明，棉花的光能利用受到种植密度的影响，在较小的棉花种植密度下，棉花单株分枝较多，单株的发育受限较小，光照辐射拦截率降低，光能利用率也很低，从而造成棉花单位面积的生物量和产量很低。但棉花的种植密度太高，导致单株结铃数显著下降，密度增加不能补偿过密造成的单株铃数和单铃重的降低，因此棉花总产量下降。本研究中，不同品种、种植密度、生育时期内的光能利用特性不同，在 4 种种植密度下，随着密度增加，光能利用率和干物质积累量逐渐增加，其中叶片净光合速率提高 10%～20%，光能利用率提高了 40%～50%，这是高密度处理最终产量高的根本原因。

棉花的不同种植模式可形成不同的生态位效应，影响棉田生物种群种类和数量。有研究表明，高氮肥栽培区棉株上的棉铃虫数量比低氮区多，棉株生长势强的棉田棉铃虫有卵率和有虫株率明显高于生长势弱的棉田。也有研究表明，尽管增加氮肥可以提高棉花产量，但也会使虫害加重；而增加棉花种群种植密度可以提高棉田棉花害虫天敌的种群数量，进而有效控制害虫种群种类和数量。本研究发现，烟粉虱、棉蚜、蓟马、绿盲蝽是主要害虫，龟纹瓢虫、东亚小花蝽、八斑球腹蛛、草间小黑蛛、寄生蜂、草蛉和横纹金蛛为主要天敌，自然天敌数量在生育中后期随着棉花种植密度的增加而增加，进而降低了棉花生育中后期的害虫数量，这与韩波等人的研究结果基本一致，反映了在生产中可通过调控棉花的种植密度影响棉田生态位，控制害虫种群和数量，减少化学农药的使用量，达到高产和低环境代价的生态效果。

在黄河流域棉田生态系统中，害虫种类多、数量上升快，严重为害棉花。化学防治仍然是当前棉田病虫害防治中不可或缺的手段。我们的研究发现麦棉两熟模式比黄河流域传统的直播棉模式减少了病虫害防治 3.4 次，化学农药使用量减少了 41.21%。这与麦棉两熟模式播期比春播棉晚近 2 个月、棉花生育期短有密切关系。晚播可以让棉花避开春季棉蚜、蓟马等害虫的危害，而且小麦收获后，麦田中大量的自然天敌，如龟纹瓢虫、蜘蛛、东亚小花蝽等转移到轮作的棉田，可以大大提高棉田天敌的自然控害作用，从而减少化学农药的使用量，减少农田环境污染、降低环境代价。

## 五、小结

在麦棉连作模式下，棉花种植密度为 11.25 万株/公顷是鲁棉 532 最优的种植密度，在该种植密度下鲁棉 532 能够最好地利用光能，并且在各个生育期棉花积累的氮磷钾也最高，皮棉产量也最高，是棉花绿色高效生产的较好种植模式。该种植密度能够提高棉花氮、磷、钾肥料的利用率，从而可降低肥料流失导致的环境面源污染等问题，在兼顾产量的同时保证农业生态不被破坏。麦棉两熟模式比传统的直播棉模式病虫害防治减少了 3.4 次，化学农药使用量减少了 41.21%，麦棉两熟模式避开可春季棉蚜、蓟马等害虫的危害，而且小麦收获后大量的自然天敌转移到轮作的棉田，可以大大提高棉田天敌的自然控害作用，从而大大减少化学农药使用量，减少农田环境污染、降低环境风险。

# 蒜棉两熟模式下棉花资源高效利用特性研究

王桂峰

## 一、引言

提高农作物的光能利用率是当前生态农业研究的一项重要课题。其对于发展绿色农业生产、降低土壤环境负荷、提高农作物总产量和单产量都具有十分重要的意义。目前棉花的有效光能利用率较低，仅为0.8%～1%。合理密植是优化作物群体质量和提高产量的重要手段。本试验旨在通过研究棉花在不同的种植方法、不同种植密度下的光能利用特性，为筛选出高光效、高光合作用的高效种植模式提供理论依据。

“十三五”期间，我省三大棉区的化肥施用量普遍较高，大多采用地膜覆盖春播，棉花次要虫害（盲蝽象、红蜘蛛、蚜虫、棉叶螨、烟粉虱等）为害逐年加重，农药使用过量，造成棉田生境的较重破坏。这深度影响了农田土壤结构及其理化性质，导致棉花出苗率、单铃重、单位面积铃数均低；同时，残膜容易混入原棉而影响棉纺织产业效率和成品质量，使产业市场竞争力下降。

山东是全国大蒜之乡，大蒜-棉花连作［蒜后直播早熟棉（短季棉）技术］已经成为华北平原地区重要的种植模式之一。与单作棉田相比，这种连作能够实现棉花不减产，棉田综合效益大幅提高，提高了棉农的经济收益和植棉的积极性。本试验旨在通过探究大蒜-棉花连作模式下不同棉花种植密度的经济与生态效应，并阐明蒜后棉高产的光能利用机理，为筛选出高光效的大蒜-棉花连作种植模式提供理论依据，实现用地与养地结合，促进农业生产良性循环。

## 二、材料与方法

### （一）试验设计

种植地点：鲁西南金乡县、单县和东平县。

供试品种：大蒜品种为金乡白皮蒜，为当地常用品种；棉花品种为鲁棉532和德棉15（或鲁棉2387）。

试验处理：于2018和2019年棉花生长季开展，2个品种均设置4个种植密度，分别为$6.75\times10^4$（D1）、$8.25\times10^4$（D2）、$9.75\times10^4$（D3）和$11.25\times10^4$株/公顷，行距76厘米，小区行长8～10米，至少种植6～8行，隔离带1米，3次重复，共24个小区。于5月22日播种，施肥、灌水、化控等田间管理按照当地高产田要求进行（蒜后及时播种、早打顶、适时停水）。其中氮肥（N）用量180.0千克/公顷；磷肥（$P_2O_5$）用量

54.0 千克/公顷；钾肥（$K_2O$）用量 180.0 千克/公顷，施肥深度 10～15 厘米，覆土。

### （二）测定项目与方法

详见第三章“材料与方法”下“测定项目与方法”部分。

### （三）数据处理

所有数据均采用 Excel（Microsoft office，2007）、Statistix（Stat SoftInc. Statistix. TulsaOK. 1991）、SAS 8.0 程序进行数据整理、方差分析和多重比较。采用 SigmaPlot 12.5 软件作图。

## 三、结果与分析

### （一）不同群体结构棉花的产量形成与干物质积累

**1. 关键生育时期干物质积累量与分配** 从图 1-4-1 可以看出，各处理棉花干物质积累量在生育期内随时间推移的变化趋势一致，随着棉花生育期进程的推进，干物质积累量呈现逐渐增长的趋势，并且种植密度越高，干物质积累量越高。两个品种的棉花的干物质积累量差别不大。

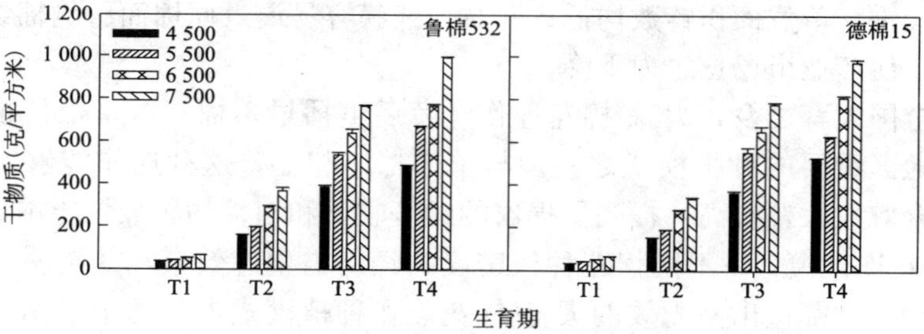


图 1-4-1　不同种植密度棉花各生育时期干物质积累量

（T1 现蕾期、T2 花期、T3 盛铃期、T4 吐絮期）

由表 1-4-1 可知，随着种植密度的提高，各个生育时期的根茎、蕾花铃和叶片干物质重量都会增加，且都以 11.25 万株/公顷的种植密度下干物质重量最大。不同处理的根茎、蕾花铃和叶片干物质重量的差异都比较明显。现蕾期和花期，各处理鲁棉 532 的根茎干物质重量大于德棉 15，后两个时期反之。在 6 月 25 日和 7 月 16 日，各处理各生育时期鲁棉 532 的叶片干物质重量大于德棉 15。蕾花铃的干物质重量没有明显的规律。

**表 1-4-1　棉花不同器官干物质重量比较**

| 生育日期 | 品种 | 密度（万株/公顷） | 根茎重量（克/平方米） | 蕾花铃重量（克/平方米） | 叶片重量（克/平方米） |
|---|---|---|---|---|---|
| 6 月 25 日 | 鲁棉 532 | 6.8 | 23.3$^{d}$ | 0.05$^{cd}$ | 13.4$^{cd}$ |
| | | 8.3 | 24.9$^{cd}$ | 0.07$^{bcd}$ | 18.5$^{bcd}$ |
| | | 9.8 | 33.5$^{abc}$ | 0.10$^{b}$ | 19.6$^{bc}$ |
| | | 11.3 | 39.0$^{a}$ | 0.19$^{a}$ | 27.0$^{ab}$ |

（续）

| 生育日期 | 品种 | 密度（万株/公顷） | 根茎重量（克/平方米） | 蕾花铃重量（克/平方米） | 叶片重量（克/平方米） |
|---|---|---|---|---|---|
| 6月25日 | 德棉15 | 6.8 | 24.8$^{cd}$ | 0.02$^{d}$ | 10.4$^{d}$ |
| | | 8.3 | 29.0$^{bcd}$ | 0.09$^{bc}$ | 14.9$^{cd}$ |
| | | 9.8 | 35.0$^{ab}$ | 0.11$^{b}$ | 18.0$^{cd}$ |
| | | 11.3 | 37.8$^{ab}$ | 0.19$^{a}$ | 28.6$^{a}$ |
| 7月16日 | 鲁棉532 | 6.8 | 65.3$^{cd}$ | 16.2$^{e}$ | 74.9$^{cd}$ |
| | | 8.3 | 72.5$^{bc}$ | 41.4$^{de}$ | 81.5$^{cd}$ |
| | | 9.8 | 91.4$^{b}$ | 96.3$^{bc}$ | 101.9$^{b}$ |
| | | 11.3 | 136.8$^{a}$ | 96.4$^{bc}$ | 133.0$^{a}$ |
| | 德棉15 | 6.8 | 44.7$^{d}$ | 43.8$^{de}$ | 63.4$^{d}$ |
| | | 8.3 | 58.0$^{cd}$ | 60.6$^{cd}$ | 70.6$^{d}$ |
| | | 9.8 | 70.8$^{bc}$ | 116.7$^{ab}$ | 92.2$^{bc}$ |
| | | 11.3 | 91.2$^{b}$ | 139.8$^{a}$ | 103.9$^{b}$ |
| 8月1日 | 鲁棉532 | 6.8 | 135.8$^{e}$ | 105.6$^{d}$ | 143.7$^{bc}$ |
| | | 8.3 | 227.5$^{cd}$ | 130.1$^{c}$ | 179.1$^{ab}$ |
| | | 9.8 | 304.8$^{ab}$ | 150.6$^{b}$ | 183.3$^{ab}$ |
| | | 11.3 | 373.6$^{a}$ | 212.5$^{a}$ | 178.5$^{ab}$ |
| | 德棉15 | 6.8 | 164.8$^{de}$ | 95.3$^{e}$ | 103.1$^{c}$ |
| | | 8.3 | 262.4$^{bc}$ | 107.3$^{d}$ | 184.1$^{ab}$ |
| | | 9.8 | 344.8$^{a}$ | 129.4$^{c}$ | 177.4$^{ab}$ |
| | | 11.3 | 345.3$^{a}$ | 215.8$^{a}$ | 216.5$^{a}$ |
| 8月26日 | 鲁棉532 | 6.8 | 126.1$^{e}$ | 180.7$^{g}$ | 178.0$^{b}$ |
| | | 8.3 | 212.4$^{bcd}$ | 238.5$^{e}$ | 218.0$^{b}$ |
| | | 9.8 | 241.2$^{bc}$ | 316.2$^{c}$ | 209.5$^{b}$ |
| | | 11.3 | 227.5$^{bcd}$ | 463.4$^{a}$ | 302.1$^{a}$ |
| | 德棉15 | 6.8 | 157.8$^{de}$ | 192.6$^{g}$ | 174.7$^{b}$ |
| | | 8.3 | 184.1$^{cde}$ | 217.9$^{f}$ | 222.5$^{b}$ |
| | | 9.8 | 272.1$^{b}$ | 291.9$^{d}$ | 246.4$^{ab}$ |
| | | 11.3 | 416.1$^{a}$ | 349.6$^{b}$ | 210.3$^{b}$ |

注：字母代表不同处理间的显著差异性水平（$p<0.05$）。

**2. 不同处理下棉花产量及各构成因素**

由表1-4-2可见，鲁棉532和德棉15在不同的种植密度下，籽棉和皮棉产量在0.05水平上存在显著差异。鲁棉532在4种密度下的籽棉产量分别为3 171.2千克/公顷、3 622.1千克/公顷、4 161.3千克/公顷、3 868.7千克/公顷，皮棉产量分别为1 265.3千克/公顷、1 434.4千克/公顷、1 597.9千克/公顷和1 489.5千克/公顷。随着种植密度的增加，皮棉产量和籽棉产量均增加，种植密度为11.25万株/公顷时的皮棉产量和籽棉产量最高。在种植密度为 11.25 万株/公顷时，鲁棉 532 的籽棉和皮棉产量大于德棉 15，其他种植密度下鲁棉 532 的籽棉产量小于德棉 15，但皮棉产量大于德棉 15，这主要是鲁棉 532 的衣分率较高所致。

**表 1-4-2　棉花产量、产量构成因素与果枝数比较**

| 品种 | 密度（万株/公顷） | 籽棉产量（千克/公顷） | 衣分率（%） | 皮棉产量（千克/公顷） | 铃数（个/公顷） | 铃重（克） | 果枝数（个） |
|---|---|---|---|---|---|---|---|
| 鲁棉 532 | 6.8 | 3 171.2 | 39.9a | 1 265.3 | 624 938g | 5.97a | 10.27a |
| | 8.3 | 3 622.1 | 39.6ab | 1 434.4 | 722 260e | 5.90ab | 9.13cd |
| | 9.8 | 4 161.3 | 38.4cd | 1 597.9 | 885 282c | 5.53bc | 8.93cd |
| | 11.3 | 3 868.7 | 38.5cd | 1 489.5 | 934 583b | 4.87de | 7.80e |
| 德棉 15 | 6.8 | 3 476.2 | 39.1bc | 1 359.2 | 685 027f | 5.97a | 10.20a |
| | 8.3 | 4 226.5 | 37.9d | 1 601.8 | 842 773d | 5.90ab | 10.00ab |
| | 9.8 | 4 037.0 | 38.4cd | 1 550.2 | 901 210c | 5.27cd | 9.47bc |
| | 11.3 | 4 080.0 | 38.4cd | 1 566.7 | 1 000 000a | 4.80e | 8.67d |

注：字母代表不同处理间的显著差异性水平（$p<0.05$）。

分析棉花产量的构成因素，根据表 1-4-2，除 D3 种植密度下的不同品种铃数差异不显著（0.05 水平上），其他不同种植密度下的棉花铃数差异显著（0.05 水平上）。D1 和 D2 的铃重差异不显著，鲁棉 532 与德棉 15 在 D2 种植密度下和德棉 15 在 D3 密度下的铃重差异不显著，鲁棉 532 与德棉 15 在 D4 种植密度下的铃重差异不显著，鲁棉 532 在 D3 种植密度下与德棉 15 在 D3 种植密度下的铃重差异不显著，其他各处理之间铃重差异在 0.05 水平上显著。鲁棉 532 在 D1 和 D2 种植密度的衣分率差异不显著，D3 和 D4 种植密度的衣分率差异也不显著。德棉 15 在每公顷 8.25 万株的种植密度的衣分率差异不显著，表明虽然不同种植密度下棉花产量差异很大，但种植密度对衣分率的影响不如对铃重和铃数的影响明显。不同种植密度的果枝数的差异较明显，可能因此影响了铃数和铃重。从库源关系来说，叶片是光合产物的最主要的光合源，叶面积大小能直接影响供源特性，改变光能利用能力。蕾花铃是库，库的充足可以提高源的能力，它们相互协调以获得最佳的产量。

## （二）不同群体结构棉花的光合生理特性

**1. 关键生育时期叶面积指数比较**　叶面积指数是衡量棉花群体结构是否合理的重要生理动态指标。不同品种和株行距配置对棉花叶面积指数有较大影响。对金乡等 3 个地点蒜后直播棉试验进行叶面积指数测定（见表 1-4-3），发现棉花叶面积指数随着生育进程的推进呈现增长趋势，到盛铃期达到最大。对同一时期进行各区域间比较，棉花长势情况表现为东平＞金乡＞单县。不同地区的棉花叶面积指数存在显著差异，在不同生育期单县棉花的叶面积指数均低于金乡和东平两地，同时盛铃期显著低于盛花期，原因可能是出现涝害，影响棉花的正常生长。东平试验点的叶面积指数最高，这可能是因为当地棉花播种早，土壤肥力高，棉花长势强。

**表 1-4-3　不同生育时期棉花的叶面积指数**

| 地点 | 品种 | 密度（万株/公顷） | 叶面积指数 | | | |
|---|---|---|---|---|---|---|
| | | | 蕾期 | 初花期 | 盛花期 | 盛铃期 |
| 金乡 | 鲁棉 532 | 6.8 | 0.4$^{a}$ | 2.5$^{b}$ | 3.2$^{ab}$ | 2.7$^{b}$ |
| | | 8.3 | 0.4$^{a}$ | 2.1$^{b}$ | 2.7$^{b}$ | 1.2$^{ab}$ |
| | | 9.8 | 0.4$^{a}$ | 3.1$^{ab}$ | 2.9$^{b}$ | 1.3$^{b}$ |
| | | 11.3 | 0.5$^{a}$ | 4.1$^{a}$ | 4.7$^{a}$ | 1.7$^{a}$ |
| | 德棉 15 | 6.8 | 0.3$^{a}$ | 2.4$^{b}$ | 2.8$^{b}$ | 1.8$^{a}$ |
| | | 8.3 | 0.3$^{a}$ | 2.5$^{b}$ | 3.6$^{a}$ | 1.9$^{a}$ |
| | | 9.8 | 0.4$^{a}$ | 2.3$^{b}$ | 2.2$^{b}$ | 2.1$^{a}$ |
| | | 11.3 | 0.4$^{a}$ | 3.0$^{ab}$ | 2.2$^{b}$ | 2.5$^{a}$ |
| 单县 | 鲁棉 532 | 6.8 | 0.3$^{a}$ | 1.1$^{b}$ | 3.6$^{b}$ | 1.7$^{b}$ |
| | | 8.3 | 0.4$^{a}$ | 1.5$^{b}$ | 5.2$^{a}$ | 2.4$^{ab}$ |
| | | 9.8 | 0.3$^{a}$ | 1.3$^{b}$ | 3.7$^{b}$ | 1.7$^{b}$ |
| | | 11.3 | 0.3$^{a}$ | 2.3$^{a}$ | 3.5$^{b}$ | 2.0$^{b}$ |
| | 德棉 15 | 6.8 | 0.3$^{a}$ | 1.2$^{b}$ | 4.1$^{ab}$ | 1.9 |
| | | 8.3 | 0.3$^{a}$ | 1.9$^{ab}$ | 5.8$^{a}$ | 2.7$^{a}$ |
| | | 9.8 | 0.3$^{a}$ | 1.3$^{b}$ | 3.8$^{b}$ | 1.8$^{b}$ |
| | | 11.3 | 0.2$^{a}$ | 1.4$^{b}$ | 4.9$^{a}$ | 3.3$^{a}$ |
| 东平 | 鲁棉 532 | 6.8 | 1.4$^{b}$ | 2.6$^{b}$ | 3.6$^{a}$ | 2.7$^{a}$ |
| | | 8.3 | 1.6$^{b}$ | 1.2$^{b}$ | 3.4$^{a}$ | 2.5$^{a}$ |
| | | 9.8 | 2.2$^{a}$ | 4.5$^{a}$ | 4.7$^{a}$ | 3.4$^{a}$ |
| | | 11.3 | 1.5$^{b}$ | 4.6$^{a}$ | 4.8$^{a}$ | 2.6$^{a}$ |
| | 鲁棉 2387 | 6.8 | 1.1$^{b}$ | 4.9$^{a}$ | 3.7$^{a}$ | 2.9$^{a}$ |
| | | 8.3 | 1.4$^{b}$ | 4.0$^{b}$ | 3.9$^{a}$ | 2.8$^{a}$ |
| | | 9.8 | 1.5$^{b}$ | 2.3$^{ab}$ | 4.7$^{a}$ | 3.1$^{a}$ |
| | | 11.3 | 1.3$^{b}$ | 4.0$^{a}$ | 4.1$^{a}$ | 2.2$^{a}$ |

注：同列数值后标有相同字母的处理表示在 0.05 水平上差异不显著。

品种和种植密度对棉花株型、叶面积指数等影响显著，进而对干物质积累与分配、棉铃空间分布产生影响，最终影响棉花产量。高密度种植条件下，棉花群体较大，更易获得较高的群体叶面积指数，且持续时间较长，有利于积累更多的光合产物用于提高产量，可实现集中结铃、有效结铃。本研究中不同品种间叶面积指数存在差异，鲁棉 532 要高于德棉 15，可吸收利用更多的光能，有利于进行光合作用。对于种植密度来说，随着种植密度的提高，叶面积指数随之增加。土壤肥力较高的棉田，种植前期较强的营养生长可以形成较高的叶面积指数，还可减缓后期的植株衰老，维持种植后期叶面积指数。总体来看，每公顷 11.25 万株的种植密度下棉花叶面积指数最高。

**2. 各生育时期光照辐射拦截率**　光照辐射拦截率是反映作物生长情况、生物产量形成情况和绿色植物光能截获量的重要生物参数，对监测作物的生长状况起着重要作用。优良冠层形态结构是作物获得高产的重要保证，其直接影响作物群体的光截获能力和光分布特征，影响群体的光合效率。合理优化作物群体冠层结构来提高绿色光能利用率，是对作物群体进行精准调控管理的重要措施。不同种植模式下棉花的光照辐射截获率存在差异，见表 1-4-4。

**表 1-4-4　不同生育时期棉花光照辐射截获率（%）**

| 地点 | 品种 | 密度（万株/公顷） | 光照辐射截获率（%） | | | |
|---|---|---|---|---|---|---|
| | | | 蕾期 | 初花期 | 盛花期 | 盛铃期 |
| 金乡 | 鲁棉 532 | 6.8 | 28.1[a] | 85.7[a] | 94.2[a] | 97.0[a] |
| | | 8.3 | 30.5[a] | 83.7[a] | 97.0[a] | 98.3[a] |
| | | 9.8 | 33.8[a] | 87.6[a] | 99.0[a] | 97.0[a] |
| | | 11.3 | 34.0[a] | 92.5[a] | 99.2[a] | 98.6[a] |
| | 德棉 15 | 6.8 | 27.3[a] | 81.0[a] | 96.9[a] | 98.9[a] |
| | | 8.3 | 28.9[a] | 80.1[a] | 98.8[a] | 99.0[a] |
| | | 9.8 | 29.7[a] | 82.7[a] | 94.8[a] | 98.2[a] |
| | | 11.3 | 34.4[a] | 87.1[a] | 98.0[a] | 97.8[a] |
| 单县 | 鲁棉 532 | 6.8 | 21.3[b] | 66.8[ab] | 93.4[a] | 96.4[a] |
| | | 8.3 | 25.5[ab] | 78.9[a] | 95.9[a] | 98.0[a] |
| | | 9.8 | 19.3[b] | 63.1[b] | 93.6[a] | 95.9[a] |
| | | 11.3 | 37.0[a] | 67.6[ab] | 94.4[a] | 95.7[a] |
| | 德棉 15 | 6.8 | 17.3[b] | 60.0[b] | 94.1[a] | 97.4[a] |
| | | 8.3 | 29.0[ab] | 79.9[a] | 98.0[a] | 93.9[a] |
| | | 9.8 | 15.9[b] | 57.8[b] | 93.4[a] | 95.9[a] |
| | | 11.3 | 24.3[ab] | 67.9[ab] | 96.1[a] | 94.3[a] |
| 东平 | 鲁棉 532 | 6.8 | 68.5[ab] | 98.2[a] | 99.8[a] | 100.0 |
| | | 8.3 | 71.0[a] | 98.5[a] | 98.6[a] | 100.0 |
| | | 9.8 | 78.7[a] | 98.7[a] | 99.8[a] | 100.0 |
| | | 11.3 | 74.1[a] | 99.6[a] | 100.0[a] | 100.0 |
| | 鲁棉 2387 | 6.8 | 56.3[b] | 96.4[a] | 99.8[a] | 100.0 |
| | | 8.3 | 66.8[ab] | 97.7[a] | 99.8[a] | 100.0 |
| | | 9.8 | 72.0[a] | 99.5[a] | 99.9[a] | 100.0 |
| | | 11.3 | 70.1[a] | 99.1[a] | 99.9[a] | 100.0 |

注：同列数值后标有相同字母的处理表示在 0.05 水平上差异不显著。

区域间比较，东平县试验的棉花在盛铃期光照辐射截获率达到 100%，棉花长势太旺，在初花期已封垄，透光透风条件差，下部接受不到光能，不利于棉铃的发育；单县棉花长势弱，小于其他两地。不同品种间光照辐射截获率存在差异，鲁棉 532 高于德棉 15。种植密度直接影响棉花光截获能力和光分布特征。在生育前期，随着种植密度的增加，光照辐射截获率随之提高；但在生育后期，棉花冠层基本形成，增加种植密度不会影响光截获量。

从图 1-4-2 中可以看出，各处理的光能利用率在生育期内随时间推移的变化趋势均为先增长后降低，盛铃期的光能利用率最高。鲁棉 532 的光能利用率在 D4 密度下最高，其次是 D3，再次是 D2，D1 密度下最低，且在 T2 时期后处理间差异显著。德棉 15 的表现略有不同，在 T2 和 T4 时期，D4 密度下的光能利用率显著高于其余 3 个密度的处理，但在 T3 时期则表现为 D4 和 D3 间无显著差异，但显著高于 D1 和 D2 密度的处理。

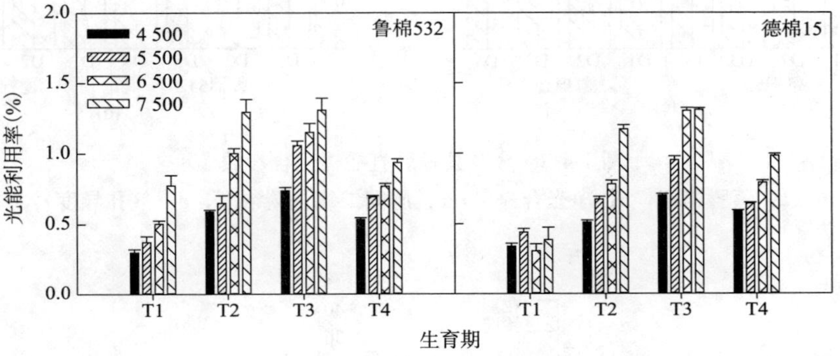


图 1-4-2　棉花各生育时期光能利用率

（T1 现蕾期、T2 花期、T3 盛铃期、T4 吐絮期）

**3. 关键生育期叶片主要光合特征参数**　蒜后直播棉在花期和铃期的光合性能如图 1-4-3、图 1-4-4 和图 1-4-5。在金乡，棉花花期的主要光合参数均低于铃期，且在 D3 和 D4 密度下各光合指标均高于其余密度的处理。品种间比较，鲁棉 532 略高于德棉 15。在单县，花期的蒸腾速率和胞间二氧化碳浓度低于铃期，但净光合速率和气孔导度则铃期高于花期。鲁棉 532 在 D3 密度下的蒸腾速率、净光合速率、气孔导度和胞间二氧化碳浓度均最低，德棉 15 在 D3 和 D4 下的各指标无显著差异，花期各指标均低于 D1 和 D2 处理。在东平，花期的各光合指标均高于铃期。鲁棉 532 在 D1 和 D2 密度下具有较高的蒸腾速率、净光合速率、气孔导度和胞间二氧化碳浓度，而德棉 15 则在 D3 和 D4 下的各指标较高。

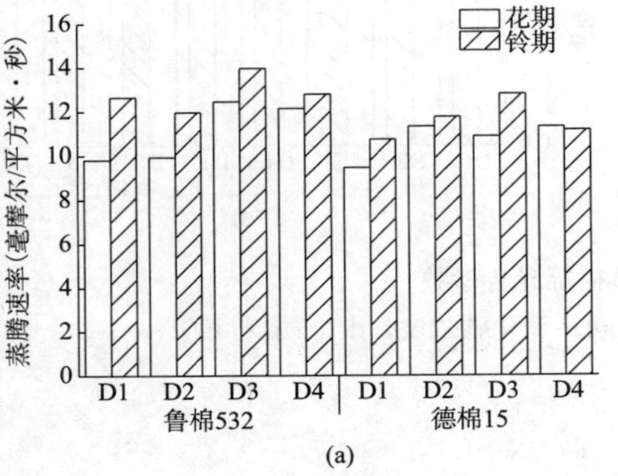


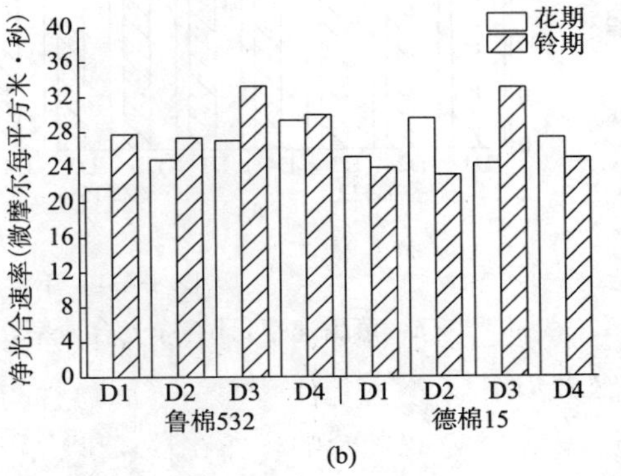

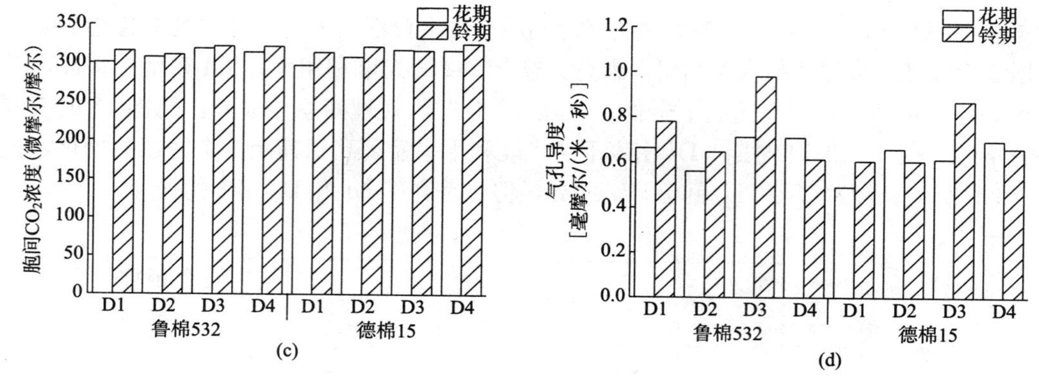


图 1-4-3　金乡县蒜后直播棉光合参数

（a：蒸腾速率，b：净光合速率，c：胞间二氧化碳浓度，d：气孔导度）

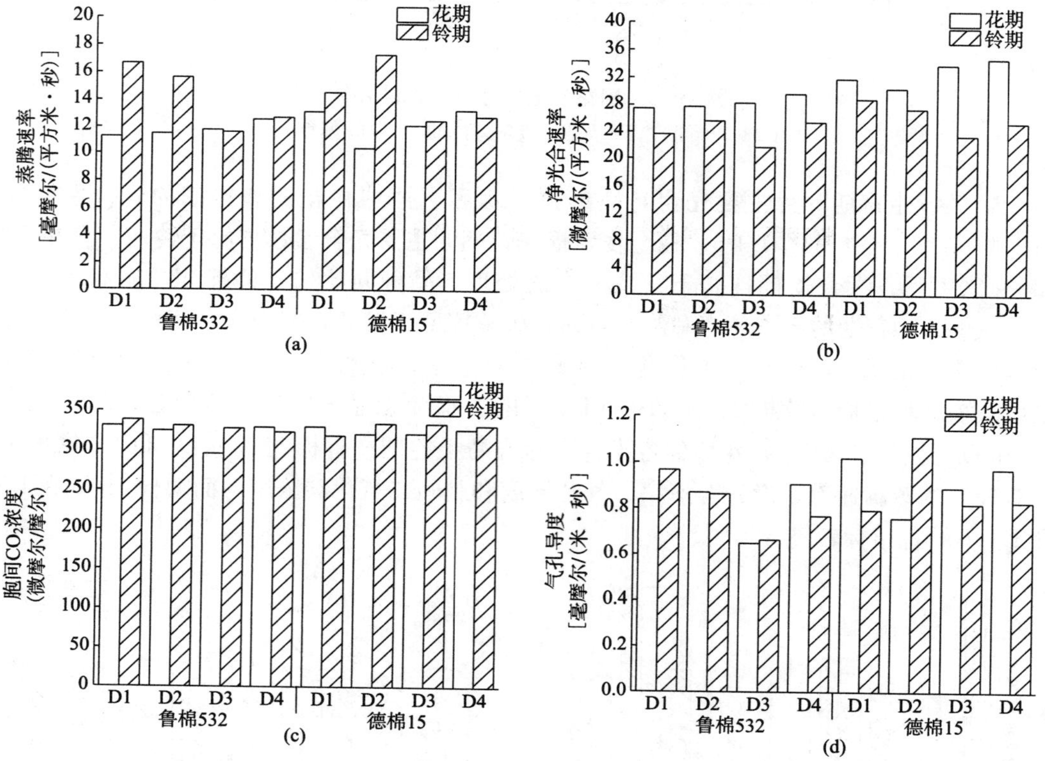


图 1-4-4　单县蒜后直播棉光合参数

（a：蒸腾速率，b：净光合速率，c：胞间二氧化碳浓度，d：气孔导度）

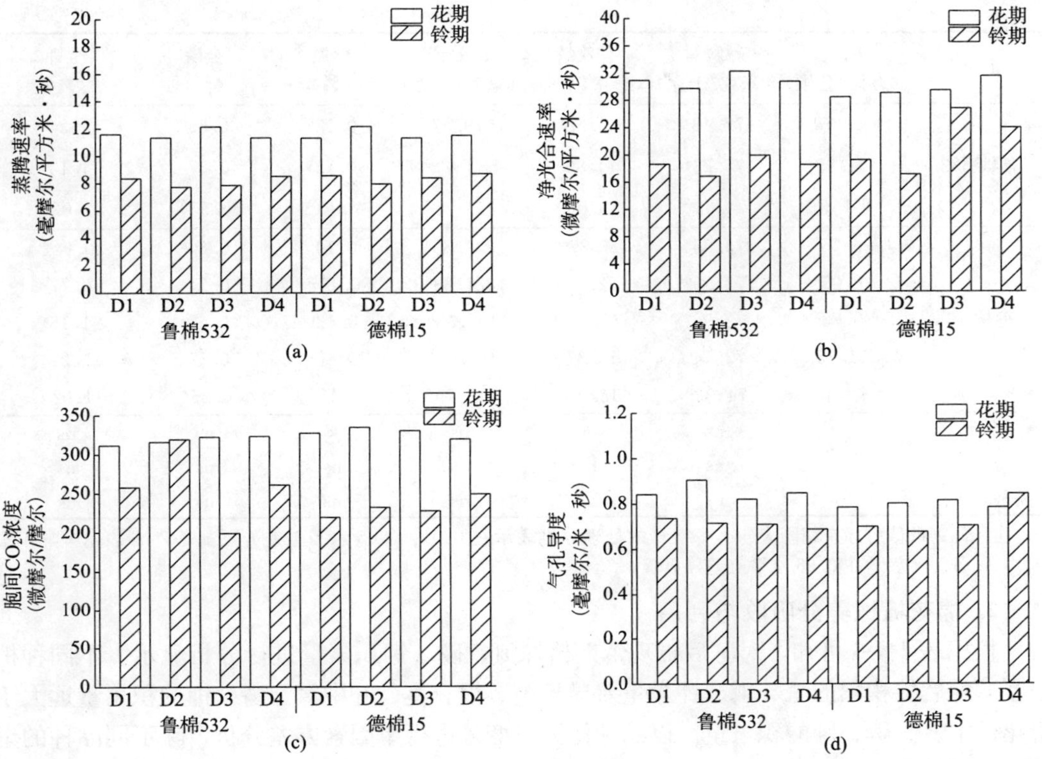


图 1-4-5　东平县蒜后直播棉光合参数

（a：蒸腾速率，b：净光合速率，c：胞间二氧化碳浓度，d：气孔导度）

## （三）不同群体结构下棉花养分利用特征

**1. 土壤养分分析**　表 1-4-5 对 2019 年的蒜后棉成熟期各处理的土壤肥力进行了分析，包括碱解氮、有效磷、速效钾、全氮、全磷、全钾。以 D2 密度种植的鲁棉 532 显著高于 D3 密度种植的鲁棉 532 的土壤中速效钾的含量，以 D4 密度种植的鲁棉 532 的土壤中速效钾的含量显著高于 D3 密度种植的鲁棉 532，以 D2 密度种植的鲁棉 532 的土壤中速效钾的含量最高。D1 密度种植的鲁棉 532 的全氮显著低于 D2 密度。德棉 15 在 D1 密度下植株全氮显著低于 D4 密度。

以品种作为自变量进行单因素方差分析，不同品种除全氮有显著差异，其他均无显著差异。以密度作为自变量进行单因素方差分析，不同种植密度的氮、磷、钾均无显著差异。分析品种与密度的交互作用，发现其对各个肥力数据的影响均未达到显著水平。

**表 1-4-5　不同种植密度下成熟期土壤养分含量**

| 品种 | 密度（万株/公顷） | 碱解氮（毫克/千克） | 有效磷（毫克/千克） | 速效钾（毫克/千克） | 全氮（%） | 全磷（%） | 全钾（%） |
|---|---|---|---|---|---|---|---|
| 鲁棉 532 | 6.75 | 74.92$^{a}$ | 15.29$^{b}$ | 423.33$^{c}$ | 0.10$^{c}$ | 0.56$^{a}$ | 0.94$^{ab}$ |
| | 8.25 | 70.83$^{a}$ | 15.45$^{b}$ | 587.00$^{a}$ | 0.12$^{b}$ | 0.53$^{a}$ | 0.97$^{ab}$ |

（续）

| 品种 | 密度（万株/公顷） | 碱解氮（毫克/千克） | 有效磷（毫克/千克） | 速效钾（毫克/千克） | 全氮（%） | 全磷（%） | 全钾（%） |
|---|---|---|---|---|---|---|---|
| 鲁棉 532 | 9.75 | 77.48a | 14.68b | 579.67a | 0.12b | 0.55a | 1.24a |
| | 11.25 | 75.23a | 14.80b | 533.00ab | 0.15a | 0.57a | 1.13a |
| | 平均值 | 74.62A | 15.05A | 455.75A | 0.13A | 0.55A | 1.02A |
| 德棉 15 | 6.75 | 75.55a | 17.37ab | 357.33d | 0.10c | 0.60a | 0.94ab |
| | 8.25 | 73.05a | 22.24a | 331.33d | 0.11bc | 0.54a | 0.77b |
| | 9.75 | 73.96a | 17.06ab | 497.33bc | 0.12b | 0.52a | 1.16a |
| | 11.25 | 73.54a | 15.37b | 469.00bc | 0.16a | 0.52a | 1.22a |
| | 平均值 | 74.03A | 18.01A | 413.75A | 0.13A | 0.55A | 1.02A |
| 品种 | | ns | ns | ns | * | ns | ns |
| 密度 | | ns | ns | ns | ns | ns | ns |
| 品种×密度 | | ns | ns | ns | ns | ns | ns |

注：同列数值后标有相同大、小写字母的处理分别表示在 0.01、0.05 水平上差异不显著，ns 表示差异不显著。* 表示在 0.05 水平上差异显著。

### 2. 棉花植株养分吸收与利用

根据表 1-4-6 可知，对蒜后棉现蕾期植株氮、磷、钾积累量进行分析显示，不同种植密度下蒜后棉积累的氮、磷、钾含量差异显著。根、茎、叶中氮、磷、钾的积累量远大于蕾花铃中氮、磷、钾的积累量。以品种作为自变量进行单因素方差分析，除不同品种的全植株的钾积累量以及根、茎、叶中的钾积累量有显著差异，即鲁棉 532 的钾积累量大于德棉 15，其他均无显著差异。以密度作为自变量进行单因素方差分析，不同种植密度的全植株的氮、钾积累量以及根、茎、叶中的氮、钾积累量有显著差异，其他均无显著差异。探究品种与密度的交互作用时，发现品种与密度的交互作用对氮、磷、钾积累的影响可以忽略不计。鲁棉 532 在以 D4 密度种植时蕾花铃，根、茎、叶以及全植株的氮积累量显著高于其余 3 种密度的处理，以及德棉 15 在 D1 密度下的植株氮积累量。以 D2 密度种植的鲁棉 532 的蕾花铃钾积累量显著低于 D4 密度。以 D4 密度种植的德棉 15 根茎叶磷含量显著高于以 D1 密度。以 D4 密度种植的鲁棉 532 的根茎叶钾积累量最高。结果还发现，鲁棉 532 在 D4 密度下种植时全植株氮、磷、钾积累量最高。

**表 1-4-6　不同种植密度下现蕾期植株氮磷钾积累量**

| 品种 | 密度（万株/公顷） | 蕾花铃 | | | 根茎叶 | | | 全植株 | | |
|---|---|---|---|---|---|---|---|---|---|---|
| | | 氮（克/平方米） | 磷（克/平方米） | 钾（克/平方米） | 氮（克/平方米） | 磷（克/平方米） | 钾（克/平方米） | 氮（克/平方米） | 磷（克/平方米） | 钾（克/平方米） |
| 鲁棉 532 | 6.75 | 0.020ab | 0.001ab | 0.013ab | 6.48ab | 1.01ab | 3.63a | 6.5ab | 1.01ab | 3.64b |
| | 8.25 | 0.017b | 0.000b | 0.010b | 4.85bc | 1.03ab | 4.4ab | 4.87bc | 1.03ab | 4.41ab |
| | 9.75 | 0.017b | 0.003ab | 0.013ab | 4.73bc | 1.37ab | 4.06b | 4.75bc | 1.38ab | 4.07b |
| | 11.25 | 0.060a | 0.010a | 0.033a | 8.19a | 1.65a | 6.25a | 8.25a | 1.66a | 6.28a |
| | 平均值 | 0.028A | 0.004A | 0.018A | 6.06A | 1.27A | 4.58A | 6.09A | 1.27A | 4.6A |

（续）

| 品种 | 密度（万株/公顷） | 蕾花铃 | | | 根茎叶 | | | 全植株 | | |
|---|---|---|---|---|---|---|---|---|---|---|
| | | 氮（克/平方米） | 磷（克/平方米） | 钾（克/平方米） | 氮（克/平方米） | 磷（克/平方米） | 钾（克/平方米） | 氮（克/平方米） | 磷（克/平方米） | 钾（克/平方米） |
| 德棉 15 | 6.75 | $0.013^{b}$ | $0.003^{ab}$ | $0.013^{ab}$ | $3.40^{c}$ | $0.69^{b}$ | $3.16^{b}$ | $3.41^{c}$ | $0.69^{b}$ | $3.17^{b}$ |
| | 8.25 | $0.040^{ab}$ | $0.007^{ab}$ | $0.020^{ab}$ | $6.13^{abc}$ | $0.91^{ab}$ | $3.51^{b}$ | $6.17^{abc}$ | $0.92^{ab}$ | $3.54^{b}$ |
| | 9.75 | $0.023^{ab}$ | $0.007^{ab}$ | $0.013^{ab}$ | $4.18^{bc}$ | $0.91^{ab}$ | $3.03^{b}$ | $4.21^{bc}$ | $0.92^{ab}$ | $3.04^{b}$ |
| | 11.25 | $0.040^{ab}$ | $0.010^{a}$ | $0.023^{ab}$ | $7.86^{a}$ | $1.47^{a}$ | $4.25^{b}$ | $7.90^{a}$ | $1.47^{a}$ | $4.28^{b}$ |
| | 平均值 | $0.029^{A}$ | $0.007^{A}$ | $0.018^{A}$ | $5.39^{A}$ | $0.99^{A}$ | $3.49^{B}$ | $5.42^{A}$ | $1.00^{A}$ | $3.51^{B}$ |
| 品种 | | ns | ns | ns | ns | ns | * | ns | ns | * |
| 密度 | | ns | ns | ns | * | ns | * | * | ns | * |
| 品种×密度 | | ns | ns | ns | ns | ns | ns | ns | ns | ns |

注：同列数值后标有相同大、小写字母的处理分别表示在 0.01、0.05 水平上差异不显著，ns 表示差异不显著，* 表示在 0.05 水平上差异显著。

由表 1-4-7 可知，对花期蒜后棉氮、磷、钾积累量进行分析，部分不同品种、不同种植密度的处理氮、磷、钾积累量差异显著。并且以品种作为自变量进行单因素方差分析，不同品种的蕾花铃，根、茎、叶以及全植株氮、磷、钾的积累量均无显著差异。以密度作为自变量进行单因素方差分析，不同种植密度的蒜后棉的氮、磷、钾积累量均无显著差异。探究品种与密度的交互作用时，发现品种与密度的交互作用对氮磷钾积累的影响可以忽略不计。说明不同种植密度不同品种种植的蒜后棉花期植株氮磷钾积累量差异不明显。

**表 1-4-7　不同种植密度下花期植株氮、磷、钾积累量**（克/平方米）

| 品种 | 密度（万株/公顷） | 蕾花铃 | | | 根、茎、叶 | | | 全植株 | | |
|---|---|---|---|---|---|---|---|---|---|---|
| | | 氮 | 磷 | 钾 | 氮 | 磷 | 钾 | 氮 | 磷 | 钾 |
| 鲁棉 532 | 6.75 | $5.41^{ab}$ | $1.11^{a}$ | $3.96^{ab}$ | $40.53^{b}$ | $9.11^{a}$ | $31.03^{ab}$ | $45.94^{b}$ | $10.22^{ab}$ | $34.99^{ab}$ |
| | 8.25 | $7.24^{ab}$ | $1.14^{a}$ | $4.1^{ab}$ | $48^{ab}$ | $9.19^{a}$ | $30.81^{ab}$ | $55.24^{ab}$ | $10.33^{ab}$ | $34.91^{ab}$ |
| | 9.75 | $9.04^{ab}$ | $1.58^{a}$ | $5.09^{ab}$ | $50.39^{ab}$ | $9.65^{a}$ | $33.97^{ab}$ | $59.42^{ab}$ | $11.24^{ab}$ | $39.05^{ab}$ |
| | 11.25 | $12.74^{a}$ | $1.66^{a}$ | $6.25^{a}$ | $80.16^{a}$ | $11.61^{a}$ | $39.95^{a}$ | $92.9^{a}$ | $13.27^{a}$ | $46.2^{a}$ |
| | 平均值 | $8.61^{A}$ | $1.37^{A}$ | $4.85^{A}$ | $54.77^{A}$ | $9.89^{A}$ | $33.94^{A}$ | $63.38^{A}$ | $11.26^{A}$ | $38.79^{A}$ |
| 德棉 15 | 6.75 | $5.76^{ab}$ | $1.28^{a}$ | $3.44^{ab}$ | $37.09^{b}$ | $8.21^{a}$ | $26.27^{ab}$ | $42.84^{b}$ | $9.49^{ab}$ | $29.7^{ab}$ |
| | 8.25 | $3.26^{b}$ | $0.6^{a}$ | $2.18^{b}$ | $26.74^{b}$ | $6.07^{a}$ | $22.27^{b}$ | $30^{b}$ | $6.67^{b}$ | $24.45^{b}$ |
| | 9.75 | $4.67^{b}$ | $1.14^{a}$ | $3.42^{ab}$ | $47.65^{ab}$ | $6.59^{a}$ | $25.15^{ab}$ | $52.32^{ab}$ | $7.72^{ab}$ | $28.58^{ab}$ |
| | 11.25 | $8.03^{ab}$ | $1.6^{a}$ | $5.01^{ab}$ | $48.33^{ab}$ | $11.34^{a}$ | $35.45^{ab}$ | $56.36^{ab}$ | $12.95^{ab}$ | $40.46^{ab}$ |
| | 平均值 | $5.43^{A}$ | $1.15^{A}$ | $3.51^{A}$ | $39.95^{A}$ | $8.05^{A}$ | $27.28^{A}$ | $45.38^{A}$ | $9.21^{A}$ | $30.8^{A}$ |
| 品种 | | ns | ns | ns | ns | ns | ns | ns | ns | ns |
| 密度 | | ns | ns | ns | ns | ns | ns | ns | ns | ns |
| 品种×密度 | | ns | ns | ns | ns | ns | ns | ns | ns | ns |

注：同列数值后标有相同大、小写字母的处理分别表示在 0.01、0.05 水平上差异不显著。ns 表示差异不显著。

由表 1-4-8 可知，对不同种植密度下的蒜后棉盛铃期植株氮、磷、钾积累量进行分析，根、茎、叶中氮、磷、钾的积累量显著高于蕾花铃中氮、磷、钾的积累量。在 D2 和 D4 密度下种植的鲁棉 532 及在 D3 密度下种植的德棉 15 的蕾花铃氮积累量显著高于 D1 密度下种植的鲁棉 532 和在 D2 密度下种植的德棉 15。在 D2、D4 密度下种植的鲁棉 532 的磷积累量显著高于在 D1 和 D2 密度下种植的德棉 15。在 D2 和 D4 密度下种植的鲁棉 532 的钾积累量显著高于在 D2 密度下种植的德棉 15。D4 密度下种植的鲁棉 532 的氮、磷、钾积累量最高。

**表 1-4-8　不同种植密度下盛铃期植株氮、磷、钾积累量**（克/平方米）

| 品种 | 密度（万株/公顷） | 蕾花铃 | | | 根、茎、叶 | | | 全植株 | | |
|---|---|---|---|---|---|---|---|---|---|---|
| | | 氮 | 磷 | 钾 | 氮 | 磷 | 钾 | 氮 | 磷 | 钾 |
| 鲁棉 532 | 6.75 | 22.04$^{b}$ | 5.52$^{ab}$ | 22.12$^{ab}$ | 91.18$^{abc}$ | 12.92$^{c}$ | 45.37$^{a}$ | 113.22$^{bc}$ | 18.44$^{bcd}$ | 67.5$^{a}$ |
| | 8.25 | 51.94$^{a}$ | 8.72$^{a}$ | 29.94$^{a}$ | 87.11$^{bc}$ | 15.12$^{abc}$ | 58.7$^{a}$ | 139.05$^{abc}$ | 23.84$^{abc}$ | 88.64$^{a}$ |
| | 9.75 | 38.64$^{ab}$ | 6.72$^{ab}$ | 22.63$^{ab}$ | 76.05$^{bc}$ | 11.35$^{c}$ | 42.1$^{a}$ | 114.69$^{bc}$ | 18.07$^{cd}$ | 64.73$^{a}$ |
| | 11.25 | 50.89$^{a}$ | 9.24$^{a}$ | 27.72$^{a}$ | 131.47$^{a}$ | 19.39$^{ab}$ | 57.65$^{a}$ | 182.36$^{a}$ | 28.63$^{a}$ | 85.38$^{a}$ |
| | 平均值 | 40.88$^{A}$ | 7.55$^{A}$ | 25.6$^{A}$ | 96.45$^{A}$ | 14.94$^{A}$ | 50.96$^{A}$ | 137.33$^{A}$ | 22.25$^{A}$ | 76.56$^{A}$ |
| 德棉 15 | 6.75 | 30.76$^{ab}$ | 4.01$^{b}$ | 16.58$^{ab}$ | 53.75$^{c}$ | 10.2$^{c}$ | 38.91$^{a}$ | 84.51$^{c}$ | 14.2$^{d}$ | 55.49$^{a}$ |
| | 8.25 | 19.18$^{b}$ | 3.5$^{b}$ | 12.47$^{b}$ | 85.66$^{bc}$ | 13.68$^{bc}$ | 42.86$^{a}$ | 104.84$^{bc}$ | 17.19$^{cd}$ | 55.33$^{a}$ |
| | 9.75 | 48.63$^{a}$ | 7.04$^{ab}$ | 23.86$^{ab}$ | 114.53$^{ab}$ | 20.34$^{a}$ | 60.51$^{a}$ | 163.16$^{ab}$ | 27.37$^{ab}$ | 84.38$^{a}$ |
| | 11.25 | 36.76$^{ab}$ | 6.5$^{ab}$ | 25.5$^{ab}$ | 86.73$^{bc}$ | 15.54$^{abc}$ | 59.35$^{a}$ | 123.49$^{abc}$ | 22.04$^{abcd}$ | 84.86$^{a}$ |
| | 平均值 | 33.83$^{A}$ | 5.26$^{B}$ | 19.6$^{A}$ | 85.17$^{A}$ | 14.7$^{A}$ | 50.41$^{A}$ | 119$^{A}$ | 20.2$^{A}$ | 70.01$^{A}$ |
| 品种 | | ns | * | ns | ns | ns | ns | ns | ns | ns |
| 密度 | | ns | ns | ns | ns | ns | ns | ns | * | ns |
| 品种×密度 | | ns | ns | ns | * | * | ns | ns | * | ns |

注：同列数值后标有相同大、小写字母的处理分别表示在 0.01、0.05 水平上差异不显著，ns 表示差异不显著。

以品种作为自变量进行单因素方差分析，除不同品种的蕾花铃的磷积累量有显著差异，即鲁棉 532 的磷积累量大于德棉 15，其他均无显著差异。以密度作为自变量进行单因素方差分析，不同种植密度的全植株的磷积累量有显著差异，其他均无显著差异。探究品种与密度的交互作用时，发现品种与密度的交互作用对根茎叶磷钾积累以及全植株磷的积累量的影响显著，其他可以忽略不计。

由表 1-4-9 可知，对蒜后棉吐絮期植株氮、磷、钾积累量进行分析，以品种作为自变量进行单因素方差分析，不同品种的蕾花铃、根、茎、叶以及全植株氮、磷、钾的积累量均无显著差异。以密度作为自变量进行单因素方差分析，不同种植密度的蕾花铃和根、茎、叶的氮的积累量有显著差异，全植株的氮、钾积累量有显著差异，其他均无显著差异。探究品种与密度的交互作用时，发现品种与密度的交互作用对氮、磷、钾积累的影响可以忽略不计。蕾花铃中氮、磷、钾的积累量远大于根、茎、叶中氮、磷、钾的积累量。在 D4 密度下种植的鲁棉 532 的蕾花铃、根、茎、叶以及全植株的氮、磷、钾积累量最高。

**表 1-4-9　不同种植密度下吐絮期植株氮、磷、钾积累量（克/平方米）**

| 品种 | 密度（万株/公顷） | 蕾花铃 | | | 根、茎、叶 | | | 全植株 | | |
|---|---|---|---|---|---|---|---|---|---|---|
| | | 氮 | 磷 | 钾 | 氮 | 磷 | 钾 | 氮 | 磷 | 钾 |
| 鲁棉 532 | 6.75 | $70.29^{b}$ | $12.24^{b}$ | $39.88^{b}$ | $59.68^{d}$ | $13.63^{a}$ | $43.87^{b}$ | $129.97^{c}$ | $25.87^{b}$ | $83.75^{b}$ |
| | 8.25 | $63.34^{b}$ | $12.46^{b}$ | $36.72^{b}$ | $64.73^{cd}$ | $17.65^{a}$ | $48.89^{ab}$ | $128.07^{c}$ | $30.11^{b}$ | $85.61^{b}$ |
| | 9.75 | $63.84^{b}$ | $13.17^{ab}$ | $39.06^{b}$ | $85.43^{bcd}$ | $16.86^{a}$ | $55.66^{ab}$ | $149.28^{bc}$ | $30.04^{b}$ | $94.72^{b}$ |
| | 11.25 | $156.48^{a}$ | $21.44^{a}$ | $69.8^{a}$ | $124.14^{a}$ | $22.84^{a}$ | $80.01^{a}$ | $280.63^{a}$ | $44.28^{a}$ | $149.81^{a}$ |
| | 平均值 | $88.49^{A}$ | $14.83^{A}$ | $46.37^{A}$ | $98.17^{A}$ | $17.74^{A}$ | $61.1^{A}$ | $171.99^{A}$ | $32.57^{A}$ | $103.47^{A}$ |
| 德棉 15 | 6.75 | $47.98^{b}$ | $11.03^{b}$ | $33.94^{b}$ | $84.06^{bcd}$ | $15.53^{a}$ | $61.03^{ab}$ | $132.04^{bcd}$ | $26.56^{b}$ | $94.98^{b}$ |
| | 8.25 | $56.27^{b}$ | $10.57^{b}$ | $32.82^{b}$ | $96.33^{abc}$d | $14.46^{a}$ | $46.41^{b}$ | $152.6^{bc}$ | $25.03^{b}$ | $79.23^{b}$ |
| | 9.75 | $90.77^{b}$ | $17.63^{ab}$ | $48.22^{ab}$ | $98.91^{abc}$ | $15.57^{a}$ | $65.45^{ab}$ | $189.68^{bc}$ | $33.2^{ab}$ | $113.66^{ab}$ |
| | 11.25 | $92.72^{b}$ | $13.16^{ab}$ | $44.4^{b}$ | $113.37^{ab}$ | $18.08^{a}$ | $71.53^{ab}$ | $206.09^{ab}$ | $31.24^{b}$ | $115.93^{ab}$ |
| | 平均值 | $71.94^{A}$ | $13.1^{A}$ | $39.84^{A}$ | $83.5^{A}$ | $15.91^{A}$ | $57.11^{A}$ | $170.1^{A}$ | $29.01^{A}$ | $100.95^{A}$ |
| 品种 | | ns | ns | ns | ns | ns | ns | ns | ns | ns |
| 密度 | | * | ns | ns | * | ns | ns | * | * | * |
| 品种×密度 | | ns | ns | ns | ns | ns | ns | ns | ns | ns |

注：同列数值后标有相同大、小写字母的处理分别表示在 0.01、0.05 水平上差异不显著，ns 表示差异不显著。

**3. 不同种植密度下肥料利用率**　由表 1-4-10 可知，鲁棉 532 的氮、磷、钾农学效率在 D3 处理最大，德棉 15 的肥料农学效率在 D2 处理最大。D1、D2、D4 密度下，德棉 15 的氮、磷、钾农学效率均高于鲁棉 532。

**表 1-4-10　蒜棉套作模式下各处理的肥料农学效率**

| 品种 | 密度（万株/公顷） | 氮肥农学效率（千克/千克） | 磷肥农学效率（千克/千克） | 钾肥农学效率（千克/千克） |
|---|---|---|---|---|
| 鲁棉 532 | 6.75 | 17.62 | 58.73 | 17.62 |
| | 8.25 | 20.12 | 67.08 | 20.12 |
| | 9.75 | 23.12 | 77.06 | 23.12 |
| | 11.25 | 21.49 | 71.64 | 21.49 |
| 德棉 15 | 6.75 | 19.31 | 64.37 | 19.31 |
| | 8.25 | 23.48 | 78.27 | 23.48 |
| | 9.75 | 22.43 | 74.76 | 22.43 |
| | 11.25 | 22.67 | 75.56 | 22.67 |

## （四）棉田主要害虫和天敌种群种类及数量

如表 1-4-11 和表 1-4-12 所示，从鲁棉 532 的棉田中共计获得节肢动物 340 936 头，德棉 15 的棉田中获得节肢动物 622 712 头。两品种田间的主要害虫为烟粉虱、棉蚜和蓟马，其种群数量占全部生物种群数量的 95%以上，但烟粉虱在棉花生育前期数量很少。龟纹瓢虫、东亚小花蝽、八斑球腹蛛、草间小黑蛛、寄生蜂、草蛉和横纹金蛛为主

**表 4-11　不同种植密度下害虫和天敌种群密度(鲁棉 532)**

| 物种 | 6月22日 | | | | 9月1日 | | | | 9月27日 | | | |
|---|---|---|---|---|---|---|---|---|---|---|---|---|
| | D1 | D2 | D3 | D4 | D1 | D2 | D3 | D4 | D1 | D2 | D3 | D4 |
| 棉蚜 | 234.7±216.9 | 41.3±37.4 | 1.3±1.3 | 77.3±39.7 | 709.3±213.9 | 696.0±443.6 | 825.3±524.7 | 460.0±196.5 | — | — | — | — |
| 烟粉虱 | — | — | — | — | 19 353.3±12 743.9 | 6 760.0±1 787.1 | 7 113.3±2 627.7 | 8 146.7±2 227.2 | 13 213.3±3 952.4 | 17 066.7±4 515.6 | 19 466.7±2 582.8 | 16 533.3±5 368.2 |
| 绿盲蝽 | — | — | — | — | — | — | — | — | 1.3±1.3 | 6.7±6.6 | 2.7±1.3 | — |
| 龟纹瓢虫 | 26.7±26.7 | 4.0±2.3 | — | 1.3±1.3 | — | — | — | — | 26.7±13.3 | 33.3±8.4 | 36.0±18.3 | 32.0±4.6 |
| 三突花蛛 | — | — | — | — | 6.7±3.5 | 10.7±8.7 | 8.0±4.0 | 4.0±2.3 | — | — | — | — |
| 八斑球腹蛛 | 1.3±1.3 | 5.3±5.3 | — | 2.7±1.3 | 20.0±14.0 | 26.7±7.4 | 33.3±15.8 | 21.3±10.4 | 4.0±0.0 | 16.0±14.1 | 4.0±2.3 | 2.7±2.7 |
| 东亚小花蝽 | — | — | — | — | 4.0±2.3 | 2.7±1.3 | 4.0±2.3 | 1.3±1.3 | 25.3±7.4 | 16.0±10.6 | 28.0±2.3 | 38.7±14.7 |
| 草间小黑蛛 | 10.7±4.8 | 8.0±0.0 | 2.7±1.3 | 8.0±1.3 | 4.0±4.0 | 2.7±1.3 | — | 5.3±1.3 | 2.7±1.3 | 14.7±10.7 | 1.3±1.3 | 2.7±1.3 |
| 蓟马 | 6.6±3.5 | 9.3±9.3 | 9.3±1.3 | 6.7±1.3 | 673.3±583.6 | 450.7±350.6 | 328.0±136.7 | 769.3±685.6 | — | — | — | — |
| 金蛛 | — | — | — | — | — | — | — | — | 12.0±0.0 | 18.7±10.4 | 32.0±6.1 | 37.3±7.4 |
| 多异瓢虫 | 1.3±1.3 | — | 1.3±1.3 | — | — | — | — | — | — | — | — | — |
| 食蚜蝇 | 2.7±2.7 | 1.3±1.3 | 1.3±1.3 | — | — | — | — | — | 2.6±2.6 | 6.7±3.5 | — | 1.3±1.3 |
| 蜗牛 | — | — | — | — | 5.3±5.5 | 2.7±2.7 | 5.3±5.5 | 1.3±1.3 | 1.3±1.3 | 1.3±1.3 | 4.0±2.3 | 4.0±4.0 |
| 棉铃虫 | — | — | 1.3±1.3 | 1.3±1.3 | — | — | — | — | — | — | — | — |
| 潜叶蝇 | 1.3±1.3 | 6.6±6.7 | — | — | — | — | — | — | — | — | — | — |

表 4-12　不同种植密度下害虫和天敌种群密度(德棉 15)

| 物种 | 9月1日 | | | | 9月27日 | | | |
|---|---|---|---|---|---|---|---|---|
| | D1 | D2 | D3 | D4 | D1 | D2 | D3 | D4 |
| 棉蚜 | 226.7±97.2 | 484.0±119.4 | 172.0±26.0 | 134.7±71.6 | — | — | — | — |
| 烟粉虱 | 11 404.0±1 213.4 | 10 718.7±1 036.2 | 11 690.7±598.3 | 14 812.0±1 800.6 | 4 765.3±18 707.2 | 46 446.7±10 918.3 | 32 592.0±6 271.2 | 30 722.7±4 375.0 |
| 绿盲蝽 | 1.3±1.3 | 2.7±1.3 | 1.3±1.3 | — | — | 2.7±2.7 | 1.3±1.3 | — |
| 龟纹瓢虫 | — | — | 2.7±2.7 | 1.3±1.3 | 32.0±10.1 | 21.3±7.4 | 42.7±2.7 | 52.0±8.3 |
| 八斑球腹蛛 | 1.3±1.3 | 2.7±2.7 | — | — | 1.3±1.3 | 1.3±1.3 | 4.0±4.0 | 1.3±1.3 |
| 东亚小花蝽 | 1.3±1.3 | 1.3±1.3 | 2.7±2.7 | 2.7±2.7 | 12.0±0 | 29.3±5.3 | 14.7±2.7 | 26.7±4.8 |
| 草间小黑蛛 | — | — | — | — | 2.7±1.3 | 6.7±1.3 | 5.3±1.3 | 4.0±4.0 |
| 蓟马 | 256.0±78.0 | 236.0±120.2 | 23.3±217.5 | 132.0±75.1 | 1.3±1.3 | — | 1.3±1.3 | — |
| 金蛛 | — | — | — | — | 1.3±1.3 | 1.3±1.3 | — | — |
| 食蚜蝇 | — | — | — | — | — | — | 1.3±1.3 | 1.3±1.3 |
| 草蛉 | — | 1.3±1.3 | — | 1.3±1.3 | 1.3±1.3 | — | 1.3±1.3 | 1.3±1.3 |
| 寄生蜂 | — | — | — | — | 40±18.0 | 64.0±22.7 | 62.7±25.3 | 65.3±29.8 |

要的天敌。不同种植密度处理间比较，烟粉虱密度随种植密度上升呈上升趋势，蓟马密度在D3处理下最低。随着生育进程的推进，在吐絮期棉蚜和蓟马种群密度为无检出，烟粉虱密度升高至花铃期的3倍以上，龟纹瓢虫、东亚小花蝽、草间小黑蛛、横纹金蛛、食蚜蝇、草蛉和寄生蜂的种群密度增加，这是棉蚜和蓟马密度显著降低的主要原因。

单因素方差分析表明鲁棉532的不同种植密度对除草间小黑蛛以外的害虫和天敌的种群密度均无显著影响（$P>0.05$，表1-3-11），草间小黑蛛在D3密度下数量显著低于在D2和D4密度，而D1、D2和D4之间均无显著差异（df=3，$F=4.20$，$P=0.016$）。德棉15的不同种植密度对任何一种害虫和天敌的种群密度均无显著影响（$P>0.05$，表1-4-12）。

蒜棉两熟棉田、蒜套棉田和直播棉田的平均病虫害防治次数分别为5.0次、5.4次和7.60次（图1-4-6）。蒜棉两熟棉田、蒜套棉田和直播棉田的化学农药亩用量（农药纯品用量）分别为18.17克、23.49克和28.51克，三者间存在极显著性差异（$F=13.84$，$P=0.001$），其中蒜棉两熟棉田的农药使用量分别比蒜套棉田和直播棉田减少22.62%和36.25%。

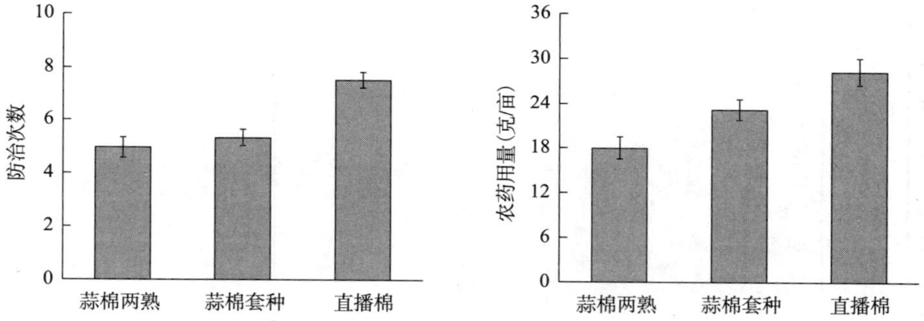


图1-4-6　蒜棉两熟棉田、蒜套棉田和直播棉田的防治措施

## 四、讨论

蒜棉套种是当前鲁西南棉区普遍采用的主要种植模式。蒜棉套种模式费工费时，也不适合机械化生产，若改蒜棉套种为蒜后直播，同时改棉花中晚熟品种为短季棉品种，改稀植大棵为密植矮化的棉蒜两熟种植模式，可以在保证棉蒜产量不减的情况下，减少作业环节和次数，提高机械化程度，节本增效，有效实现农机与农艺有机融合，这是鲁西南蒜棉两熟制条件下棉花轻简化生产的重要途径。本研究以短季棉品种鲁棉532和德棉15为供试材料，研究短季棉品种在蒜棉两熟种植模式下的产量形成规律，以及养分吸收和光能利用规律。

研究显示，与麦棉连作不同，蒜棉套作果枝数与果节数均高于棉花单作，但单株结铃数与棉花单作无显著差异，并且蒜棉套作在花铃期、吐絮期棉铃脱落率显著低于棉花单作，在花铃期达到极显著差异水平。这可能是由以下原因引起：首先，由于棉花和大蒜的生育期阶段不同，在棉花出现花蕾前，大蒜即可收获，所以并不会影响两者对光照资源和温度的充分利用，从而达到最优的冠层光合结构。其次，棉花和大蒜对养分的需求类型、时间及用量不同，在套作模式下够实现作物对土壤养分的均衡利用，且通过根系分泌物起到互补效果，达到更加理想的产量和质量。因此，本研究结果显示，两个短季棉品种均在 11.25 万株/公顷的密度水平下获得最高产量，其中鲁棉 532 品种的产量在 11.25 和 9.75 万株/公顷密度处理间无显著差异。这主要与这两个密度下单位面积铃数均较高有关。较高的种植密度不利于果枝数和单铃重的增加。具体的产量及收益如表 1-4-13、表 1-4-14 所示。

**表 1-4-13　不同处理收益情况表**

| 处理 | 产量（千克/亩） | 棉花收益（元/亩） | 其他收益（元） | 合计收益（元） | 合计成本（元） | 纯收益（元） |
|---|---|---|---|---|---|---|
| 4 500 | 182 | 1 165.31 | 10 | 1 175.31 | 800 | 375.31 |
| 5 500 | 198 | 1 269.50 | 10 | 1 279.50 | 800 | 479.50 |
| 6 500 | 221 | 1 416.11 | 10 | 1 426.11 | 800 | 626.11 |
| 7 500 | 231 | 1 475.88 | 10 | 1 485.88 | 800 | 685.88 |

**表 1-4-14　最佳种植模式收益**

| 指标 | 4 500 株/亩 | 7 500 株/亩 |
|---|---|---|
| 产量（千克/亩） | 182 | 231 |
| 棉花收益（元） | 1 165.31 | 1 475.88 |
| 其他收益（元） | 10 | 10 |
| 合计收益（元） | 1 175.31 | 1 485.88 |
| 人工成本投入（元） | 560 | 560 |
| 肥料成本投入（元） | 140 | 150 |
| 其他投入（元） | 100 | 100 |
| 合计投入（元） | 800 | 800 |
| 最终利润（元） | 375.31 | 685.88 |

棉花作物的光能利用受到种植密度的影响，过稀的棉花种植密度下，棉花单株分枝较多，单株的发育受限较小，但 LI 和 RUE 较低，从而不利于棉花产量的提高。同样，如果棉花的种植密度太高，单位面积内的棉花株数增多将不能补偿过密造成的棉花单株的棉铃数量降低引起的产量损失。在本研究中，两个短季棉品种在不同种植密度下的光合速率差异不显著，叶片净光合速率以 11.25 万株/公顷密度处理为最高，但与 9.75 万株/公顷密度的处理无显著差异。9.75 万株/公顷密度处理的光能利用率最高，但与 11.25 万株/公顷密度的处理无显著差异。

不同的种植模式对土壤速效养分的影响不同。章家恩等对玉米-花生间作的研究发现，相比于单作模式，间作模式提高了整个系统根区的土壤碱解氮、速效磷含量，玉米根区土壤养分的增加更为明显。唐世凯等的研究发现，烤烟间作草木樨模式可在烤烟成熟中后期增加植烟土壤的速效钾含量。王瑛等对麦棉套作系统的研究发现，小麦根系分泌物、脱落物的存在对棉花根区土壤全氮、有效磷、速效钾含量的增加有显著促进补偿作用。赵庆龙等研究发现，蒜棉套作棉田土壤速效氮含量在蕾期、花铃期显著高于棉花单作田，说明蒜棉套作可有效提高棉田耕层土壤速效氮、速效磷和速效钾含量。

本试验中，除不同品种对土壤全氮含量有显著影响之外，不同品种、不同种植密度及两者互作效应对土壤碱解氮、速效氮、速效磷、速效钾、全磷和全钾含量均无显著影响。但合理增加种植密度可提高两品种生育期内作物的氮、磷、钾含量，尤其是在生育中后期，其中德棉 15 对密度的反应高于鲁棉 532。这一现象说明该种植模式可以有效提高作物对养分的利用消费。近年来，为追求高产而过量施肥的行为对环境造成土壤酸化、温室气体挥发和径流污染等危害。例如，LAND 等研究发现，美国切斯比克湾的氮、磷污染物大约 50%是来源于不合理的农业施肥。因此，国际范围内的高效施肥技术是围绕着粮食高效、生产高效、资源高效和环境高效来进行的。本研究条件下，在相同氮、磷、钾投入的情况下，合理增加种植密度提高了德棉 15 和鲁棉 532 生育期内的氮、磷、钾干物质累计量，这表明该模式大大增加了作物对于养分的吸收效率，可有效减少农业面源污染，特别是农田氨排放和氮流失，对提高肥料的利用率、减少肥料对大气环境的影响具有重要的意义。

在防控害虫方面，蒜棉两熟模式与麦棉两熟模式的害虫和自然天敌的种类基本一致，烟粉虱、棉蚜、蓟马、绿盲蝽是主要害虫，龟纹瓢虫、东亚小花蝽、八斑球腹蛛、草间小黑蛛、寄生蜂、草蛉和横纹金蛛为主要天敌，自然天敌在中后期的数量随着害虫种群数量有显著增加，尤其是龟纹瓢虫、东亚小花蝽和寄生蜂，从而降低了棉花生育中后期的害虫数量。我们的研究发现蒜棉两熟模式比黄河流域传统的蒜套棉和直播棉模式化学农药使用量减少了 22.62%和 36.25%。这与蒜棉两熟模式播期晚、棉花生育期短有密切关系。晚播可以让棉花避开春季棉蚜、蓟马等害虫的危害，而且上茬的大蒜收获后，大量的自然天敌，如龟纹瓢虫、蜘蛛、东亚小花蝽等转移到轮作的棉田，可以大大提高棉田天敌的自然控害作用，从而减少化学农药的使用量，减轻农田环境污染、降低环境代价。

## 五、小结

短季棉品种鲁棉 532 和德棉 15 在不同种植密度下的产量形成、干物质积累量和光能利用率特征规律基本一致。从产量构成要素、干物质积累量、叶面积指数、光能辐射截获量及光合参数来看，在蒜棉连作模式下，两品种配置 11.25 万株/公顷密度可以形成较好的冠层结构，获得最高的光能截获量和光能利用效率，有利于单位面积铃数的增加，提高对氮、磷、钾元素的吸收和利用，进而获得最高产量。9.75 万株/公顷种植密度下的产量仅次于 11.25 万株/公顷种植密度，综合考虑经济效益和生态效益后，它也是本研究中的推荐种植密度。另外，蒜棉两熟模式有着丰富的自然天敌和较强的自然控害作用，而且晚播避开了春季害虫的为害，从而使这种植棉模式比黄河流域传统的蒜套棉和直播棉模式化学农药使用量减少了 22.62%和 36.25%，减轻了农田环境污染并保护了自然天敌，降低了环境风险。

# 棉花-花生间作模式对棉花产量形成、资源利用特性及经济效益的影响

王桂峰

## 一、引言

农作物间作是一种集约化的生态农业种植方式，是在相同季节将生长周期大致相似的农作物组合配置的种植模式。农作物间作模式可以提高单位面积土地利用率，改善地上部冠层光合结构，提高肥料利用效率，并有利于土壤理化性质的改善，同时也能获得更好的经济效益。

棉花在间作模式中具有重要的意义，它通过吸引有益虫群进入田间，减少害虫的数量，降低农药等环境污染物的田间投入，从而获得稳定的产量和高利润优势。想要使农作物能够更好地应对气候变化和粮食安全的威胁，提高作物的生产率，以棉花为基础的间作模式便成了合适的解决方案。

棉花间作种植方式下，作物的布局比较合理，资源利用更加充分，能够进一步提高投入产出比，提高复种指数。已有较多的研究表明，以棉花为主的间作体系在产量和养分吸收方面相比其他间作体系都有一定的优势，而产量优势的作物生态基础主要有两个：一是合理的间作模式改善了地上部光热资源的有效利用，二是地下部水分和养分资源的充分利用。同时，不同的间作模式作物，由于种间相互作用，能相互促进彼此的养分吸收和利用，增加作物产量，提高养分的利用效率及吸收量。

花生是中国重要的油料作物之一，含有丰富的营养物质，也是优质的粗粮作物。随着全国种植业结构的深入调整，花生种植面积持续增长。除青海外，我国其他省份均有花生种植。花生根系的土层分布特性和生物学特性与棉花具有非常契合的互补功效，能够有效提高土壤肥力，实现土地用养结合。众多研究证明，其他作物与豆科作物间作可通过种间竞争与空间互补达到改善农田生态环境的效果。花生抗旱耐瘠、适应性强、增产潜力大，并且其根系具有根瘤菌共生固氮作用，对土壤氮素供应敏感性较弱，在间作模式下可以高性价比地应用土壤氮素，并且可以补充氮肥的不足。因此，以花生为基础的间作在作物众多种植模式中占有重要的位置。

棉花和花生的合理间作可以提高作物产量，高效率利用环境中的光热资源，降低土壤养分流失和达到较高的经济效益，能够稳棉增油增效。将棉花、花生交替种植，能够实现土地空间资源低负荷，有利于产量的提高，将产值最大化。在生长发育方面，棉花和花生的营养生态位异质互补而不竞争，两者的生长盛期具有不同时间和空间生态位，可增强株间通风透光条件，充分利用温光等环境资源。间作可以更好地利用地面空间，

更好地利用光能，尤其是花生-棉花这种高矮差距较大的作物间作，会使光合作用的时间更长，能够在一定程度上平衡光、温、水、气、热，使其更加协调，最终增产。此外，研究表明间作可以减少转基因棉花花粉介导的基因流动，同时降低害虫密度。棉花-花生间作可以利用两种作物各自的生态位效应优势，能够充分利用可用的环境资源，满足相关需求，在单位面积上得到更高的收益和净利润。但从长远来看，要避免因害虫或杂草种群的变化带来的生态不确定性。综上所述，棉花-花生间作是一种具有较大推广价值的间作套种模式。

本章节通过设计不同棉花-花生种植间作模式，进一步确定了棉花、花生间作种植模式对土地资源利用效率、作物产量及田间收益的影响。通过对棉花生产耕作技术的创新试验，创建了一套适合鲁西北棉区的绿色、生态、高效的作物种植模式。为提高农业种植综合生产效益、有效改善生态环境、增加棉花产量，本试验通过合理的试验布局，进一步确定“两花”互作互补技术对农田各类资源的利用情况，明确间作技术模式下各项指标变化，确定收益最佳的组合模式，促进农业生产可持续发展，提高土壤资源绿色高效利用水平。

## 二、材料与方法

### （一）试验设计

**1. 试验地点** 试验于2020年5月安排在昌邑市棉花绿色高质高效创建项目试验区（119°E，37°N），所选试验地地力水平均匀一致，地势平坦、灌排便利、地力中上等、四周无不良环境影响。根据测定，本试验选地土壤有机质含量为1.21%，碱解氮含量约为86.1毫克/千克，土壤有效磷含量为38.0毫克/千克，速效钾含量为125.3毫克/千克。

**2. 供试品种** 鲁棉532。

**3. 试验设计及处理** 试验共设置5个处理，分别为单作花生、单作棉花、棉花-花生间作（分为2∶4模式、4∶4模式和4∶6模式），每个处理重复3次，共15个小区，试验总面积不少于1.5亩。具体试验方案如下：单作花生每公顷施用120千克氮肥，单作棉花每公顷施用250千克氮肥，棉花-花生间作模式每公顷施用200千克氮肥；各处理每公顷分别施用150千克磷肥和100千克钾肥。

（1）单作花生。花生垄作种植，垄宽为75厘米或80厘米，一垄两行，小行距30厘米。种植密度为30万株/公顷，双粒播种，小区至少种8行花生，行长8～10米。

（2）单作棉花。棉花平地种植，种植密度为6.75万株/公顷，行距76厘米，株距20厘米，小区至少种植8行棉花，行长8～10米。

（3）棉花-花生间作。棉花种植密度为6.75万株/公顷，行距76厘米，株距20厘米；花生垄作种植，垄宽为75厘米或80厘米，一垄两行，小行距30厘米，种植密度为30万株/公顷，双粒播种；棉花与花生的行距为50厘米。3种间作模式每个模式最少重复3次，即至少3个带宽，行长8～10米。各模式种植规格如下：

①2∶4种植模式规格。2行棉花4行花生（带宽2.5或2.61米）。

②4∶4种植模式规格。4行棉花4行花生（带宽3.02或3.13米）。

③4：6 种植模式规格。4 行棉花 6 行花生（带宽 3.77 或 3.93 米）。

**4. 试验田间管理** 施肥、灌水、化控等田间管理按照当地高产田要求进行，除试验处理要求外，各处理的管理应做到均匀一致。

### （二）调查与测定项目

棉花产量及其构成和纤维品质，棉花农艺性状的调查，棉花干物质和养分的积累与分配，棉花冠层结构、光合性能及光能利用率，土壤供肥特性详见第三章“材料与方法”下“测定项目与方法”。

### （三）数据处理

肥料利用效率（偏生产力）/（千克/千克）＝施肥区产量/施肥区施入肥量。

所有数据均采用 Excel（Microsoft office，2007）、Statistix（Stat SoftInc. Statistix. TulsaOK. 1991）、SAS 8.0 程序进行数据整理、方差分析和多重比较。采用 SigmaPlot 12.5 软件作图。

## 三、结果与分析

### （一）棉花、花生各生育时期农艺性状

各处理棉花的主要农艺性状及产量构成因素如表 1-5-1 所示。随着生育期推进，不同模式作物的株高都有所增加，且不同处理之间差异显著。总体来看，2：4 模式下棉花长势最好，这可能与 2：4 模式下植株之间间隔较大、植株更容易生长有关。所有处理的果枝数基本保持在 8～11 枝，差异不显著。在 8 月 15 日时，棉花的成铃已经出现，但是不同模式下成铃数差异不显著；到后期 9 月 15 日，成铃数增加，且不同处理之间的差异显著，以 4：6 模式成铃数为最高，烂铃数高的原因可能与 2020 年降水较多有关。综合三个时期，在生育前期各项指标差异不显著，在生育后期，不同处理之间的差异开始显现出来，且 4：6 模式表现最好。以上结果表明，间作技术通过改善群体的通风透光条件，提高了棉花的果枝数、单株铃数、单铃重，增加了霜前花率及衣分，提高了种子的成熟度。

**表 1-5-1 不同处理之间农艺性状比较**

| 日期 | 模式 | | 株高（厘米） | 果枝数 | 花与幼铃数（花生荚果数） | 成铃（个） | 烂铃（个） | 吐絮铃（个） |
|---|---|---|---|---|---|---|---|---|
| 7 月 15 日 | 单作棉花 | | 66.00$^{c}$ | 9$^{b}$ | 11$^{c}$ | 0 | 0 | 0 |
| | 单作花生 | | 33.77$^{d}$ | | 18$^{a}$ | 0 | 0 | 0 |
| | 棉花-花生间作 2：4 模式 | 棉花 | 76.03$^{b}$ | 11$^{a}$ | 10$^{c}$ | 0 | 0 | 0 |
| | | 花生 | 44.43$^{a}$ | | 14$^{b}$ | 0 | 0 | 0 |
| | 棉花-花生间作 4：4 模式 | 棉花 | 64.17$^{c}$ | 9$^{b}$ | 10$^{c}$ | 0 | 0 | 0 |
| | | 花生 | 38.57$^{b}$ | | 17$^{a}$ | 0 | 0 | 0 |
| | 棉花-花生间作 4：6 模式 | 棉花 | 91.47$^{a}$ | 8$^{b}$ | 10$^{c}$ | 0 | 0 | 0 |
| | | 花生 | 38.17$^{b}$ | | 11$^{c}$ | 0 | 0 | 0 |

（续）

| 日期 | 模式 | | 株高（厘米） | 果枝数 | 花与幼铃数（花生荚果数） | 成铃（个） | 烂铃（个） | 吐絮铃（个） |
|---|---|---|---|---|---|---|---|---|
| 8月15日 | 单作棉花 | | 116.15$^{b}$ | 8$^{c}$ | 20$^{c}$ | 3$^{c}$ | 1$^{b}$ | 0 |
| | 单作花生 | | 41.55$^{b}$ | 0 | 28$^{b}$ | 0 | 0 | 0 |
| | 棉花-花生间作 2：4模式 | 棉花 | 137.00$^{a}$ | 13$^{a}$ | 26$^{b}$ | 4$^{b}$ | 1$^{b}$ | 0 |
| | | 花生 | 41.95$^{b}$ | 0 | 38$^{a}$ | 0 | 0 | 0 |
| | 棉花-花生间作 4：4模式 | 棉花 | 130.95$^{a}$ | 10$^{b}$ | 26$^{b}$ | 5$^{a}$ | 1$^{b}$ | 0 |
| | | 花生 | 50.85$^{a}$ | 0 | 23$^{c}$ | 0 | 0 | 0 |
| | 棉花-花生间作 4：6模式 | 棉花 | 107.80$^{b}$ | 11$^{b}$ | 37$^{a}$ | 4$^{b}$ | 1$^{b}$ | 0 |
| | | 花生 | 47.80 | 0 | 27$^{b}$ | 0 | 0 | 0 |
| 9月15日 | 单作棉花 | | 111.67$^{a}$ | 13$^{a}$ | 1 | 1$^{b}$ | 0$^{b}$ | 2$^{b}$ |
| | 单作花生 | | 46.33$^{c}$ | — | 42$^{b}$ | — | — | — |
| | 棉花-花生间作 2：4模式 | 棉花 | 84.00$^{c}$ | 11$^{b}$ | 1$^{b}$ | 1$^{b}$ | 1$^{b}$ | 2$^{b}$ |
| | | 花生 | 47.33$^{b}$ | — | 46$^{a}$ | — | — | — |
| | 棉花-花生间作 4：4模式 | 棉花 | 90.67$^{b}$ | 10$^{b}$ | 4$^{b}$ | 2$^{b}$ | 1$^{b}$ | 1$^{c}$ |
| | | 花生 | 57.33$^{a}$ | — | 46$^{a}$ | — | — | — |
| | 棉花-花生间作 4：6模式 | 棉花 | 109.33$^{a}$ | 11$^{b}$ | 0$^{b}$ | 4$^{a}$ | 6$^{a}$ | 4$^{a}$ |
| | | 花生 | 45.00$^{c}$ | — | 35$^{c}$ | — | — | — |

注：同列数值后标有相同字母的处理表示在0.05水平上差异不显著。

## （二）不同种植模式棉花、花生各生育时期光合性能分析

光合作用是作物产量形成的基础，而田间农艺管理措施能够直接或者间接地改变作物叶片的性能，影响作物光合作用，进而对产量产生影响。根据表1-5-2可知，随着生育期的推进，净光合速率呈现出先升后降的趋势，基本在盛花期达到最大值，此后就有所下降。值得注意的是，叶倾角较小的群体，透光率相对较低，比较容易形成高产模式。反之，叶倾角大的群体，因为更高的透光率，不容易形成高产模式。叶倾角基本呈现出先增大再减小的趋势，在盛花期达到最大值，这样可以使叶片获取最多的光能。

**表1-5-2　棉花、花生不同生育期光合性能指标**

| 处理 | 生育期 | 净光合速率［微摩尔/（平方米·秒）］ | 叶面积指数 | 透光率（%） | 叶倾角 |
|---|---|---|---|---|---|
| 单作棉花 | 现蕾期 | 23.8$^{c}$ | 2.33$^{c}$ | 0.17$^{c}$ | 33°$^{c}$ |
| | 开花期 | 27.9$^{b}$ | 3.15$^{b}$ | 0.14$^{c}$ | 37°$^{c}$ |
| | 盛花期 | 30.6$^{a}$ | 3.49$^{a}$ | 0.28$^{a}$ | 52°$^{a}$ |
| | 吐絮期 | 29.2$^{a}$ | 2.22$^{c}$ | 0.20$^{b}$ | 41°$^{b}$ |

（续）

| 处理 | | 生育期 | 净光合速率［微摩尔/（平方米·秒）］ | 叶面积指数 | 透光率（%） | 叶倾角 |
|---|---|---|---|---|---|---|
| 单作花生 | | 棉花现蕾期 | $14.5^{b}$ | $0.09^{c}$ | $0.26^{b}$ | $33°^{c}$ |
| | | 棉花开花期 | $13.9^{b}$ | $0.11^{c}$ | $0.23^{c}$ | $37°^{c}$ |
| | | 棉花盛花期 | $20.7^{a}$ | $0.53^{a}$ | $0.31^{a}$ | $50°^{a}$ |
| | | 棉花吐絮期 | $20.4^{a}$ | $0.35^{b}$ | $0.25^{b}$ | $40°^{b}$ |
| 棉花-花生间作 2∶4模式 | 棉花（2） | 现蕾期 | $28.2^{c}$ | $2.58^{c}$ | $0.14^{b}$ | $32°^{d}$ |
| | | 开花期 | $27.4^{c}$ | $3.12^{b}$ | $0.12^{b}$ | $37°^{c}$ |
| | | 盛花期 | $33.8^{a}$ | $4.83^{a}$ | $0.29^{a}$ | $50°^{a}$ |
| | | 吐絮期 | $30.6^{b}$ | $4.61^{a}$ | $0.27^{a}$ | $40°^{b}$ |
| | 花生（4） | 棉花现蕾期 | $16.8^{c}$ | $1.58^{c}$ | $0.19^{d}$ | $32°^{b}$ |
| | | 棉花开花期 | $15.3^{c}$ | $3.21^{a}$ | $0.22^{c}$ | $37°^{b}$ |
| | | 棉花盛花期 | $22.7^{a}$ | $1.83^{b}$ | $0.37^{a}$ | $52°^{a}$ |
| | | 棉花吐絮期 | $21.2^{b}$ | $0.81^{d}$ | $0.28^{b}$ | $50°^{a}$ |
| 棉花-花生间作 4∶4模式 | 棉花（4） | 现蕾期 | $35.1^{b}$ | $3.39^{b}$ | $0.12^{c}$ | $32°^{d}$ |
| | | 开花期 | $28.9^{c}$ | $3.34^{b}$ | $0.14^{b}$ | $37°^{c}$ |
| | | 盛花期 | $42.6^{a}$ | $3.96^{a}$ | $0.17^{a}$ | $50°^{a}$ |
| | | 吐絮期 | $42.0^{a}$ | $3.79^{a}$ | $0.11^{c}$ | $44°^{b}$ |
| | 花生（4） | 棉花现蕾期 | $14.6^{c}$ | $0.89^{b}$ | $0.24^{c}$ | $32°^{c}$ |
| | | 棉花开花期 | $13.7^{c}$ | $3.34^{a}$ | $0.22^{c}$ | $37°^{b}$ |
| | | 棉花盛花期 | $17.6^{b}$ | $3.66^{a}$ | $0.31^{a}$ | $50°^{a}$ |
| | | 棉花吐絮期 | $20.6^{a}$ | $0.79^{b}$ | $0.30^{a}$ | $50°^{a}$ |
| 棉花-花生间作 4∶6模式 | 棉花（4） | 现蕾期 | $35.6^{c}$ | $3.02^{b}$ | $0.14^{d}$ | $32°^{c}$ |
| | | 开花期 | $40.9^{b}$ | $3.08^{b}$ | $0.17^{c}$ | $37°^{b}$ |
| | | 盛花期 | $45.0^{a}$ | $3.4^{a}$ | $0.24^{a}$ | $51°^{a}$ |
| | | 吐絮期 | $43.9^{a}$ | $3.05^{b}$ | $0.19^{b}$ | $49°^{a}$ |
| | 花生（6） | 棉花现蕾期 | $21.9^{c}$ | $0.02^{c}$ | $0.24^{c}$ | $32°^{c}$ |
| | | 棉花开花期 | $18.3^{d}$ | $0.08^{c}$ | $0.27^{b}$ | $37°^{c}$ |
| | | 棉花盛花期 | $31.3^{a}$ | $0.4^{a}$ | $0.34^{a}$ | $51°^{a}$ |
| | | 棉花吐絮期 | $29.1^{b}$ | $0.25^{b}$ | $0.29^{b}$ | $45°^{b}$ |

注：同列数值后标有相同字母的处理表示在0.05水平上差异不显著。

## （三）不同模式棉花、花生干物质积累与养分分配

在收获后，对各处理所在小区的土壤取样，并进行土壤肥力指标分析，分析内容主要包括碱解氮、有效磷、速效钾、全氮、全磷、全钾。检测结果证明，所有小区的肥力并无差异，所以本试验为以种植模式为自变量的单因素试验。

不同棉花、花生间作模式对土壤主要养分含量的影响不同，间作模式提高了土壤的全氮含量，这一点在棉花种植区域更能显示出来；而花生种植区域土壤中速效钾和有效磷的含量得到了更有效的提高。这样一来，在棉花-花生间作条件下，棉花能够利用花生固定的氮，而花生可以利用棉花活化的磷。

从表 1-5-3、1-5-4 和 1-5-5 可以看出，对现蕾期、开花期、盛花期棉花及花生干物质积累量与分配进行分析，以种植模式作为自变量进行单因素方差分析，不同种植模式下的有机物积累量及植株营养器官和生殖器官的氮、磷、钾积累量均无显著差异，但是随着生育期的推进，营养元素的含量呈现出先升高后下降的趋势，干物质积累量则呈现出不断升高的趋势。从表 1-5-6、1-5-7 和 1-5-8 可以看出，在吐絮期，棉花-花生间作 4：6 模式下干物质积累量达到最大，并且营养器官和生殖器官氮、磷、钾含量最高。

**表 1-5-3　现蕾期棉花、花生干物质积累量与不同器官养分含量**

| 模式 | | 营养器官 | | | | 生殖器官 | | | |
|---|---|---|---|---|---|---|---|---|---|
| | | 干物重（克） | 氮含量（克/千克） | 磷含量（克/千克） | 钾含量（克/千克） | 干物重（克） | 氮含量（克/千克） | 磷含量（克/千克） | 钾含量（克/千克） |
| 单作棉花 | | $41.20^{ab}$ | $37.02^{c}$ | $20.27^{c}$ | $23.43^{b}$ | $1.67^{a}$ | $11.90^{c}$ | $4.58^{d}$ | $13.83^{b}$ |
| 单作花生 | | $26.80^{a}$ | $48.75^{b}$ | $4.51^{c}$ | $31.05^{c}$ | $8.4^{a}$ | $30.05^{bc}$ | $3.56^{b}$ | $12.69^{a}$ |
| 棉花-花生间作 2：4 模式 | 棉花 | $46.60^{b}$ | $37.53^{b}$ | $20.37^{b}$ | $23.50^{b}$ | $1.49^{b}$ | $12.71^{b}$ | $4.76^{c}$ | $12.78^{c}$ |
| | 花生 | $21.80^{b}$ | $48.47^{b}$ | $4.64^{a}$ | $31.46^{b}$ | $7.48^{c}$ | $30.49^{a}$ | $3.64^{a}$ | $12.49^{b}$ |
| 棉花-花生间作 4：4 模式 | 棉花 | $59.70^{a}$ | $38.29^{a}$ | $20.44^{a}$ | $23.46^{b}$ | $1.27^{c}$ | $12.67^{b}$ | $4.84^{b}$ | $13.88^{b}$ |
| | 花生 | $15.70^{c}$ | $49.42^{a}$ | $4.46^{c}$ | $31.17^{b}$ | $7.26^{c}$ | $30.15^{b}$ | $3.41^{c}$ | $12.17^{c}$ |
| 棉花-花生间作 4：6 模式 | 棉花 | $41.60^{c}$ | $38.54^{a}$ | $20.47^{a}$ | $23.69^{a}$ | $1.62^{ab}$ | $13.92^{a}$ | $5.01^{a}$ | $14.46^{a}$ |
| | 花生 | $14.30^{c}$ | $49.86^{a}$ | $4.60^{b}$ | $32.32^{a}$ | $8.03^{b}$ | $30.49^{a}$ | $3.19^{d}$ | $12.62^{a}$ |

注：同列数值后标有相同字母的处理表示在 0.05 水平上差异不显著。

**表 1-5-4　开花期棉花、花生干物质积累量与不同器官养分含量**

| 模式 | | 营养器官 | | | | 生殖器官 | | | |
|---|---|---|---|---|---|---|---|---|---|
| | | 干物重（克） | 氮含量（克/千克） | 磷含量（克/千克） | 钾含量（克/千克） | 干物重（克） | 氮含量（克/千克） | 磷含量（克/千克） | 钾含量（克/千克） |
| 单作棉花 | | $49.59^{a}$ | $29.12^{b}$ | $18.01^{c}$ | $20.16^{c}$ | $3.71^{a}$ | $14.70^{b}$ | $5.07^{d}$ | $14.64^{b}$ |
| 单作花生 | | $38.02^{a}$ | $37.36^{a}$ | $3.06^{b}$ | $22.12^{a}$ | $20.9^{b}$ | $30.96^{a}$ | $3.26^{d}$ | $10.65^{b}$ |
| 棉花-花生间作 2：4 模式 | 棉花 | $48.33^{a}$ | $30.12^{b}$ | $18.10^{b}$ | $20.25^{c}$ | $2.87^{c}$ | $14.21^{c}$ | $5.23^{c}$ | $13.65^{c}$ |
| | 花生 | $24.84^{c}$ | $36.71^{a}$ | $2.96^{c}$ | $22.36^{a}$ | $21.39^{a}$ | $30.04^{c}$ | $3.27^{c}$ | $10.46^{c}$ |
| 棉花-花生间作 4：4 模式 | 棉花 | $36.33^{b}$ | $29.50^{b}$ | $18.32^{a}$ | $20.33^{b}$ | $2.95^{c}$ | $14.16^{c}$ | $5.38^{b}$ | $14.65^{b}$ |
| | 花生 | $41.64^{b}$ | $37.23^{a}$ | $3.11^{b}$ | $22.63^{b}$ | $15.21^{c}$ | $30.84^{b}$ | $3.29^{a}$ | $10.72^{a}$ |
| 棉花-花生间作 4：6 模式 | 棉花 | $30.01^{c}$ | $29.32^{b}$ | $18.33^{a}$ | $20.48^{b}$ | $3.45^{b}$ | $15.56^{a}$ | $5.45^{a}$ | $15.42^{a}$ |
| | 花生 | $23.10^{c}$ | $38.29^{a}$ | $3.26^{a}$ | $22.93^{a}$ | $10.66^{d}$ | $30.98^{a}$ | $3.28^{b}$ | $10.47^{c}$ |

注：同列数值后标有相同字母的处理表示在 0.05 水平上差异不显著。

**表 1-5-5 盛花期棉花、花生干物质积累量与不同器官养分含量**

| 模式 | | 营养器官 | | | | 生殖器官 | | | |
|---|---|---|---|---|---|---|---|---|---|
| | | 干物重（克） | 氮含量（克/千克） | 磷含量（克/千克） | 钾含量（克/千克） | 干物重（克） | 氮含量（克/千克） | 磷含量（克/千克） | 钾含量（克/千克） |
| 单作棉花 | | 63.21 | 20.91 | 18.03 | 14.63 | 6.20 | 14.14 | 5.45 | 16.43 |
| 单作花生 | | 39.95 | 22.45 | 2.63 | 15.47 | 31.67 | 30.20 | 3.16 | 9.65 |
| 棉花-花生间作 2：4 模式 | 棉花 | 90.07 | 22.41 | 18.20 | 14.76 | 17.75 | 15.10 | 5.62 | 15.19 |
| | 花生 | 60.85 | 20.17 | 2.51 | 15.37 | 30.85 | 30.04 | 3.04 | 9.65 |
| 棉花-花生间作 4：4 模式 | 棉花 | 75.61 | 20.25 | 18.37 | 15.04 | 7.25 | 15.05 | 5.78 | 16.49 |
| | 花生 | 39.97 | 21.45 | 2.47 | 15.44 | 28.26 | 30.04 | 3.01 | 9.45 |
| 棉花-花生间作 4：6 模式 | 棉花 | 94.61 | 21.14 | 18.63 | 15.46 | 19.12 | 16.55 | 5.96 | 17.34 |
| | 花生 | 41.94 | 23.14 | 2.75 | 15.74 | 35.23 | 30.15 | 3.19 | 9.74 |

**表 1-5-6 吐絮期棉花、花生干物质积累量与不同器官养分含量**

| 模式 | | 营养器官 | | | | 生殖器官 | | | |
|---|---|---|---|---|---|---|---|---|---|
| | | 干物重（克） | 氮含量（克/千克） | 磷含量（克/千克） | 钾含量（克/千克） | 干物重（克） | 氮含量（克/千克） | 磷含量（克/千克） | 钾含量（克/千克） |
| 单作棉花 | | 116.12$^{a}$ | 18.27$^{c}$ | 10.15$^{b}$ | 9.76$^{b}$ | 77.74$^{a}$ | 14.00$^{c}$ | 5.39$^{c}$ | 16.27$^{b}$ |
| 单作花生 | | 30.04$^{c}$ | 11.25$^{b}$ | 1.44$^{c}$ | 9.22$^{c}$ | 35.04$^{b}$ | 30.42$^{b}$ | 3.11$^{a}$ | 9.52$^{b}$ |
| 棉花-花生间作 2：4 模式 | 棉花 | 114.60$^{c}$ | 19.37$^{b}$ | 9.23$^{c}$ | 9.64$^{c}$ | 66.4$^{b}$ | 14.95$^{b}$ | 5.57$^{b}$ | 15.04$^{c}$ |
| | 花生 | 34.84$^{b}$ | 10.87$^{c}$ | 1.51 | 9.06$^{d}$ | 34.84$^{c}$ | 30.59$^{b}$ | 3.06$^{c}$ | 9.50$^{c}$ |
| 棉花-花生间作 4：4 模式 | 棉花 | 106.79$^{d}$ | 18.42$^{c}$ | 10.35$^{b}$ | 9.26$^{d}$ | 62.71$^{c}$ | 14.90$^{b}$ | 5.72$^{b}$ | 16.33$^{b}$ |
| | 花生 | 31.28$^{c}$ | 11.36$^{b}$ | 1.56$^{bb}$ | 9.35$^{b}$ | 31.28$^{d}$ | 30.14$^{c}$ | 3.01$^{c}$ | 9.48$^{d}$ |
| 棉花-花生间作 4：6 模式 | 棉花 | 115.16$^{b}$ | 20.44$^{a}$ | 11.07$^{a}$ | 9.85$^{a}$ | 76.73$^{a}$ | 16.38$^{a}$ | 5.90$^{a}$ | 17.14$^{a}$ |
| | 花生 | 40.05$^{a}$ | 11.59$^{a}$ | 1.64$^{a}$ | 9.72$^{a}$ | 37.63$^{a}$ | 30.85$^{a}$ | 3.14$^{a}$ | 9.53$^{a}$ |

注：同列数值后标有相同字母的处理表示在 0.05 水平上差异不显著。

**表 1-5-7 收获期土壤有机质含量及养分含量（0～20 厘米）**

| 模式 | | 有机质（克/千克） | 碱解氮（毫克/千克） | 有效磷（毫克/千克） | 速效钾（毫克/千克） | 全氮（%） | 全磷（%） | 全钾（%） |
|---|---|---|---|---|---|---|---|---|
| 单作花生 | | 1.22$^{a}$ | 84.79$^{a}$ | 36.53$^{a}$ | 124.70$^{a}$ | 0.53$^{a}$ | 0.413$^{a}$ | 9.233$^{a}$ |
| 单作棉花 | | 1.23$^{a}$ | 86.69$^{a}$ | 37.10$^{a}$ | 118.73$^{a}$ | 0.53$^{a}$ | 0.397$^{a}$ | 9.273$^{a}$ |
| 棉花-花生间作 2：4 模式 | 棉花 | 1.21$^{a}$ | 88.11$^{a}$ | 37.06$^{a}$ | 125.26$^{a}$ | 0.51$^{a}$ | 0.397$^{a}$ | 9.207$^{a}$ |
| | 花生 | 1.16$^{a}$ | 89.31$^{a}$ | 37.30$^{a}$ | 117.33$^{a}$ | 0.49$^{a}$ | 0.417$^{a}$ | 9.293$^{a}$ |
| 棉花-花生间作 4：4 模式 | 棉花 | 1.16$^{a}$ | 86.40$^{a}$ | 38.03$^{ab}$ | 120.53$^{a}$ | 0.52$^{a}$ | 0.413$^{a}$ | 9.233$^{a}$ |
| | 花生 | 1.20$^{ab}$ | 87.69$^{a}$ | 36.93$^{a}$ | 120.53$^{a}$ | 0.51$^{a}$ | 0.403$^{a}$ | 9.220$^{a}$ |
| 棉花-花生间作 4：6 模式 | 棉花 | 1.22$^{a}$ | 88.68$^{a}$ | 36.53$^{a}$ | 119.23$^{a}$ | 0.51$^{a}$ | 0.417$^{a}$ | 9.230$^{a}$ |
| | 花生 | 1.20$^{a}$ | 86.87$^{a}$ | 37.10$^{a}$ | 120.70$^{a}$ | 0.50$^{a}$ | 0.400$^{a}$ | 9.270$^{a}$ |

注：同列数值后标有相同字母的处理表示在 0.05 水平上差异不显著。

**表 1-5-8　收获期土壤有机质含量及养分含量测定**（20～40 厘米）

| 模式 | | 有机质（克/千克） | 碱解氮（毫克/千克） | 有效磷（毫克/千克） | 速效钾（毫克/千克） | 全氮（%） | 全磷（%） | 全钾（%） |
|---|---|---|---|---|---|---|---|---|
| 单作花生 | | 1.11[a] | 81.97[a] | 31.55[a] | 113.16[a] | 0.48[a] | 0.363[a] | 8.617[a] |
| 单作棉花 | | 1.09[a] | 83.44[a] | 32.22[a] | 114.83[a] | 0.49[a] | 0.369[a] | 8.571[a] |
| 棉花-花生间作 2∶4 模式 | 棉花 | 1.12[a] | 82.17[a] | 33.19[a] | 114.75[a] | 0.50[a] | 0.373[a] | 8.604[a] |
| | 花生 | 1.07[a] | 84.42[a] | 33.21[a] | 113.67[a] | 0.48[a] | 0.366[a] | 8.775[a] |
| 棉花-花生间作 4∶4 模式 | 棉花 | 1.10[a] | 83.11[a] | 34.36[ab] | 115.46[a] | 0.50[a] | 0.375[a] | 9.003[a] |
| | 花生 | 1.11[ab] | 82.66[a] | 34.57[a] | 115.36[a] | 0.50[a] | 0.387[a] | 9.008[a] |
| 棉花-花生间作 4∶6 模式 | 棉花 | 1.14[a] | 86.45[a] | 34.63[a] | 116.15[a] | 0.51[a] | 0.377[a] | 9.009[a] |
| | 花生 | 1.15[a] | 85.07[a] | 35.76[a] | 117.11[a] | 0.52[a] | 0.339 5[a] | 9.012[a] |

注：同列数值后标有相同字母的处理表示在 0.05 水平上差异不显著。

## （四）不同模式的收益分析

由表 1-5-9 可以看出，在 5 个处理中，相较单作模式，间作模式的纯收益均较高。而最终利润则表现为 4∶6 模式>2∶4 模式>4∶4 模式>单作花生>单作棉花（见表 1-5-10）。表明，4∶6 模式下的棉花与花生间作可以显著提高农民收益。

**表 1-5-9　棉花、花生经济效益分析**

| 处理 | 棉花占比（%） | 花生占比（%） | 其他收益（元） | 合计收益（元） | 合计成本（元） | 纯收益（元） |
|---|---|---|---|---|---|---|
| 单作棉花 | 100.0 | 0.0 | 10.0 | 2 360.0 | 1 200.0 | 1 160.0 |
| 单作花生 | 0.0 | 100.0 | 10.0 | 2 550.0 | 1 200.0 | 1 350.0 |
| 棉花-花生间作 2∶4 模式 | 35.3 | 64.7 | 10.0 | 2 424.7 | 850.0 | 1 574.7 |
| 棉花-花生间作 4∶4 模式 | 57.8 | 42.2 | 10.0 | 2 363.9 | 860.0 | 1 503.9 |
| 棉花-花生间作 4∶6 模式 | 50.0 | 50.0 | 10.0 | 2 478.5 | 900.0 | 1 578.5 |

**表 1-5-10　最佳模式收益情况记录表**

| 指标 | 4∶6 规格 | 单作棉花（对照） | 单作花生（对照） |
|---|---|---|---|
| 棉花产量（千克/公顷） | 4 650.0 | 4 000 | 0 |
| 花生产量（千克/公顷） | 5 400.0 | 0 | 5 250 |
| 棉花收益（元） | 1 572.5 | 2 250 | 0 |
| 花生收益（元） | 1 296.0 | 0 | 2 520 |
| 其他收益（元） | 70.0 | 60 | 375 |
| 合计收益（元） | 2 478.5 | 2 360 | 2 550 |
| 人工成本投入（元） | 750.0 | 1 000 | 1 000 |
| 肥料成本投入（元） | 100.0 | 120 | 120 |
| 其他投入（元） | 50.0 | 80 | 80 |
| 合计投入（元） | 900.0 | 1 200 | 1 200 |
| 最终利润（元） | 1 578.5 | 1 160 | 1 350 |

# 四、讨论

棉花是关系国计民生的基础性大宗农产品，是世界上重要的经济作物之一。棉纺织品不仅具有化纤织品不具备的优点，其丰歉也在很大程度上能够影响到纺织业的高质量发展能力。花生是世界上重要的油料作物，是食用油和植物蛋白质的来源，也是重要的营养保健品和优质的饲料原料。其含有丰富的营养物质，适合人体吸收消化，也是优质的粗饲料。花生在世界范围内种植广泛，我国除青海之外，其他省份均有花生种植。花生抗旱耐瘠、适应性强、增产潜力大，又有根瘤菌共生固氮作用，可以补充氮肥的不足，在作物轮作中占有重要的位置。

合理的间作模式能通过构建高效的作物冠层结构来改善冠层微环境，进而提高作物光合能力，提高作物产量。间套作结合有利于种群结构的合理搭配，增加高位作物的冠层透光率，提高作物光能利用率，增加干物质积累量。间作可以更好地利用地面空间，更好地利用光能，尤其是花生棉花这种高矮差距较大的作物间作，能使光合作用的进行时间更长，在一定程度上平衡光、温、水、气、热，使其更加协调，最终增产。还有研究表明，间作可以减轻转基因棉花花粉介导的基因流动，同时降低害虫密度。利用间作模式能在单位面积上得到更高的收益和净利润，能够优化利用可用的资源，满足相关需求，合理的棉花-花生间作可以提高作物产量和达到较高的经济效益。本研究发现，棉花-花生间作通过改善群体的通风透光条件，提高了单位面积下棉花的果枝数、单株铃数、单铃重，增加了霜前花率及衣分率，提高了种子的成熟度。在经济效益方面，棉花-花生间作模式的纯收益均高于棉花和花生单作模式，其中 4∶6 模式的棉花-花生间作模式纯收益最高，比棉花单作和花生单作分别高 36.1%和 16.9%。

近年来，快速的工业化和城市化导致全球气温升高，从而扰乱了世界范围内的农业生态系统平衡。很多极端自然灾害大大降低了农作物产量，全球气候变化比以往任何时候都迅速的现实，也直接或者间接地威胁作物生长以及生产力。这意味着我们必须提高农业生态环境对当前和未来气候变化的适应能力。通过合理的间作套种，农田的生态结构以及环境能够得到极大改善。合理的棉花-花生间作，能够稳棉、增油、增效，将棉花、花生交替种植，能够实现用地和养地结合，有利于两者产量提高，将产值最大化。棉花和花生的生长盛期又具有不同时间和空间生态位，可增强株间通风透光条件，充分利用温光等资源，二者的营养生态位可异质互补而不竞争。本研究证明，棉花相对于花生需肥量多一些，而花生需肥要早于棉花，二者形成了肥料在时空上的互补。棉花能够很好地利用花生所固定的氮，而磷在土壤中是比较稳定的，花生又能活化土壤中的磷、钾。这与李清曼等的研究结论基本一致，即棉花与花生间作在一定程度上能协调土壤中氮、磷的供应，促进钾的吸收。

# 五、小结

本试验用鲁棉 532 作为种植品种进行的田间试验，通过进行不同模式的棉花、花生栽培，来研究不同种植模式下，棉花、花生间作栽培的最优组合。研究结果表明，不同的种植模式下作物的光能利用率、干物质积累量以及产量都不同。棉花-花生间作 4∶6 种植模式在各个时期各项指标均最优，相比较其他处理显著改善了冠层光合结构，促进了作物本身的养分累积，最终提高了养分利用效率，获得了较高的收益。因此，4∶6 种植模式为本试验的最佳种植模式。然而，间作栽培配套措施不足是目前仍然存在的问题，它使得间作种植效果无法充分发挥，且土壤、播种时间以及间作方式等对增产效果也会产生一定影响。此外，选用品种、种植密度、当地气候、实时价格等因素对最终产值的影响也是比较大的。因此，应充分考虑上述因素，针对特定的农业生态系统，采取适当的栽培技术，充分发挥棉花、花生间作种植模式的增效作用，克服生产过程中对环境造成的破坏（面源污染，病虫害等），以便实现预期效果。

# 棉花-大豆间作模式下棉花产量形成及资源利用特性

王桂峰

## 一、引言

大豆原产于中国，已有五千多年的栽培历史，在中国各地以及世界各地均有广泛种植，是重要的粮食作物和油料作物。大豆具有非常丰富的营养价值，含有大量的优质植物蛋白以及对人体健康有益的多种生理活性物质。目前对棉花-大豆间作体系养分资源的种间竞争和促进作用方面研究相对较少。

本试验通过合理的试验设计和布局，研究了棉花-大豆间作体系养分资源利用的种间竞争和促进作用，探明不同行间比例的棉花-大豆间作方式对两种作物的养分吸收和生长发育的影响，从而获知棉花-大豆间作体系中两种作物的最适比例，以达到对不同农业生态下土壤资源的高效利用，为以后的生产和研究提供一定的理论依据，减轻农事生产操作对环境的污染，实现土壤环境资源的绿色高效利用，保护现有的农业生态系统，维持农田生态平衡。

## 二、材料与方法

### （一）试验地点

试验于 2020 年 5 月安排在昌邑市棉花绿色高质高效创建项目试验区（119°E，37°N），所选试验地地力水平均匀一致，地势平坦、灌排便利、地力中上等、四周无不良环境影响。根据测定，本试验选地土壤有机质含量为 1.21%，碱解氮约为 86.1 毫克/千克，土壤有效磷含量为 38.0 毫克/千克，速效钾含量为 125.3 毫克/千克。

### （二）试验设计及处理

试验设置 5 个处理，分别为单作大豆、单作棉花、棉花-大豆间作（分别为 2∶2 模式、4∶4 模式和 4∶7 模式），重复 3 次，共 15 个小区，试验总面积不少于 1.5 亩。

大豆每公顷施用 120 千克氮肥，棉花每公顷施用 250 千克氮肥，棉花-大豆间作模式每公顷施用 200 千克氮肥；各处理每公顷分别施用 150 千克磷肥和 100 千克钾肥。

供试大豆品种为高油齐黄 34；棉花品种为鲁 6269。棉花和大豆各生育期时间见表 1-6-1。

**表 1-6-1　棉花、大豆生育期记录表**

| | | | | | |
|---|---|---|---|---|---|
| 棉花 | 播种期 | 出苗期 | 现蕾期 | 开花期 | 吐絮期 |
| | 5 月 21 日 | 5 月 28 日 | 6 月 25 日 | 7 月 18 日 | 9 月 10 日 |
| 大豆 | 播种期<br>5 月 21 日 | — | — | 收获期<br>9 月 16 日 | — |

(1) 单作大豆。行距 38 厘米，株距 15 厘米，每个小区至少种植 10 行，行长 8～10 米（如果大区种植，行长因地而定；如果长度不足 8 米，则需要增加带宽）。

(2) 单作棉花。行距 76 厘米，种植密度 4 500 株/亩，每个小区至少种植 10 行，行长 8 米～10 米（如果大区种植，行长因地而定；如果长度不足 8 米，则需要增加带宽）。

(3) 棉花-大豆间作。棉花种植密度为 4 500 株/亩，行距 76 厘米，株距 19.5 厘米；大豆行距 38 厘米，棉花与大豆的间距为 50 厘米。3 种间作模式中每个模式最少重复 3 次，即至少 3 个带宽。如果采用大区种植，至少种植 5 个带宽，带长因地而定。各比例种植规格如下：

①2∶2 模式规格。2 行棉花 2 行大豆，每个宽带宽 1.54 米。

②2∶4 模式规格。2 行棉花 4 行大豆，每个宽带宽 2.3 米。

③4∶7 模式规格。4 行棉花 7 行大豆，每个宽带宽 4.76 米。

## (三) 田间管理

施肥、灌水、化控等田间管理按照当地高产田要求进行，除试验要求外，各处理的管理应做到均匀一致。

## (四) 调查与测定项目

**1. 田间管理记录**　详见第二章“材料与方法”下“测定项目与方法”。

**2. 棉花、大豆产量测定，并比较经济效益**

(1) 大豆产量测定。测定大豆产量，并计算经济效益。记录大豆品种名称、主要特征特性、播种时间、收获时间、产量、价格、人工成本、物化成本、总成本等，计算经济效益（元/亩）。

(2) 棉花产量测定。在每个小区内的中间 4 行选择连续长势均匀一致的 20 株棉花（如果是大区种植，从每个处理随机选取长势一致的 3 个点，每个点选择连续的 20 株棉花），按照果枝数平均分为上下两部分，挂上网袋，连续收取吐絮铃，记录铃数并称重，同时记录小区总株数，最终换算得到籽棉产量；轧花后对皮棉称重，计算衣分率和皮棉产量，送样进行纤维检测，测定纤维品质。

(3) 综合效益分析。对每种种植比例，分别于大豆、棉花成熟收获后测定产量，并计算综合效益。

**3. 调查棉花农艺性状**　每个小区定点选择 15 株棉花，分别于 7 月 15 日、8 月 15 日、9 月 15 日调查定点植株株高、果枝数、成铃数、花与幼铃数、烂铃数、吐絮铃数。试验过程中，若定点植株死亡，则剔除该植株的相关数据。

**4. 棉花干物质积累与分配** 在现蕾期、开花期、盛花期（第 4 果枝上开第 1 朵花）、吐絮期（均为全部 50%棉株达到标准的时间）进行干物质取样，测定植株干物质量及植株氮、磷、钾含量。每个小区取 3 株，现蕾期可增加取样数量，分为生殖器官（蕾花铃）和营养器官（根、茎、叶），置于烘箱中 105 ℃杀青 30 分钟，然后再烘干至恒重，称重。

**5. 棉花光合等指标测定** 详见第二章“材料与方法”下“测定项目与方法”部分。

**6. 土壤指标测定** 在棉花播种前和收获后采集选取 0～20 厘米和 20～40 厘米土层土样，测定土壤全氮、碱解氮、全磷、有效磷、全钾、速效钾等土壤养分含量。播种前取样方法是：在均匀的试验地，按“对角线”法选取 3 个点采集土样（每个点取 3 钻混合）。收获后，在每个小区随机选取 1 个点采集土样（大区种植应在每个处理随机选取 3 个点取样），每个点应取 2～3 个混合。土样剔除可见植物残体，风干，磨细过 0.01 毫米筛，保存，用于土壤养分性质检测。

全氮、碱解氮、全磷、有效磷、全钾、速效钾分别采用半微量凯氏定氮法、碱解扩散法、NaOH 熔融-钼锑抗比色法、$NaHCO_3$ 浸提-钼锑抗比色法、NaOH 熔融-火焰光度法、$CH_3COONH_4$ 浸提-火焰光度法测定。其中，播种前进行土壤有机质含量及养分含量测定。

### （五）数据处理

肥料利用效率（偏生产力）/（千克/千克）＝施肥区产量/施肥区施入肥量。

所有数据均采用 Excel（Microsoft office，2007）、Statistix（Stat SoftInc. Statistix. TulsaOK. 1991）、SAS 8.0 程序进行数据整理、方差分析和多重比较。采用 SigmaPlot 12.5 软件作图。

## 三、结果与分析

### （一）不同种植模式棉花、大豆各生育时期农艺性状的比较

由表 1-6-2 可知，各处理棉花、大豆的主要农艺性状存在一定的差异。可见，间作技术通过改善群体的通风透光条件，提高了棉花的果枝数、单株铃数。同时大豆还可以起到固氮作用，为棉花的生长发育提供充足的养分。根据获取到的数据可以看出，随着时期的延续，不同模式的作物其株高都有所增加，且不同处理之间差异显著，但是这些差异可能与田间管理有一定的关系。总体来看，4∶7 模式下长势最好，这可能与 4∶7 模式下地上部光热分布相对合理，地下部养分的利用也相对合理，而且大豆可以起到固氮作用，有利于棉花的养分吸收有关。在果枝数方面，4∶7 模式的果枝数显著高于其他处理，基本保持在 11～13 枝，同时 2∶2 和 2∶4 模式下果枝数均高于单作棉花。在 8 月 15 日时，棉花的成铃已经出现，但是 4∶7 模式下的成铃数显著高于其他处理，2∶4 模式下的成铃数显著高于单作棉花，2∶2 模式和单作棉花之间差异不显著；但在生育后期（9 月 15 日），成铃数继续增加，且不同处理之间的差异显著，以 4∶7 模式的成铃数为最高，烂铃数高可能与 2020 年降水较多有关。大豆荚果数方面，2∶2

模式和 2∶4 模式差异不显著，且显著高于单作和 4∶7 模式。综合三个时期，在棉花的生育前期各项指标差异不显著，在生育后期，不同处理之间的差异开始显现出来，总体来看 4∶7 模式表现最好。

**表 1-6-2　不同处理之间农艺性状的比较**

| 日期 | 模式 | | 株高（厘米） | 果枝数 | 花与幼铃数（大豆荚果数） | 成铃 | 烂铃 | 吐絮铃 |
|---|---|---|---|---|---|---|---|---|
| 7月15日 | 单作棉花 | | $87.67^{d}$ | $9^{b}$ | $5.00^{e}$ | 0 | 0 | 0 |
| | 单作大豆 | | $87.00^{d}$ | 0 | $11.00^{bc}$ | 0 | 0 | 0 |
| | 棉花-大豆间作 2∶2 模式 | 棉花（2） | $88.66^{d}$ | $9^{b}$ | $12.00^{bc}$ | 0 | 0 | 0 |
| | | 大豆（2） | $119.33^{a}$ | 0 | $8.00^{d}$ | 0 | 0 | 0 |
| | 棉花-大豆间作 2∶4 模式 | 棉花（2） | $96.67^{cd}$ | $9^{b}$ | $13.00^{ab}$ | 0 | 0 | 0 |
| | | 大豆（4） | $106.67^{bc}$ | 0 | $11.00^{bc}$ | 0 | 0 | 0 |
| | 棉花-大豆间作 4∶7 模式 | 棉花（4） | $111.67^{ab}$ | $9^{a}$ | $16.00^{a}$ | 0 | 0 | 0 |
| | | 大豆（7） | $97.67^{cd}$ | 0 | $9.00^{cd}$ | 0 | 0 | 0 |
| 8月15日 | 单作棉花 | | $102.33^{bc}$ | $11^{a}$ | $20.00^{d}$ | $2.67^{a}$ | $1^{a}$ | 0 |
| | 单作大豆 | | $115.33^{b}$ | 0 | $62.00^{b}$ | 0 | 0 | 0 |
| | 棉花-大豆间作 2∶2 模式 | 棉花（2） | $110.33^{bc}$ | $11^{a}$ | $17.00^{d}$ | $2.33^{a}$ | $0^{a}$ | 0 |
| | | 大豆（2） | $96.33^{c}$ | 0 | $81.00^{a}$ | 0 | 0 | 0 |
| | 棉花-大豆间作 2∶4 模式 | 棉花（2） | $131.00^{a}$ | $11^{a}$ | $16.33^{d}$ | $2.33^{a}$ | $1^{a}$ | 0 |
| | | 大豆（4） | $103.00^{bc}$ | 0 | $73.67^{a}$ | 0 | 0 | 0 |
| | 棉花-大豆间作 4∶7 模式 | 棉花（4） | $55.83^{d}$ | $11^{a}$ | $16.33^{d}$ | $2.67^{a}$ | $1^{a}$ | 0 |
| | | 大豆（7） | $45.50^{d}$ | 0 | $51.33^{c}$ | 0 | 0 | 0 |
| 9月15日 | 单作棉花 | | $98.00^{ab}$ | $12^{a}$ | $6.00^{e}$ | $21.00^{a}$ | $1^{a}$ | $4^{a}$ |
| | 单作大豆 | | $97.33^{ab}$ | 0 | $34.00^{d}$ | 0 | 0 | 0 |
| | 棉花-大豆间作 2∶2 模式 | 棉花（2） | $100.33^{ab}$ | $11^{b}$ | $0^{g}$ | $12.00^{b}$ | $1^{a}$ | $4^{a}$ |
| | | 大豆（2） | $91.67^{ab}$ | 0 | $44.00^{c}$ | 0 | 0 | 0 |
| | 棉花-大豆间作 2∶4 模式 | 棉花（2） | $112.66^{a}$ | $9^{c}$ | $3.00^{f}$ | $12.00^{b}$ | $3^{a}$ | $4^{a}$ |
| | | 大豆（4） | $93.33^{ab}$ | 0 | $60.00^{b}$ | 0 | 0 | 0 |
| | 棉花-大豆间作 4∶7 模式 | 棉花（4） | $93.67^{bc}$ | $10^{bc}$ | $0^{g}$ | $5.00^{c}$ | $1^{a}$ | $4^{a}$ |
| | | 大豆（7） | $68.67^{b}$ | 0 | $65.00^{a}$ | 0 | 0 | 0 |

注：同列数值后标有相同字母的处理表示在 0.05 水平上差异不显著。

## （二）不同种植模式棉花、大豆各生育时期光合等指标比较

由表 1-6-3 可知，不同种植模式对棉花、大豆各生育时期各项光合指标有不同的影响，总体来看，各处理的净光合速率和透光率表现为盛花期＞吐絮期＞开花期＞现蕾期；叶面积指数和叶倾角在开花期和吐絮期差异均不显著，总体呈现为先升高后降低的趋势，在盛花期达到峰值。从各处理间的差异来看，4∶7 模式下的棉花净光合速率要显著高于其他处理，具体表现为 4∶7 模式＞2∶4 模式＞2∶2 模式＞单作；叶面积指数则是 2∶2 模式显著高于其他处理，其他处理之间差异不显著；叶倾角和透光率各处理间没有显著差异。同时期的大豆净光合速率各处理间差异不显著；在 2∶2 模式下大豆

的叶面积指数显著高于其他处理，各处理大豆透光率和叶倾角差异均不显著。由此可以看出，棉花的净光合速率随着生育期的变化呈现出先升高后降低的趋势，在盛花期达到最大值，在由营养生长转为生殖生长的过程中，棉花的净光合速率逐渐开始降低；不同种植模式下，总的来看，4：7 模式各方面综合表现最好，可能是由于 4：7 模式下棉花和大豆的光热和养分分配较为合理，更有利于棉花进行光合作用。

**表 1-6-3　棉花、大豆不同生育期光合指标**

| 处理 | | 生育期 | 净光合速率［微摩尔/（平方米・秒）］ | 叶面积指数 | 透光率（%） | 叶倾角 |
|---|---|---|---|---|---|---|
| 单作棉花 | | 现蕾期 | 21.60 | 2.63 | 0.17 | 36° |
| | | 开花期 | 25.71 | 3.23 | 0.14 | 37° |
| | | 盛花期 | 28.43 | 3.39 | 0.28 | 48° |
| | | 吐絮期 | 27.00 | 3.22 | 0.20 | 38° |
| 单作大豆 | | 棉花现蕾期 | 21.52 | 3.16 | 0.26 | 35° |
| | | 棉花开花期 | 25.65 | 3.18 | 0.23 | 39° |
| | | 棉花盛花期 | 28.34 | 3.40 | 0.28 | 39° |
| | | 棉花吐絮期 | 16.93 | 2.12 | 0.31 | 50° |
| 棉花-大豆间作 2：2 模式 | 棉花（2） | 现蕾期 | 27.10 | 2.58 | 0.14 | 32° |
| | | 开花期 | 26.32 | 3.12 | 0.12 | 37° |
| | | 盛花期 | 32.71 | 4.83 | 0.29 | 50° |
| | | 吐絮期 | 29.50 | 4.61 | 0.27 | 40° |
| | 大豆（2） | 棉花现蕾期 | 17.30 | 3.49 | 0.22 | 38° |
| | | 棉花开花期 | 15.80 | 3.83 | 0.37 | 39° |
| | | 棉花盛花期 | 23.20 | 3.96 | 0.28 | 37° |
| | | 棉花吐絮期 | 19.70 | 2.24 | 0.28 | 47° |
| 棉花-大豆间作 2：4 模式 | 棉花（2） | 现蕾期 | 35.61 | 3.39 | 0.14 | 32° |
| | | 开花期 | 29.42 | 3.34 | 0.17 | 37° |
| | | 盛花期 | 43.13 | 3.96 | 0.17 | 50° |
| | | 吐絮期 | 42.51 | 3.79 | 0.11 | 44° |
| | 大豆（4） | 棉花现蕾期 | 25.12 | 2.22 | 0.17 | 35° |
| | | 棉花开花期 | 24.21 | 2.61 | 0.11 | 36° |
| | | 棉花盛花期 | 28.12 | 3.79 | 0.24 | 32° |
| | | 棉花吐絮期 | 19.13 | 2.05 | 0.29 | 47° |
| 棉花-大豆间作 4：7 模式 | 棉花（4） | 棉花现蕾期 | 36.12 | 2.92 | 0.14 | 40° |
| | | 开花期 | 41.48 | 3.08 | 0.17 | 37° |
| | | 盛花期 | 45.52 | 3.40 | 0.31 | 37° |
| | | 吐絮期 | 34.42 | 3.05 | 0.31 | 42° |
| | 大豆（7） | 棉花现蕾期 | 22.45 | 2.33 | 0.14 | 32° |
| | | 棉花开花期 | 27.82 | 2.58 | 0.24 | 37° |
| | | 棉花盛花期 | 28.81 | 3.39 | 0.27 | 32° |
| | | 棉花吐絮期 | 17.61 | 2.02 | 0.34 | 37° |

## (三) 不同种植模式棉花、大豆各生育时期干物质积累与分配

不同种植模式对棉花、大豆各生育时期干物质积累与养分吸收分配有着不同的影响，表 1-6-4、表 1-6-5、表 1-6-6 和表 1-6-7 分别展示了不同时期在不同的种植模式下，棉花、大豆的营养器官和生殖器官的氮、磷、钾含量的变化和干物质重量的变化。分析其相关变化规律可知，从不同的生育时期来看，随着生育时期的变化，干物质的累积量呈现递增趋势，在开花期之前处于营养生长阶段，营养器官的干物质累积较快，开花期到盛花期这一趋势逐渐变慢；生殖器官的干物质在开花期之前累积较慢，在开花期之后累积较快；在盛花期到吐絮期这一阶段，营养器官与生殖器官的干物质积累均较快，由此可见，在这一时期应为棉花提供充足的养分。在不同种植模式下的营养器官氮、磷、钾含量的变化趋势基本一致，均为先升高后降低，在开花期达到最大值，可以看出这些器官前期营养生长阶段积累了大量的氮、磷、钾，转为生殖生长后，氮、磷、钾开始向生殖器官转移，因此生殖器官的氮、磷、钾含量随着时期的变化逐渐递增。不同种植模式下的生殖器官氮、磷、钾含量的变化趋势基本一致。

**表 1-6-4　现蕾期棉花、大豆干物质积累与养分分配**

| 模式 | | 营养器官 | | | | 生殖器官 | | | |
|---|---|---|---|---|---|---|---|---|---|
| | | 干物质重量（克） | 氮含量 | 磷含量 | 钾含量 | 干物质重量（克） | 氮含量 | 磷含量 | 钾含量 |
| | | | （克/千克） | | | | （克/千克） | | |
| 单作棉花 | | 19.10 | 26.256 | 21.254 | 27.428 | 0.22 | 9.807 | 3.293 | 12.311 |
| 单作大豆 | | 15.90 | 25.210 | 16.703 | 21.109 | 0.22 | 10.276 | 4.251 | 9.536 |
| 棉花-大豆间作 2∶2 模式 | 棉花（2） | 24.20 | 32.355 | 23.519 | 29.316 | 1.39 | 11.233 | 2.975 | 11.670 |
| | 大豆（2） | 20.80 | 24.197 | 15.450 | 19.755 | 0.50 | 10.833 | 5.886 | 9.891 |
| 棉花-大豆间作 2∶4 模式 | 棉花（2） | 26.00 | 33.649 | 23.152 | 29.463 | 1.52 | 13.761 | 3.164 | 13.107 |
| | 大豆（4） | 19.80 | 27.364 | 19.251 | 23.101 | 0.43 | 9.271 | 5.143 | 14.227 |
| 棉花-大豆间作 4∶7 模式 | 棉花（4） | 32.60 | 31.893 | 24.637 | 30.193 | 2.38 | 11.402 | 3.737 | 13.933 |
| | 大豆（7） | 20.10 | 26.510 | 17.639 | 23.483 | 0.00 | 9.167 | 6.155 | 13.980 |

**表 1-6-5　开花期棉花、大豆干物质积累与分配**

| 模式 | | 营养器官 | | | | 生殖器官 | | | |
|---|---|---|---|---|---|---|---|---|---|
| | | 干物质重量（克） | 氮含量 | 磷含量 | 钾含量 | 干物质重量（克） | 氮含量 | 磷含量 | 钾含量 |
| | | | （克/千克） | | | | （克/千克） | | |
| 单作棉花 | | 53.34 | 30.079 | 19.103 | 24.316 | 5.46 | 13.210 | 5.632 | 11.253 |
| 单作大豆 | | 42.76 | 28.206 | 17.234 | 22.013 | 3.39 | 17.291 | 4.011 | 8.304 |
| 棉花-大豆间作 2∶2 模式 | 棉花（2） | 71.44 | 33.107 | 21.228 | 22.831 | 17.21 | 12.569 | 4.905 | 13.032 |
| | 大豆（2） | 70.20 | 32.506 | 18.450 | 17.202 | 5.10 | 19.232 | 3.893 | 7.919 |
| 棉花-大豆间作 2∶4 模式 | 棉花（2） | 80.90 | 36.796 | 19.364 | 24.209 | 4.77 | 15.732 | 5.072 | 12.847 |
| | 大豆（4） | 30.03 | 39.144 | 16.233 | 19.492 | 2.24 | 18.900 | 4.280 | 8.017 |
| 棉花-大豆间作 4∶7 模式 | 棉花（4） | 81.42 | 37.009 | 22.079 | 16.793 | 7.03 | 17.930 | 6.729 | 15.601 |
| | 大豆（7） | 31.21 | 38.691 | 18.117 | 18.554 | 0.30 | 17.864 | 3.925 | 9.322 |

从不同的种植模式来看，不同种植模式下的棉花、大豆在相同时期干物质的积累量以及氮、磷、钾的含量各不相同。由表1-6-4可知，在现蕾期，4∶7模式下棉花的干物质重量显著高于其他几种模式，且各处理均显著大于单作，大豆除单作外各处理间差异不显著且各处理均显著大于单作，氮、磷、钾的含量各种模式均显著高于单作且各种模式之间差异不显著；由表1-6-5可知，2∶2和2∶4模式下的棉花和大豆干物质重量以及氮素含量显著高于其他处理且这两种模式之间差异不显著，2∶2模式下棉花和大豆干物质量及氮素含量均显著高于单作模式，磷和钾的含量在不同模式下棉花和大豆上差异均不显著；由表1-6-6可知，在盛花期，4∶7模式下棉花干物质重量均显著大于其他处理，2∶2和2∶4模式下棉花的干物质重量均显著大于单作模式且2∶2与2∶4模式之间差异不显著，棉花氮、磷、钾含量与干物质积累量表现基本一致，2∶2和2∶4模式下的大豆干物质重量和含氮量显著高于其他模式，而4∶7模式下的磷和钾的含量显著高于其他处理；由表1-6-7可知，在吐絮期，4∶7模式下棉花的氮、磷含量和干物质重量显著高于其他处理，且2∶2与2∶4模式下棉花的氮和磷含量显著高于单作模式，但干物质重量与单作相比差异不显著，不同模式之间棉花钾含量差异不显著，不同模式下大豆干物质积累量均显著高于单作模式，氮、磷、钾的含量差异不显著。分析可知，4∶7模式能够促进棉花氮素的吸收和转化，更有利于干物质的积累，对磷和钾吸收的影响相对较小，因此，总体来看，4∶7模式表现最好。

**表1-6-6　盛花期棉花、大豆干物质积累与分配**

| 模式 | | 营养器官 | | | | 生殖器官 | | | |
|---|---|---|---|---|---|---|---|---|---|
| | | 干物质重量（克） | 氮含量 | 磷含量 | 钾含量 | 干物质重量（克） | 氮含量 | 磷含量 | 钾含量 |
| | | | （克/千克） | | | | （克/千克） | | |
| 单作棉花 | | 71.31 | 24.150 | 13.028 | 17.756 | 11.21 | 19.340 | 6.241 | 14.055 |
| 单作大豆 | | 51.22 | 23.574 | 10.215 | 13.250 | 7.55 | 21.008 | 5.200 | 12.101 |
| 棉花-大豆间作 2∶2模式 | 棉花（2） | 87.68 | 24.017 | 12.761 | 17.603 | 13.08 | 21.872 | 7.022 | 15.673 |
| | 大豆（2） | 60.56 | 27.331 | 10.048 | 12.985 | 9.31 | 23.187 | 4.772 | 13.482 |
| 棉花-大豆间作 2∶4模式 | 棉花（2） | 86.74 | 26.293 | 15.077 | 19.342 | 14.41 | 23.040 | 7.140 | 14.979 |
| | 大豆（4） | 57.83 | 26.752 | 9.217 | 14.538 | 7.04 | 22.073 | 5.491 | 12.935 |
| 棉花-大豆间作 4∶7模式 | 棉花（4） | 95.13 | 27.197 | 15.313 | 19.902 | 17.02 | 25.677 | 6.975 | 16.775 |
| | 大豆（7） | 56.39 | 23.053 | 12.684 | 15.741 | 8.12 | 21.513 | 5.575 | 2.807 |

**表1-6-7　吐絮期棉花、大豆干物质积累与分配**

| 模式 | | 营养器官 | | | | 生殖器官 | | | |
|---|---|---|---|---|---|---|---|---|---|
| | | 干物质重量（克） | 氮含量 | 磷含量 | 钾含量 | 干物质重量（克） | 氮含量 | 磷含量 | 钾含量 |
| | | | （克/千克） | | | | （克/千克） | | |
| 单作棉花 | | 104.27 | 18.024 | 10.553 | 14.233 | 53.22 | 23.005 | 8.334 | 16.217 |
| 单作大豆 | | 76.31 | 17.201 | 7.014 | 10.236 | 36.80 | 27.360 | 10.013 | 17.491 |
| 棉花-大豆间作 2∶2模式 | 棉花（2） | 103.32 | 21.047 | 9.342 | 15.710 | 66.01 | 25.711 | 8.541 | 15.254 |
| | 大豆（2） | 84.21 | 16.359 | 6.982 | 10.591 | 49.53 | 29.965 | 9.886 | 17.058 |

（续）

| 模式 | | 营养器官 | | | | 生殖器官 | | | |
|---|---|---|---|---|---|---|---|---|---|
| | | 干物质重量（克） | 氮含量 | 磷含量 | 钾含量 | 干物质重量（克） | 氮含量 | 磷含量 | 钾含量 |
| | | | （克/千克） | | | | （克/千克） | | |
| 棉花-大豆间作2：4模式 | 棉花（2） | 106.55 | 21.572 | 11.017 | 13.975 | 69.37 | 26.349 | 9.688 | 17.366 |
| | 大豆（4） | 81.23 | 18.249 | 9.233 | 8.483 | 50.18 | 29.178 | 11.785 | 19.022 |
| 棉花-大豆间作4：7模式 | 棉花（4） | 121.15 | 23.636 | 12.388 | 15.686 | 75.64 | 28.580 | 10.241 | 19.679 |
| | 大豆（7） | 83.29 | 18.991 | 8.923 | 9.834 | 46.05 | 31.024 | 13.864 | 21.071 |

## （四）不同种植模式棉花、大豆收获期田间土壤养分状况的变化

由表1-6-8和表1-6-9可以看出，不同种植模式下棉花、大豆收获期田间土壤养分状况的变化存在一定的差异，收获期田间0～20厘米土层养分含量总体显著高于20～40厘米土层，不同种植模式下同一土层的土壤养分含量表现基本一致，其中，不同种植模式下土壤有机质的含量无显著差异；种植大豆的土壤碱解氮和全氮含量整体比种植棉花的土壤高，可能是因为大豆的根系有一定的固氮作用；4：7模式下土壤碱解氮含量显著高于其他模式，2：2模式和2：4模式下无显著差异，土壤全氮变化表现基本和土壤碱解氮一致；4：7模式下的土壤有效磷和速效钾含量显著低于其他模式，单作模式下，土壤有效磷和速效钾含量显著高于其他模式，这是由于4：7模式下有较好的氮素水平，促进了棉花对磷和钾的吸收；对于土壤的全磷和全钾含量，不同种植模式下无显著差异。因此，4：7模式下土壤有较好的氮素水平，同时又促进了棉花对养分的吸收利用，4：7模式下整体表现最好（见表1-6-10、表1-6-11）。

**表1-6-8　收获期土壤有机质含量及养分含量测定**（0～20厘米）

| 模式 | | 有机质（%） | 碱解氮（毫克/千克） | 有效磷（毫克/千克） | 速效钾（毫克/千克） | 全氮（克/千克） | 全磷（克/千克） | 全钾（克/千克） |
|---|---|---|---|---|---|---|---|---|
| 单作大豆 | | 1.09 | 94.68 | 36.42 | 123.11 | 0.62 | 0.30 | 9.12 |
| 单作棉花 | | 1.10 | 74.58 | 36.99 | 117.14 | 0.42 | 0.28 | 9.16 |
| 棉花-大豆间作2：4模式 | 棉花（2） | 1.12 | 78.00 | 29.95 | 123.67 | 0.44 | 0.28 | 9.09 |
| | 大豆（2） | 1.14 | 80.20 | 32.19 | 115.76 | 0.50 | 0.30 | 9.18 |
| 棉花-大豆间作2：4模式 | 棉花（2） | 1.12 | 83.29 | 31.92 | 118.94 | 0.45 | 0.30 | 9.12 |
| | 大豆（4） | 1.13 | 86.58 | 30.82 | 119.39 | 0.53 | 0.29 | 9.11 |
| 棉花-大豆间作4：7模式 | 棉花（4） | 1.21 | 91.57 | 26.42 | 108.09 | 0.55 | 0.30 | 9.12 |
| | 大豆（7） | 1.15 | 95.76 | 26.99 | 109.56 | 0.63 | 0.29 | 9.16 |

**表1-6-9　收获期土壤有机质含量及养分含量测定**（20～40厘米）

| 模式 | 有机质（%） | 碱解氮（毫克/千克） | 有效磷（毫克/千克） | 速效钾（毫克/千克） | 全氮（克/千克） | 全磷（克/千克） | 全钾（克/千克） |
|---|---|---|---|---|---|---|---|
| 单作大豆 | 1.05 | 81.91 | 31.49 | 102.01 | 0.42 | 0.24 | 8.06 |

（续）

| 模式 | | 有机质（%） | 碱解氮（毫克/千克） | 有效磷（毫克/千克） | 速效钾（毫克/千克） | 全氮（克/千克） | 全磷（克/千克） | 全钾（克/千克） |
|---|---|---|---|---|---|---|---|---|
| 单作棉花 | | 1.03 | 73.38 | 32.16 | 103.68 | 0.43 | 0.22 | 8.01 |
| 棉花-大豆间作 2：2模式 | 棉花（2） | 1.06 | 72.11 | 23.13 | 103.60 | 0.44 | 0.25 | 8.14 |
| | 大豆（2） | 1.01 | 74.36 | 23.15 | 102.52 | 0.42 | 0.21 | 8.02 |
| 棉花-大豆间作 2：4模式 | 棉花（2） | 1.04 | 68.05 | 24.30 | 104.31 | 0.44 | 0. 24 | 8.24 |
| | 大豆（4） | 1.05 | 75.60 | 24.51 | 104.21 | 0.44 | 0.23 | 8.15 |
| 棉花-大豆间作 4：7模式 | 棉花（4） | 1.08 | 71.39 | 20.57 | 95.00 | 0.45 | 0.27 | 8.25 |
| | 大豆（7） | 1.09 | 78.01 | 22.70 | 95.96 | 0.46 | 0.23 | 8.35 |

**表 1-6-10　棉花、大豆收益情况表**

| 处理 | 棉花占比 | 大豆占比 | 其他收益（元） | 合计收益（元） | 合计成本（元） | 纯收益（元） |
|---|---|---|---|---|---|---|
| 单作棉花 | 100% | 0 | 60 | 2 360 | 1 200 | 1 160 |
| 单作大豆 | 0 | 100% | 375 | 2 117 | 700 | 1 417 |
| 棉花-大豆间作 2：2 模式 | 64% | 22% | 10 | 2 453 | 1 000 | 1 453 |
| 棉花-大豆间作 2：4 模式 | 46% | 42% | 10 | 2 561 | 800 | 1 761 |
| 棉花-大豆间作 4：7 模式 | 58% | 29% | 70 | 2 872 | 900 | 1 672 |

**表 1-6-11　最佳模式收益情况记录表**

| 指标 | 4：7 模式 | 单作棉花（对照） | 单作大豆（对照） |
|---|---|---|---|
| 棉花产量（千克/亩） | 335 | 300 | 0 |
| 大豆产量（千克/亩） | 251 | 0 | 242 |
| 棉花收益（元） | 1 675 | 2 250 | 0 |
| 大豆收益（元） | 827 | 0 | 1 742 |
| 其他收益（元） | 70 | 60 | 375 |
| 合计收益（元） | 2 872 | 2 360 | 2 117 |
| 人工成本投入（元） | 750 | 1 000 | 500 |
| 肥料成本投入（元） | 100 | 120 | 120 |
| 其他投入（元） | 50 | 80 | 80 |
| 合计投入（元） | 900 | 1 200 | 700 |
| 最终利润（元） | 1 672 | 1 160 | 1 417 |

## 四、讨论

间作产量优势的主要机制之一是作物种可以平衡资源，使作物获取更多养分。在作物生态基础方面主要有两个优势：一是对地上部光、热资源的充分利用，二是对地下部水分和养分资源的充分利用。本试验采用棉花为主、大豆为辅的间作体系，在产量和养分吸收方面都有一定的优势。间作能有效地增加作物产量，提高养分的利用效率（见

表 1-6-12）及养分的吸收量，这主要是由于种间相互作用，一种作物能促进另一种作物的养分吸收和利用。大豆能促进棉花的产量提高和养分吸收。相关研究表明，玉米等禾本科作物能够提高豆科作物根系的结瘤量和固氮能力，其原因是禾本科作物竞争利用了豆科作物根际的硝态氮或者铵态氮，给予了豆科作物根系一个氮胁迫环境，减轻了土壤氮素对豆科作物固氮酶活性的抑制，提高了豆科作物的生物固氮能力。三是在土壤氮素含量较低的环境下，禾本科作物对土壤氮素的消耗，使豆科作物更依赖其自身的生物固氮来满足其对氮素营养的需求。因此，棉花大豆间作可高效利用土壤养分，避免氮素流失，减少了地下部环境污染的风险，同时高效利用地上部光热资源。

**表 1-6-12　吐絮期棉花肥料利用效率**（千克/千克）

| 模式 | 氮素利用效率 | 磷肥利用效率 | 钾肥利用效率 |
|---|---|---|---|
| 单作棉花 | 42.52 | 70.87 | 70.87 |
| 2∶2 模式 | 57.15 | 76.20 | 76.20 |
| 2∶4 模式 | 59.37 | 79.16 | 79.16 |
| 4∶7 模式 | 66.42 | 88.56 | 88.56 |

间作可以增强籽粒豆科植物对氮气的固定作用，减少作物对肥料的依赖，通过籽粒豆科植物和非豆科植物之间的生态位互补，提高氮素获取总量。此外，大豆-棉花间作，能够提高种植棉花的经济效益，创造出棉田多熟高产效益。但是要注意，大豆植株在生长末期是非常高的，而且叶片肥厚，空气流通情况差，棉花和大豆共生期时间过长，将不利于大豆形成良好的产量且会导致棉花棉铃脱落。因此，本间作模式下，要注意两种作物的生育期特点，选择共生期短的棉花、大豆品种为宜。

本试验通过合理的试验设计和布局，研究了棉花-大豆间作体系的养分资源利用的种间竞争和促进作用，探明了不同比例的棉花-大豆间作体系分别对两种作物的养分吸收以及生长发育的影响，明确了棉花-大豆间作体系产量与效益最大化的两种作物的最适比例，本试验条件下，棉花-大豆 4∶7 间作模式不同时期各项指标整体表现最优，能实现收益最大化为以后的生产和研究提供一定的理论依据。

本部分第五章和第六章分别在棉花与豆科作物复合种植条件下，通过更换间作作物，来研究棉花、花生和棉花、大豆间作栽培的最优组合，皆发挥了豆科作物的固氮作用，有效减少了氮肥施用量。而棉花-大豆间作模式相比棉花-花生间作模式提高了作物养分累积量，这可能是由于大豆本身的固氮能力要强于花生。虽然在棉花配套不同作物间作方面，均确定了最佳的比例配套，但是总体来看，与间作大豆相比间作花生无论在保护生态环境，还是在取得社会经济受益方面，都更具优势。间作栽培配套措施不足是目前仍然存在的问题，其导致无法充分发挥。此外，土壤、播种时间以及间作方式等对增产效果会产生一定影响。

由表 1-6-13 可见，与一熟制春棉的净收益相比，短季棉（D）、麦棉连作（7 500 株/亩）、蒜后直播棉（7 500 株/亩）、棉花-花生间作（4∶6 模式）、棉花-大豆间作（4∶7 模式）、秸秆还田的亩净收益分别增加 179.15%、284.03%、173.53%、287.82%、288.82%、262.90%。棉花间作系统能够提高土地利用效率，提高产量和养分资源利用率，抑制病虫害，促进土壤健康，提高收入。与一熟制春棉相比，短季棉（D）、蒜后直播棉（7 500 株/亩）、棉花-花生间作（4∶6 模式）、棉花-大豆间作（4∶7 模式）、秸秆还田 5 个试验系统的农药使用、化肥使用、灌水量显著下降，其中农药投入减少 42.86%、60.00%、34.29%、21.43% 以及 42.86%，化肥投入减少 76.39%、61.63%、85.24%、71.96%以及 76.39%，灌水量减少 66.67%、33.33%、33.33%、33.33%以及 66.67%。短季棉（D）、麦棉连作（7 500 株/亩）、蒜后直播棉（7 500 株/亩）、棉花花生间作（4∶6 模式）、棉花大豆间作（4∶7 模式）、秸秆还田 5 个试验系统的投入产出比均有所增加，相较一熟制纯棉增加了 92.29%、38.62%、27.22%、10.53%、62.07%、87.01%。这表明，合理评估间作优势对选择适合间作的品种、设计合理的间作模式以及评价间作的生产状况和农田小气候情况至关重要。通过利用物种间的补偿效应，棉花间作系统能够获得相比于对应单作更高的经济产量。

**表 1-6-13　不同种植模式效益评价表**

| 项目 | | 一熟制春棉 | 短季棉（D） | 麦棉连作（7 500 株/亩） | 蒜后直播棉（7 500 株/亩） | 棉花-花生间作（4∶6 模式） | 棉花-大豆间作（4∶7 模式） | 秸秆还田 |
|---|---|---|---|---|---|---|---|---|
| 产量（千克/亩） | | 250 | 332 | 290 | 231 | 310 | 335 | 280 |
| 病虫防治 | 次数 | 2 | 4 | 6 | 6 | 5 | 4 | 4 |
| | 农药（元/亩） | 70 | 40 | 110 | 28 | 46 | 55 | 40 |
| | 人工费 | 20 | 40 | 60 | 60 | 50 | 40 | 40 |
| 养分管理 | 次数 | 1 | 1 | 5 | 2 | 2 | 2 | 1 |
| | 化肥（千克/亩） | 169.4 | 40.0 | 280.0 | 65.0 | 25.0 | 47.5 | 40.0 |
| | 人工费 | 10 | 20 | 100 | 40 | 40 | 40 | 20 |
| 杂草管理 | 次数 | 1 | 1 | 5 | 2 | 2 | 3 | 1 |
| | 除草剂（元/亩） | 10 | 12 | 125 | 34 | 20 | 45 | 12 |
| | 人工费 | 10 | 10 | 50 | 20 | 20 | 30 | 10 |
| 水分管理 | 次数 | 1 | 1 | 5 | 1 | 1 | 1 | 1 |
| | 灌水量（立方米/亩） | 60 | 20 | 67 | 40 | 40 | 80 | 20 |
| | 人工费 | 20 | 20 | 100 | 20 | 20 | 20 | 20 |
| 地膜费（元/亩） | | 68 | 70 | 0 | 30 | 40 | 65 | 68 |
| 总投入（元/亩） | | 1 353.8 | 1 225.0 | 903.0 | 800.0 | 600.0 | 700.0 | 1 200.0 |
| 棉花总收入（元/亩） | | 1 604.6 | 1 925.0 | 1 866.0 | 1 485.9 | 1 572.5 | 1 675.0 | 2 110.0 |
| 棉花净收益（元/亩） | | 250.8 | 700.0 | 963.0 | 685.9 | 972.5 | 975.0 | 910.0 |

## 五、小结

棉花-大豆以4：7间作种植模式在各个时期各项指标均最优，显著改善了冠层光合结构，促进了作物本身的养分累积，最终提高养分利用效率，获得了较高的收益。此外，大豆还可以起到固氮作用，为棉花的生长发育提供充足的养分，提高了棉花的果枝数、单株铃数，促进了作物本身的养分累积，最终提高了养分利用效率，获得了较高的收益。综上所述，棉花-大豆4：7模式不仅有效利用了光能资源，促进了养分吸收，且可有效避免氮、磷、钾养分的浪费，是一种环境友好型的种植模式。

# 棉秆还田对棉田生态环境的影响

王桂峰

## 一、引言

棉花的主副产品都有较高的利用价值，既是重要的纤维作物，又是重要的油料作物，同时也是纺织、精细化工原料和重要的战略物资。因此，应提高棉花产量，搞好产品综合利用，增产增值，来增加棉农收入和满足国民经济发展多方面的需要。

作物的高产和农业的可持续发展离不开良好、健康和高质量的农田土壤。耕作方式长期以来一直影响着土壤质量的演化及农业的可持续利用，合理的耕作方式不仅可以改善土壤结构和特性，还可有效促进农田生态系统的良性循环，提高养分资源的利用率。棉秆还田是目前被业内普遍重视的一项配肥地力，提高产量的措施。棉秆通过直接或堆积腐熟后施入土壤，秸秆中丰富的有机资源可优化土壤结构，增加土壤团聚体的水稳性，保护有机碳不被分解，达到土壤固碳的效果。此外，秸秆还田后可提高土壤水分的保蓄能力、增强土壤微生物的活性，降解不稳定有机物质，提高土壤养分含量，最终促进作物产量的增加。随着近些年经济的快速发展，农民生活条件和农村燃料结构发生改变，棉秆逐渐变为农产品废弃物，甚至成为农民的负担，部分地区大面积焚烧棉秆，引发了大范围强雾霾天气，不仅造成环境污染，还影响航空运输。

因此，本研究通过合理的试验布局，探究棉秆还田对棉田以及土壤微生态的影响，提高棉秆的利用效率，进而减轻棉秆焚烧对生态环境的不良影响，这对于减少农村生态环境污染和实现农业可持续发展具有重要的现实意义。

## 二、材料与方法

### （一）试验设计

试验地点：试验于2020年5月在山东省昌邑市棉花绿色高质高效创建项目试验区（119°E，37°N）进行，所选试验地地力水平均匀一致，地势平坦、灌排便利、地力中上等、四周无不良环境影响。根据测定，本试验选地土壤有机质含量为1.21%，碱解氮含量约为86.1毫克/千克，土壤有效磷含量为38.0毫克/千克，速效钾含量为125.3毫克/千克。

供试品种：鲁棉532。

试验设置2个处理，分别为棉秆还田处理和不还田处理。棉秆还田处理在棉花收获后入冬前将前茬棉秆就地粉碎，不还田处理作为对照。采取大区试验，每个处理种植面积均为1亩，重复3次。

试验田间管理：施肥、灌水、化控等田间管理按照当地高产田要求进行，除试验处理要求外，各处理的管理应做到均匀一致。

### （二）调查与测定项目

**1.** 棉花农艺性状的调查，棉花干物质量和养分的积累与分配，棉花光合性能详见第三章“材料与方法”下“测定项目与方法”部分。

**2. 土壤微生物特性**　参照林英杰等的试验方法，分别测定土壤微生物生物量碳（二氧化碳）、土壤活跃微生物量和土壤基础呼吸情况，其中二氧化碳的呼吸量用北京分析仪器厂生产的GXH-3051型便携式红外线分析仪测定。

### （三）数据处理

所有数据均采用Excel（Microsoft office，2007）、Statistix（Stat SoftInc. Statistix. TulsaOK. 1991）、SAS 8.0程序进行数据整理、方差分析和多重比较。采用SigmaPlot 12.5软件作图。

## 三、结果分析

### （一）不同模式下棉花各生育期和农艺性状的比较

从表1-7-1可以看出，随着棉花生育时期的延续，不同种植模式下棉花株高都有所增加，但是整体上不同处理之间的差异不显著，这一结果可能与田间管理情况或者种植密度有一定的关系。但是总体来看，棉秆还田模式下棉花的长势最好。另外从表中可见，所有处理的果枝数基本保持在7～10枝，差异不显著。8月15日的调查显示，此时，棉花的成铃、烂铃已经出现，但这些差异也并不显著；9月15日，成铃数增加，烂铃数较高的原因可能与今年降水较多有关。综合三个时期，在生育前期各项指标差异不显著，是在生育后期不同处理之间出现小差异，但是也并不显著。总的来看，以棉秆还田表现最好。

**表1-7-1　处理间基本农艺性状的比较**

| 日期 | 处理 | 株高（厘米） | 果枝数 | 花与幼铃（个） | 成铃（个） | 烂铃（个） | 吐絮铃（个） |
|---|---|---|---|---|---|---|---|
| 7月15日 | 棉秆还田 | 75 | 8 | 11 | 0 | 0 | 0 |
| | 棉秆不还田 | 68 | 7 | 13 | 0 | 0 | 0 |
| 8月15日 | 棉秆还田 | 112 | 10 | 28 | 3 | 1 | 0 |
| | 棉秆不还田 | 98 | 10 | 21 | 5 | 1 | 0 |
| 9月15日 | 棉秆还田 | 92 | 10 | 4 | 7 | 1 | 1 |
| | 棉秆不还田 | 92 | 9 | 6 | 3 | 2 | 1 |

### （二）不同模式下棉花各生育时期光合指标

根据表1-7-2可见，随着生育期的推进，净光合作用量依旧是呈现出先增加（现蕾期到盛花期）后减小（盛花期到吐絮期）的趋势，盛花期净光合作用量达到最大。棉秆还田对净光合速率无明显提升效果，但有利于增加叶面积指数。

**表 1-7-2　不同处理光合参数变化**

| 处理 | 生育期 | 净光合速率 | 叶面积指数 | 透光率（%） | 叶倾角 |
|---|---|---|---|---|---|
| 棉秆还田 | 现蕾期 | 22.60 | 2.30 | 0.79 | 29° |
| | 开花期 | 25.70 | 2.98 | 0.68 | 33° |
| | 盛花期 | 32.40 | 4.51 | 0.60 | 37° |
| | 吐絮期 | 28.30 | 3.48 | 0.79 | 46° |
| 棉秆不还田 | 现蕾期 | 22.20 | 2.05 | 0.79 | 29° |
| | 开花期 | 26.40 | 2.50 | 0.62 | 33° |
| | 盛花期 | 31.80 | 4.30 | 0.61 | 37° |
| | 吐絮期 | 28.60 | 3.38 | 0.80 | 46° |

## （三）不同模式下棉花干物质积累与养分分配

从表 1-7-3 可见，随着生育时期的推进，不同处理的营养器官和生殖器官的干物质积累量都呈现逐步增加的趋势；而且营养器官氮、磷、钾的含量逐渐增加。从整体上看，棉秆还田的样品各项指标要优于棉秆不还田的。

**表 1-7-3　不同处理干物质及养分积累量**

| 模式 | 时期 | 营养器官 | | | | 生殖器官 | | | |
|---|---|---|---|---|---|---|---|---|---|
| | | 干物质重量（克） | 氮含量（克/千克） | 磷含量（克/千克） | 钾含量（克/千克） | 干物质重量（克） | 氮含量（克/千克） | 磷含量（克/千克） | 钾含量（克/千克） |
| 棉秆还田 | 现蕾期 | $29.48^{g}$ | $38.18^{b}$ | $22.94^{d}$ | $26.33^{d}$ | $1.79^{g}$ | $14.93^{g}$ | $5.37^{h}$ | $15.75^{f}$ |
| | 开花期 | $79.67^{e}$ | $30.53^{d}$ | $21.56^{f}$ | $25.01^{f}$ | $5.78^{e}$ | $16.13^{e}$ | $5.48^{g}$ | $15.90^{e}$ |
| | 盛花期 | $111.38^{b}$ | $24.91^{f}$ | $21.99^{e}$ | $25.51^{e}$ | $12.26^{d}$ | $16.45^{c}$ | $5.54^{f}$ | $16.55^{b}$ |
| | 吐絮期 | $121.72^{a}$ | $21.60^{h}$ | $13.22^{h}$ | $15.59^{h}$ | $50.65^{a}$ | $16.78^{a}$ | $5.64^{e}$ | $16.88^{a}$ |
| 棉秆不还田 | 现蕾期 | $21.89^{h}$ | $40.00^{a}$ | $27.32^{a}$ | $28.66^{a}$ | $1.81^{g}$ | $14.79^{h}$ | $5.98^{d}$ | $15.41^{h}$ |
| | 开花期 | $69.18^{f}$ | $31.99^{c}$ | $25.68^{c}$ | $27.22^{c}$ | $3.07^{f}$ | $15.98^{f}$ | $6.10^{c}$ | $15.56^{g}$ |
| | 盛花期 | $92.93^{d}$ | $26.09^{e}$ | $26.20^{b}$ | $27.77^{b}$ | $14.98^{c}$ | $16.30^{d}$ | $6.17^{b}$ | $16.18^{d}$ |
| | 吐絮期 | $101.24^{c}$ | $22.61^{g}$ | $15.74^{g}$ | $16.97^{g}$ | $28.51^{b}$ | $16.63^{b}$ | $6.30^{a}$ | $16.50^{c}$ |

注：字母代表不同处理间的显著差异性水平（$p<0.05$）

## （四）棉田土壤养分含量变化

播前测得本试验选地土壤有机质含量比为 1.21%，碱解氮含量约为 86.1 毫克/千克，土壤有效磷含量为 38.0 毫克/千克，速效钾含量为 125.3 毫克/千克。收获期再取土，测得土壤各项营养指标见表 1-7-4。从表中可见，两个时期不同指标差异显著，秸秆还田处理土壤的各项指标要优于不进行秸秆还田的处理的指标。可见，秸秆还田对于改善棉田土壤养分状况具有一定的作用。

**表 1-7-4 收获期土壤营养指标**

| 时期 | 模式 | 有机质（%） | 碱解氮（毫克/千克） | 有效磷（毫克/千克） | 速效钾（毫克/千克） |
|---|---|---|---|---|---|
| 收获期 | 秸秆还田 | 1.29[a] | 78.35[a] | 35.58[a] | 115.02[a] |
| | 秸秆不还田 | 1.20[b] | 73.19[b] | 32.30[b] | 106.50[b] |

注：字母代表不同处理间的显著差异性水平（$p<0.05$）

## （五）棉田土壤微生物特性变化

由图 1-7-1 可见，在棉花不同生育阶段，各土层土壤微生物生物量碳含量均为棉秆还田大于棉秆不还田，0～20 厘米土层在播前、开花期和吐絮期差别明显；20～40 厘米土层在开花期、盛花期和吐絮期差别明显。整个生育阶段，棉秆还田土层土壤微生物生物量碳含量平均值显著高于未还田处理。

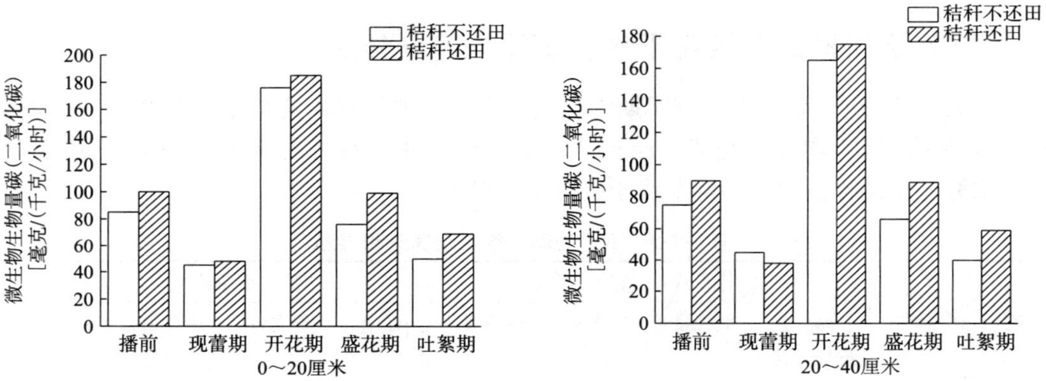


图 1-7-1 不同土层土壤微生物生物量碳量［0～20 厘米（左图）和 20～40 厘米（右图）］

由图 1-7-2 可知，0～20 厘米土层土壤活跃微生物量要高于 20～40 厘米土层，在棉花不同生育阶段，棉秆还田处理土层的土壤活跃微生物量均高于棉秆不还田处理，其中除吐絮期0～20 厘米土层变化较小，其他各时期各土层差异明显。

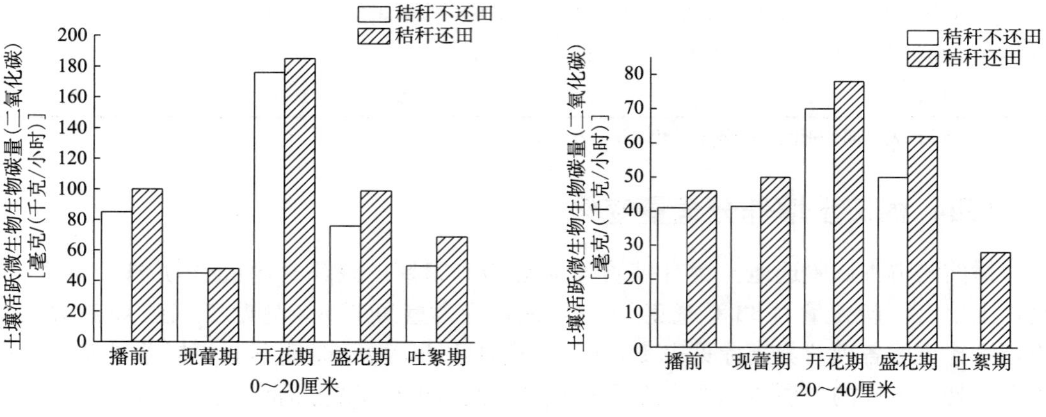


图 1-7-2 土层土壤微生物碳量［0～20 厘米（左图）和 20～40 厘米（右图）］

如图 1-7-3，0～20 厘米、20～40 厘米土层内，棉秆未还田处理在棉花各生育阶段的土壤含盐量高于棉秆还田处理。有研究显示，这一趋势将会随着棉秆还田年份增加而更加明显。短时间内，棉秆还田最易影响浅层的土壤含盐量，随着时间的延长，会影响到更深的土层。同时也可以看出，在不同的采样时间土壤盐分含量不同，播前的显著高于收获期，原因可能是降雨和灌溉。

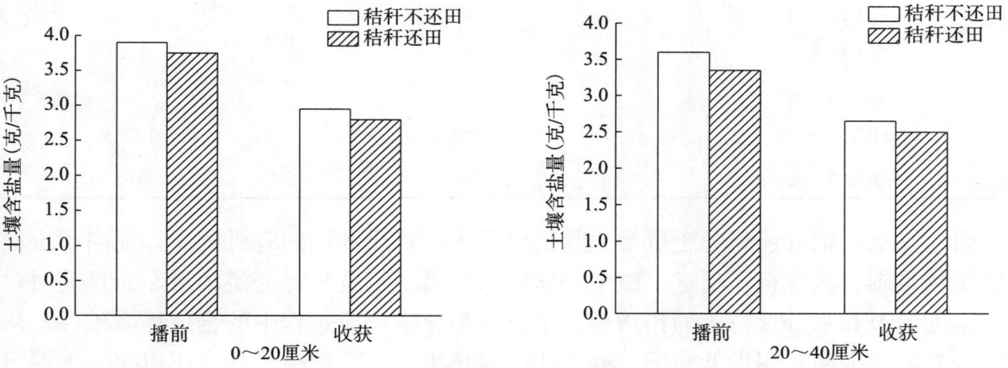


图 1-7-3　土壤含盐量的变化［0～20 厘米（左图）和 20～40 厘米（右图）］

## 四、讨论

农作物秸秆科学还田再利用是通过保护性耕作提高作物产量的重要生态农业技术措施之一。棉秆还田能够促使集约化高氮输入的农田生态系统维持正常的碳氮比例，减少氮素淋洗损失，改善土壤结构板结环境和解决连作障碍等问题。研究显示，土壤微生态环境与秸秆还田后的养分循环具有重要的关联。良好的土壤微生态环境是维持农田肥力和养分供应能力的基本前提，也是保障土壤质量健康的重要基础。土壤有机质是反映土壤肥力的一项重要指标，土壤有机质中含有植物生长所需要的多种营养元素，能够满足作物生育后期的营养需求。秸秆是农业生产中重要的肥料来源和潜在的碳库能源，秸秆还田能提升土壤有机质含量，对制约农业生产力发展的各项因素有一定的改善作用。本研究显示，与无棉秆还田处理相比，棉秆还田模式下棉花的长势较好，成铃数增加，烂铃量减少，成熟期营养器官和生殖器官的干物质和氮、磷、钾的积累量较高。具体棉秆还田效益详见表 1-7-5 和表 1-7-6。

**表 1-7-5　不同处理收益情况表**

| 处理 | 产量（千克/亩） | 棉花收益（元/亩） | 其他收益（元） | 合计收益（元） | 合计成本（元） | 纯收益（元） |
|---|---|---|---|---|---|---|
| 秸秆还田 | 295 | 2 212.5 | 10 | 2 232.5 | 1 200 | 1 032.5 |
| 秸秆不还田 | 280 | 2 100 | 10 | 2 110 | 1 200 | 910 |

**表 1-7-6　最佳种植模式收益**

| 指标 | 秸秆还田 | 秸秆不还田 |
|---|---|---|
| 产量（千克/亩） | 295 | 280 |
| 棉花收益（元） | 2 212.5 | 2 100 |
| 其他收益（元） | 10 | 10 |
| 合计收益（元） | 2 232.5 | 2 110 |
| 人工成本投入（元） | 1 000 | 1 000 |
| 肥料成本投入（元） | 120 | 120 |
| 其他投入（元） | 80 | 80 |
| 合计投入（元） | 1 200 | 1 200 |
| 最终利润（元） | 1 032.5 | 910 |

研究显示，棉秆还田为土壤微生物提供了大量可供利用的有机物质，提高了土壤微生物生物量碳、氮含量，促进了微生物繁殖，提高了土壤酶等分泌物量，而且其对耕层土壤温度调节和水分保持等的作用保证了土壤酶化学反应过程中的合理环境条件，从而使土壤酶活性提高，实现低施肥、高产能的绿色生态棉花种植。棉秆还田模式下棉田各土层土壤微生物生物量碳含量均显著高于不还田模式，土壤活跃微生物量较高，且有利于降低耕层(0～40 厘米土层）土壤的含盐量。此外，土壤中的有效磷和速效钾含量同样是评价土壤肥力的重要指标。本研究中，棉秆还田处理相比棉秆不还田处理显著提高了土壤中的有效磷和速效钾，这可能一方面源于还田棉秆自身携带的磷、钾养分，另一方面源于土壤微生物群落活性的增加，促进了细菌产生磷酸酶和有机酸等水解酶，水解出土壤有机磷钾，进而提高了土壤有效磷和速效钾含量。

棉秆还田不仅增加了土壤养分，保障了棉花生育期的养分需求，还优化了棉花群体的冠层光和结构，提高其光能利用效率，进而促进了作物对于养分的吸收，相对减少了资源浪费。本研究显示，与棉秆不还田处理相比，棉秆还田处理的棉花长势较好，成铃数增加，烂铃数降低，成熟期营养器官和生殖器官的干物质和氮、磷、钾的积累量较高。棉秆还田具体效益详见表 1-7-5 和表 1-7-6。此外，由表 1-6-13 可见，合理评估间作优势对选择适合间作的品种、设计合理的间作模式，以及评价间作的生产状况和农田小气候条件至关重要。通过利用物种间的补偿效应，棉花间作系统能够获得相比对应单作系统更高的经济效益。

此外，棉秆还田应向节本增效的方向发展，政府需通过政策引导加大对棉秆还田的扶持力度，切实保障国家政策的有效落实，使棉秆还田技术更高效地服务并推动现代农业的发展。

秸秆还田使得棉秆能够得到资源化利用，这在很大程度上减少了其对环境造成的面源污染，同时达到了改良土壤、提高土壤肥力、保护生态环境的目的，对于促进农业生态系统的良性发展、提高资源利用效率有重大意义。

## 五、小结

棉秆还田相比棉秆不还田有效提高了棉花营养器官和生殖器官的干物质重量，营养器官氮、磷、钾含量等指标。并且棉秆还田处理的土壤活跃微生物量高于棉秆不还田处理，两个处理除吐絮期 0～20 厘米土层变化较小外，其他各时期各土层差异明显。整个生育阶段，棉秆未还田处理的土壤含盐量高于棉秆还田处理。棉秆的资源化利用减少了其对环境造成的面源污染，同时达到了改良土壤、提高土壤肥力、保护生态环境的目的，对于促进农业生态系统的良性发展具有重要的意义。

# 山东省棉花种植模式及农田生态研究总结与展望

王桂峰

## 一、主要结论

本文以山东省主要产棉区为例，通过在不同农业生态环境区域的多方面试验，研究了棉花单作、麦棉连作、蒜棉连作、棉花-花生间作和棉花-大豆间作等不同棉花种植模式的产量形成和资源利用效率，探索了如何提高各模式下棉花的干物质形成量、群体光能利用率、养分吸收利用率和改善生态效应情况，分析了各种植模式的丰产高效机制，得出以下主要结论：

1. 短季棉有机肥、缓释肥替代普通化肥及氮肥施用，能够发挥短季棉优势，在一定程度上克服两熟种植中茬口衔接上存在的问题。适当提前播种（5 月 31 日前），且每公顷播种 9.75 万～11.25 万株时可获得较为合理的群体结构，促进对光能的吸收与利用，促进二氧化碳的固定和光合产物的积累与合理分配，提高棉花产量和经济效益。同时，棉花群体对二氧化碳固定率的升高不仅刺激了作物的光合作用进而增产增效，且二氧化碳是一种重要的温室气体，其减少对于维持碳库平衡也十分重要。

2. 鲁棉 532 的整体光能利用效率较德棉 15 更好，每公顷 11.25 万株是最优种植密度，鲁棉 532 在此种植密度下各个时期积累的氮、磷、钾均最高，肥料利用率显著提升，这为充分发挥棉花的光能利用特性、实现棉花种植的高光效高产和低环境负荷提供了强有力的理论支撑。

3. 麦棉两熟种植模式下最优的种植密度为每公顷 11.25 万株。在相同种植密度下，蒜棉连作模式下的棉花光能截获与利用率、养分吸收与利用率均高于麦棉连作模式下的棉花，该模式在获得棉花高产的同时降低了土壤中氮、磷、钾的残余量，减少了养分的淋溶和对地表水体的污染。

4. 麦棉两熟和蒜棉两熟模式在减少农药污染、降低环境代价方面优于传统单作种植模式。麦棉两熟和蒜棉两熟农业生态系统中自然天敌资源丰富，但是不同种植密度对主要害虫和天敌的种群数量均无显著影响。

5. 棉花-花生和棉花-大豆间作模式下，不同间作行比影响了棉花-花生和棉花-大豆群体的冠层光合结构，调控了作物对于地上部光热资源的利用，促进了地下部养分的吸收，从而提高了作物养分利用效率，最终提高了产量和生态社会效益。棉花-花生间作 4∶6 种植规格在棉花和花生的主要生育时期的群体结构最优，光能利用率最高，干物质积累量最高。棉花-大豆间作 4∶7 模式不同时期各项指标整体表现最优，能够实现对农业资源的高效利用及对生态环境的保护。

6. 与无棉秆还田处理相比，棉秆还田模式下棉花的长势较好，成铃数增加，烂铃数降低，成熟期营养器官和生殖器官的干物质和氮、磷、钾的积累量较高。棉秆还田有利于提高棉田各土层土壤有机质含量，土壤微生物碳含量和土壤活跃微生物数量，且有利于降低耕层（0～40 厘米土层）土壤的含盐量，降低土壤盐渍化风险。

## 二、研究创新点

1. 基于不同条件下的光能利用效率和光合机制，提出了短季棉单作模式下的绿色高产高效技术途径。

2. 通过大田多点定位试验，阐明了麦棉、蒜棉两熟连作模式、棉花-花生和棉花-大豆间作四种种植模式的生态环境效益，明确了不同模式棉花高产的适宜种植密度和光能高效利用机制。

3. 基于对棉花栽培模式（种植密度、连间作模式）的优化，提高了棉花光能利用效率和肥料利用率，降低了土壤肥料残留过高引起的环境污染，提高生态环境效益。

## 三、研究不足

1. 本研究仅采用了两个棉花品种作为试验材料，研究结果需要用更多的短季棉品种进行对比验证。

2. 在探讨温光环境对产量形成、干物质积累、光能利用的影响时，由于实验条件限制，机理方面的测定指标较少，且缺乏对土壤物理性质及微生物群落的测定和研究，以至于本研究的生理机制过程不甚明确。研究者将在后续研究中进一步加强对相关内容的测定，进一步揭示不同模式下丰产高效的生理机制。

3. 本试验仅进行了两年大田试验，其研究结论和模式效果仍需多年多点进行大面积的示范验证。

## 四、研究展望

农业生产的实质就是利用生物与资源环境进行生产的生态过程。未来相关研究可以聚焦于棉花低环境负荷、高质、高效关键生态种植技术集成的创新，为山东及全国棉花产业的高质量绿色发展以及经济与生态效益的同步提升提供坚实的理论依据与科技支撑。此外，本研究侧重地上部，忽略了地上部自上而下的碳转移对土壤的动态影响。今后研究时可考虑采用高通量测序等分子生物学方法，进一步明确不同种植模式对土壤的影响。

# 第二部分 DI-ER BUFEN

# 山东省高效生态农作制度技术体系研究

# 构建山东省高效生态农作制度技术体系研究
## ——基于推进传统农作产业方式绿色高效发展转型

王桂峰　关秀敏　王新语　秦都林　张　杰　魏学文

## 一、研究提出背景与依据

### （一）提出背景

山东省是农业大省，作物种类繁多。粮食作物主要有小麦、玉米、水稻、甘薯、大豆以及谷子等，经济作物主要有棉花、花生、蔬菜、水果等。山东省作为国家重要的粮食、油料、蔬菜等主要农产品生产基地，其作物种植面积、产量连续多年位居全国前列，为保障全国农产品有效供给作出了巨大贡献。山东省气候属暖温带季风气候，年平均气温 11～14 ℃，气温地区差异东西大于南北。全年无霜期长度由东北沿海向西南递增，鲁北和胶东一般为 180 天，鲁西南地区可达 220 天。降水集中，雨热同季，春秋短暂，冬夏较长。平均年降水量一般为 550～950 毫米，由东南向西北递减，全年降水量有 60%～70%集中于夏季，易形成涝灾，冬、春及晚秋易发生旱象；年平均光照时数为 2 300～2 890 小时，热量条件可满足农作物一年两熟或两年三熟的耕作模式。近年来，山东省种植业结构不断优化，区域布局渐趋合理，综合生产能力显著增强，种植业农业产业化水平不断提高。但是种植业结构性矛盾依然突出，有效供给不能适应市场需求的变化，亟待推进农业供给侧结构性改革，调整优化种植结构，稳定提高粮食产能，稳定小麦生产，推动粮经饲统筹、农林牧渔结合、种养加一体化，一、二、三产业融合发展。

### （二）研究提出基本依据

国家“十四五”规划提出未来五年要提高农业质量效益和竞争力，以保障国家粮食安全为底线，深入实施“藏粮于地、藏粮于技”战略，强化农业科技和装备支撑，提高农业良种化水平；强化绿色导向、标准引领和质量安全监管，建设农业现代化示范区；推动农业供给侧结构性改革，优化农业生产结构和区域布局，加强粮食生产功能区、重要农产品生产保护区和特色农产品优势区建设，推进优质粮食工程，保障粮、棉、油、糖、肉等重要农产品供给安全；开展粮食节约行动，发展县域经济，推动农村一、二、三产业融合发展，丰富乡村经济业态，拓展农民增收空间。农业农村部构建“十四五”规划框架，要求推进农业高质量发展，优化农业制度体系，推进农业科技和现代种植业发展，加强农田系统建设，培养高素质农民队伍，培育乡村优势特色产业，创新农业生态产品等。

2021 年 8 月 23 日，农业农村部等六部门联合发布《“十四五”全国农业绿色发展规划》（农规发〔2021〕8 号），要求到 2025 年，耕地、水等农业资源得到有效保护，利用效率显著提高，退化耕地治理取得明显进展，以资源环境承载力为基准的农业生产制度初步建立；化肥、农药使用量持续减少，农业废弃物资源化利用水平明显提高，农业面源污染得到有效遏制；耕地生态得到恢复，生物多样性得到有效保护，农田生态系统更加稳定，森林、草原、湿地等的生态功能不断增强；农业标准化、清洁化生产加快推行，农产品质量安全水平和品牌农产品占比明显提升，农业生态服务水平大幅提高；主要农产品温室气体排放强度大幅下降，农业减排固碳和应对气候变化能力不断增强，农业用能效率有效提升。

## 二、构建山东省高效生态农作制度技术体系研究必要性和意义

### （一）农业供给侧改革需要

山东省是农业大省，地处我国东部沿海，陆地总面积15.7万平方公里，辖16个市140个县（市、区），总人口10 070.2万，地理位置优越、地形地貌多样、物种资源丰富，是全国重要的农产品生产、加工和贸易大省，素有“粮棉油之库、水果水产之乡”的美誉。2020年粮食总产达到5 446.8万吨，农林牧副渔总产值10 190.6亿元；棉花、油料、果菜茶、肉蛋奶等主要农产品供给充足；农产品出口领先全国；农业科技进步贡献率65%以上，农作物耕种收综合机械化水平达到88.95%。面对当前高质量现代化发展需求，山东省在农作物种植布局、农业绿色技术创新、农业标准化生产、产业化经营等方面还存在一些难题和短板，如作物结构单一、生产管理粗放、产销加工链条不畅、效益评估体系不科学不标准等，亟需技术攻关优化整合，变革全省农业主产区域传统的农作制度，提高生产供给质量和生产效率，促进农民增收，构建“山东省高效生态农作制度技术体系集约产业创新模式”并示范推广，以着力适应并推进农业供给侧结构性改革。

### （二）现代农业发展需要

现代农业具有规模化、科学化、市场化、标准化、生态多样化等特点。山东省作为农业大省，人均耕地量1.21亩，低于全国人均耕地量1.38亩，走农业现代化之路是农业发展的必然选择。这就需要科学利用政府宏观调控机制，建立符合实际的高效绿色可持续发展现代农业机制，实现生产经营规模化、专业化、区域化、科学技术集约化和产品优质多样标准化，不断提高土地产出率、劳动生产率、农业经济效益和市场竞争力。本项目从产业发展角度出发，结合山东区域特点，构建由生态农作模式、绿色高效技术、产销加工等技术经济要素组成的高效率现代化农业管理体系，实现农业从劳动密集型产业向技术资本密集型产业的转变。

### （三）绿色生态乡村建设需要

《“十四五”全国农业绿色发展规划》提出，到2025年，农业绿色发展全面推进，制度体系和工作机制基本健全，科技支撑和政策保障更加有力，农村生产生活方式绿色转型取得明显进展。农业绿色发展从提升对耕地、水等资源的利用能力，到农田生态系统改良优化，再到减排固碳降低温室效应、提升环境质量和农业能效等，都与乡村振兴战略息息相关。本项目坚持高质量绿色发展理念，因地制宜优化重组现代农业技术体

系，循序渐进打造适合不同自然生态条件的区域内可复制的技术集约产业最优化模式，确保粮食安全和重要农产品稳定供给，提升特色产业竞争力，力争建成粮经饲草结构生态合理、产业高效、农业农村社会事业共同进步的新村居、新村镇社区。

# 三、研究目标

通过项目实施，建设以全省家庭农场、专业大户等新型经营主体为核心的示范区6 000亩，辐射带动重点专业村镇发展10万亩，示范形成适合全省不同自然禀赋与产业结构类型的地方农业生产区域，高质量农作物生产、销售、加工、服务等一、二、三产融合的生态高效现代化农业模式和高质量绿色发展新业态，推进提升传统粮棉油大县产业模式规模化、标准化、科学化、技术集约化等的水平，试验形成示范并推进鲁北滨海盐碱地大豆-棉花间作产业带模式和滨海棉饲两熟新型农作区技术工程。项目示范区具体目标如下：

（1）因地制宜地选择发展3～5种生态农作制度生产模式。每种模式示范面积500～2 000亩，亩节本增效10%以上，亩均纯收益提高20%；形成适宜区域化生态农作制度的高质高效减损技术规程5项以上。

（2）示范区耕层质量显著提升。作物秸秆肥料化利用率达到95%；耕地质量平均比上一年提高0.5个等级，项目区农田有机质含量超过1.2%；深松耕10万亩，耕层养分、水分、氧气的储存能力增强。

（3）提升耕地质量。降低农田障碍因素影响，确保耕层质量显著提升，有机质含量超过15克/千克，耕地质量平均比上一年提高0.1个等级。

（4）推广新技术。项目区新型种植制度良种、深松耕等配套技术推广率达到100%，作物秸秆还田率达到90%；化肥和农药使用量减少10%～30%。

（5）粮食减损5%。集成相关农艺农机优配技术。

（6）减排固碳率逐年提升。明显减弱环境温室效应，改善环境质量。

项目实施时应结合当地自然禀赋，突出优势产业，适应不同区域的自然生态类型。

# 四、主要研究内容

## （一）建立粮棉油高效主要农作物品种良繁技术体系

联合高校、科研院所，针对不同种植模式，创新种子繁殖技术操作规程，建立优质粮棉油品种基础公共繁育基地，不断筛选优化适宜良种系统。

## （二）研究粮棉油绿色高质高效关键技术

针对农业绿色发展问题短板，搭建关键技术联合攻关平台，共同研究耕作栽培、生物灾害可持续治理、耕地质量提升、粮食减损、作物减灾、固碳减排等关键技术。

## （三）示范推广粮棉油绿色高质高效技术模式

研究集成小麦-饲料用玉米（饲玉）、小麦-花生、小麦-棉花、小麦-大豆、玉米-大豆、大豆-棉花等六种粮棉油菜为主要作物的新型高效生态农作制度的配套生产技术模式，分区域进行试验示范推广。

### （四）构建完整的产业服务体系

针对不同技术模式，优化服务主体和对象、技术信息、资本等市场要素，围绕公共产业产品建立形成具有公益基础性的产业服务体系，从而实现生产、销售、加工规模化、标准化、专业化、可复制、可推广的专业化公益基础性的公共产业产品-技术推广服务体系，力争受当地经营主体欢迎、得到当地党委政府支持。

### （五）完善农业绿色高质量发展体制机制

通过试验示范，基于耕地环境承载力，建立符合生态化引领、数字化转型，实现精准投入、高质产出、生态补偿的政策支持体系。

### （六）建立质效评估技术体系

通过试验研究，综合经济效益、生态效益、社会效益等评价方法，建立适合不同生态农作制度的科学的质效评估技术体系。

## 五、技术路线

本体系技术路线如图 2-1-1。

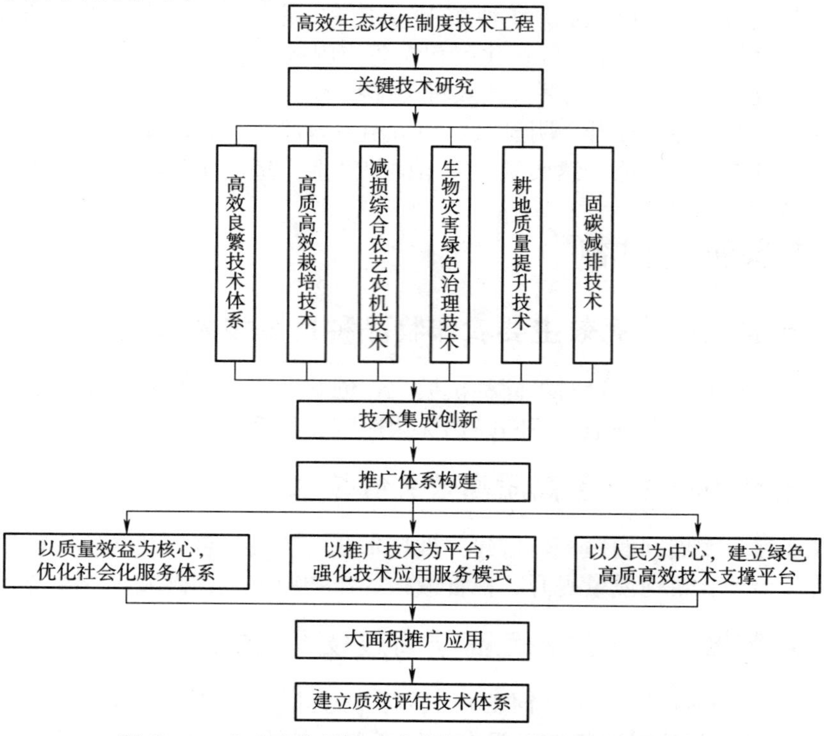


图 2-1-1　山东省高效生态农作制度技术体系技术线路图

## 六、主要投入内容

本项目纳入农业专项预算。主要支出如下：

（1）物化投入补助。主要用于开展耕作制度示范推广需要的区域化优质专用种子、肥料、农药、农膜、生物制剂、智能农机具等物化投入。

（2）技术研发、试验示范补助。主要用于项目方案总体设计、关键技术研发集成、试验示范区建设及技术推广等。每个模式建立 500～2 000 亩核心示范区，共计 6 000 亩。

（3）社会化服务补助。主要用于购买病虫草害统防统治、耕种管收一体化作业等社会化服务及订单生产服务等。

（4）其他补助。用于技术信息平台建设、资料印刷、技术培训、专家咨询指导等。

## 七、经济效益、社会效益和生态效益

本项目通过进行品种筛选、高质高效栽培、生物灾害绿色可持续治理、耕地质量提升（或节水节肥）等技术研究，创新集成小麦-饲玉模式、小麦-棉花模式、小麦-花生模式、小麦-杂粮（高粱、杂豆、大麦、燕麦等）模式、棉花-大蒜模式等，运用新型服务推广体系，显著提高项目区收益。项目实施后可以大幅度改善农业产业结构，增加农民收益，经济效益显著。另外，项目实施后可以改善农田生物多样性，保护生态环境，发挥生物化感作用，减少农药投入，产生生态效益，打造大粮食产业乡村振兴战略齐鲁样板，引领山东省现代农业高质量发展。

## 八、组织实施保障

### （一）加强组织领导

山东省高效生态农作制度技术体系建设涉及部门众多，必须精心组织、加强领导、分工协作。应成立领导小组，主要负责该项目的综合决策，指导地区和部门协调行动，实行统一管理、统一规划、协调布局，监督项目研发与进度，确保项目实施。同时成立技术小组，具体负责粮、棉、油各项关键技术的试验示范、集成创新，组织现场观摩、技术研讨等活动。

### （二）加强机制创新

建立行政、科研、教学、推广全面合作机制，充分利用各部门资源与平台，开展全面、深层次的合作；建立成果共享机制，对项目的研究成果实行全体参与人员信息共享，使参与人员能利用各自的优势联合攻关项目的技术难点，确保项目顺利实施；建立专家咨询机制，与相关领域专家建立长期联系，定期向同领域专家进行咨询，突破项目研发过程中的关键技术难点，开展深层次的交流与合作。

### （三）加强资金管理

加强项目资金监管，严格执行项目管理办法，做好任务经费分配及分年度经费需求，保证项目资金专款专用，确保项目顺利实施。

# 市场机制下建立完善现代棉花良繁高效机制配套公共技术体系研究
## ——基于棉花产业融合高质量绿色发展关键技术基础支撑

王桂峰　秦都林　张　杰　高　涵

## 一、引言

棉花（cotton）作为主要经济作物之一，其主要产物棉纤维是重要纺织原料，约占世界及中国各种纺织纤维总量的40%和30%。棉纤维是一种优良纤维，自然生产量大，具有吸湿、通气、保暖性好、不带静电、手感柔软等人造纤维不可模仿取代的植物生理特点。棉籽油和棉籽蛋白分别占全球食用油和蛋白质总供给量的10%和6%，棉花的短绒、棉籽壳、棉秆、棉酚等均有工业用途。

棉花为短日照作物，具有无限生长、营养生长和生殖生长期重叠较长、生育期与成熟期及收花期均较长等特性；棉花作为纺织业基础性绿色纤维材料资源，具有产业链条长、资本化程度高的特征，关系基本民生保障和基础经济产业安全，是具有公共产业属性的大宗农产品，是我国主要经济作物和纺织工业的绿色可持续利用的基础原材料。

2001年棉花市场开放以来，我国棉花产业快速发展，建立了市场形成价格机制，推进了主体多元化、国内外一体化的市场格局。但随着经济发展，棉花产业供给与需求不平衡、产量和质量不平衡、传统模式与创新发展之间不平衡等问题依然突出。其中技术层面因素包括：棉花良繁体系机制扭曲而不完整，品种退化严重，棉花品种的生态区域化生产格局难以形成，棉花研学产用脱节、生产和产业需求结构不配套。

我国经济已转向高质量发展阶段。基于山东棉花产业在“十四五”期间可持续发展的需求，应对产业发展现状及存在问题进行客观评估和系统梳理，注重对高品质棉花、家纺型专用棉花品种、现代棉花良繁体系公共产业的严格规范、完善支撑，并进行生态化、区域化、标准化、适度规模化生产布局，优化重点产业聚集棉区种植结构，保持植棉者综合收益不断上升。建立稳定高效的“粮经饲”产业产品结构，稳定棉花生产绿色高效供给，提高供给对需求的适配性，推动产业链、供应链、创新链融合，推进棉花产业生态化、集群化，加快山东省由传统棉业大省向棉业强省的转变进程。

## 二、山东省棉花种业现状与棉作区域

棉花共有4个栽培种，其中非洲棉、亚洲棉为二倍体棉种，陆地棉、海岛棉为四倍体棉种。陆地棉种植面积全球占比为 90%，海岛棉种植面积全球占比为 5%～8%，亚洲棉种植面积全球占比为 2%～5%，非洲棉很少。

## （一）棉花种业现状问题

棉花种业，从棉种供给纬度，主要为棉花种质资源搜集挖掘研究及筛选、棉花品种选育、棉花种子生产（即育种家种子、原原种、原种、良种四级种子生产规程程序繁殖）、种子处理与种子检验、种子示范推广与经营等技术与经济活动的集合。

山东省目前有棉花品种研发机构 4 家，分别为省农科院经作所（棉花研究中心）、山东农大农学院、德州农科院、聊城农科院，所选育品种总量占比全省 97%以上；此外，还有滨州惠民县、武城县的棉花种植专业户等民间技术人员参与研发。具有部分棉种经营资质的企业有德州市德城区、夏津县、临清市、东营市垦利区、惠民县、无棣县等地的 6 家。全省还有 2010 年前农业部（现农业农村部）支持建设的物质装备设施完整的良种棉加工厂 40 家（包括棉花原种基地 3 处），目前因缺乏棉种技术基础与品种繁育特约种子村户链接产业机制等，基本处于运转停滞状态。

2014—2019 年，山东省审定棉花品种 43 个，其中 2016—2019 年共审定棉花品种 37 个（不含农业农村部审定品种）。目前，市场审定推广的品种在 180 个以上。

山东省的棉花品种同时存在同质化明显，“多、杂、乱”及种植方式差异化强几个倾向。鲁北盐碱地与鲁西北棉区的棉花纤维长度、断裂比强度较好，马克隆值较高，白棉占比较高；鲁西南地区以种植杂交棉为主，单产高，棉纤维成熟度低，马克隆值偏低，纤维强度、长度相对较低。

山东省以小农户为棉花生产经营组织结构主体，棉花生产的生态区域化、规模化水平较低，高品质原棉品种与专用品种繁殖有效机制缺失，导致高品质棉花生产及中高档一致性原棉供给能力匮乏，严重影响棉花生产供给链与产业链结构上的均衡性。

## （二）山东省棉花耕作制度特点和主要区域分布及棉纤维质量特点

自 2005 年后，山东省棉花生产基本面主要为鲁北盐碱地、鲁西北黄河故道砂壤土轻度次生盐碱地、鲁西南高效两熟蒜棉套作（包括少量麦棉套作）区三个植棉区域。山东省在“十三五”期间加快种植业结构调整，棉花生产区域集中度因种植区域不断收缩而降低，且生产区域进一步细碎化。目前，山东省的棉花生产主要集中在鲁北、鲁西北、鲁西南三个相对集中的棉区，其中鲁北是黄河三角洲滨海盐碱地一熟传统棉区，鲁西北是一熟、两熟混作老棉区，鲁西南是蒜套棉（包括少量麦套棉）两熟高效棉区，鲁中、鲁南及其他地区是旱作微域化零星棉区。

2019—2020 年山东省棉区主要分布在全省 5 市 13 县区，各棉区播种规模占比分别为鲁北 25.3%、鲁西北 15.2%、鲁西南 47%、其他旱地棉区域 12%。

国家市场监督管理总局的棉纤维数据显示，山东省 2018 年的棉花纤维平均断裂比强度 29.29 厘牛顿/特克斯，成纱强力低；平均长度 27.85 毫米，平均长度整齐度指数 82.17%，平均马克隆值 4.9；白棉占比为 43.20%，淡点污棉占比为 51.05%。而配纺或混纺 40～60 支纱原棉指标要求：纤维主体长度 30 毫米以上、断裂比强度 30 厘牛顿/特克斯以上、马克隆值 3.7～4.2、长度整齐度指数 83%以上。山东省 2018 年棉花纤维数据未能满足此要求。

当代纺织工业对棉花纤维品质高质量要求及多样性选择与地区原棉生产品质性状的单一性供需结构矛盾突出，致使传统植棉业不能融入现代高纺织产业市场化生产体系。

另据中国棉花协会统计，2010—2017 年度中国高品质棉平均占比为 18%，与纺织业对高品质棉的需求有较大差距。目前国内纺织企业更关注长度、马克隆值、强力、含杂率、短纤维率、异性纤维含量等内在指标。

山东省属于黄河流域最大优势棉区，处于暖温带半湿润季风气候区，理论上，棉花主要生产品质指标纤维断裂比强度、马克隆值应较好。

山东省棉区年≥15 ℃积温为 3 500～4 100 ℃，无霜期 180～230 天，年日照时间 2 200～2 900 小时，大部分县域年≥15 ℃积温为 3 500～3 600 ℃，仅能满足中早熟品种棉花对热量的要求；年降水量 500～800 毫米，多集中在 7—8 月；各地雨量分布、土壤情况等生态条件也有较大差异，春末初夏旱情频发，春秋日照适中，利于棉花生长和吐絮，日照由南向北逐渐减少，差异较大，晚秋降温不利于秋桃成熟与纤维成熟。棉田土壤以壤质潮土为主，其中鲁西北棉区主要为砂壤土及盐土，沿渤海湾黄河三角洲植棉区为滨海盐碱地。鲁北晚熟品种抢墒春作，晚秋时节气温下降快，影响棉花成熟；鲁西南蒜棉套作，9 月前为大蒜腾茬，故棉花成熟度低。进入 21 世纪后，部分地区推行瓜-菜或瓜-棉间套作；在滨海盐碱地发展棉花、牧草与大豆间套作模式。

在保障粮食安全、山东农业特色产业发展及农村经济结构稳定发展的前提下，应确保增加植棉者综合收益，通过变革传统棉作制度技术体系、促进棉花生产生态结合与产业融合、引进增加熟制产业效益变量，培育专业型、规模化、一体化新型生产经营主体，建立传统宜棉区、次宜棉区（包括滨海盐碱地棉区、沿海沿河滩涂可植棉区、丘陵地农业旱作区）绿色高效粮经饲三元产品产业结构耕作制度，优化种植业结构，保持粮棉产业“双安”、棉饲生态“双优”、棉蒜高效“双增”的系列绿色生态化轮作棉花生产新产业模式，统筹保障粮食安全与山东农业、产业特色优势，科学规划生态区域结构布局，建立绿色高效耕作制度体系，创新棉花生产经营方式，提高综合种植效益，增加棉农收益。

## 三、建立完善现代棉花良繁高效机制配套公共技术体系，稳定棉花生产高质量技术产能供给基础

选育良种并保持良种在生产中的持续应用，是实现高产、优质、高效农业的根本途径。良种繁育，一要扩大良种的种子数量，二要保持良种的种性和纯度。

完善的种子繁育体制和科学高效的繁殖技术，是从品种选育发展至将优良品种应用于生产全过程的重要基础，各地应结合当地条件和现代棉花种业发展，积极谋划统筹建立系统科学高质高效的棉花种子繁育体制，繁殖高质量种子，以供生产应用。

## （一）种子繁殖体制是从品种选育到将品种应用于生产全过程的重要基础

棉花品种基本不存在基因纯合体，均为基因杂合体，品种退化是必然的，其经济性状及生产力衰退率至少5%，退化品种的种子不应在农业生产上应用推广。

棉花是常异花授粉作物，是自花授粉为主又能异花授粉的作物，天然杂交率一般为2%～16%，有的甚至达50%。棉花的天然杂交会引起生物学混杂；在播种、采摘、晒花、轧花、种子储存运输等各生产环节中，易发生机械混杂；同时受环境条件、自然选择以及带有倾向性的人工选择等因素影响，品种可能失去原有生产性能，导致品种经济性状劣化，且易发品种退化。

一个品种育成并经过品种审定、区域试验、确定推广地区后，必须有科学的种子繁殖体制进行配套，以繁殖高质量的种子供生产应用。

因此，在种植优良品种的过程中，必须配套健全的种子繁殖体制和科学高效的繁育技术，有计划地生产原种，保持品种原有的纯度和经济性状（即保持种子特质性、一致性、稳定性），为生产持续提供优良种子，才能发挥品种的经济、社会、生态效益。

## （二）棉花种子退化的因素分析

影响棉花品种遗传组成改变并造成品种退化的因素有：天然杂交、基因突变、异源基因渗入、选择、剩余变异、遗传漂移等。

1. **天然杂交** 棉花是常异花授粉作物，天然杂交率一般为2%～16%，有的可达50%。由于棉花有较高的天然杂交率，遗传基础不同的群体，天然杂交后必然会产生基因分离和重组，出现新的变异个体，使棉花品种的自然群体经常保持一定的异质性。

2. **基因突变** 突变是遗传变异的根本来源，但突变频率一般较为缓慢。

3. **异源基因渗入** 异源基因渗入是影响品种遗传组成改变的重要因素。棉花作为常异花授粉作物，以自交为主而又有一定比例的异交。如在同一地区种植多个品种，异品种基因通过异交渗入，造成生物学混杂，使品种遗传组成改变。另外，机械混杂也会使异品种个体混入，混杂群体相互传粉杂交，造成杂种个体逐代增加，进而使异品种基因渗入加剧、基因频率改变，导致基因重组、基因型频率改变更为严重。

4. **自然选择和人工选择是改变品种遗传组成的重要因素** 自然选择，是指一个品种群体中不同基因型个体在自然条件下成活率和生殖率存在差异，某些基因型个体比另一些基因型个体得到更多的成活和生殖机会，随着时间的推移，品种群体基因频率和基因型频率逐渐改变。尤其在不利的自然条件或栽培条件下，自然选择作用更加明显。

人工选择对品种遗传组成影响更大。人工选择难免带有主观性和倾向性，是使品种基因型频率改变的主要因素。

5. **剩余变异** 棉花育种目标性状大多是由微效多基因控制的，即使经过多代自交，外表上看似纯合，但这种纯合也仍然是相对的。自交后代群体中残留的杂合基因所引起的变异，称为剩余变异；剩余变异的存在，使得在品种（系）内也需进行选择育种。自交纯化代数越少，杂合基因越多，其剩余变异也越多。

**6. 潜伏的基因在不同条件下显现** 引进品种可能由于生态条件的限制，有些基因未能在当地表现出来。新品种推广地的生态条件复杂多样，这些剩余的杂合基因遇到相应的条件表现出来，形成了品种（系）内新的杂合体异型株。

**7. 遗传漂变** 当品种群体很小，由群体中随机的少数个体繁育成一个较大群体时，群体基因频率会发生随机波动，使基因型频率改变，此为遗传漂变。

综上所述，鉴于影响品种群体遗传组成改变的因素复杂，在棉花良种繁育技术路线实践中，要从各方面控制并减少品种群体遗传组成的改变，最大程度避免品种退化。

### （三）棉花种子繁殖的公共产业与公共技术特性

现代棉花种子生产技术实行育种家种子、原原种、原种、良种四级种子生产程序。“育种家种子、原原种、原种”这一生产流程，具有技术与效用上的不可分割性、生产区域的一定规模性、成本或利益上的外在性、利益及计算上的模糊性和取得方式上非竞争性。因此，“育种家种子、原原种、原种”这一生产流程，具有公共产业产品属性；而繁殖技术也具有公共产品属性。这就决定了该生产流程应由负责农业技术研发与推广的公益性机构独立承担并完全按生产技术规程操作完成作业。

### （四）世界主要产棉国棉花良繁体系构建与运作机制

世界各主要产棉国均高度重视建立良种繁育有效体制。美国棉花良种由原育种的种子公司提供。繁育的种子依次分为四级：育种家种子、基础种子、登记种子和检验种子（认证种子或证明种子）。检验种子需于大田种植，且大田收获的种子不再作种用。

各种子公司拥有农场、轧花厂和特约农户，自成体系地繁殖各级种子。在品种安排上，实行一地多个品种的原则，即在同一地区，可以种植若干个纤维品质相同的优良品种。

中亚各产棉国由国家建立的原种场负责生产原种（相当于育种家种子），然后将原种在指定的集体农庄和国营农场进行繁殖，连续繁殖三代后，生产的种子供大田生产播种，大田收获的种子不再作为种子使用。

埃及的棉花良种种子由国家管理，同时实行一地种植一个区域化品种的制度。

## 四、我国种子良繁体系建设与市场体制机制下建设完善现代棉种良繁公共服务体系的重要意义

我国20世纪50年代后兴办原种场，建立原种场、良种轧花厂、良种繁殖基地三结合的良种繁育体制。国务院于1978年批转《农林部关于加强种子工作报告》，要求到1980年种子工作基本实现“种子生产专业化，加工机械化，质量标准化和品种布局区域化”，到1985年基本实现以县为单位，组织统一供种。该体制简称为“四化一供”。

20世纪80年代以来，棉花良种繁育体制基本为市场竞争下的种子企业内部一体化或市场合作制、契约制、订单式等。

21世纪以来，随着农业市场化、国际化，种子生产经营更为市场化，棉花种子市

场也随之出现复杂无序的竞争，而种子生产推广本应严格按有关法律和技术标准生产规程运行。

根据这一情况，我国实行了由育种家种子、原原种、原种和良种4个环节组成的四级种子生产程序，并制定各级种子品质标准，严防生产和销售混杂劣质种子，防止假冒种子进入市场。这有助于完善棉花种子良繁公共体系建设，成为保障生产高质高效和农民收益的重要措施。

## 五、构建完善现代棉花种子良繁公共服务体系的区域生态产业路径

我国的部、省、市种子研发，基本是由科技部门以课题支持育种科研团队或科研机构进行的，这部分工作主要属于良种选育工作进程，直至技术的物化成果——种子审定结束。在从品种推广到市场销售这一阶段前，还须有“良种繁殖过程”。根据在市场经济体系中，人们需要的物品分类（私有物品、公共物品、自然垄断物品、共有资源），种子的生产结果又可以分为公共产业属性的公共产品（包括公益技术类公共服务）和市场化合作产品（包括营利性企业产品）。

目前具有绝大多数种子知识产权的国家公益性育种机构和农业农村系统农业技术推广机构（即国家公益性农业科技服务体系），应承担相应的种子生产流程中“育种家种子—原原种—原种”繁殖产业的公共服务与产品供给保障。而在棉花市场化、国际化时期，市场机制下缺失的也是这一重要又薄弱的环节，致使市场上的种子“万象混杂、乱象万端”。这是农业农村部2021年强化农作物良繁体系建设的应有之义。

根据全省最新植棉规模调度统计，2021年山东省植棉面积总量为160万亩，大田生产用种（即“良种”）需求最多为160万千克，折算成原种为1.6万千克；与此同时，相应配套“育种家种子—原原种”所需繁殖量更低。由山东省棉花公益育种科研机构“2省级＋2市级＋对应省市农技公益推广机构”承担相应任务，既能够实现严格按生产程序操作，又能做到由育种家把控棉种繁殖技术路线和种业公共产业组分的产品，由国家公益性机构提供有质量保障的公共服务，还能从技术源头上保证种子品质不退化，进入棉花生产领域的种子纯度、净度、发芽率等不降低。

据此，在山东省鲁北、鲁西北、鲁西南三大集中植棉区域和鲁中南植棉旱作区，应选择最符合棉花生态需要的区域，以棉花主产市为单元单位，创建完善的育种家种子、原原种、原种、良种（即大田生产用种）四级棉花优良品种生产技术体系，构建公益性技术机构为基础的各技术和产业环节有机衔接、相互支持的优化系统，并总结提升各级种子品质标准，实现种子生产技术规程化，创建能反映当地棉花种业质量、支撑地域棉业发展的品牌。

应以棉花主产生态区域大市为单元，建立完善公益技术集成产业社会化服务体系，由各市统一研究制定具体工作实施方案并负责绩效考核。省级机构根据年度绩效考核情况，对承担项目的4个项目市进行适当优化调整。

各项目市要强化育种家种子源头质量重要技术保障基础系统、棉花种子生产四级程

序全程技术标准规范及产业链条的有机衔接，探索创建现代棉花种子生产新机制体制、新技术、新品种和新模式。注重依托省市具有棉花品种研发能力的公益性科研机构及其试验基地的技术产业优势基础支撑，注重充分发挥棉花种业研发机构的专业技术组织优势与种子专业村、专业制种大户及种业资质企业等市场合作主体要素协同机制的作用（一般作用于"原种→良种"生产过程阶段），促进棉花生产用种专业化、生态区域化繁殖基地规范化、系统化产业配套。充分挖掘品种稳产增产的高质量经济生产能力，实现现代棉花产业链条衔接技术基础配套。

鉴于目前具有棉花品种知识产权的机构基本全为政府公益性棉花研发机构，部分企业所谓的棉花品种权大都是以市场方式交换取得的，加快山东省生态适宜主产棉区高品质及专用棉花品种良繁体系建设，须以"已审定并适宜推广的棉花品种""可适合并满足当地棉花纺织产业发展配套纤维质量结构性需求"为前提，并注重棉花原种生产与良种繁育技术标准技术评价，参与市场主体应具有相应资质条件。

棉花良繁体系创建应以有关市级单位为区域单位，实行项目报账制财政管理，由政府公益性棉花科研机构牵头进行技术产业配置组建，从源头保证育种家种子的质量供给与良繁生产技术的基础支持，创新提升技术标准，严格优质棉种子生产规程作业流程，使市场主体得到有效监督，强化四级棉种良繁体系环节有效衔接，推进一体化公共服务主导的产业发展格局。

## 六、建立完善现代棉花种子良繁体系技术路线梳理

棉花种子生产过程中实行育种家种子、原原种、原种、良种四级种子生产程序。

### （一）育种家种子生产方法

常用的棉花育种家种子生产方法如下：

1. **种子储藏法** 在开始推广新品种的同时，育种单位将定量的新品种种子（育种家种子）储存在能保持种子生活力的条件下，定期取出部分种子供应新一轮种子繁殖。

这一方法的特点是育种家种子是储存的种子，未经任何形式的选择。理论上，这一方法能最好地保证品种不发生遗传组成上的改变。目前，这一方法限于少量育种材料使用。

2. **淘汰异型株和选择典型株** 在种植一定数量植株的核心繁育田里，每年拔除异型株和病株，收获的种子部分供下年核心繁育田播种使用，部分供生产育种家种子田播种使用。也可以每年田间选择典型单株，混合采收，不进行后代测定，此为一种类型选择法。

3. **众数混选法** 曼林（Manring，1955）提出的众数混选法是集团选择的一种形式，每年从种植量大约 6 000 株的大田内选 300～500 株，检验入选株的绒长、衣指和子指，凡偏离其平均数上下一个标准差数据的淘汰，符合要求的选株种子混合播种，收获的种子用作育种家种子。

4. **株行与株系法** 在大田选择单株，测定绒长、衣分率后，符合要求的单株种子

于下一年种成株行，凡整齐一致、具有品种典型性的株行入选，再次测定绒长、衣分率，将符合要求的株行种子混合，成为新一轮育种家种子。

为了增加选择的准确性，也可将株行法扩展为株系法，即将当选株行种子种成株系，通过增加植株数量提高选择的准确性，并将最优株系的种子混合成新一轮的育种家种子。

为了更准确地评价株系的生产能力，可进行一轮设置重复的株系比较试验，将产量高、品质符合要求、整齐一致、具有品种典型性状的株系种子混合成育种家种子。

还可持续多年进行株系比较，选出一个经济性状最优系或数个优系，混合繁殖成育种家种子。

总之，在设计种子生产体制时，必须既考虑保持品种典型性、防止混杂退化，又要防止品种异质性的丧失。

利用育种家种子繁殖一代生产原原种，以此类推分别生产原种和大田用良种。生产大田收获的棉籽不再用作种子。

## （二）种子处理

播种用的良种棉籽，要采用化学脱绒和种衣剂处理，以消除种子携带的多种病菌，提高种子播种品质。化学脱绒一般采用硫酸处理，也有用泡沫硫酸（硫酸加发泡剂）脱绒的，这样做可以节省硫酸，免去用水冲洗，不致污染环境。种子经脱绒、精选后，应利用拌药设备均匀涂敷一层含有杀菌和杀虫作用的种衣剂包装。

## （三）种子检验

棉花良种种子要由种子检验单位按国家规定的标准方法进行检验，然后签发种子检验合格证。

# 推进省地农技推广公益服务体系构建思考
## ——基于农业技术推广公共服务体系建设

王桂峰　张　杰　秦都林

## 一、引言

2021年，山东省开启农业事业单位改革试点，整合组建农业技术推广体制机制，围绕“大农技、大推广、大发展”总体思路，确立技术推广公益服务职责，强化服务农业农村发展，提升专业技术素质能力、效能效率，努力探索市场经济体制下的农技推广工作新业态格局。

农业作为国民经济的基础，是维护社会安定、实现国家自立的重要保证。我国是一个农业大国，资源匮乏、人多地少，农业生产率仅为二、三产业生产率的四分之一；要确保农产品稳定有效供给、促进农业持续发展、实现农业农村现代化，根本出路在于科学技术，关键在于推广。

农业农村部数据显示，我国科技进步贡献率突破61%，作物良种覆盖率超过96%，自主选育品种占95%，粮食单产提高对总产增加的贡献率超过66%，主要农作物耕种收综合机械化率超过72%。目前，我国小麦生产基本实现全程机械化，水稻、玉米耕种收综合机械化率超过80%，北斗卫星导航自动驾驶播种每千米垂直误差小于3厘米，无人机植保提升作业效率超过60倍。在智能农机、无人机植保服务、农业物联网和农业大数据等领域，我国占全球产值比重超过30%。农业科技已成为引领农业农村现代化的强劲引擎。

近年来，我国建立了以国家农技推广机构为主导，农业科研院校、社会化服务组织等广泛参与的“一主多元”农业技术推广体系。各地探索完善公益性推广与经营性服务融合发展机制，支持农技人员进入家庭农场、合作社、农业企业提供增值服务并合理取酬，引导扶持多元主体开展个性化、精准化服务。

2019年我国农业科技创新成果转化率不足50%，而欧美发达国家的科技成果转化率达近80%。我国在农业科技领域，尽管整体上已具有多方面优势，但一些薄弱环节明显存在。长期以来，农业科技与人才资源主要集中在科研高校，而各院校相对独立、分散，存在“资源孤岛”现象，优势没有得到充分发挥。同时，农业科研市场导向不明显，科研与生产需求脱节，导致农业企业的科技创新能力不足、辐射面不广。部分前沿和交叉领域基础研究和底盘技术的原始创新能力不足，重要种源、农机装备、智慧农业、绿色投入品等关键领域核心技术和产品自主可控能力不强，创新链与产业链融合不够。高效集成的科研攻关组织模式亟待构建，科技成果转移转化效率亟待提升，涉农科技领军企业创新能力亟待提高，科研机构和科技人才评价体系亟待完善。

农业科技方面也存在常规技术多、高端成果少、低水平科技成果多、突破性新品种新技术少的现象。在品种培育上，高产品种多，专用品种、特色品种、高附加值品种少；在技术研发上，单项常规种养技术多，综合配套精深加工技术少；在农机装备上，主要农作物机械化水平高，设施农业、畜牧业、林果业、渔业等领域机械化水平低。

目前省、市、县，特别是县、市、区和区域乡镇基层农业技术推广缺乏基本的科技创新、科技服务、成果中试及转化平台配套设施，并缺少地方区域性的部省级农业重点实验室等高水平区域性平台规划建设支撑，农业科技领军人才缺失。农业技术在自主研发创新、及时推广传播、有效转化效率方面还有很大提升空间。农业技术自主创新能力不强，尤其是产业发展关键技术和原始性创新技术对外依赖较重，产前、产中和产后的全程农艺综合配套能力及集成技术的供给数量明显不足；农业技术的应用性不强，农技推广体制不顺，科研、教育和推广呈相互分离状态，缺乏应有的沟通、联结、运行有效机制及组织协调。这些问题持续制约地区农业农村科技创新与应用体系活力。

应以问题为导向，围绕激发农业科技创新体系活力，构建农业科技创新主体、农业科技服务主体以及农业科技应用主体一体推进的协同创新体制。以市场有效需求为导向，引导农业科技创新，打通田间地头到实验室的逆向创新链条，加强农业科技成果的有效供给。通过研发合作、技术转让、技术许可等形式，推动农业科技成果与农业产业需求有效对接。

因此，构建现代新型高效完善的农技推广公益服务中心社会体系和运行机制，是新发展阶段、新征程路上的一项时代要求。

## 二、构建现代新型高效完善的农技推广公益服务社会体系和运行机制的重大意义

我国目前的农业技术推广体系，其基础建立于计划经济体制下，历经 1992 年确立社会主义市场经济体制和 2001 年加入 WTO，由生计农业向市场农业、国际化农业变化调整并不断转变。在不同时期，农技推广体系为保障国家主要农产品供给、推进经济社会发展、推广普及农业科普知识、组织协调推进农业科技进步均作出了历史性贡献。

但随着改革开放和农村市场经济体制的建立和不断完善，以政府为中心的农技推广机制在运行过程中的不足逐渐凸显。政府与微观农业经营主体之间的行为目标定位不能同步，自上而下的技术推广机制和途径淡化削弱了微观主体——农户及从农户分化出的不同农业生产经营主体在市场与产业发展方面的衔接需求。

与此同时，农地经营制度改革，工业化、城镇化快速推进和要素市场逐步健全，以及全球化、气候变化、劳动力结构改变等经济社会发展变化，综合引导传统农户从进行以高度同质化为特征的传统同一型农业向进行市场化、多元化的现代农业转变，形成的不同类别的农业经营主体，致使公益性农业技术资源供给不足，难以构建小规模兼业户、专业大户、家庭农场、合作社等，对农业技术及其传递路径的需求选择存在，也不

能实现众多小微农户、兼业农户等多样化的技术结构需求。

中国特色社会主义已进入新时代，我国步入实现第二个百年奋斗目标的新阶段。因此，加快打造乡村振兴战略齐鲁样板、推进农业高质量绿色发展、实现高水平农业技术进步、转变农业生产方式，肩负起农业大省重任，保障国家粮食安全、重要农产品有效供给、农民增收，积极推进山东农技推广的公益服务体系建设完善，更好地服务“藏粮于地、藏粮于技”“为农业插上科技的翅膀”“确保粮食安全”等目标，成为新时代的发展要求和省级农业农村公共管理服务部门层面的重要任务与体制机制的组织保障。

## 三、我国农业技术推广相关概念、基础理论、机制运行、发展变化

农业技术推广是指通过一系列培训、讲授、指导以及提供咨询服务等手段，将农业领域的先进成果和科学技术传递给农业生产者，并将这些成果和技术应用到农业生产上。农业技术推广的目的是通过对新成果和新技术的采用，增加农产品产量、优化农产品质量、改善农民进行农业生产的效率，促进农民职业素质与技术能力持续提升，增加农民收入，推进农业融合农村发展。

收入增加、农业从业者和专业技术管理职业群体发展壮大是农业技术推广的直接目标；改善收入机制、稳定增加农民收入，才能促进农业发展和保障农村稳定，实现农业农村现代化。因此，从农民收入维度对农业技术推广绩效进行评价，有一定的科学性和合理性。

### （一）农业技术推广的概念与原则

现代意义上的农业技术推广概念起源于19世纪60年代的西欧，由克拉伦顿伯爵率先提出。农技推广是指通过培训、指导或信息服务等方式促进农业发展并实现农民生产能力的提升。随着农业技术的不断发展，各国根据其地域特征、经济环境、社会人文等因素，对农业技术推广的概念进行描述。荷兰将其解释为“广泛利用信息的交流及沟通，对农民遇到的问题进行深度分析并建立中长期发展目标，帮助他们提高农业生产决策能力”。美国称之为“农业教育或技术开发咨询”。日本称之为“农业改良普及”。

我国《农业技术推广法》将农技推广这一概念表述为通过试验、示范、培训、指导以及咨询服务等，把应用于种植业、林业、畜牧业、渔业的科技成果和实用技术普及应用于农业生产的产前、产中、产后全过程的活动。在我国农业技术推广过程中，一些原则被订立出来并用于指导推广实践，主要包括：

**1. 农业技术推广应有利于我国农业、农村经济可持续发展和增加农民收入** 我国是一个农业大国，促进农民增收、农业增效、农村发展，一直是我国各级政府工作的重点。但改革开放以来，由于人口急剧增长，我国可利用的农业土地资源相对越来越少，依靠科技进步利用有限的可耕种土地产出更多的粮食逐渐成为大家关注的焦点。在此情况下，有利于农业、农村经济的可持续发展和增加农民收入应是农业技术推广的原则之一。

**2. 农业技术推广应尊重农业劳动者的意愿** 2012年8月31日第十一届全国人大常委会第二十八次会议《关于修改〈中华人民共和国农业技术推广法〉的决定》中第四条规定，农业技术推广应当尊重农业劳动者和农业生产经营组织的意愿。

农业技术推广一般分为无偿推广与有偿推广，但均不能用强制性手段使从事农业的劳动者应用某一项技术。

**3. 农业技术推广应因地制宜** 一项新型农业科技成果推广的具体环节应为：首先，充分了解所推广区域的经济、社会、人文、自然、生态环境，并熟知农民的生产习惯和技术选择倾向；其次，对相关农业技术进行实验，确定适合应用后，先在一定范围内进行示范并建立必要的反馈机制。最后，经反复回馈与改进，确定是否大面积推广以及推广方案。

**4. 农业技术推广需要国家、农村集体经济组织扶持** 由于农业的弱质化、外部性、区域性、生态性、紧平衡性、脆弱性等产业特点和公共性、准公共产品性、经济基础性特征，为确保先进农业技术的广泛应用，应强化对农业技术的公共预算政策支撑。

**5. 农业技术推广应实行多重主体衔接结合** 农业技术推广是一个庞大而复杂的社会事业发展基础工程，政府宏观主导下的农业推广体系、高校、科研单位、企业、农民专业合作社等应衔接结合，形成技术市场供给多元化的保障服务网络，在充分了解农民技术结构基础上实现农业技术供给需求高度契合。

**6. 农业技术推广应实现经济效益、社会效益和生态效益有机统一** 农业技术推广经济效益是指农民在利用农业技术的情况下，通过应用农业科技，以尽量少的劳动耗费取得尽量多的农业经营成果。

农业技术推广的社会效益是指农民能最大限度地利用有限的资源来满足其日益增长的物质与文化需求。

农业技术推广的生态效益是指农民在从事农业生产过程中需遵循生态平衡规律，使自然界生态系统对农业生产、农民生活和周围环境产生有利效果和有益影响。

在农业生产与农技推广过程中应注重生态效益，使农业自然资源得到合理有效的开发、利用和保护，保障农业和农村经济稳定持续发展。

## （二）农业技术推广基础理论

主要基础理论包括公共产品理论、农业外部性理论、供给需求理论、求契合度理论、农户行为理论、农业踏板理论、农业技术扩散理论及农业技术经济与产业经济理论等。

任何一种农业技术采用过程都可以被描述为认知、感兴趣、评价、试验和采纳等五个步骤，这种描述方法注重技术供求结构平衡情况及其变化趋势。

## （三）农业技术推广机制

机制的原意包括机体内各组成要素与相互关系、运行模式及功能作用等三个方面，其中组成要素及相互关系是机制形成的基础和根本，运行模式是各要素之间交互作用时体现的一种状态。

农技推广机制的概念可以描述为农业技术推广系统的要素构成及相互关系。农技推广机制的要素主要包含各类技术研发单位、推广机构以及广大农民等，其中研发单位主要由政府科研机构、高等院校或私营企业等实体构成，它们依据具体目标，利用一定的物质资料和智力资本，创造出具有实用性和创新性的新技术、新品种和新服务。

我国农技推广机构的公益性特征较为明显，机构大都由政府牵头成立，其功能为宣传国家农业政策、普及农业知识、保障国家粮食安全。农民是农业技术的最终使用者，其对技术的使用效果可以作为评价农技推广机构和研发单位工作的重要标准。

在市场经济体制环境下，在一些农技推广活动实践中，一些农民的实际需求往往被忽略，农民处于相对被动的位置，其综合利益诉求及有关农业技术的需求有时会被忽视。而农业技术研发、推广和使用等相互协调机制间缺少必要的沟通以实现有效衔接，也是农技推广体系在公共服务协调上的一块短板。

## （四）农业技术推广体系的历史演变发展及组织类型

农业技术推广体系是国家政治经济政策、人口要素、生态环境、资源禀赋及地理人文等多种因素相互耦合的复杂性社会化服务体系。农业技术推广体系的建立、发展及完善以提高农业生产力、增加农业收入为目的，其核心都是为农业生产服务。

20 世纪 30 年代，我国开始进行农业技术推广研究。1935 年南京金陵大学农学院李醒愚和章之汶合著《农业推广》，这是国内第一部农业推广方面的专著。

我国农技推广体系的发展与变迁可以大致分为原始阶段、政府主导阶段和多元化主体参与阶段，不同阶段的行为主体和推广模式存在显著差异。

**1. 农业技术推广的原始阶段**　我国建立农业技术推广体系和推广工作的正规化始于20 世纪初，但据我国古书记载，早在尧舜时代已有“后稷教民稼穑”一事，为我国古代原始农业推广萌芽。秦汉时期，赵过改“缦田”为“代田法”并首创了试验、示范、培训、推广的推广程序。

**2. 农业技术推广的政府主导阶段**　新中国成立初期，党中央非常重视农业生产问题，中央政府着重发展农业，逐步建立了农业科技推广体系和机构，形成了中央、省、县、乡四级农业技术推广体系。

尽管政府主导农技推广具有农技推广主体的单一性、农技推广的单向性、农技使用的无偿性等阶段性特征，且农技推广体系运行机制大多依照政府部门相关的农业政策进行构建，技术服务的内容集中在农业生产产中阶段，推广路径大致为自上而下，我国形成的中央、省、市、县四级农业技术推广体系，依然在最大限度上保证了国家粮食安全与社会稳定。

**3. 农业推广服务的多元化发展阶段**　改革开放后，由于传统计划经济向市场经济的转变，农技推广体系的推广理念、运行模式、推广内容都发生很大变化，一是随着以政府主导的农技推广工作内容与范围的扩展，政府对农技推广工作的财政支出不断增加。二是政府组织能力趋弱，有时会出现“线断、网破、人散”状况。三是与农民间缺乏有效的沟通，农业技术的供需契合程度不高。

综上所述，随着计划经济向市场经济的转变，我国多渠道、多层次、多元化的农技推广体系逐步完善。总体来看，我国的农技推广模式仍属于较典型的“政府供给主导型”，而自上而下的技术传递路径不太适应市场经济变化发展，与“农民需求主导型”推广模式下的运行效果差距较大。据此情况，应研究推进农技推广体系的改革，研究“政府供给主导型”模式向市场化国际化交织环境下的“农民需求主导型”模式的转变，实现农业科技资源合理高效配置。

现阶段我国农技推广机制运行过程中的技术供给主体呈现多元化趋势，除政府主导的农技推广组织——行政型农技推广组织外，教育型农技推广组织、企业型农技推广组织与自助合作型农技推广组织均不断涌现。

## 四、农业技术推广体系多元化多层次化成为一种趋势

信息技术发展、产业数字化、数字产业化引发的新一轮重大产业革命，以及不间断的全球化态势，同样给各国家和地区的农业推广事业带来了一定的产业业态与技术集成路线设计方面的重大挑战。据研究梳理，在 21 世纪中前期，多数国家的农业技术推广体系将致力于提高农民的组织化程度，有效增加社会资本，并帮助引导生产高附加值农产品，增加就业机会和农业收入。

由此可知，全球农业技术推广改革的大致趋势或可能是：欧洲的公共农业技术推广体系可能大规模缩减；北美和西欧会给农民提供技术支持，私营企业、高素质的农业推广专家及农资生产企业会成为农业技术推广主体；波兰、匈牙利等东欧国家则仍以公共农业技术推广体系为主。

## 五、新发展阶段，农业技术推广公益服务体系建设的主要目标、任务

根据党的十九届五中全会通过的《中共中央关于制定国民经济和社会发展第十四个五年规划和二〇三五年远景目标的建议》，以及在此基础上编制的《中华人民共和国国民经济和社会发展第十四个五年规划和 2035 年远景目标纲要》（以下简称《纲要》），应围绕坚持农业农村优先发展、保障粮食安全，全面推进打造乡村振兴战略齐鲁样板，提高农业质量效益和竞争力。

在省这一层面，应立足农业技术推广的技术公益服务供给、需求质量结构和契合度、引领型匹配度，深入分析不同类别的传统农户产业组织结构分化的农技需求结构变化及特征，通过推广机制创新和组织创新为不同农业经营主体提供适用性强、匹配度高的农技服务，建立并持续完善高效的山东省农技推广公益服务体系和社会化服务运行体系，这对研究探索新阶段、新格局下的农业技术推广体制机制创新发展，增强农技推广人员专业素质，提高技术要素支持力度，加快农业高质量绿色发展转型具有理论意义与实践意义。

### （一）深入调研、科学规划新发展阶段，农技推广公益服务体系的重要目标与主要措施

突出建立并不断完善现代农技推广中心的高效能、高质量、绿色化推广渠道，配套构建能完整、同步地将农业新技术、新产业、新模式、新业态相关发展数据、知识、信息、技术等新生产要素，以对称、对应的线性方式输送到各区域市场需求侧的技术要素政府主导—重点产业发展型的研学社企合作平台，并明确供给、需求、宏观政策等各方关系机制，这已成为山东省农技推广公益服务体系机制构建的一项重要目标和农业农村高新技术产业创新发展在技术集成、组织运作创新方面的主要措施。

### （二）建设新发展阶段，现代农技推广公益服务体系的重要产业技术内容、任务

随着我国传统农业向现代农业、市场化、国际化方向调整，粗放型农业正在向集约型农业转变，进行目标为绿色、高质、高效的转型。

在农技推广实践中，农技推广组织需要尊重并适当正确引导农民的技术选择，农业生产者在学习、采用某种新型农业技术上拥有决策权。农技推广要紧紧围绕农户、市场、产业技术结构需求和产业发展方向，使用“自上而下”“自下而上”推广渠道“双向”互动等多样化的技术推广方式，契合国内外资源市场变化。应使农业技术推广的效力覆盖农业生产产前、产中和产后全程。

2021年，我们受到了新冠疫情的影响，但我国粮食总产量仍达到6.83亿吨的历史高度，以占世界7%的耕地和占世界22%的人口，提供了占世界25%以上的重要农产品产出，保持粮食产量“十八连丰”，人均粮食占有量超过470千克，高出国际粮食安全标准线人均400千克的水平。

根据人口增长及人口劳动力结构发生变化、劳动力占人口比重下降、人口抚养比上升、劳动力成本上升、农业自然资源约束性渐强、全球气候变暖、启动实施“双碳”战略、全球化进程中大宗农产品贸易的不确定性上升等因素进行分析，粮食安全、能源安全、生态环境安全战略，是关系到我国长期发展的重大战略。“十四五”规划高度重视粮食生产并把粮食综合生产能力定为经济社会发展约束性指标，规定“十四五”时期粮食年产能要高于6.5亿吨。

新阶段、新征程，全面推进乡村振兴责任重大、任务艰巨。应以习近平新时代中国特色社会主义思想为指导，以习近平总书记关于“三农”工作重要论述为根本遵循，紧紧围绕“保供固安全，振兴畅循环”工作大局定位，系统研究推动山东省“十四五”时期粮食生产能力提升重大技术支撑工程。

**1. 根据我省粮食功能区规划布局，实现优质专用小麦关键技术集成重大突破性实质进展** 瞄准国内相关技术研发课题组、实验室、各技术功能组织等，通过个别观察和系统化考察选择，逐步组建关键技术集成创新专业研究团队，系统实验并总结形成山东省优质专用小麦稳产高效绿色产业融合发展农艺工艺技术衔接配套生产指导规范，提升完善配套系列农艺、工艺、品牌（地域、商誉）技术标准与产业组织系统（经营模式、

营商环境），创新应用操作内涵。注重基础研究、应用研究、产业技术经济研究的联结协作机制，以5～10年为期限微动态优化组群，深入不同产业环节的产业技术高质量结构需求端侧、薄弱点、瓶颈约束连接口，通过专项技术报告、项目（课题）报告、技术建议、产业意见等形式进行选题、立题、解题、破题。

**2. 进一步系统考察研究，组成不同主体参加的优异团队矩阵，着力开展超高产玉米关键产业集成技术链接和专用玉米、饲用玉米、玉米替代产业重点产业技术不同专题合作系统工程** 对照发达国家玉米高产典型模式以及生产集约、技术集成生产方式（包括种质、品种、单产、栽培、生态、自然、耕作条件技术等），梳理山东省玉米品种及种植提高单产的若干重要技术突破节点，于3～5年内进行实践创新，以外源技术融接内生技术条理结构，实验、试验玉米单产、总产提升技术集成模式和产业技术规程系统，大幅度再创提玉米单产集约技术并形成最适区、适宜区生产与产业技术无缝链接配套基本路线并建设试验田（域）。推动玉米局部替代产业技术优选取得积极有效的实质进展。

**3. 进行科学系统研究，提出并推进编制“山东省现代农作技术导论（山东现代高效耕作体系技术指导汇编）”** 形成全省不同生态条件下的主要农作物与特色农作物产业在结构特征上实现最优平衡区间、均衡匹配农作生态位的农业产业结构、种养地技术流程式农艺与农业工程技术总成。全面构建绿色高效的水肥、植保生物防控“双碳”中和技术路线应用现实模式。

丰富充实低碳农业技术研发、集成和推广、发展，探索总结高效能农业科技工程技术与生物技术匹配的种植制度、养地制度系统实践生产指导规范。

**4. 推进研究总结示范不同自然生态环境的“粮经饲”三元种植结构调优技术产业发展意见（规划建议）** 积极组织试验，总结符合各地不同自然生态特征的区域化的“粮经饲”三元种植主要生态区域技术优化模式及产业融合的产业衔接技术连接环节点，形成各主要农作区可遵循推广的配套技术体系实现的最优路径和产业组装引导。

在鲁中南、半岛丘陵地半旱作区、旱作区，分别推广符合不同生态位条件下间作模式的玉米-花生、花生-中早熟高品质棉适宜互作，形成比较优势主产区，以具生态条件、技术比较优势的订单式品种和专业合作社＋农户为示范，引导构建点线面结构机制布局建设。

在鲁北及环渤海湾可耕农作区，推进玉米-大豆生态互补共生最优种植结构轮作产业带、高品质短季棉-饲草作物（冬牧70、小黑麦、大麦）棉饲连作“两熟”产业技术集成优势产区建设。

积极探寻非转基因与传统大豆种质材料技术合作基础，与南京农大国家大豆产业技术工程中心、济宁农科院、菏泽农科研关联所室形成技术协同瓶颈技术突破平台，重点关注半岛高效生态栽培关键农作技术、棉籽蛋白与高蛋白优质大麦及燕麦马铃薯耕作制度方式变革的产业替代优选—新农作技术体系。统筹山东省粮食安全需求与新兴特色产业潜力，争取在提升山东“粮经饲”技术集约式优化布局的产业融合技术品质内涵方面取得新突破。

在鲁西南、鲁豫苏皖地理边缘光热资源丰裕县区，试验推广中早熟小麦-高品质短季棉、大蒜-高品质短季棉直播连作高效麦后棉、蒜后棉种植制度。以此为主要耕作模式，全面提升“粮经饲”三元种植结构新业态+现代产业体系空间新格局下的农技、农艺、农机（宜机化）作业产业链接水平，提升“六次”乡村产业融合发展契合度、实现技术标准体系区域规模化、农产品地理品牌新内涵的质效充实。

**5. 持续试验（实验），系统化规划总结山东省粮棉油作物绿色高质高效技术标准、生产规程、重点产业效率模式** 在山东省粮棉油作物绿色高质高效创建项目的基础上，不断试验总结绿色高质量发展的高效生产方式，示范引导当地绿色高质高效产业模式的构建转型，形成引导黄河生态流域的农业农村产业绿色高质高效发展技术集成、全产业链衔接融合的新高地，保持山东省粮、棉、油结构供给的可持续平衡，进而保障相关产业链运行的稳定程度在全国处于前列。

**6. 推进山东特色经济作物地理生产区域优化技术品牌产业格局提升规划试验研究** 蔬菜（主要为大蒜、大姜、大葱、辣椒）、食用菌、中草药、蓝莓等产业，均在山东省农业农村产业发展中，形成具有一定国际竞争力的拥有农产品地理标志的大类商品，但因市场集聚化分散趋势加剧、多区域同质化种植的异质细分及产业细微创新，面临越来越大的市场空间压力及产业竞争挤压，且在竞品价低量多的“劣币驱逐良币”的完全竞争市场环境下，技术优势难以保持。对此，应根据特色经济作物比较优势生态区域、地理环境自然禀赋，积极进行梳理研究分析，形成山东省特色经济作物地理生产区域优化技术品牌产业格局的思路，细分考察异质点区，系统规划试验研究方案，形成技术专项、专题研究路线，优化路径，保持并增强品牌内在的区别性带来的产业再升级优势。

### （三）积极研究推进农村社会事业加快发展的工作切入点、着力点、新亮点及规划布局

全面推进乡村振兴、加快实现农业农村现代化，是实现第二个百年奋斗目标的战略要求。在山东省打造乡村振兴战略齐鲁样板，率先实现农业农村现代化，是党和政府的科学规划。因此，认真研究、准确定位，积极筹划如何更好地服务山东省乡村振兴战略，是山东省农技推广中心的重大任务。

**1. 积极认真调研分析，努力促进高标准农田规划建设，并提供坚实的农业农村相关数据、信息、技术支持服务系统** 以“藏粮于地”主要为信息技术路线，进行系统化考察和对文献的查询梳理，总结形成提升耕地质量、保护耕地生产生态自然禀赋的农艺技术、工程技术、生物技术、物理技术、生态技术合成体系并持续将之拓展丰富完善。

关注研究节水、节肥肥水技术设施工程技术的创新应用，水土保持与旱作高效技术的链接协调体系，跟踪示范作物秸秆农牧结合综合循环利用与土壤改良有机质提升、绿肥耕作（配合接种根瘤菌、高效纤维素降解菌等沃土微生物）农艺系列技术。

**2. 边际土地的技术产业规划统筹研究，合理高效利用** 边际土地是指由于土壤障碍限制突出、水热资源约束力强、地形条件局限性大，农业产能和经济效益低、生态脆弱的土地。边际土地是我国耕地的重要后备资源，藏粮于边际土地是“藏粮于地”的重要技术与生态选项。

及时组织技术团队跟踪关注耐逆品种选育实验、边际土地改良综合应用技术和生态

绿色利用技术试验示范，主动参与协同突破边际土地改良工程技术体系与农作物育种技术体系优化创新进程。研究可推进突破边际土地限制因素、扩增边际土地产能效益的理论与技术体系，试验集成边际土地的资源节约、生态环境协调技术模式，以促进“养牧—拓棉—持续稳粮”。

**3. 推进草地农艺加工储藏技术综合一体化集约式应用，推动黄三角滨海盐碱地地区、中重度旱作区、沿海滩涂区的非宜耕区饲草地域农作化** 在一定时期内，我国人口粮需求与家畜饲料用粮以及轻工业用粮总量占比结构较为稳定，这影响到了粮食作物用地总量，特别是饲用粮的总量上升已不能通过增加传统“耕地农业”生物经济总量来持续支撑。

饲料作物短缺会影响一定量的粮食作物，因此，饲料作物缺口宜用牧草（含饲用植物）生产技术与产业补充，研究、推进“粮草兼顾”的“草地农业”值得高度重视。

“草地农业”是指把牧草（含饲用植物）与草食家畜引入现行农业生产种养系统，把耕地和非耕农业用地统一规划，集成生态化生产方式、兼用粮食饲料作物，实施草粮结合、草菜结合、草棉结合等，通过草田轮作等耕作制度改进，充分发挥各类农用田地的大农业产能潜力。为此，应积极组织推进粮饲、棉饲、棉草、粮草等大农业的新型农作制度技术体系的试验、示范模式，以逐步形成前期规划，并综合农村新产业、新模式给出政策建议及设计。

**4. 进一步深度调研，积极加快推进黄三角环渤海湾中度盐碱地区域“黄河三角洲国家专用棉饲两熟高效生态农作区大型产业带规划建设工程”** 以“一域一种”“一带三业”为产业结构与生产模式，以大型粮经棉产业结构需求为产业市场导向，积极推进粮经饲三元专用“订单式”全额、全域化、机械化、产业化、品牌化绿色高效高质品牌构建，试验示范形成新技术、新业态产业发展范式。造就中国黄河流域棉区“中国农业地理”齐鲁特色农作生态化品牌，大力提升农业技术经济产业的组织安全支持力。

积极研究如何在滨海自然保护区建立可耕、宜耕作区。此类地域的水、土、空气等自然因素条件在有机农业、生态农业方面天然禀赋优势明显，应积极研究引入“有机农产品”属地化生产技术与产业体系，试验形成产业技术规范标准模式品牌，通过全产业链封闭运营适应市场机制，示范引导新的生态农业产业结构区域布局。同时，基于此类地域的自然因素条件有相对的天然闭合性，在黄河下游地区，应研究并示范构建小麦、大麦、棉花、大豆、高粱等野生种质资源保护试验区，主要农作物原原种（基础种子）、原种专业化良繁区，全程利用系谱同步技术实现生产环节同步的技术合成式运行，以促进种业安全度提升。

**5. 推动联合构建全省农业、农村结构动态升级型主要农作物全产业链的云上农业试验场模式** 农业种植模型具备标准化与可推广性，是我国小农经济、作坊式农业发展转型的关键突破点，为此应积极研究建立拟合种植数字模型、监测种植安全、各类智能化小试中试基地功能的农业科技创新公共服务平台。实现可量化复制、高稳定性的农业数据模型，在耕、种、管、收各环节为农业生产者提供科学种植优化模式选择方案，以原始数据+动态数据模型指导引领当代种植业，降低农业人工成本、提升产品质量。

**6. 积极推进联合研究试验探索乡村产业振兴的产业市场品牌，拓展乡村因地制宜**

**的特色产业发展路径** 立足各地资源禀赋与产业集聚形成的经济发展趋势，选择山东省东中西＋鲁南、鲁北区域短点，通过积极考察确认县、乡、村产业升级切入推进点，找准农业产业与文化、地域自然生态比较优势，重建农业高质量结构、发展自然生态产业、优化农业农村环境、提高农民组织化程度，选择推进做强主导产业组织与技术突破路径、市场与外部产业中下游融合方式，注重“一村一品”，开发有本地特色、难以复制的高技术内在品质商品组合。强化农业基础，以当地村民或有户籍的技术型农民为主体，在地化发展农产品精深加工、电商物流、地理标志商品营销相关服务业、创意农业、文旅农业，建设完善的生产、加工、销售、餐饮和服务全产业链，大幅度增加农业附加值，从而实现农村高集聚就业和农民高收入，形成产业交叉融合发展示范引导新模式。

## 六、积极组建协调、高效、可持续的农技推广运行新机制

构建以政府主导的农技有效供给为基础，具备省地农技推广中心链接科研、高效、农科专业化企业、高质量农资企业合作机制的高效的多样化供给主体系统，优化完善多元化供给网络线上与农区实地线下（全省重点生产生态区域试验站）的扁平化的市场需求产业发展导向型农技推广运行高效机制。

### （一）省地农业农村政府部门组织指导的农业技术推广公益服务体系联合共建机制

随着市场经济体制的不断创新发展完善，农业技术推广公益服务体系同样得到不断完善，以“全省农业农村推广机构＋部省农业高校与科研单位＋农科专业技术企业、重要农产品加工企业、省部级农业良种产业化龙头企业（包括农业良种育繁推一体化企业）、重要农资研发生产供应企业、农业生产生态区域规模农民合作社和农业专业协会＋区域农业专业大户代表”为主体形成技术结构有机供给服务网络，为不同类型农户及时提供各种差异化技术优化选择供给方案及相关组合支持（图 2-3-1）。

我国的农业技术推广是一个庞大而复杂的工程，农业农村产业发展技术部门、高校、科研机构、农企、农民专业合作社通过合作有机结合，共建协调协作长效机制，突出重大技术专项、重要课题、重点产业发展、乡村区域农业经济发展规划等，形成多元化的供给服务网络——事业部制、技术专班制、专题协作平台制、专业技术团队制、研发推广小组制等技术组织系统，在充分了解需求主体客观性、发展性的基础上，实现农业技术资源的供给需求高度契合。

### （二）立足黄河流域生态保护和高质量发展，立足全面推进乡村振兴，积极推动省市县农技推广系统化区域化建设并逐步形成政府引导的多元化农技推广合作系统服务体系

要创建完善政府引导的“一主多元”公益性农业技术推广主体体系。“一主”是指国家公益性农业技术推广专业机构，集合优势产业引领基层农技推广机构体系。“多元”

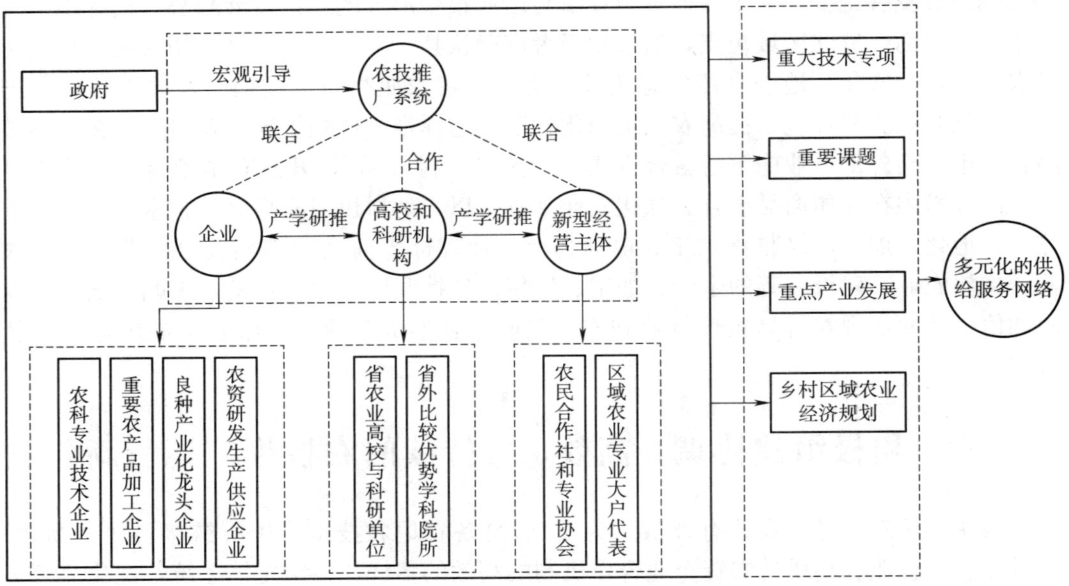


图 2-3-1　农业技术推广（农发研究）公益服务中心体系共建机制

是除政府系统外的农技推广科研院所、农业职业院校、农业科技企业类组织。

政府公益性推广机构主要负责涉及国家粮食安全或关键性技术的试验和示范工作；明确各主体的分工与协作，保障推广体系功能。

推进整合社会推广资源，在中大型技术用户、政府和技术研学产推机构间建立有效链接载体途径，保持基层农技推广机制运行效能。

## （三）并联设立在农业农村工作领域的院士工作站、博士后站、重点产业学科博士站点

梳理把握全省涉农领域有关技术攻关的、具有一定技术竞争力的、从事基础研究和应用研究的农业基础产业、成长型产业、成熟型产业、市场衰退型产业的国家与省级部门，整理它们在山东省设立的院士工作站、博士后站、博士站点以及重点实验室、技术工程中心等科研、学科教育机构（所、点、办），统筹规划建立链接、进行互动、共享题目题材等，寻求并联协作技术信息时效路径。

## （四）择地开展相关农村社会发展的农业农村高新技术产业推进组织人才培育活动

根据全省主要农产品、特色农业、地理名牌产业要素集聚中心区域，探索省地（包括省外相关领先专业学科技术研究组织）高关联度农业推广主体联合设立"乡村产业振兴知识课堂""现代农业农村发展研究推广学堂"的方案，分别培养农业产业发展的规模化经营主体、县乡村农业推广（包括专业大户、本地农资营销管理物化技术供给代表）技术扩散业务骨干，培育具备高级专业生产经营与高技术职业素质的人才。

### （五）积极推进与省农业专家顾问团、省部级现代农业产业体系创新团队、省主要农作物品种审定专业组、省科协部门等组织体系的衔接并建立可运作农业科技事务工作协调机制

充分发挥山东省农业专家顾问团及专业分团、各级现代农业产业技术体系创新专业团队、省部级农作物品种审定专业组、品种区试点等技术组织的重要技术资源和专业人力资本支持，主动组织其融入相关运行系统内，形成新发展阶段农技推广公益服务中心建设方面的、直接高效能的、对接常态化运行的保障优化技术资本支撑系统。

与此同时，要密切关注与省科协、省群团组织、省东营农业高新技术产业示范区和青岛西海岸省级农业高新技术产业开发区（青西新区）、社会技术力量组织机构的技术沟通、良性互动等，拓展技术资源信息通道，开发技术资源融进输出的新源头。

## 七、山东省地农业技术推广公益服务体系创建推进组织保障

实现全省农业技术推广公益服务中心系统化的高效运行，要始终根据技术需求与服务群体的变化调整发展方向，细分并把握内外市场、产业发展的结构特点，深入调研、积极链接推广主体，与之系统化融合，以实现技术供给与需求高度契合为基础目标，持续进行组织、机制、模式上的创新实践。作为一项重要的新兴农业技术系统工程，对省地农技推广公益服务体系的创建实无止境，要不断科学规划技术和效率路径布局，不断探究农业技术推广公益服务体系建设发展新路径。

### （一）搭建同技术经济市场发展机制相适应的生产需求与技术供给契合的运行组织机制

积极构建和完善农业技术市场。持续推进对农业科研成果的知识产权保护，充分运用多元化技术信息传播媒介，丰富技术需求主体获取技术信息的路径；积极参与形成农业科研成果的整个过程。造就激励机制氛围、技术合作导向，持续吸引协调重要主体和社会专业力量积极参与山东省重要农业技术推广专项事业进程。

积极推进农业科技企业，农业产业化主体，农业相关二、三产业主体等实现与区域农业生产布局的众多小微农户的互联技术标准订单式机制链接；对于小规模农户、专业大户、家庭农场和农民专业合作社，不断鼓励引导社会性农技推广组织和研发机构试实行市场化农业技术承包或“农技外包”等有偿补助型服务方式。

### （二）规划筹建农业农村发展技术信息多功能数字化信息平台与农技推广网络系统

知识经济与全球化的发展更改了传统的推广模式。因此农业技术推广多功能数字化信息平台与农技推广网络系统的科学筹建意义重大而深远。

数字化平台有助于实现技术供需链接和信息直接传播，能提高推广效率，应统筹规划设计并不断完善省、市、县的农业技术推广信息网络体系，实现技术资源共享与技术产业组织行为转化。

深入研究整合现有农业科普及乡村发展研究平台资源，创办《山东现代农业科技研究》《山东农村经济发展研究》核心期刊，筹建覆盖国内的学术性、产业性、综合性编委结构，促进我省农业农村发展的综合基础研究与应用研究支撑结构。

## （三）加大完善农技推广技术职业队伍建设

加快农业技术推广队伍建设、提升推广人员技能水平已成为农业发展的关键环节。

探索试行并完善职业技术资格（资质）准入制度，优化农技推广机构组成人员，建立农业技术产业发展提升工程事业部制，统筹职业技术专业人员总额宏观管理下的市场聘任与聘期制。

开展、完善农技推广专职职业能力提升人力资本发展工程，形成职业化、高效能稳健型推广机构，建立要求高、内容面广的知识标准与一只合格的技术素质规范职业团队。

## （四）提升农业经营主体技术应用能力

农业从业者（农民）是农业生产经营的主体，同时也是科技成果的需求使用主体。因此，要以提高技术需求者综合技术素质能力为着眼点、着力点，积极推进农业农村人力资本提升技术工程规划。

## （五）提升农民合作组织化程度，促进生态区域适度规模化农作物布局进展

农业技术推广工作在基层面对的是小微农户，生产规模小、比较效益低，农民合作组织可使其降低交易成本，提高其技术认知水平和虚假信息辨别能力，加快农业技术的扩散。

应以技术产业组织为载体，大力提升主要农产品功能区、重要农产品保护区等关键基础区域的具有专业潜力的农民的合作组织化程度。

## （六）试点实行编制产业技术类推广规划公共预算制度

农业技术的推广和创新具有重要引导力量，有着超越式的公益性、外部性。应根据农产品区域布局和不同生态农区产业发展规划，总结形成《省地农业公益技术结构生态布局重点推广大纲》（要点）。

结合“十四五”规划的实施与推进进程，试点实行编制产业技术类推广规划公共预算制度体系，制定试行绩效考核监督机制。鼓励金融机构参与乡村振兴战略实施进程中，农业产业高质量绿色发展配套技术支持体系所需的绿色金融产品及金融衍生品的开发应用。

科学筹建农业大县、强县农业产业高效融合发展的县域农技推广基金与担保机制。

# 推进鲁北（平原）现代种业创新园区架构项目建设，提升粮食安全保障技术能力

王桂峰　张　杰　秦都林

2022年中央一号文件《中共中央、国务院关于做好2022年全面推进乡村振兴重点工作的意见》，是21世纪以来连续第19个指导“三农”工作的中央一号文件。文件开篇强调“保障国家粮食安全底线”，“粮食”成为一号文件的高频词汇。保障粮食安全，关键是要保证粮食生产能力，强化落实“藏粮于地、藏粮于技”的“双藏”战略；“双藏”战略在科技上，重点是推进种业振兴行动，加快推动种业科技自立自强、种源自主可控，分区域、分品种补上农机装备短板弱项，强化现代农业技术装备支撑。种业是当今世界现代农业发展的重要“芯片”，直接关系产业安全和粮食安全；加快推动种业振兴，是高质量落实藏粮于技战略的关键技术支撑。

当前，我国种业主要面临种质资源保护利用不足、自主创新能力不强的问题。加强农业种质资源保护开发利用，开展种源关键核心技术联合攻关，积极调研推进鲁北（平原）现代种业创新发展园区项目工程，实现种业振兴，是确保粮食安全和重要农产品生产体系的技术基础。应系统优化提升鲁西北黄河故道流域（平原）现代农业生产体系并完善经营体系优化配置，夯实德州市“吨半粮”创建技术工程，助力鲁西北黄河故道流域生态保护和构建绿色高效新型农作制度，推进农业产业融合高质量发展。

## 一、国家保障粮食安全战略和“藏粮于技”重大战略措施，成为建立现代种业创新发展体系的重要技术举措

党的十八大以来，以习近平同志为核心的党中央坚持把解决好“三农”问题作为全党工作的重中之重，全面打赢脱贫攻坚战，启动实施乡村振兴战略，国家制定了坚持农业农村优先发展、全面推进乡村振兴的规划。

乡村振兴战略关键着力点之一是产业振兴，粮食是农业最重要的基础产业，保障粮食安全与粮食生产实现自给自足并具有国际竞争力，是我国从农业大国向农业强国转变的重要标志。

2014年1月的《中共中央、国务院关于全面深化农村改革加快推进农业现代化的若干意见》（2014年中央一号文件），明确提出了“完善国家粮食安全保障体系”。2015年中央一号文件再次强调，“进一步完善和落实粮食省长负责制。强化对粮食主产省和主产县的政策倾斜，保障产粮大县重农抓粮得实惠、有发展”。

习近平总书记在2020年中央农村工作会议上强调“要牢牢把住粮食安全主动权，粮食生产年年要抓紧”。《中华人民共和国国民经济和社会发展第十四个五年规划和2035年远景目标纲要》（以下简称《纲要》）强调“强化国家经济安全保障”，包括实施粮食安全战略、能源资源安全战略、金融安全战略，并要求“实施分品种保障策略，完善重要农产品供给保障体系和粮食产购储加销体系，确保口粮绝对安全、谷物基本自给、重要农副产品供应充足。毫不放松抓好粮食生产，深入实施藏粮于地、藏粮于技战略”。

深入实施“藏粮于地、藏粮于技”战略，即要通过耕地保护和技术进步提升粮食安全供给能力、粮食综合生产能力。

“藏粮于地”，重点在于实行耕地保护党政同责，严守18亿亩耕地红线。应按照耕地和永久基本农田、生态保护红线、城镇开发边界的顺序，统筹划定落实三条控制线。分类并明确耕地用途，耕地主要用于粮食和棉、油、糖、蔬菜等农产品及饲草饲料生产，永久基本农田重点用于粮食生产，高标准农田原则上全部用于粮食生产。

“藏粮于技”，重点是推进种业振兴行动，加快推动种业科技自立自强、种源自主可控，分区域、分品种补上农机装备短板弱项，强化现代农业技术装备支撑；加强种质资源保护利用和种子库建设，加强农业良种技术攻关，提高良种自主可控能力。

2021年中央一号文件和《纲要》均针对粮食安全战略的贯彻实施进行了重要部署。要求在粮食安全领域进一步补短板、强优势，进一步突出“加强种业技术攻关，实施种质资源保护利用和种子库建设，确保种源安全。重视粮食产业各领域高层次人才培养，培育种业领域创新主体，推动种业与产业的高效发展”。

2022年中央一号文件为《中共中央、国务院关于做好2022年全面推进乡村振兴重点工作的意见》，文件着重提出强化现代农业基础支撑，强调“大力推进种源等农业关键核心技术攻关”，全面实施种业振兴行动方案。加快推进农业种质资源普查收集，强化精准鉴定评价。推进种业领域国家重大创新平台建设。启动农业生物育种重大项目。加快实施农业关键核心技术攻关工程，实行“揭榜挂帅”“部省联动”等制度，开展长周期研发项目试点；实行实质性派生品种制度，强化种业知识产权保护。

党中央、国务院高度重视种业振兴。2021年7月9日，习近平总书记主持召开中央全面深化改革委员会第二十次会议，审议通过了《种业振兴行动方案》（以下简称《行动方案》）。这是继1962年《关于加强种子工作的决定》出台后，对种业发展作出的最新战略性重要部署。《行动方案》明确了实现种业科技自立自强、种源自主可控的总目标，提出了种业振兴的指导思想、基本原则、重点任务和保障措施等一揽子安排，为打好种业翻身仗、推动我国由种业大国向种业强国迈进提供了路线图、任务书。《行动方案》明确了分物种、分阶段的具体目标任务，提出了实施种质资源保护利用、创新攻关、企业扶优、基地提升、市场净化等五大行动。在“大力推进种业创新攻关”中，提到“国家将启动种源关键核心技术攻关，实施生物育种重大项目，有序推进产业化应用”。

中国种业大而不强，在新时期、新阶段，中央已经认识到“保障种源自主可控比过去任何时候都更加紧迫”“必须把种源安全提升到关系国家安全的战略高度”，实现种业科技自立自强、种源自主可控，对于保障粮食安全和重要农产品稳定保供、加快乡村产业振兴、培育农业农村新型经营主体、强化农村农民收入保障极其重要。

党中央、国务院把种源安全提升到关系国家安全的战略高度，提出要实现“种业科技自立自强、种源自主可控”，并要求充分认识实施种业振兴行动的重要性、紧迫性。业内按照党中央、国务院决策部署要求，着力夯实种质资源基础，加快培育一批新的突破性优良品种，持续加强基础研究和前沿技术攻关，全力以赴推进种业振兴。

山东省委派出的“加强农村基层党组织建设”德州市平原工作队组织调研课题组，梳理把握种业振兴的方向路径、目标任务和措施要求，根据近年来的工作实际系统分析调研，基于黄河流域生态保护和高质量发展、推进乡村振兴建设的需求，以及德州市创建“吨半粮”的具体技术和产业创新支撑，提出鲁北（平原）现代种业创新发展园区项目框架及思路，以期形成地方粮食安全保障和重要农产品稳定供给有机体系。

## 二、推进鲁北（平原）现代种业创新发展园区项目建设的基础

### （一）区位条件与自然资源特点

平原县位于山东省西北部，隶属德州市，东和东南与临邑县、禹城市交界，西和西南与武城、夏津毗连，南与高唐为邻，北与德城区、陵城区接壤；居于京、津、冀都市圈和环渤海经济圈的黄金地带，南依泰山，北望京津，距德州市 30 千米。

平原县地处黄河下游的鲁西北黄河冲积平原，南北长 39 千米，东西宽 48 千米，总面积 1 047 平方千米。平原县处于大地一、二级构造单元上，属华北辽冀台向斜的一部分；地势平坦，地形自西南向东北缓慢倾斜。

平原县域内属暖温半温润大陆性季风气候区，具有显著的大陆气候特征；四季分明，干湿季明显，春季干旱多风，夏季湿热多雨，秋季凉爽，冬季干冷少雨雪。

作物生长季节的光照充足、热量丰富，有利于农、林、牧业发展。但旱、涝、冰雹、干热风、连阴雨、霜冻等灾害性天气时有发生，对农业生产造成一定影响。年平均降水 535 毫米（1980—2010 年），春季（3—5 月）干旱多风且少雨；夏季（6—8 月）总体特征湿热多雨；秋季（9—11 月）是大气环流型自夏到冬转换的季节；冬季（12—2 月）干冷少雨雪。

平原县的水资源，包括地表径流、引黄干渠和地下水资源三部分。地表水主要来源于大气降水和引黄河水。平原县多年平均地表水径流量约 4 558.6 万立方米，浅层地下水总补给量 1.36 亿立方米。土地多为黏土，主要用于耕种，特异土用于烧制砖、瓦、盆、罐等。地热能资源为新型矿产资源。植物资源包括林木类、经济林类、灌木，树种丰富。2018 年新增梓树、楸树、流苏、皂角、杜仲、榉树、四倍体泡桐、元宝枫、五角枫、金叶复叶槭、红叶复叶槭等 11 个树木品种。

### （二）经济社会与农业产业发展基础

2020 年平原县常住人口 42 万，行政区域面积 1 047 平方千米，辖 8 个镇、1 个乡

和 3 个街道办事处。平原县党组织领办农民合作社，创新发展农村集体经济新模式，走在全省前列。

2020 年，平原县生产总值（GDP）初步核算数据为 233.52 亿元，其中，第一产业 41.86 亿元，第二产业 81.37 亿元，第三产业 110.29 亿元。三次产业结构为 17.9∶34.9∶47.2。2019 年 12 月，平原县成为全国乡村治理体系建设试点单位。

平原县是“粮食生产基地”“京津蔬菜园区”“畜牧业强县”“生猪大县”“鸽子之乡”，是全国传统粮棉生产基地县。1990 年，平原县成为全国第一个玉米单产千斤县。2002 年，平原县 600 名农民包专列下温州，学习如何推进民营经济发展。2006 年，平原县大力推进小康村创建，实施“发展现代农业、培育新型农民、建设秀美农村”三大工程，田成方、林成网、路相通、电相连，农业生产条件大为改善。

2018 年，全县已经形成粮食、蔬菜、畜产品三大主导产业协同发展的格局。常年保持粮食年产量 80 余万吨、蔬菜年产量 130 余万吨、肉禽蛋年产量近 20 万吨。

2018 年，平原县拥有完善的绿色生态廊道 85 千米、万亩林场 2 处，新建千亩林场 4 处，全县林木覆盖率稳定在 9.35%以上；绿化美化乡村 246 个。经济林面积达 3.1 万亩，经济林产品年产量 2.01 万吨，总产值 1.3 亿元。

### （三）电力与交通优势

平原县位于德州市市区地理交通枢纽优势地域，有高铁站点，铁路公路交通便利；电力充足，新能源、新材料领域发展潜力优势明显。

## 三、当前种子研发与良繁体系运营生产应用的主要问题

有关数据显示，全国持有种子生产经营许可证的各类种业公司有 7 200 多家，具有自主创新能力的仅有 119 家，占比仅为 1.65%；突破性品种少，“品种多杂”“同质化”“仿种子”等问题越发严重，影响了农业种植结构调整优化和产业融合发展质量。这成为我国种业“卡脖子”问题。

我国每年有大量农作物品种得到审定，但其中同质化的现象非常严重，真正的新优品种少。据统计，2019 年玉米审定 548 个品种、水稻审定 372 个品种，均出现了品种同质化、原创性匮乏、突破性罕见和套牌品种等乱象。2000 年实施《种子法》后，在种子市场扩张的同时，种子企业数和品种数量也进入快速增长阶段，到 2010 年种子企业数增至 8 700 多家；2006—2010 年，仅审定的玉米新品种就高达 3 699 个，但种子企业平均规模小、自身研发能力弱。

品种知识产权保护制度不完善，使不少中小企业在研发及种业产业化中基本靠侵犯他人知识产权生存、进行销售（套牌）或生产经营（冒牌），严重影响了相应科研单位投入研发的积极性及发展动力；同时，不少种子企业长期没有育种家种子来源，没有专业技术团队把握“种子生产四级程序”技术流程规范，从国家公益性种子研发机构得到的育种家种子，被农作种植者作为良种直接使用，这造成品种质量长期退化与不合格种子丛生。

我国农作物育种的突破性品种少，仅仅注重单产育种目标、淡化品质育种性状和育种目标（包括营养品质、加工品质），专用型、精深加工型品种更少，使得同质化问题突出、育成品种退化快。2000 年前的种子“四化一供”体制被大大削弱，而现代良种育成体系意义上的种子产业体系，还没有能按照公共产业＋专业化制种村、合作社、专业大户＋制种基地系统市场化机制配置，其重要原因就是对植物新品种权的保护不够，导致原始创新动力不足。种业基础研究及技术集成应用研究与发达国家差距明显，套牌、修饰性品种多，种业工作长期低水平重复。

近 20 年来，我国主要农作物单产年均提升速度均明显落后于美国和加拿大。2019 年，我国玉米、大豆单产水平相当于美国的 54.6％、57.4％，油菜籽单产水平是加拿大的 73.6％；同时，我国作物等良种“引进—退化—再引进—再退化”业内循环内卷化严重，良种自主研发创新能力较低。

我国大豆单产虽在缓慢逐步上升，但 2020 年单产水平仅为美国的 56.83％和巴西的 57.49％；在培育对养分高效利用、高产高油高蛋白、耐密多抗宜机收的大豆新品种方面，也与美国、巴西等大豆主产国差距较大。

由此可见，原有需要变革的“良种良法配套”传统思路模式，始终不能向“良种良法良机有机融合”新技术产业理念转型，致使适度规模经营的标准化、机械化进展缓慢。

综括国内文献综述，我国种业存在的突出问题有以下几个：行业集中度低下，全国现有种业企业 7 200 多家，但前十大种企总市场占有率不足 20％。种业市场乱象滋生，相当多的种子企业没有研发能力，主要对引进品种进行模仿式抄袭或修饰性改装后再推向市场，套牌品种泛滥化导致“劣币驱逐良币”，抑制、泯灭了自主创新的主动性、积极性。种质资源库（种质资源基地，不同基因型系谱）建设滞后，普查、搜集、保存规范启动较晚，尤其是对 DNA 指纹图谱的鉴定开发不够，致使育种材料短缺。

同时，由于种业发展基础研究差距大，产学研、育繁推脱节。一方面，种子企业创新主体作用仍显薄弱；另一方面，大专院校和科研机构力量分散，单兵作战，受现有科研体制和成果评价体系制约，与企业合作意愿不强。

需要特别指出的是，新品种审定（认定）和管理制度目前仍亟待完善，以避免登记备案品种“多、杂、乱”等管理混乱无序现象。对基因编辑品种仍按转基因产品进行管理，也在阻碍生物育种的产业化。

## 四、建设鲁北（平原）现代种业创新发展园区的必要性

农业现代化，种子是基础。《中华人民共和国种子法》（简称“新种子法”）自 2022 年 3 月 1 日起施行，标志着我国依法治种进入新阶段。新种子法聚焦提高植物新品种知识产权保护法治化水平，明确提出建立实质性派生品种制度，为种业原始创新提供法治保障。

### （一）种子技术是农业技术进步的重要推动力量

作物种类随着人类对具有某种经济利益的植物资源的发掘与驯化而不断增加。目前

世界上表培植物约有230种，来自180属、64科；其中主要的有120～130种，来自91属、38科。

作物品种（variety）是人类在一定的生态条件和经济条件下，根据自身需要所选育的某种作物的一定群体；这种群体具有相对稳定的遗传特性，在生物学、形态学及经济性状上存在相对一致性，与同一作物的其他群体在特征、特性上有所区别；这种群体如在适宜地区和耕作条件下种植，在产量、抗性、品质等方面都能符合生产发展的需要。农作物的品种，一般都具有3个基本特性，即特异性（distinctness）、一致性（uniformity）和稳定性（stability），简称DUS。

农业农村部的数据显示，中国14亿多人口，每天要消耗70万吨粮、9.8万吨油、192万吨菜和23万吨肉。要满足这一庞大系统的消费需求，每年的粮棉油糖菜播种面积需稳定在23亿亩至24亿亩，如果按照1.3的复种指数倒推计算，在必须保持18亿亩耕地和树立“大食物观”的前提下，也仍然要持续推进种业创新支撑增量发展。

21世纪的20余年中，我国大力开展自主创新，现代种业发展取得了明显成效，农作物良种覆盖率超过96%，畜禽、水产核心种源自给率分别达到了75%和85%，良种对粮食增产的贡献率达47%。2021年，我国农业科技进步贡献率突破60%，农作物耕种收综合机械化率超过72%，主要农作物良种基本实现全覆盖，通过种子“藏粮于技”重要“芯片”，提升了农业综合生产能力。2021年，粮食产量达到6 783.5亿千克，创历史新高，连续7年稳定在6 500亿千克以上；人均占有量483千克，远超国际公认的400千克安全线。

## （二）推进种业创新是乡村产业振兴的技术结构基础

可持续的良种结构体系，是促进品种培优、品质提升、品牌打造和标准化生产，进行适宜农作生态区域化布局、专业化生产的技术基础，也是推进一定程度的规模化生产、增进农民合作的内在动力，是延伸农业产业链条、提升农业产业价值链的产业要素根本。

农产品品质是品种所固有的特性，与产品的商品状态（如完整率）不是同一概念。品质性状包括色、香、味、质地等感官性状，脂肪、蛋白质或其他诸如维生素、异黄酮等功能性化学物质的组成与含量等化学成分性状，糙米率、豆腐得率等加工性状，纤维长度、强度等机械性状，以及饲料报酬率等生物学性状。发展高产、优质、高效农业，涉及作物育种目标性状，产量、品质与高产、优质是相对应的，这两者以及其他目标性状都与提高效益有关，因此选育良种是实现高产、优质、高效农业的根本途径。育种目标性状可分为质量性状和数量性状两大类。质量性状或属性性状的界限明显，同一种性状的不同表现型在群体内呈现属性性质上的变化。数量性状的变异以计量（连续）或计数（不连续）表示，无明显的分组界限，易受环境条件影响。

目前，主要农产品品种质量指标体系，存在产业工艺基础研究和应用技术产业融合的价值导向，影响了产业价值高质量发展及产业链匹配性。

建设鲁北（平原）现代种业创新园区，有助于开展现代种业振兴行动，实施种业强“芯”工程，破解一批关键核心和“卡脖子”技术，推动种业全产业链改造升级，实现农机农艺融合契合，引导农业技术装备提升，培育农业全产业集群架构，大力提高地方区域农业质量效益和竞争力。

### （三）种业创新发展弱势，关联到农业生产能力系统性提高

我国农业生产物质投入增产压力很大，科技创新水平有待提高，种业支撑“瓶颈”式短板更加突出，系列化生产经营体系配套明显脱节而乏力。

我国长期以来主要依靠增加物质投入促进粮食增产，科技创新支撑粮食增产能力滞后。鲁西北黄河流域灌溉农作区，特别是平原农业地带，传统上依托化肥、农药、农膜、柴油等生产要素投入带来的粮食增产难以为继，依靠高投入推动粮食高产、增产的生态困境窘境凸显；当前，由于惯性，品种农艺作业的宜机化程度低，适应小农户、小生产的农机装备研发应用与高性能农机装备供给不足，农业机械化发展总体上不能适应不同农作物、不同生产环节、不同区域的实际需求；新型经营主体发育的内在动力不足，产业组织环境牵阻作用强大。

### （四）鲁北(平原)现代种业创新发展园区项目建设，是当地农业体系补“短板”、突破“瓶颈”的高效路径

鲁（西）北黄河流域平原地区，灌溉排水条件设施相对完善，土地比较平整，适宜农业生产区域化布局、机械化作业。长期以来本地化种业企业小、散、乱，难以形成种业研发规模和竞争优势。育种技术偏常规且突破难度大、新技术产业化成效低，潜在产能转化为粮食产量的难度及不确定性增大。当地市场提供品种90%以上为域外品种，育种家种子和四级良繁技术体系基本空白缺失，主要农作物品种良繁体系基础技术核心合力不足，有自主知识产权的良种及其综合农艺配套技术集成支持的科技贡献率潜力十分有限，“藏粮于技”的短板明显。

近几年，德州市仅有宁津县相对具有内外合作性为主导的生产销售型种业企业，平原县张华镇有一家运河种业及一家玉米种子代繁企业，基本以品牌代理经营为主，拥有独立自主知识产权的种子处于研发阶段，对当地主要农业作物的科技支持度种类单一而不稳。

鲁北（平原）现代种业创新发展园区项目建设，将技术、资本、产业要素集聚于此，形成种业高新技术和产业溢出效应，加快辐射带动与本地协作提升生产体系、更新经营体系。

### （五）鲁北(平原)现代种业创新发展园区项目，将成为德州“吨半粮”产业工程的重要支撑

现代种业是促进农业生产力稳定增长、保障国家粮食安全的重要技术支撑产业。在有限耕地上多产粮，根本出路在以科技助力粮食单产大幅度提升，据初步测算分析组分因素状况如下：60%来自品种改良、20%来自耕地、20%来自产业组织效能，可见种子

发挥核心作用，并促进条件要素共同赋能粮食产能。平原县在“十三五”期间，正常年份中等地力基本农田平均亩产小麦600千克、玉米675千克，距离“吨半粮”的亩产还差225千克（小麦、玉米两熟制）。要落实德州“吨半粮”重大工程，按照突出抓好耕地和种子“两大要素”＋新型产业组织体系，尤其关注良种增产效应及品种良繁体系的标准化系统完善＋农机农艺融合＋适度高效产业组织主体配套。鲁北（平原）现代种业创新发展园区项目，立足种子这个“农业芯片”，将成为德州“吨半粮”产业工程支撑体系的落脚点、着力点。

### （六）鲁北（平原）现代种业创新发展园区，将成为申报部省农业产业园区的框架基础

为推动我国现代农业高质量发展，建立生态高值农业产业体系，实现我国农业可持续发展，应推动农业产业转型，强化科技支撑，加快农业产业结构调整。从已陆续颁布的国家和省重大农业产业政策导向考虑，“十四五”期间，国家现代农业产业园要加快农业产业转型，产业转型的核心在于农业产业化、产业特色化和产业生态化。围绕生物智能育种，应注重生物智能育种研发推广，在种子研发领域设置专项资金、建立农业育种平台和育种研发基地。要发掘优质种质资源、提纯复壮特色品种、选育高产优质突破性品种、保护育种知识产权、建设良种研发和繁育基地，保障我国农业发展“芯片”的安全可靠。

鲁北（平原）现代种业创新发展园区项目，是平原县全面实施种业振兴行动的重大实践动员技术产业工程，将利于形成申报部省农业产业园区的基础框架及可行性上的重要比较优势，提升基地产业链现代化水平，提升种子产能；同时，加快研发、推广和实施一批重大农业科技成果，有助于提高国家现代农业产业园的科技含量，以此推进引入民间资本、工商资本和外资投资当地农业，为现代农业产业发展提供强大驱动力。

## 五、鲁北（平原）现代种业创新发展园区项目主要内容

根据国家全面实施种业振兴行动，推进种质资源保护利用、创新攻关、企业扶优、基地提升、市场净化五大行动，逐步实现种业科技自立自强、种源自主可控。

### （一）现代种业创新发展园区项目建设高新技术产业方向目标、产业运行系统

以鲁西北四市——德州、聊城、滨州、东营农业生态种植区域结构优化升级为种业发展导向，以系统化区分不同自然生态条件、创建最优化新型绿色高效生态生产农作制度体系为目标，突出小麦、大豆、棉花专用品种及高质量品种，兼顾多用途专用大麦、饲料饲草优势品种类别，建设研发＋综合技术集成体系配套＋宜机化智能农机专用装备＋制种专业村镇［种业合作社、生产托管社会化服务、高标准种业（种质资源、四级良繁系圃田）＋收储设施＋智能化品种展示＋学术交流＋电子商务等］高效配置运营系统。

### （二）项目建设重点、产业布局框架

**1. 加强基础研究和种业关键技术集成突破** 加强种质资源库建设，重点加强入库品种 DNA 鉴定和性状挖掘，广泛开展生物育种材料筛选等技术基础工作。建设分析育种重点实验室、原子育种材料实验室。

加强种业发展顶层设计，明确种业发展技术路线；稳妥推进转基因技术研发。争创种业领域国家重大创新平台，开展农业生物育种重大项目，进行基因编辑技术攻关，加强生物育种产业化，抓紧培育具有自主知识产权品牌的优良品种（品系）。

开展科研大协作、大联合，开展种源“卡脖子”技术攻关，以省农科院为主要载体，引进中国农大、青岛农大、东北农大、西北农林大相关专业优势学科团队，组成专家技术团队、重大课题技术小组等，科学调研、积极规划；合作创建鲁北（平原）种业研究院，研究探索创建省级、国家级专业种业重点实验室、技术工程中心、博士后工作站、院士工作站，特色种业产业体系试验站，国家级和黄河流域区域品种区域试验、比较试验、生产试验区。

**2. 创建产学研相结合、育繁推一体化体制机制** 推进种业生产“三品一标”保质量，优化品种结构，重点培育强筋弱筋优质小麦、高油高蛋白大豆、饲用玉米和优质饲草品种。建立 0.2 万亩品种专业性粮棉油饲生态互作型种植新业态科研示范技术工程基地，0.3 万亩原种繁殖田，10 万亩高产高质高效产业基地（高标准种业结构布局）。

提高种业研发创新、生产加工、推广销售能力和现代农业生产综合服务能力，积极引进、联合大北农、登海、山农等企业，创建山东种业职业技术学院。加快实现种质资源保护利用和优良品种选育推广。

以种业为核心加强农业科技创新，建立、健全产学研推多方协作的技术集成创新推广体系，集成组装推广区域性、标准化高质高效技术模式。

## 六、推进鲁北（平原）现代种业创新发展园区项目的措施保障

打好种业翻身仗，实现种业高质量发展，任重道远。需锚定种源“卡脖子”技术联合攻关。创建“研发团队＋研发平台＋企业”协同创新机制环境，积极创建平台，融汇省内外重点农业高校、科研院所、种企优势力量，提升种业研发和技术集成核心竞争力。

加快推进种业振兴，是一项长期任务、系统工程，要加快建立健全覆盖范围更广、支持力度更大的种业政策支持体系。成立种业发展工作专班，积极制定各种促进措施，包括争取国家和部省市农业产业政策的促进扶持、社会力量特别是大企业的进入和金融部门的支持；提升知识产权保护力度、公平市场环境建设。强化种业市场监管，严格规范种业知识产权保护和品牌保护。创设种业人才培养和专业人才创业的良好激励机制体制，推动各类资源、人才、资本有序向企业聚集，帮助企业搭建商业化育种体系。

积极做好宣传引导。种业发展重点区域行业及农村地区，要结合实际加强种业发展宣传，让公众更为关注和支持种业振兴。

# 第三部分 DI-SAN BUFEN

# 棉饲连作模式技术研究

# 棉饲两熟连作模式种植技术

秦都林　赵文路　张　杰　王桂峰

## 一、引言

鲁北、鲁西北棉区地处山东省北部和西北部，包括德州市、滨州市、东营市等地区，为山东省传统棉区。当地年有效积温 4 500 ℃左右，平均年降水量 550 毫米。受水热条件限制，鲁北、鲁西北棉区难以采用棉粮两熟制，棉花种植长期采用一熟制。棉田只种植春棉一季作物，冬春季地表长时间裸露，加之气候干燥多风，土壤易被风蚀，白白损失土质和养分。春季棉在 4 月末播种，春季气候干旱，播种前一般需要灌溉造墒，播种时进行地膜覆盖，需破膜间苗，耗费工时且会造成残膜污染。长期单一种植棉花，还造成棉田重茬严重，土传病害严重，病虫害多，用肥用药量大，加上种植工序烦琐，人工成本高，产量低（亩产籽棉长期稳定在 200～250 千克的中低产量水平，比高产棉田低 50～100 千克），效益低。2017 年国家推出棉花保护区制度，规划山东省400 万亩棉花生产保护区。而 2020 年山东省实际棉花播种面积为 214.5 万亩（国家统计局 2020 年报告），远远少于国家规划面积。为保障我国棉花安全、实现国家的棉花战略目标，扩大棉花种植面积势在必行。

当前农民种植棉花积极性不高，主要有两大痛点：人工成本高，经济效益低。比起小麦玉米连作，棉花一季种植的种植成本、人工成本要高得多，却只有一季棉花收获，经济效益上没有明显优势，甚至在国家加大对粮食补贴的背景下，棉花单作获得的经济收益比小麦玉米连作还要低。粮食作物管理简单，机械化程度高，而传统棉花种植工序烦琐，机械化水平低，棉花生长季、收获季耗费工时长，劳动强度大，劳动条件恶劣。要提高农民的植棉积极性，迫切需要降低用工成本、提高经济效益。

棉饲两熟连作模式的作物是饲草→夏季早熟棉。棉花收获后，种植饲草，如黑麦草、小黑麦、燕麦等。饲草抗病性强，不容易感染病害，基本不需打药，施肥量低。饲草冬春季覆盖棉田土壤，既减少了扬尘和土壤损失，收获后又增加了收益，还有利于发展畜牧业。黑麦草、小黑麦、燕麦等秸秆收获后，根部留在了土壤里，有利于夏季保墒、棉花出苗。饲草种植还有利于盐碱地土壤改良，增强地力。

饲草收割时间比小麦灵活，夏季棉可提前 15～20 天播种，配合选用早熟品种，夏季棉可以从容渡过生育期，保证产量稳定。同时夏季棉结铃集中，利于棉花机械采收、减少用工，也相对增加了棉花收益。

## 二、种植技术要点

### （一）饲草、棉花品种选择

饲草应选用优质高产、耐旱、耐盐碱、抗病性强的一年生禾本科品种，黑麦草品种可以选用冬牧70，燕麦可选择贝勒、牧王等，小黑麦可选择冀饲1号、冀饲4号等。

棉花品种选择生育期短、产量高、品质优的夏季早熟棉，如鲁棉532、德棉15等。

### （二）播前整地、盐碱地的大水压盐

棉花收获后秸秆还田，耕整地使用机械整地，耕深10～15厘米。整地后地面平整，土块细碎，需清滤异物。饲草收获后，直播早熟棉花。

一般2～3年需深耕一次，耕深30厘米以上，棉花收获后进行。

盐碱地播种前需要大水压盐，冬灌或者春灌。轻度盐碱地灌水量每亩50～70立方米；中度盐碱地灌水量每亩100立方米左右；重度盐碱地灌水量每亩110立方米以上。

### （三）饲草种植

**1. 播种** 饲草播种需要根据气候条件和品种特性，选择适宜的播种时间。一般情况下，燕麦适合春播，在3月5日前后播种；黑麦草或小黑麦属于越冬性牧草，适合秋播，在10月下旬前后棉花收获后直播。播种前结合整地、浇水，施二铵或复合肥，每亩15千克左右。燕麦草播种量一般5千克/亩，黑麦草播种量（如冬牧70）10千克/亩，小黑麦（如冀饲1号）播种量10千克/亩。播种深度3～5厘米。播种采用机械条播，行距20厘米，播后镇压。

**2. 管理** 春季黑麦草、小黑麦等于返青期适时除草，用44%二甲・双氟・唑悬浮剂50毫升～80毫升，兑水40～50千克，于茎叶喷雾。

**3. 收获** 5月15—25日，根据棉花播种时间前推。根据饲草长势和当地天气情况，选择刈割时机。一般有连续三到五天的晴天，即可收割。采用压扁割草机收割、摊晒、搂草、打捆。

### （四）棉花种植

**1. 露地直播** 早熟棉于5月20日—5月31日机械露地直播。具体播种时间宜根据降雨和农时安排确定，宜早不宜晚。播种、施肥、喷施除草剂一体完成，不覆膜、不间苗、不定苗。合理密植，6 000株/亩，用种量约3千克/亩。除草剂每亩用33%二甲戊灵乳油150毫升～200毫升，兑水40千克～50千克，土壤喷雾。播种后自然出苗，不间苗、不定苗。为保证出苗整齐，可在棉花种子浸种、拌种或包衣剂中添加种子萌发引发剂。

棉花封垄前，若禾本科杂草较多，可每亩用5%精喹禾灵乳油50～80毫升，兑水40～50千克，茎叶喷雾；若阔叶杂草较多，可每亩用41%草甘膦异丙胺盐水剂150～

300毫升，兑水40～50千克，行间定向茎叶喷雾。

2. **简化中耕** 中耕次数由传统的6次简化为1次，在盛蕾期前后机械中耕，合并除草、追肥，一次完成，减少用工量。

3. **简化施肥** 可采用一次基施，或“一基一追”施肥法。一次基施，缓释控肥+速效肥，种肥同播，每亩施用控释氮12千克（释放期为90天）、五氧化二磷5千克、氧化钾5千克；“一基一追”，每亩基施氮7.5千克、五氧化二磷5千克、氧化钾5千克，盛蕾期每亩追施N 5千克。

4. **病虫害综合防控** 加强田间病虫害预测预报，根据当地主要害虫的发生情况，确定防治指标，超过时采用适当的低毒高效药剂进行防治。一般前期要防治棉蚜、盲蝽象1～2次；棉花花铃期防治棉铃虫、甜菜夜蛾等鳞翅目1～3次。

预防棉花后期病害。通过控制肥水和适当化控，保持田间良好的通风透光，避免后期田间郁蔽，并防止棉花烂铃。

5. **化控，免整枝** 棉花苗期（2～3片叶），茎叶喷施缩节安，浓度25～40毫克/升，有效成分0.5～0.8克/亩；蕾期，喷施药物不变，浓度50～75毫克/升，有效成分1.0～1.5克/亩；初花期，喷施药物不变，浓度100～150毫克/升，有效成分2.0～3.0克/亩，结合肥水管控，防止植株过旺，塑造理想株型；花铃期，喷施药物不变，浓度150～250毫克/升，有效成分3～5克/亩，终止后期无效花蕾的发育，简化后期整枝。7月20日前后施用化学封顶剂50～75毫升/亩，机械喷洒，化学封顶（也可人工打顶）。全生育期不整理叶枝。

6. **集中收获** 在9月下旬～10月上旬，根据棉田长势（棉田吐絮率>30%）和天气情况（天气晴朗，药后5天气温稳定，日均温>18 ℃或日最高温>20 ℃）喷施脱叶催熟剂，脱叶催熟。可采用欣噻利（50%噻苯·乙烯利悬浮剂）120～150毫升/亩，密度较大、长势偏旺的棉田适当增加用量并分2次施用；也可将噻苯隆（50%可湿性粉剂）40～60克/亩、乙烯利（40%水剂）150～200毫升/亩联合使用。棉花集中吐絮后一次集中机械收获或者人工收获。

10月下旬棉秆还田，整地种植黑麦草或小黑麦。

## 三、推广效益

从棉饲两熟连作模式实践来看，饲草种植省时省工，成本低，亩产鲜草3～4吨，在冬春饲草匮乏季为畜牧业提供优质饲料，每亩饲草纯收益800～900元。饲草收获后贴茬直播短季棉，无膜栽培，其产量基本和传统春棉相当，但用工量大大减少，每亩可增加收益。

棉饲两熟连作模式的饲草为畜牧业发展提供原料，畜牧业又为棉田提供有机肥。该模式促进了农牧循环，不仅经济效益突出，而且增加了冬春季节棉田覆盖，利于保持土壤水分，降低棉田连作障碍；短季棉无膜直播，降低了棉田农膜白色污染，生态效益显著。饲草耐盐碱，连年种植还可改良盐碱地，改善土壤生态环境。

棉饲两熟连作模式大大减少了用工量。饲草管理简便，用工量很少。饲草收割后，贴茬直播短季棉，控肥水，轻简化栽培，化控封顶，集中采收，大大减少了植棉用工量。这种模式缩小了植棉与种粮用工量的差距。相比小麦、玉米，棉花用水量少、耐盐碱，鲁北、鲁西北作为传统棉区，土地、气候更适合植棉。2008年后山东省棉田面积连年缩小，除了棉花价格不稳定、植棉经济效益下降之外，更重要的原因是种植棉花用工量大，不能像种植粮食作物那样做到种田、打工两不误。棉饲两熟连作模式一方面带来了饲草的收益，另一方面夏季直播棉的轻简化栽培大大减少了用工量和物料投入，一加两减，亩收益显著增加。因此，推广棉饲两熟连作模式能够打消农民的植棉顾虑，提高农民的植棉积极性，扩大棉田面积，为山东省完成国家棉花保护区面积助力，保障国家的棉花安全。

## 四、结论

棉饲两熟连作模式下，饲草棉花一年两熟，在保障棉花产量的前提下，增加饲草的产量，有利于发展畜牧业，畜牧业的发展又能促进农业发展，促进农牧循环。棉饲两熟连作模式显著增加了棉田综合效益，增加一季饲草，早熟棉轻简栽培减少用工和物料成本，亩产值增加500～700元，纯收益增加300～500元。

棉饲两熟连作模式还具有显著的生态效益。冬春季棉田覆盖，保土保墒。饲草种植还能显著改良盐碱地，对于丰富和改良生态系统具有重要意义。燕麦一般于春季播种，冬季时棉田还是裸露的。因此，更推荐将冬季播种的黑麦草、小黑麦与夏季早熟棉连作。

鲁北、鲁西北地区小麦、玉米长年连作，根部病害日益严重，迫切需要调整种植结构。棉饲两熟连作模式可作为将来种植结构调整的方向。作为一个系统工程，棉饲两熟连作模式还需要进一步完善技术、品种、机械等要素，促进产业发展。

# 棉饲两熟棉作模式效益分析

秦都林　赵文路　张　杰　王桂峰

鲁北、鲁西北棉区因水热条件限制，主要种植春季棉，种植方式为覆膜播种、一熟制种植，棉田长时间裸露。春棉种植工序烦琐，棉花生长季、收获季耗费工时长，机械化程度低，劳动强度大，成本高，经济效益低。这些特点严重影响了农民的植棉意愿，近年来鲁北、鲁西北棉区棉花种植面积不断缩小。为保障我国棉花安全，稳定棉花保护区面积，必须调动农民的植棉积极性。而要提高农民的植棉积极性，就迫切需要降低用工成本，提高经济效益。

棉饲两熟连作模式的作物是饲草＋短季棉。棉花收获后，种植饲草，如黑麦草、小黑麦、燕麦等。短季棉生长季短，结铃集中，利于化学催熟，机械化程度高，能显著降低用工成本，但产量低于春季棉10%以上。棉饲两熟连作模式在夏棉收获后种植饲草，饲草收益可以弥补短季棉产量上的不足，增加经济效益。

本文通过对棉饲两熟连作模式与春季棉一熟制模式进行比较，分析了棉饲两熟棉作模式的成本与收益，为鲁北、鲁西北棉区推广棉饲两熟连作模式提供试验依据。

## 一、材料与方法

### （一）试验材料

试验于2019—2020年在武城县武城镇桃花店村试验田开展。春棉品种采用鲁棉研37，短季棉采用鲁棉532，小黑麦采用冀饲1号。

### （二）试验设计

试验采用大区种植“冀饲1号→鲁棉532”棉饲连作模式、鲁棉研37覆膜春播（空白对照）两个处理。每个处理种植面积2 000平方米。

### （三）试验方法

**1. 棉饲连作模式**　冀饲1号于2019年11月3日种植，采用机械条播，播种量10千克/亩，行距20厘米。小黑麦返青期化学除草1次、浇水1次。2020年5月22日收割、测产。鲁棉532早熟棉于5月25日机械露地直播。棉花化学除草2次；防治蚜虫、盲蝽象、棉铃虫、甜菜夜蛾、烟粉虱等害虫5次；化控1次；中耕0次；整枝1次。9月28日喷施乙烯利脱叶催熟，10月29日一次性人工收获、测产。

**2. 覆膜春播** 鲁棉研37号（空白对照）于4月27日机械覆膜春播，按当地常用种植方式管理。化学除草1次；防治蚜虫、盲蝽象、棉铃虫、甜菜夜蛾、烟粉虱等害虫8次；化控1次；机械中耕3次；整枝4次。9月28日喷施乙烯利脱叶催熟。10月15日、11月5日分2次人工收花、测产。

**3. 调查方法** 记录各处理棉花出苗期、初花期、结铃期、吐絮期、总生育期；记录试验期间农资、人工、燃料等生产开支；棉花、小黑麦收获期，每处理固定选择3点，每点取30平方米收获（或收割）测产。

## 二、结果与分析

### （一）不同处理棉田地表覆盖和裸露时间对比

通过表3-2-1可以看出，采用棉饲连作模式，棉田一年的裸露时间只有22天，而采用覆膜春播，棉田暴露时间长达173天。小黑麦生育期横跨冬春季，于冬春季实现了对棉田的覆盖，保土保墒，减少水土流失和扬尘。同时棉饲连作模式中夏棉种植不用覆膜，减少了白色污染。由此可见，采用棉饲连作模式具有显著的生态效益。

**表3-2-1 不同处理棉田覆盖和裸露时间**

| 处理 | 覆盖时间（天） | 裸露时间（天） |
|---|---|---|
| 棉饲连作模式 | 343 | 22 |
| 覆膜春播（空白对照） | 192 | 173 |

### （二）不同处理棉花生育期和长势对比

通过表3-2-2可以看出，棉饲连作模式的短季棉生育期仅为101天，对照覆膜春播棉缩短了6天；短季棉吐絮时间集中，便于一次性采收。在苗期长势方面，覆膜春播棉略好于直播短季棉，但整齐度相差不大，均能保证全苗。

**表3-2-2 不同处理棉花生育期**

| 处理 | 出苗期（月/日） | 现蕾期（月/日） | 初花期（月/日） | 吐絮期（月/日） | 总生育期（天） |
|---|---|---|---|---|---|
| 棉饲连作模式 | 6/1 | 7/4 | 7/25 | 9/10 | 101 |
| 覆膜春播（空白对照） | 5/5 | 6/12 | 7/10 | 8/30 | 117 |

### （三）不同处理投入成本对比

由表3-2-3、表3-2-4可以看出，棉饲连作模式，因为增加了一季小黑麦的种植，播种、麦收、灌溉环节物质投入增加较多，肥料和农药投入有所减少，总物质投入对比覆膜春播棉每亩增加140元。但因为短季棉种植简化栽培措施，人工投入上可以每亩省工4.5个、节省360元。棉饲连作模式全年整体投入成本对比覆膜春播棉每亩减少240元。

表 3-2-3 不同处理物质投入成本（元/亩）

| 处理 | 种子 | 播种 | 地膜 | 肥料 | 农药 | 中耕 | 麦收 | 灌溉 | 合计 |
|---|---|---|---|---|---|---|---|---|---|
| 棉饲连作模式 | 120 | 80 | 0 | 110 | 90 | 0 | 70 | 40 | 510 |
| 覆膜春播（空白对照） | 50 | 40 | 30 | 150 | 100 | 20 | 0 | 0 | 390 |

表 3-2-4 不同处理人工投入

| 处理 | 整枝（个/亩） | 收获（个/亩） | 合计费用（元，按 80 元/个计算） |
|---|---|---|---|
| 棉饲连作模式 | 0.5 | 3 | 280 |
| 覆膜春播（空白对照） | 2.0 | 6 | 640 |

## （四）不同处理间产量和整体收益对比

由表 3-2-5 可以看出，棉饲连作模式每亩纯收益 1 671.61 元，覆膜春播棉每亩纯收益 1 106.00 元，连作模式下每亩增加收益 565.61 元，每亩纯收益为覆膜春播的 1.51 倍。由此可见，棉饲连作模式显著提高了棉田的年度纯收益。

表 3-2-5 不同处理间产量和收益对比

| 处理 | 籽棉 | | 鲜草 | | 物质成本（元/亩） | 人工成本（元/亩） | 纯收益（元/亩） |
|---|---|---|---|---|---|---|---|
| | 产量（千克/亩） | 收益（元/亩） | 产量（吨/亩） | 收益（元/亩） | | | |
| 棉饲连作模式 | 201.23 | 1 408.61 | 3.51 | 1 053 | 510 | 280 | 1 671.61 |
| 覆膜春播（空白对照） | 305.22 | 2 136.54 | 0.00 | 0 | 390 | 640 | 1 106.00 |

注：籽棉收益按 7 元/千克，饲草收益按 300 元/吨计算。

# 三、讨论与结论

从试验种植情况来看，采用棉饲连作模式，饲草选用越冬品种，则冬春季棉田得到饲草覆盖，保土保墒；短季棉种植不需覆膜，减少白色污染。棉饲连作模式下肥料和农药的投入相对较少，尤其是可以减少肥料的使用，降低成本，减少面源污染。因此棉饲连作模式比春季棉一熟制模式具有更显著的生态效益。本试验的棉饲连作模式所用饲草是小黑麦，小黑麦收获物为干草，可以适时收获，使短季棉获得充足的时间生长。饲草也可选用春季播种的燕麦。考虑到保护土壤的需求，饲草对棉田的覆盖时间越长越好。相比春季播种的燕麦，棉饲连作模式中的饲草选用越冬饲麦品种能获得更高的生态效益。

因生育期限制，夏季棉的产量一般比春季棉要低。本试验结果也表明，棉饲连作模式中夏季棉的产量比春季棉产量要低。同时，棉饲连作模式增加一季小黑麦的种植，播种、麦收、灌溉环节的人工投入、物质投入增加较多，每亩总物质成本比春季棉有所增加。但因为短季棉能简化栽培措施，大量节省了人工成本，综合来看，总成本还是降低了的。虽然棉花收益降低，但加上饲草收益，棉饲连作模式每亩总收益与春季棉相比显著提高；再考虑节省的成本，棉饲连作模式下每亩纯收益增加 565.61 元，纯收益为春季棉的 1.51 倍。采用棉饲连作模式，能有效降低用工成本，提高经济效益，有利于调动农民植棉积极性。

总之，采用棉饲连作模式，能有效增加棉田覆盖，减少白色污染，提高经济效益，大大降低用工成本，有利于保护生态和提高农民植棉积极性，提高农民收入，适合在鲁北、鲁西北棉区大面积推广。

# 第四部分 DI-SI BUFEN

# 2021年山东省传统棉作结构调整优化推进工程技术试验项目总结

# 滕州市2021年短季棉品种播期密度互作试验总结

滕州市农业科学研究院

## 一、试验研究背景及意义

目前我国棉花种植方式主要是单季种植模式和棉-麦轮作、棉-蒜轮作、稻-棉轮作等模式。轮作模式下要考虑各种作物的品种特性、产量、生育期、病虫草害防治情况、机械化作业情况等，进行合理安排。本试验的目的是有效解决传统棉作模式存在的作物间茬口不顺、环节间衔接不畅、产业间技术协同性不强等问题，探索适合山东省不同生态区短季棉推广种植的最佳品种、播期和密度，为今后短季棉的推广提供理论依据。

## 二、试验设计

### （一）供试品种

棉花品种：鲁棉2387、中棉425。

### （二）试验地点和设计

试验地点在滕州市级索镇水磨庄村（枣庄市召聚农机专业合作社承包的地块），试验田地处平原，地势平坦，灌溉采用微喷灌设施。

试验设置4个播期（5.26、5.31、6.5、6.10），3个种植密度（5 500株/亩、6 500株/亩、7 500株/亩），如图4-1-1。

采取裂区试验设计，播期为主区，密度为副区，品种为副副区，随机区组排列，重复3次，6行区，行长12米，行距66厘米，区间留1米走道，无膜种植。

试验面积：试验共72个处理（图4-1-1），每个处理面积51.6平方米，总面积3 715.2平方米（6.95亩）。

### （三）田间管理措施

**1. 施肥培土** 6月28日，每亩喷施叶面肥0.5千克。7月5日对5月26日、5月31日播期的棉田撒施15-15-15* 的复合肥50千克，7月11日对6月5日、6月10日播期的

* 15-15-15指复合肥中氮肥、磷肥、钾肥的含比为15：15：15，后同。

| | | | | | | | | | | | | |
|---|---|---|---|---|---|---|---|---|---|---|---|---|
| 5 500 | 7 500 | 6 500 | 5 500 | 7 500 | 6 500 | 5 500 | 7 500 | 6 500 | 5 500 | 7 500 | 6 500 | 中棉425 |
| 6 500 | 5 500 | 7 500 | 6 500 | 5 500 | 7 500 | 6 500 | 5 500 | 7 500 | 6 500 | 5 500 | 7 500 | |
| 7 500 | 6 500 | 5 500 | 7 500 | 6 500 | 5 500 | 7 500 | 6 500 | 5 500 | 7 500 | 6 500 | 5 500 | |
| 6 500 | 5 500 | 7 500 | 5 500 | 7 500 | 6 500 | 5 500 | 7 500 | 6 500 | 5 500 | 7 500 | 6 500 | 鲁棉2387 |
| 5 500 | 7 500 | 6 500 | 6 500 | 5 500 | 7 500 | 6 500 | 5 500 | 7 500 | 6 500 | 5 500 | 7 500 | |
| 7 500 | 6 500 | 5 500 | 7 500 | 6 500 | 5 500 | 7 500 | 6 500 | 5 500 | 7 500 | 6 500 | 5 500 | |
| 6月10日 | | | 6月5日 | | | 5月31日 | | | 5月26日 | | | |

北

图 4-1-1　试验布局图

棉田撒施 15-15-15 的复合肥 50 千克，然后进行覆沟培土。

**2. 播种**　对播期为 5 月 26 日、5 月 31 日的棉田进行小麦田套种，四个播期均为人工点播，每穴点播 3～4 粒。

**3. 除草**　出苗后喷施除草剂（每亩 10.8%精喹禾灵水乳剂 40 毫升）。人工除草 2 次。

**4. 间苗、定苗**　于 6 月 21 日、6 月 25 日、7 月 1 日、7 月 6 日分别对四个播期进行间苗、定苗。

**5. 防病虫**　于 6 月 20 日防治立枯病，每亩喷施 40%百菌清悬乳剂 40 毫升＋30%恶霉灵水剂 20 克。7 月 2 日防治象甲虫、棉铃虫、白粉虱等，喷施 10%联苯·虱螨脲乳油 100 毫升＋12%甲维·虫螨腈悬乳剂 40 克。

**6. 控旺**　7 月 6 日，对第一、第二个播期的棉田进行喷施 50%助壮素水剂 1 克/亩。7 月 30 日、8 月 4 日、8 月 11 日、8 月 13 日、8 月 17 日对棉田喷施 50%矮壮素水剂4 克/亩。7 月 23 日进行打顶。

**7. 催熟脱叶**　10 月 11 日喷施 40%欣噻利脱叶剂 150 克/亩。

**8. 排灌时间次数**　5 月 26 日、5 月 31 日、6 月 5 日、6 月 10 日播种后当天均进行喷灌带喷灌。

## （四）测定项目与方法

**1. 土壤肥力测定**　在棉花播种前、收获后分别采集 0～20 厘米和 20～40 厘米土层土样，测定土壤有机质、pH、全氮、碱解氮、全磷、有效磷、全钾、速效钾等土壤养分含量。取样方法：播前，整个试验地“五点取样”，最后将样品混合成 0～20 厘米、20～40 厘米各 1 个检测样；收后，每个处理随机选择一点分别取 0～20 厘米和 20～40 厘米土样，3 个重复处理混合成 0～20 厘米、20～40 厘米检测样各 1 个。土样剔除可见植物残体，风干，磨细过 0.01 毫米筛，保存，用于土壤养分性质检测。

2. **生育期记载** 记录每个处理的播种期、出苗期、现蕾期、开花期、吐絮期等。

3. **农艺性状调查** 在每个处理中间4行其中1行定点连续10株棉花，分别于7月15日、8月15日、9月15日调查株高，果枝数（9月15日不调查株高、果枝数），成铃、花与幼铃、烂铃、吐絮铃数量。试验过程中，若定点植株受损，则剔除该植株的相关数据。

4. **干物质积累与分配测定** 在每个处理内，于7月30日、8月30日、9月30日在中间四行其中一行内选取有代表性的连续3株进行取样，分为生殖器官（蕾花铃）和营养器官（根茎叶），置于烘箱中105 ℃杀青2小时，然后再80 ℃烘干至恒重，进行称重，并测定全株氮、磷、钾含量。

5. **棉花产量测定** 每个处理选取中间2行收花计产，每个处理选取未取走植株的中间相邻两行，待该处理的吐絮率达到30%～40%时，第1次收花；于10月25日第2次收花；截至11月10日所有处理最后一次收花，剩余未开裂棉铃不计产量。每次收获的籽棉自然晒干并称重（籽棉产量），每个处理3次收花的产量之和为该处理的籽棉产量。第2次收花时（10月25日），在每个处理中间两行收取内围正常吐絮的50个棉铃，晒干（水分11%～12%）后称重，取平均值作为单铃重，依据籽棉产量（中间两行收取的50个铃的重量计入样点实收产量）和铃重计算铃数。对晒干并称重后的50个棉铃进行轧花，得到衣分率，依据该衣分率和籽棉产量计算出样点皮棉产量。

品质测定：对50铃轧花后的皮棉进行纤维品质检测，棉籽测定含油率（不饱和脂肪酸含量）、蛋白含量及其组分变化情况。

6. **棉花产量构成因素** 于第1次收花前，每个处理选取中间2行，调查株数、吐絮铃数、青铃数、烂铃数，吐絮铃数、青铃数、烂铃数相加为总铃数。

不同处理的棉花产量构成因素为各中间两行的棉株数（密度）、总铃数、单株结铃数、铃重、衣分率。

## 三、环境条件

### （一）试验地土壤肥力条件

土壤质地为砂壤土，土壤肥力中上等，周边无不良环境影响。

### （二）气候条件

试验期间降水量831.9毫米，降雨天数58天，平均温度23.0 ℃，有效积温3 863.0 ℃。

## 四、结果与分析

### （一）不同品种、播期对棉花各生育期的影响

从表4-1-1可知，相同播期条件下，两个品种的生育进程基本相同。棉花播种期越早，各生育进程越早。随着播种期推迟，生育进程推迟，但是，并没有随着播种推迟天

数而推迟相应的天数，而是随播期推迟，生育进程加快，出苗期、吐絮期、封行期相对缩短，开花期、现蕾期天数相近。5 月 26 日播种，出苗天数为 7 天，现蕾天数 30 天，开花期 55～57 天，封行期 56 天，吐絮期 121～122 天；5 月 31 日播种，出苗天数为 6 天，现蕾天数 30 天，开花期 55～58 天，封行期 53 天，吐絮期 119～120 天；6 月 5 日播种，出苗天数为 5 天，现蕾天数 30 天，开花期 55～58 天，封行期 50 天，吐絮期 118～119 天；6 月 10 日播种，出苗天数为 4 天，现蕾天数 29 天，开花期 55～57 天，封行期 48 天，吐絮期 116～117 天。

**表 4-1-1　不同品种、播期各生育期进程**

| 品种 | 播种期 | 出苗期 | 现蕾期 | 开花期 | 封行期 | 打顶期 | 吐絮期 |
|---|---|---|---|---|---|---|---|
| 鲁棉 2387 | 5 月 26 日 | 6 月 2 日 | 6 月 25 日 | 7 月 20 日 | 7 月 21 日 | 7 月 23 日 | 9 月 24 日 |
| | 5 月 31 日 | 6 月 6 日 | 6 月 30 日 | 7 月 25 日 | 7 月 23 日 | 7 月 23 日 | 9 月 27 日 |
| | 6 月 5 日 | 6 月 10 日 | 7 月 5 日 | 7 月 30 日 | 7 月 25 日 | 7 月 23 日 | 10 月 1 日 |
| | 6 月 10 日 | 6 月 14 日 | 7 月 9 日 | 8 月 4 日 | 7 月 28 日 | 7 月 23 日 | 10 月 4 日 |
| 中棉 425 | 5 月 26 日 | 6 月 2 日 | 6 月 25 日 | 7 月 22 日 | 7 月 21 日 | 7 月 23 日 | 9 月 25 日 |
| | 5 月 31 日 | 6 月 6 日 | 6 月 30 日 | 7 月 28 日 | 7 月 23 日 | 7 月 23 日 | 9 月 28 日 |
| | 6 月 5 日 | 6 月 10 日 | 7 月 5 日 | 8 月 2 日 | 7 月 25 日 | 7 月 23 日 | 10 月 2 日 |
| | 6 月 10 日 | 6 月 14 日 | 7 月 9 日 | 8 月 6 日 | 7 月 28 日 | 7 月 23 日 | 10 月 5 日 |

从表 4-1-2 可知，随着播期的推迟，两品种出苗所需的积温逐渐减少。各播期现蕾期所需积温相近，除 6 月 5 日播种的一批现蕾期积温最多，其他 3 个播期积温差异不大。在开花期所需积温上，两品种存在差异，中棉 425 所需积温比鲁棉 2387 的多，但各播期之间差异不显著。封行期、吐絮期所需积温随着播期的推迟而减少。

**表 4-1-2　棉花各生育期积温**

| 品种 | 棉花播种期 | 出苗期总积温（℃） | 现蕾期总积温（℃） | 开花期总积温（℃） | 封行期总积温（℃） | 打顶期总积温（℃） | 吐絮期总积温（℃） |
|---|---|---|---|---|---|---|---|
| 鲁棉 2387 | 5 月 26 日 | 179.4 | 785.9 | 1 466.1 | 1 494.6 | 1 529.8 | 3 123.3 |
| | 5 月 31 日 | 151.2 | 794.0 | 1 460.7 | 1 403.8 | 1 403.8 | 3 061.3 |
| | 6 月 5 日 | 139.2 | 803.4 | 1 464.0 | 1 337.1 | 1 280.2 | 3 026.5 |
| | 6 月 10 日 | 108.2 | 771.3 | 1 465.7 | 1 275.6 | 1 141.0 | 2 966.5 |
| 中棉 425 | 5 月 26 日 | 179.4 | 785.9 | 1 522.5 | 1 494.6 | 1 529.8 | 3 144.1 |
| | 5 月 31 日 | 151.2 | 794.0 | 1 538.4 | 1 403.8 | 1 403.8 | 3 081.3 |
| | 6 月 5 日 | 139.2 | 803.4 | 1 548.4 | 1 337.1 | 1 280.2 | 3 051.8 |
| | 6 月 10 日 | 108.2 | 771.3 | 1 522.3 | 1 275.6 | 1 141.0 | 2 987.0 |

## （二）不同品种、播期、密度对棉花农艺性状的影响

从表 4-1-3 可知，7 月 15 日时，两个品种间植株长势整体一致。播期为 5 月 26 日的棉花株高、果枝数整体略高于播期为 5 月 31 日的，鲁棉 2387 的 3 个密度平均株高

(55.1厘米)高出3.1厘米，平均果枝数(6.7个)多出0.5个；中棉425的3个密度平均株高(57.8厘米)高出4.0厘米，平均果枝数(6.6个)多出0.3个。6月5日与10日播种棉花的株高差不多，但随着播期的推迟，果枝数逐渐减少，鲁棉2387的3个密度平均果枝数由4.2个减少到2.9个，中棉425平均果枝数由3.5个减少到2.1个。

**表4-1-3　不同播期、密度对棉花农艺性状的影响**(7月15日)

| 品种 | 播种期 | 密度(株) | 平均株高(厘米) | 果枝数(个) | 花与幼铃(个) | 成铃(个) | 烂铃(个) | 吐絮铃(个) |
|---|---|---|---|---|---|---|---|---|
| 鲁棉2387 | 5月26日 | 5 500 | 51.03 | 6.8 | 0.0 | 0.0 | 0.0 | 0.0 |
| | | 6 500 | 58.21 | 7.2 | 0.0 | 0.0 | 0.0 | 0.0 |
| | | 7 500 | 55.96 | 6.1 | 0.0 | 0.0 | 0.0 | 0.0 |
| | 5月31日 | 5 500 | 51.58 | 7.4 | 0.0 | 0.0 | 0.0 | 0.0 |
| | | 6 500 | 54.70 | 6.7 | 0.0 | 0.0 | 0.0 | 0.0 |
| | | 7 500 | 49.51 | 4.7 | 0.0 | 0.0 | 0.0 | 0.0 |
| | 6月5日 | 5 500 | 35.46 | 4.5 | 0.0 | 0.0 | 0.0 | 0.0 |
| | | 6 500 | 28.68 | 4.2 | 0.0 | 0.0 | 0.0 | 0.0 |
| | | 7 500 | 27.45 | 3.9 | 0.0 | 0.0 | 0.0 | 0.0 |
| | 6月10日 | 5 500 | 29.34 | 3.0 | 0.0 | 0.0 | 0.0 | 0.0 |
| | | 6 500 | 31.11 | 2.8 | 0.0 | 0.0 | 0.0 | 0.0 |
| | | 7 500 | 29.96 | 2.8 | 0.0 | 0.0 | 0.0 | 0.0 |
| 中棉425 | 5月26日 | 5 500 | 61.78 | 8.5 | 0.0 | 0.0 | 0.0 | 0.0 |
| | | 6 500 | 53.41 | 5.8 | 0.0 | 0.0 | 0.0 | 0.0 |
| | | 7 500 | 58.25 | 5.5 | 0.0 | 0.0 | 0.0 | 0.0 |
| | 5月31日 | 5 500 | 53.47 | 6.0 | 0.0 | 0.0 | 0.0 | 0.0 |
| | | 6 500 | 54.35 | 5.7 | 0.0 | 0.0 | 0.0 | 0.0 |
| | | 7 500 | 53.61 | 5.5 | 0.0 | 0.0 | 0.0 | 0.0 |
| | 6月5日 | 5 500 | 26.89 | 3.5 | 0.0 | 0.0 | 0.0 | 0.0 |
| | | 6 500 | 33.64 | 3.4 | 0.0 | 0.0 | 0.0 | 0.0 |
| | | 7 500 | 37.20 | 3.5 | 0.0 | 0.0 | 0.0 | 0.0 |
| | 6月10日 | 5 500 | 29.80 | 2.3 | 0.0 | 0.0 | 0.0 | 0.0 |
| | | 6 500 | 30.88 | 2.0 | 0.0 | 0.0 | 0.0 | 0.0 |
| | | 7 500 | 32.02 | 2.1 | 0.0 | 0.0 | 0.0 | 0.0 |

同一播期的鲁棉2387在不同播种密度下比较，株高整体趋势为密度6 500株/亩时最高，密度7 500株/亩时最矮。中棉425株高表现为5月26日和31日播种的棉花，其趋势不太明显，6月5日和10日的棉花株高随着密度的增加而增加。果枝数各密度之间整体趋势表现为随着密度的增加而减少。

经讨论认为，由于喷施助壮素对株高的影响较明显，故各密度对株高的影响相对较小。

从表 4-1-4 可知，8 月 15 日调查发现，两个品种均表现为随着播期的推迟株高逐渐变矮，果枝数、花与幼铃数、成铃数逐渐变少，均没有烂铃和吐絮铃。

**表 4-1-4 不同播期、密度对棉花农艺性状的影响**（8 月 15 日调查）

| 品种 | 播种期 | 密度（株） | 平均株高（厘米） | 果枝数（个） | 花与幼铃（个） | 成铃（个） | 烂铃（个） | 吐絮铃（个） |
|---|---|---|---|---|---|---|---|---|
| 鲁棉 2387 | 5 月 26 日 | 5 500 | 81.9 | 9.2 | 11.4 | 7.7 | 0.0 | 0.0 |
| | | 6 500 | 82.6 | 8.8 | 10.3 | 7.4 | 0.0 | 0.0 |
| | | 7 500 | 81.7 | 8.9 | 11.0 | 7.9 | 0.0 | 0.0 |
| | 5 月 31 日 | 5 500 | 74.4 | 9.2 | 19.3 | 6.0 | 0.0 | 0.0 |
| | | 6 500 | 70.1 | 9.0 | 17.4 | 5.7 | 0.0 | 0.0 |
| | | 7 500 | 76.3 | 8.3 | 15.8 | 5.0 | 0.0 | 0.0 |
| | 6 月 5 日 | 5 500 | 52.8 | 6.9 | 14.3 | 5.4 | 0.0 | 0.0 |
| | | 6 500 | 50.9 | 6.4 | 12.3 | 4.3 | 0.0 | 0.0 |
| | | 7 500 | 51.8 | 6.2 | 12.3 | 4.2 | 0.0 | 0.0 |
| | 6 月 10 日 | 5 500 | 58.5 | 7.1 | 12.1 | 5.1 | 0.0 | 0.0 |
| | | 6 500 | 62.0 | 6.2 | 10.7 | 4.5 | 0.0 | 0.0 |
| | | 7 500 | 61.6 | 6.2 | 10.8 | 4.4 | 0.0 | 0.0 |
| 中棉 425 | 5 月 26 日 | 5 500 | 85.9 | 6.7 | 8.5 | 4.4 | 0.0 | 0.0 |
| | | 6 500 | 89.9 | 7.3 | 10.0 | 5.2 | 0.0 | 0.0 |
| | | 7 500 | 88.0 | 8.6 | 11.7 | 5.7 | 0.0 | 0.0 |
| | 5 月 31 日 | 5 500 | 80.6 | 7.7 | 11.4 | 3.6 | 0.0 | 0.0 |
| | | 6 500 | 75.6 | 7.3 | 10.9 | 3.6 | 0.0 | 0.0 |
| | | 7 500 | 83.8 | 7.4 | 10.6 | 3.8 | 0.0 | 0.0 |
| | 6 月 5 日 | 5 500 | 55.2 | 6.1 | 10.2 | 3.5 | 0.0 | 0.0 |
| | | 6 500 | 54.9 | 6.1 | 11.1 | 3.3 | 0.0 | 0.0 |
| | | 7 500 | 61.9 | 6.1 | 10.2 | 3.0 | 0.0 | 0.0 |
| | 6 月 10 日 | 5 500 | 62.1 | 5.1 | 10.4 | 3.3 | 0.0 | 0.0 |
| | | 6 500 | 65.4 | 5.8 | 9.5 | 3.0 | 0.0 | 0.0 |
| | | 7 500 | 68.6 | 6.0 | 9.5 | 3.6 | 0.0 | 0.0 |

相同种植密度、相同播期的前提下，两个品种株高差异不明显，中棉 425 略高于鲁棉 2387。相同种植密度、相同播期的前提下，在果枝数方面，鲁棉 2387 略多于中棉 425；同一品种的果枝数，5 月 26 日播种的与 5 月 31 日播种的相近，6 月 5 日播种的与 6 月 10 日播种的相近。相同种植密度、相同播期的前提下，两品种花与幼铃数差异不明显，鲁棉 2387 略多于中棉 425。成铃数方面，播期为 5 月 26 日的成铃数最多，其他播期的成铃数差异不明显。

两品种在同一播期、不同密度下比较，株高、果枝数、花与幼铃数、成铃数各播种密度之间差异不明显。

从表4-1-5可知，9月15日调查两品种时，鲁棉2387播期为5月26日的3个密度的处理和播期为5月31日的5 500株/亩的处理已没有花与幼铃数，其余处理均有花与幼铃数，随着播期的推迟而增加，成铃数随着播期的推迟而减少，吐絮铃数随着播期的推迟而减少。同一品种，播期为5月26日与5月31日的3个密度的处理，平均花与幼铃数（0.0个、0.2个）、成铃数（12.1个、13.9个）差异不大，播期为5月26日、6月5日、6月10日差异不大。同一密度的前提下，鲁棉2387的烂铃数随播期推迟减少，中棉425基本没有烂铃。同一播期、同一密度的前提下，鲁棉2387烂铃数高于中棉425。同一播期、不同密度的前提下，两品种吐絮铃的变化没有规律性，同一播期三个密度平均吐絮铃数方面，鲁棉2387大于中棉425。

**表4-1-5　不同播期、密度对棉花农艺性状的影响**（9月15日）

| 品种 | 播种期 | 密度（株） | 花与幼铃（个） | 成铃（个） | 烂铃（个） | 吐絮铃（个） |
|---|---|---|---|---|---|---|
| 鲁棉2387 | 5月26日 | 5 500 | 0.0 | 11.9 | 0.1 | 0.8 |
| | | 6 500 | 0.0 | 11.9 | 0.1 | 0.7 |
| | | 7 500 | 0.0 | 12.6 | 0.1 | 0.2 |
| | 5月31日 | 5 500 | 0.0 | 13.2 | 0.1 | 0.1 |
| | | 6 500 | 0.5 | 14.8 | 0.0 | 0.2 |
| | | 7 500 | 0.1 | 13.8 | 0.0 | 0.2 |
| | 6月5日 | 5 500 | 0.9 | 11.0 | 0.1 | 0.1 |
| | | 6 500 | 1.3 | 9.9 | 0.1 | 0.1 |
| | | 7 500 | 1.5 | 8.6 | 0.1 | 0.1 |
| | 6月10日 | 5 500 | 2.5 | 11.6 | 0.0 | 0.0 |
| | | 6 500 | 1.7 | 10.7 | 0.0 | 0.0 |
| | | 7 500 | 0.7 | 9.2 | 0.0 | 0.0 |
| 中棉425 | 5月26日 | 5 500 | 0.6 | 11.8 | 0.1 | 0.0 |
| | | 6 500 | 1.0 | 10.4 | 0.0 | 0.1 |
| | | 7 500 | 0.4 | 11.1 | 0.0 | 0.3 |
| | 5月31日 | 5 500 | 1.6 | 11.0 | 0.0 | 0.0 |
| | | 6 500 | 1.0 | 11.8 | 0.0 | 0.0 |
| | | 7 500 | 1.6 | 10.4 | 0.0 | 0.0 |
| | 6月5日 | 5 500 | 2.0 | 7.8 | 0.0 | 0.0 |
| | | 6 500 | 1.7 | 9.0 | 0.0 | 0.0 |
| | | 7 500 | 1.9 | 6.8 | 0.0 | 0.0 |
| | 6月10日 | 5 500 | 2.7 | 9.4 | 0.0 | 0.0 |
| | | 6 500 | 1.7 | 9.1 | 0.0 | 0.0 |
| | | 7 500 | 2.4 | 7.5 | 0.0 | 0.0 |

## (三)不同品种、密度、播期对棉花干物质积累与分配的影响

从表4-1-6可知，棉花的干物质积累量随着三次取样日期的延后而增加。从7月30日取样可知，同一播期下两品种营养器官和生殖器官干物质重量没有明显变化规律，部分处理随种植密度增加而减小，部分处理密度6 500株/亩时最大，还有部分处理密度7 500株/亩时最大；同一播期、同一种植密度两品种间营养器官干物质积累量差异不明显，生殖器官干物质鲁棉2387明显高于中棉425；同一种植密度下，两品种的干物质积累量均是播期5月26日与5月31日间差异不大，播期6月5日与6月10日差异不大，而播期5月26日、5月31日与6月5日、6月10日间差异较大。

8月30日取样中，各处理营养器官干物质积累量差异不大，生殖器官干物质积累量鲁棉2387高于中棉425；同一播期、同一品种不同密度之间干物质积累量差异不大，播期为5月26日、5月31日时，密度为6 500株/亩的干物质积累量最多，密度为7 500株/亩的干物质积累量次之，密度为5 500株/亩的干物质积累量最少；播期为6月5日的，鲁棉2387随着密度的增加，干物质积累量增加，中棉425相反；播期为6月10日的，鲁棉2387以密度为5 500株/亩的干物质积累量最多，其次为7 500株/亩的，最少的是6 500株/亩的，中棉425随着密度的增加，干物质积累量增加。

9月30日时，棉花的营养器官干物质积累量和生殖器官干物质积累量均达到最高值，两品种各四个播期的营养器官和生殖器官干物质积累量差异不大，基本符合同一播期密度为6 500株/亩的棉花干物质量积累量最多的规律。

**表4-1-6　干物质积累与分配测定**

| 处理 | | | 营养器官 | | | 生殖器官 | | |
|---|---|---|---|---|---|---|---|---|
| 品种 | 播期 | 密度（株） | 7月30日（克） | 8月30日（克） | 9月30日（克） | 7月30日（克） | 8月30日（克） | 9月30日（克） |
| 鲁棉2387 | 5月26日 | 5 500 | 134.17 | 137.65 | 198.6 | 10.76 | 120.89 | 153.85 |
| | | 6 500 | 130.52 | 154.22 | 166.58 | 10.60 | 130.74 | 176.62 |
| | | 7 500 | 116.46 | 194.45 | 259.53 | 10.49 | 125.36 | 191.19 |
| | 5月31日 | 5 500 | 116.75 | 138.86 | 252.76 | 8.33 | 92.33 | 122.64 |
| | | 6 500 | 104.64 | 163.67 | 279.85 | 8.56 | 92.80 | 170.77 |
| | | 7 500 | 107.48 | 164.12 | 233.96 | 7.38 | 110.9 | 143.02 |
| | 6月5日 | 5 500 | 68.39 | 123.45 | 175.00 | 4.35 | 100.6 | 199.53 |
| | | 6 500 | 77.25 | 124.19 | 181.86 | 4.81 | 108.7 | 149.28 |
| | | 7 500 | 66.67 | 139.46 | 140.09 | 4.62 | 83.16 | 173.13 |
| | 6月10日 | 5 500 | 72.94 | 201.43 | 230.52 | 4.00 | 109.95 | 196.80 |
| | | 6 500 | 81.87 | 126.93 | 180.39 | 3.27 | 56.78 | 158.52 |
| | | 7 500 | 74.12 | 137.83 | 166.94 | 3.56 | 77.53 | 139.48 |
| 中棉425 | 5月26日 | 5 500 | 139.44 | 173.00 | 233.25 | 7.53 | 96.47 | 192.02 |
| | | 6 500 | 120.08 | 204.13 | 252.44 | 7.83 | 72.10 | 149.11 |

（续）

| 处理 | | | 营养器官 | | | 生殖器官 | | |
|---|---|---|---|---|---|---|---|---|
| 品种 | 播期 | 密度（株） | 7月30日（克） | 8月30日（克） | 9月30日（克） | 7月30日（克） | 8月30日（克） | 9月30日（克） |
| 中棉425 | 5月26日 | 7 500 | 124.09 | 196.31 | 213.65 | 5.90 | 90.89 | 177.73 |
| | 5月31日 | 5 500 | 129.36 | 138.86 | 206.52 | 6.95 | 92.33 | 199.24 |
| | | 6 500 | 125.93 | 176.23 | 236.61 | 5.09 | 83.86 | 211.04 |
| | | 7 500 | 115.20 | 173.88 | 208.00 | 6.35 | 63.50 | 202.34 |
| | 6月5日 | 5 500 | 87.41 | 155.50 | 209.11 | 3.90 | 66.69 | 156.71 |
| | | 6 500 | 97.41 | 147.63 | 201.59 | 4.36 | 54.91 | 166.73 |
| | | 7 500 | 78.46 | 116.93 | 157.28 | 3.05 | 54.96 | 138.75 |
| | 6月10日 | 5 500 | 78.76 | 163.76 | 261.15 | 2.19 | 76.19 | 145.78 |
| | | 6 500 | 85.10 | 179.08 | 252.33 | 1.71 | 67.76 | 179.13 |
| | | 7 500 | 72.96 | 202.92 | 217.34 | 1.99 | 82.53 | 108.31 |

## （四）棉花产量测定及效益分析

从表4-1-7可知，同一种植密度下，两品种总铃数、单株结铃数随着播期的推迟而减少，但是总铃数减少的幅度不大。同一种植密度下，在亩吐絮铃数方面，两品种均表现为随着播期的推迟而减少。烂铃数方面，前两个播期数量多，两品种差异较大，鲁棉2387的烂铃数多于中棉425，且密度越大烂铃数越多。同一密度下，单铃重随着播期推迟而减少，同一播期的单铃重鲁棉2387略高于中棉425。

**表4-1-7　各处理中间两行的产量构成要素**

| 品种 | 播期 | 密度（株） | 株数（株） | 絮铃数（个） | 青铃数（个） | 烂铃数（个） | 总铃数（个） | 单株结铃数（个） |
|---|---|---|---|---|---|---|---|---|
| 鲁棉2387 | 5月26日 | 5 500 | 122.7 | 206.7 | 1 108.7 | 36.3 | 1 351.7 | 11.0 |
| | | 6 500 | 137.3 | 194.7 | 1 146.3 | 58.3 | 1 399.3 | 10.3 |
| | | 7 500 | 149.0 | 215.7 | 1 041.7 | 56.7 | 1 314.0 | 8.9 |
| | 5月31日 | 5 500 | 122.7 | 145.0 | 1 281.0 | 10.7 | 1 275.3 | 10.4 |
| | | 6 500 | 139.7 | 114.7 | 1 211.7 | 22.0 | 1 281.7 | 9.2 |
| | | 7 500 | 157.7 | 112.3 | 1 119.3 | 33.0 | 1 264.7 | 8.0 |
| | 6月5日 | 5 500 | 122.7 | 92.0 | 1 102.3 | 14.7 | 1 209.0 | 9.8 |
| | | 6 500 | 147.0 | 141.3 | 1 195.0 | 9.3 | 1 345.7 | 9.2 |
| | | 7 500 | 163.3 | 100.3 | 992.0 | 5.3 | 1 097.7 | 6.8 |
| | 6月10日 | 5 500 | 115.7 | 0.0 | 1 257.0 | 0.0 | 1 257.0 | 10.9 |
| | | 6 500 | 134.0 | 0.0 | 1 331.7 | 2.0 | 1 333.7 | 10.0 |
| | | 7 500 | 157.7 | 0.0 | 1 389.3 | 4.0 | 1 393.3 | 8.8 |

（续）

| 品种 | 播期 | 密度（株） | 株数（株） | 絮铃数（个） | 青铃数（个） | 烂铃数（个） | 总铃数（个） | 单株结铃数（个） |
|---|---|---|---|---|---|---|---|---|
| 中棉 425 | 5 月 26 日 | 5 500 | 124.7 | 150.3 | 1 036.7 | 18.7 | 1 205.7 | 9.7 |
| | | 6 500 | 145.0 | 119.0 | 991.0 | 4.3 | 1 114.3 | 7.8 |
| | | 7 500 | 154.0 | 114.3 | 1 025.3 | 7.3 | 1 147.0 | 7.6 |
| | 5 月 31 日 | 5 500 | 119.0 | 42.0 | 1 003.0 | 14.0 | 1 059.0 | 8.9 |
| | | 6 500 | 148.7 | 36.7 | 1 190.3 | 6.7 | 1 233.7 | 8.3 |
| | | 7 500 | 163.7 | 54.3 | 1 118.3 | 10.3 | 1 183.0 | 7.2 |
| | 6 月 5 日 | 5 500 | 124.7 | 38.3 | 1 145.7 | 1.7 | 1 185.7 | 9.5 |
| | | 6 500 | 139.3 | 35.0 | 1 108.3 | 0.0 | 1 143.3 | 8.3 |
| | | 7 500 | 161.7 | 43.7 | 1 208.3 | 2.0 | 1 254.0 | 7.9 |
| | 6 月 10 日 | 5 500 | 122.7 | 0.0 | 1 044.3 | 0.0 | 1 044.3 | 8.5 |
| | | 6 500 | 145.0 | 0.0 | 1 132.3 | 0.0 | 1 132.3 | 7.8 |
| | | 7 500 | 163.0 | 0.0 | 1 132.7 | 2.0 | 1 134.7 | 7.0 |

同一播期、不同密度之间比较，两品种总铃数差异不大，基本表现为随密度的增加而增加，前两个播期密度 6 500 株/亩的棉花总铃数最多；絮铃数前两个播期基本表现为随着密度的增加而减少，第三个播期为随着密度的增加而增加；青铃数前两个播期表现为随着密度的增加而减少，后两个播期为随着密度的增加而增加；烂铃数表现为随着密度的增加而增加；单株结铃数表现为随着密度的增加而减少，两品种之间鲁棉 2387 多于中棉 425；单铃重基本表现为随着密度的增加而减少，除鲁棉 2387 播期为 6 月 5 日、密度5 500 株/亩的棉花单铃重最高以外，其他播期表现最好的均是密度 6 500 株/亩的，其次是密度 5 500 株/亩的，密度 7 500 株/亩的最低。

从表 4-1-8 可知，同一密度、同一播期的前提下，两品种间籽棉产量差异较大，鲁棉 2387 产量高于中棉 425。同一种植密度前提下，两品种的籽棉产量随着播期的推迟而降低。

9 月 25 日收获籽棉时，两品种收获籽棉量占总收获量比例趋于接近，随着播期的推迟，收获比例减少。5 月 26 日播种的鲁棉 2387、中棉 425 分别收获籽棉量占总收获比例的 15.5%、12.6%，5 月 31 日播种的鲁棉 2387、中棉 425 收获籽棉量分别占总收获比例的 8.0%、3.1%，6 月 5 日播种的鲁棉 2387、中棉 425 分别占总收获比例的 7.3%、2.1%，6 月 10 日播种的均未收获籽棉。10 月 20 日收获籽棉、收花量占总收获量比例最高，均达到 70%左右。鲁棉 2387 品种，5 月 31 日播种的占收获比例的 9.0%左右，10 月 20 日收获时前三个播期的收获量占总收获量的 70%左右，5 月 31 日播种的收获量占总量收获的 35%左右；10 月 25 日的收获量占总收获量的 20%以上。5 月 26 日—6 月 5 日播种的棉花吐絮高峰在 10 月 20 日前后，其中鲁棉 2387 表现得更为突出。6 月 10 日播种的中棉 425 棉花吐絮峰值表现不明显。

在 3 次收获籽棉的重量方面，5 月 25 日和 5 月 31 日播种的鲁棉 2387，其籽棉重量均随着密度的增加而减少；6 月 5 日和 6 月 10 日播种的，以密度为 6 500 株/亩的籽棉收获产量最高，6 月 5 日播种的密度为 5 500 株/亩的籽棉收获量高于密度为 7 500 株/亩的，

6月10日则相反。中棉425 3次收获籽棉的重量差异不大，5月25日、6月5日和6月10日播种的，密度为6 500株/亩时籽棉收获量最高，只有5月31日播种的表现为随着密度的增加而产量减少。

**表4-1-8　各处理中间2行分次收获产量表**

| 品种 | 播期 | 密度（株） | 第1次收花（9月25日） | 第2次收花（10月20日） | | 第3次收花（10月30日、11月3日） | 平均 | | 3次收花合计 | | 亩产 | |
|---|---|---|---|---|---|---|---|---|---|---|---|---|
| | | | 籽棉（克） | 籽棉（克） | 50铃（克） | 籽棉（克） | 单铃重（克） | 衣分率（%） | 籽棉（克） | 皮棉（克） | 籽棉（千克） | 皮棉（千克） |
| 鲁棉2387 | 5月26日 | 5 500 | 841.3 | 4 881.7 | 288.6 | 345.8 | 5.8 | 42.8 | 6 068.8 | 2 597.9 | 272.5 | 116.6 |
| | | 6 500 | 991.2 | 3 993.7 | 291.4 | 693.6 | 5.8 | 43.2 | 5 678.4 | 2 455.2 | 254.9 | 110.2 |
| | | 7 500 | 829.6 | 3 994.5 | 283.4 | 642.6 | 5.7 | 43.3 | 5 466.7 | 2 368.1 | 245.4 | 106.3 |
| | 5月31日 | 5 500 | 590.5 | 4 226.7 | 310.5 | 981.6 | 6.2 | 43.2 | 5 798.8 | 2 506.4 | 260.3 | 112.5 |
| | | 6 500 | 444.8 | 4 054.9 | 308.0 | 1 082.7 | 6.2 | 44.0 | 5 582.4 | 2 456.8 | 250.6 | 110.3 |
| | | 7 500 | 306.3 | 3 723.4 | 288.8 | 1 251.5 | 5.8 | 43.6 | 5 281.2 | 2 304.7 | 237.1 | 103.5 |
| | 6月5日 | 5 500 | 282.6 | 3 775.1 | 285.3 | 1 073.5 | 5.7 | 42.8 | 5 131.2 | 2 198.7 | 230.4 | 98.7 |
| | | 6 500 | 479.4 | 3 543.0 | 278.8 | 1 142.9 | 5.6 | 43.1 | 5 165.4 | 2 227.3 | 231.9 | 100.0 |
| | | 7 500 | 350.8 | 3 767.4 | 272.6 | 913.9 | 5.5 | 43.2 | 5 032.0 | 2 175.1 | 225.9 | 97.7 |
| | 6月10日 | 5 500 | 0.0 | 2 719.2 | 264.0 | 1 749.2 | 5.3 | 44.2 | 4 468.4 | 1 975.7 | 200.6 | 88.7 |
| | | 6 500 | 0.0 | 2 706.7 | 270.5 | 1 977.2 | 5.4 | 44.3 | 4 683.9 | 2 076.9 | 210.3 | 93.2 |
| | | 7 500 | 0.0 | 2 694.4 | 256.1 | 1 896.5 | 5.1 | 44.2 | 4 590.9 | 2 028.0 | 206.1 | 91.0 |
| 中棉425 | 5月26日 | 5 500 | 644.2 | 3 497.8 | 283.2 | 1 007.8 | 5.7 | 39.6 | 5 149.8 | 2 038.9 | 231.2 | 91.5 |
| | | 6 500 | 655.8 | 3 780.9 | 294.8 | 701.8 | 5.9 | 40.2 | 5 138.6 | 2 063.4 | 230.7 | 92.6 |
| | | 7 500 | 638.4 | 3 776.0 | 283.9 | 702.4 | 5.7 | 40.5 | 5 116.8 | 2 071.2 | 229.7 | 93.0 |
| | 5月31日 | 5 500 | 140.2 | 3 060.7 | 263.0 | 1 189.3 | 5.3 | 40.5 | 4 390.2 | 1 778.1 | 197.1 | 79.8 |
| | | 6 500 | 87.5 | 2 993.2 | 277.3 | 1 539.2 | 5.5 | 40.4 | 4 619.8 | 1 868.5 | 207.4 | 83.9 |
| | | 7 500 | 184.6 | 3 117.8 | 263.0 | 1 107.9 | 5.3 | 39.4 | 4 410.3 | 1 737.1 | 198.0 | 78.0 |
| | 6月5日 | 5 500 | 118.8 | 2 369.3 | 248.9 | 1 680.0 | 5.0 | 39.5 | 4 168.1 | 1 645.6 | 187.1 | 73.9 |
| | | 6 500 | 56.8 | 2 265.6 | 261.5 | 1 854.7 | 5.2 | 39.3 | 4 177.1 | 1 640.6 | 187.5 | 73.7 |
| | | 7 500 | 89.4 | 2 923.6 | 253.7 | 1 243.9 | 5.1 | 40.2 | 4 256.9 | 1 712.2 | 191.1 | 76.9 |
| | 6月10日 | 5 500 | 0.0 | 1 502.0 | 233.2 | 2 070.1 | 4.7 | 40.1 | 3 572.0 | 1 433.4 | 160.4 | 64.4 |
| | | 6 500 | 0.0 | 1 633.6 | 238.4 | 2 137.9 | 4.8 | 40.6 | 3 771.5 | 1 530.4 | 169.3 | 68.7 |
| | | 7 500 | 0.0 | 1 827.7 | 234.8 | 1 904.8 | 4.7 | 40.3 | 3 732.5 | 1 505.3 | 167.6 | 67.6 |

单铃重方面，通过将10月20日收花后收取的正常吐絮的50个棉铃晒干（水分11%～12%）后称重，取平均值作为单铃重，对晒干并称重后的50个棉铃进行轧花，得到衣分率。从表4-1-8中可知在单铃重方面，两品种均随着播期的推迟而下降，播种

早的单铃重高于播种晚的。播期为 5 月 26 日的鲁棉 2387，各密度之间单铃重差异不大，密度5 500 株/亩的单铃重最高，6 500 株/亩的最低；5 月 31 日和 6 月 5 日播种的，单铃重随着密度的增加而减少，5 月 31 日播种的鲁棉 2387 的单铃重达到最高值；6 月 10 日播种的则是密度 6 500 株/亩的单铃重最高，7 500 株/亩的最低。中棉 425 的每个播期各密度之间差异不显著，均表现为 6 500 株/亩的单铃重最高，其余两密度单铃重差异不明显。衣分率方面，同一品种、同一播期各个密度之间差异不大，但两品种之间差异明显，鲁棉 2387 平均衣分率高于中棉 425，分别为 43.5%、40.0%。

## (五) 棉花纤维指标检测结果分析

从表 4-1-9 可知，两品种各处理上半部平均长度差异不大，中棉 425 略高于鲁棉 2387，除 6 月 10 日播种的长度低于鲁棉 2387 之外，前三个播期的均高于鲁棉 2387，两品种相同播期、不同密度之间差异不大。整齐度指数方面，鲁棉 2387 前三个播期各密度整齐度指数均高于中棉 425，各密度之间差异不显著。断裂比强度和伸长率之间，两品种各播期各密度差异均不大。马克隆值方面，鲁棉 2387 各播期之间马克隆值高于中棉 425，各密度之间表现差异不大。总体鲁棉 2387 的品质高于中棉 425。

**表 4-1-9 棉花品质检测统计表**（2021 年）

| 品种 | 播期 | 密度（株） | 上半部平均长度（毫米） | 整齐度指数（%） | 断裂比强度（厘牛顿/特克斯） | 马克隆值 | 伸长率（%） |
|---|---|---|---|---|---|---|---|
| 鲁棉 2387 | 5 月 26 日 | 5 500 | 27.9 | 85.6 | 29.3 | 5.0 | 6.6 |
| | | 6 500 | 27.9 | 85.9 | 30.7 | 4.6 | 6.7 |
| | | 7 500 | 27.4 | 85.5 | 30.0 | 4.6 | 6.6 |
| | 5 月 31 日 | 5 500 | 28.0 | 85.5 | 29.6 | 4.7 | 6.6 |
| | | 6 500 | 27.9 | 86.2 | 28.9 | 4.9 | 6.6 |
| | | 7 500 | 27.7 | 85.6 | 29.9 | 5.0 | 6.6 |
| | 6 月 5 日 | 5 500 | 27.7 | 86.4 | 30.3 | 4.8 | 6.7 |
| | | 6 500 | 27.4 | 85.1 | 29.6 | 4.9 | 6.7 |
| | | 7 500 | 27.9 | 86.0 | 29.8 | 4.9 | 6.7 |
| | 6 月 10 日 | 5 500 | 29.5 | 84.2 | 28.5 | 4.8 | 6.7 |
| | | 6 500 | 29.6 | 84.4 | 29.7 | 4.6 | 6.7 |
| | | 7 500 | 28.4 | 86.1 | 28.6 | 4.7 | 6.6 |
| 中棉 425 | 5 月 26 日 | 5 500 | 29.4 | 85.8 | 29.3 | 4.4 | 6.7 |
| | | 6 500 | 29.5 | 85.8 | 30.4 | 4.9 | 6.7 |
| | | 7 500 | 28.8 | 84.2 | 29.9 | 4.6 | 6.6 |
| | 5 月 31 日 | 5 500 | 28.4 | 85.5 | 30.6 | 4.2 | 6.7 |
| | | 6 500 | 28.3 | 84.3 | 31.2 | 4.4 | 6.7 |
| | | 7 500 | 29.9 | 84.8 | 30.9 | 4.3 | 6.7 |
| | 6 月 5 日 | 5 500 | 29.3 | 84.1 | 29.5 | 4.7 | 6.7 |

（续）

| 品种 | 播期 | 密度（株） | 上半部平均长度（毫米） | 整齐度指数（%） | 断裂比强度（厘牛顿/特克斯） | 马克隆值 | 伸长率（%） |
|---|---|---|---|---|---|---|---|
| 中棉425 | 6月5日 | 6 500 | 29.5 | 84.2 | 29.2 | 4.8 | 6.8 |
| | | 7 500 | 28.7 | 84.8 | 30.3 | 4.7 | 6.7 |
| | 6月10日 | 5 500 | 27.6 | 85.7 | 29.3 | 4.3 | 6.7 |
| | | 6 500 | 28.1 | 85.9 | 28.0 | 5.0 | 6.7 |
| | | 7 500 | 28.8 | 85.5 | 30.9 | 4.3 | 6.7 |

## 五、结论与讨论

结论：从棉花产量综合分析，建议鲁棉2387和中棉425在5月31日之前播种，播种密度为5 500株/亩；6月5日之后播种的需加强管理，最佳播种密度为6 500株/亩。相同管理条件下，鲁棉2387产量整体高于中棉425。

中棉425更适宜于早播种，鲁棉2387可推迟到6月5日播种，但播期推迟对产量影响较大，不建议推迟播种。

讨论：从收花50铃计算得出的单铃重可知，播期早的吐絮铃多，5月31日播种的鲁棉2387单铃重较高，鲁棉2387的棉花纤维品质高于中棉425。

各数据按照方案要求按时调查，本试验按照预期目标圆满完成。不足之处是后两个播期前期控旺时间有些延误，植株长势整体偏高，有个别棉桃没有长成，对棉花产量有一定影响，后两个播期至11月10日全部收花。

# 短季棉品种播期密度互作试验技术总结报告

枣庄市农业科学研究院

棉花，锦葵科棉属，原产于亚热带，是国家重要农作物之一，是关系国计民生的战略物资之一。

## 一、试验研究背景及意义

在市场经济条件下，常规棉花生产劳动成本较高，农村劳动力大量向城中转移，加之小棉区棉花生产机械化程度不高，所需人员较多，因此人们多倾向于种植可机械化操作的大田作物，导致棉花种植面积越来越小。而短季棉的优点可以在一定程度上弥补上述不足，有利于扩大棉花种植面积，也可在一定程度上减缓"粮棉争地"问题。

短季棉是棉花的一种，生育期较短。短季棉在油菜、小麦等农作物收获后免茬机械直播，可实现一年两熟的常规种植模式。同时短季棉和常规春季棉相比省工、省时，能有效地降低劳动强度、减少劳动量、降低生产成本，病虫害发生较轻，可以机械化播种，吐絮相对集中，有利于机采。当今机械化程度较高的农业生产领域，如小麦、玉米和大豆等，农作物机械化生产率都在95%以上，它们的种植面积都保持在很高水平，而常规春季棉种植面积却呈现断崖式递减，因此短季棉种植模式将是棉花大发展的新突破口。

本试验通过品种、播期、密度多因子互作试验，探索适合山东省不同生态区短季棉推广种植的最佳品种、播期和密度，摸索出适合当地的高品质短季棉新品种高效栽培技术，提高生产要素利用率，构建绿色高效耕作制度，推动植棉业发展。

## 二、试验设计

### （一）供试品种

品种由山东省棉技站统一提供，供试品种为鲁棉2387和中棉425。

**1. 鲁棉2387** 由山东棉花研究中心选育，常规品种，系杂交后选育。该品种属转基因早熟品种，出苗快，前期发育快，长势旺。植株紧凑、塔形。叶片中等大小，叶功能较好。铃卵圆形，吐絮畅，早熟性好。生育期105天，株高83厘米，果枝节位5.5个，果枝数11.3个，结铃11.3个，铃重5.6克，霜前衣分率41.1%，籽指10.5克，霜前花率94.0%，僵瓣花率4.7%。产量表现优异，适宜作为早熟夏棉品种种植。

**2. 中棉 425** 由中国农业科学院棉花研究所培育，属早熟、转基因抗虫棉品种。生育期短，夏播出苗好，发育快，黄河流域棉区夏播生育期 98 天；叶色较深，不早衰，茎秆较粗壮；第一果枝一般 5～6 个节位，果枝平展，铃卵圆形，中等大小，结铃好，吐絮畅；高抗枯萎病，耐黄萎病；单株结铃 10 个左右，铃重 5.4 克。籽指 11.4 克，衣分率 39.4%，霜前花率 90.3%。适于中等肥力田块。

## （二）试验地点和设计

试验场所设在枣庄市峄城区吴林街道辖区的枣庄市农科院试验场内。根据任务书要求，选择长约 180 米、宽约 24.5 米，面积约 6.6 亩、不易积水的地块进行试验。试验设置 4 个播期（5 月 26 日、5 月 31 日、6 月 5 日、6 月 10 日），3 个种植密度（5 500、6 500、7 500 株/亩），共 72 个小区。采取裂区试验设计，播期为主区，密度为副区，品种为副副区，区组随机排列，3 次重复，5 行区，行长 14 米，行距 66 厘米，区间留 0.6 米走道，播期间留 1 米走道，东西向小区间无间距，品种间留 2 米走道，均采用无膜种植（图 4-2-1）。

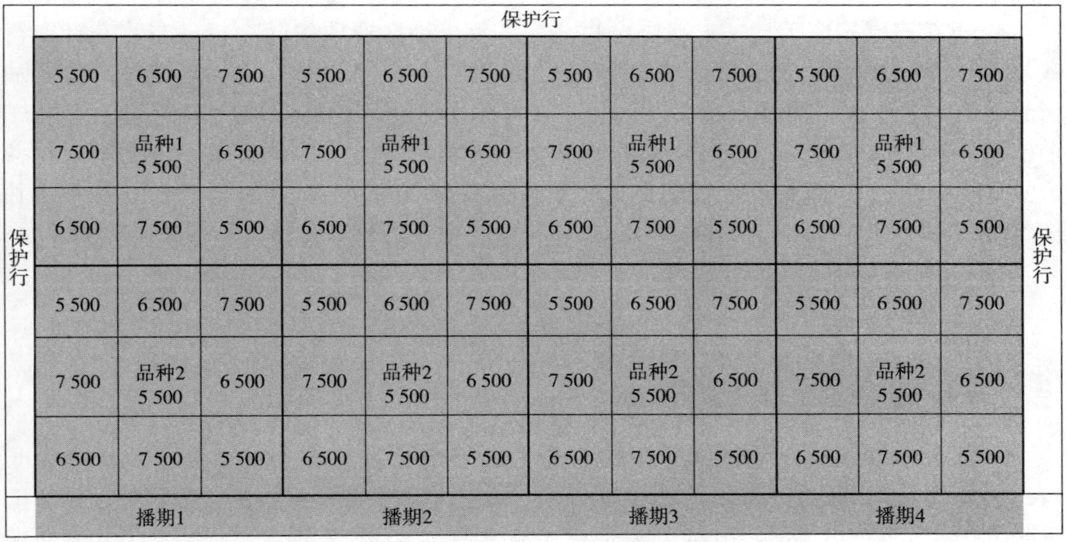


图 4-2-1 裂区试验设计分布

## （三）田间管理措施

施肥方面主要进行了基施，按每亩基施 N 6 千克、$P_2O_5$ 5 千克、$K_2O$ 5 千克的标准，整个试验地块于整地前一次性使用山东三方化工集团有限公司生产的 N∶P∶K＝17∶17∶17 的复合肥 200 千克，另加 13 千克的尿素；播种覆土后排布喷灌带喷灌，播种后第二天喷施除草剂（每亩 33%二甲戊灵乳油 100～150 毫升＋72%异丙甲草胺乳油 100～150 毫升，兑水 15～20 千克）。根据株高等进行合理化控，分别于 7 月 25 日和 8 月 2 日用缩节胺 1 000～1 200 倍液喷施，雨后及时排灌，不去叶枝，于 7 月 24—25 日进行了全播期打顶，其他管理同一般大田。

### （四）测定项目与方法

1. **土壤肥力测定** 在棉花播种前分别采集0～20厘米和20～40厘米土层土样，测定土壤有机质、pH、全氮、碱解氮、全磷、有效磷、全钾、速效钾等土壤养分含量。取样方法：播前，整个试验地“五点取样”，最后将样品混合成0～20厘米、20～40厘米各1个检测样。将检测样寄送山东省农业科学院农业资源与环境研究所进行土壤养分性质检测。

2. **农艺性状调查** 在每个小区中间3行其中1行定点连续10株棉花，分别于7月15日、8月15日、9月15日调查株高，果枝数（9月15日不调查株高、果枝数），成铃、花与幼铃、烂铃、吐絮铃数量。试验过程中，若定点植株受损则剔除该植株的相关数据。

3. **棉花产量测定** 每个小区选取中间2行收花计产，分别为每个小区的第2行、第3行，待该处理的吐絮率达到30%～40%时，第1次收花；于10月25日第2次收花；11月10日所有处理最后一次收花，剩余未开裂棉铃不计产量。每次收获的籽棉自然晒干并称重（籽棉产量），每个小区3次收花的产量之和为该小区的籽棉产量。

4. **棉花产量构成因素** 于第一次收获前，每个小区选取中间2行（与收花计产行数相同），调查株数、吐絮铃数、青铃数、烂铃数，将吐絮铃数、青铃数、烂铃数相加为总铃数。第2次收花时（10月25日），在每个小区中间两行收取内围正常吐絮的50个棉铃，晒干（水分11%～12%）后称重，取平均值作为小区单铃重，依据小区籽棉产量（中间两行收取的50个铃的重量计入样点实收产量）和铃重计算铃数。将晒干并称重后的50个棉铃寄送中国农业科学院棉花研究所，进行衣分率、纤维品质检测。

## 三、环境条件

### （一）试验地土壤肥力条件

经山东省农科院资环所检测（表4-2-1），根据全国第二次土壤普查养分分级标准（表4-2-2），可知试验地碱解氮含量偏低，20～40厘米土层土地碱解氮含量很低；两个土层的速效磷含量均很丰富，达到一级标准；0～20厘米土样速效钾含量很高，20～40厘米土层含量较高，总体来看速效钾含量丰富；土壤有机质含量均偏低，只有25.7克/千克和19克/千克；全氮含量很高。据研究，每生产50千克皮棉，棉花约从土壤中吸收13.35千克氮、4.65千克磷、13.35千克钾，氮、磷、钾比例为1∶0.3∶1。因此可知，此试验地块能基本满足棉花生长所需营养，只需在后期适当补充部分氮肥即可。

**表4-2-1 枣庄市农科院试验地土壤肥力情况表**

| 地点 | 层次（厘米） | 碱解氮（毫克/千克） | 速效磷（毫克/千克） | 速效钾（毫克/千克） | 有机质（%） | pH | 土壤盐渍度（毫西门子/厘米） | 全氮（%） |
|---|---|---|---|---|---|---|---|---|
| 枣庄市农科院办公楼二节地中心路东侧 | 0～20 | 60.29 | 69.44 | 191 | 2.57 | 6.57 | 0.0725 | 1.307 |
| | 20～40 | 41.01 | 50.71 | 148 | 1.90 | 6.76 | 0.073 | 0.307 |

表 4-2-2　全国第二次土壤普查养分分级标准

| 项目 | 级别 | 土壤 |
|---|---|---|
| 有机质（克/千克） | 一级 | >40 |
| | 二级 | 30～40 |
| | 三级 | 20～30 |
| | 四级 | 10～20 |
| | 五级 | 6～10 |
| | 六级 | <6 |
| 全氮（克/千克） | 一级 | >2 |
| | 二级 | 1.5～2 |
| | 三级 | 1～1.5 |
| | 四级 | 0.75～1 |
| | 五级 | 0.5～0.75 |
| | 六级 | <0.5 |
| 全磷（克/千克） | 一级 | >1 |
| | 二级 | 0.8～1 |
| | 三级 | 0.6～0.8 |
| | 四级 | 0.4～0.6 |
| | 五级 | 0.2～0.4 |
| | 六级 | <0.2 |
| 全钾（克/千克） | 一级（很高） | >25 |
| | 二级（高） | 20～25 |
| | 三级（中上） | 15～20 |
| | 四级（中下） | 10～15 |
| | 五级（低） | 5～10 |
| | 六级（很低） | <5 |
| 碱解氮（毫克/千克） | 一级 | >150 |
| | 二级 | 120～150 |
| | 三级 | 90～120 |
| | 四级 | 60～90 |
| | 五级 | 30～60 |
| | 六级 | <30 |
| 有效磷（毫克/千克） | 一级 | >40 |
| | 二级 | 20～40 |
| | 三级 | 10～20 |
| | 四级 | 5～10 |
| | 五级 | 3～5 |
| | 六级 | <3 |

（续）

| 项目 | 级别 | 土壤 |
|---|---|---|
| 速效钾（毫克/千克） | 一级（极高） | >200 |
| | 二级（很高） | 150～200 |
| | 三级（高） | 100～150 |
| | 四级（中） | 50～100 |
| | 五级（低） | 30～50 |
| | 六级（很低） | <30 |

## （二）气候条件（试验期间降水、温度等）

试验期间雨水明显偏多。如 2021 年 7 月份枣庄全市平均降水量 380.7 毫米，较常年多 76.7%；平均气温 27 ℃，较常年高 0.1 ℃；平均日照时数 131.7 小时，较常年少 34.5 小时。8 月份全市平均降水量 245.8 毫米，较常年多 42%；平均气温 25.9 ℃，较常年低 0.2 ℃；平均日照时数 143.5 小时，较常年少 35.2 小时。10 月份全市平均降水量 13.0 毫米，较常年少 65.1%；平均气温 16.6℃，较常年高 0.6℃；平均日照时数 144.7 小时，较常年少 31.9 小时。试验年（1 月 1 日—12 月 9 日）全市平均降雨量 1 164.4 毫米，较历年同期多 45.2%。入汛以来（6 月 1 日—9 月 30 日），全市平均降雨量 931.1 毫米，较历年同期多 59.5%，较 2020 年同期多 39.0%。雨水多，光照少，导致棉花开花量有所下降，烂桃较多，棉花吐絮不顺畅，产量下降。

# 四、结果与分析

## （一）不同试验处理对棉花生育期的影响

由表 4-2-3 可知，品种 1 和品种 2 除吐絮期外，其他生育期时间无太大差别。品种 1 从出苗到吐絮需 90～110 天；品种 2 从出苗到吐絮需 100～120 天，生育期较品种 1 多 10 天左右。两个品种均是播种越晚，整体生育期越长。因此为缩短棉花生育期，可将播种定为 5 月 26 日前后进行。

**表 4-2-3　不同试验处理对棉花生育期的影响**

| | 播种期（月/日） | 出苗期（月/日） | 现蕾期（月/日） | 开花期（月/日） | 吐絮期（月/日） |
|---|---|---|---|---|---|
| 品种 1 | 5/26 | 5/30 | 6/30 | 7/20 | 8/31 |
| | 5/31 | 6/6 | 7/3 | 7/26 | 9/10 |
| | 6/5 | 6/10 | 7/7 | 8/2 | 9/20 |
| | 6/10 | 6/16 | 7/10 | 8/12 | 10/1 |
| 品种 2 | 5/26 | 5/30 | 6/30 | 7/20 | 9/10 |
| | 5/31 | 6/6 | 7/3 | 7/26 | 9/17 |

（续）

| | 播种期（月/日） | 出苗期（月/日） | 现蕾期（月/日） | 开花期（月/日） | 吐絮期（月/日） |
|---|---|---|---|---|---|
| 品种 2 | 6/5 | 6/10 | 7/7 | 8/2 | 9/26 |
| | 6/10 | 6/16 | 7/10 | 8/12 | 10/11 |

## (二) 不同试验处理对棉花农艺形状的影响

根据图 4-2-2、4-2-3、4-2-4、4-2-5 可知，在 7 月 15 日第一次调查时，各播期品种 1 和品种 2 株高相差不大，各密度影响较为明显。株高方面品种 1 除播期一为密度 6 500 株/亩的最高外，其他三个播期均为密度 7 500 株/亩的最高，且随密度增加，株高呈递增趋势；品种 2 各播期株高波动较大，播期一、二为密度 6 500 株/亩的最高，播期三为 7 500 株/亩的最高，播期四为 5 500 株/亩的最高。果枝数方面，随着播期后移，两个品种基本均呈现下降趋势。品种 1 的果枝数在播期三、密度 6 500 株/亩和 7 500 株/亩时较播期二出现了上升，究其原因，可能是播期二播种后夜里下了一场大雨，透气性变差、地温下降等原因导致出苗缓慢，播期三播种时则天气较好，促进了植株发育。

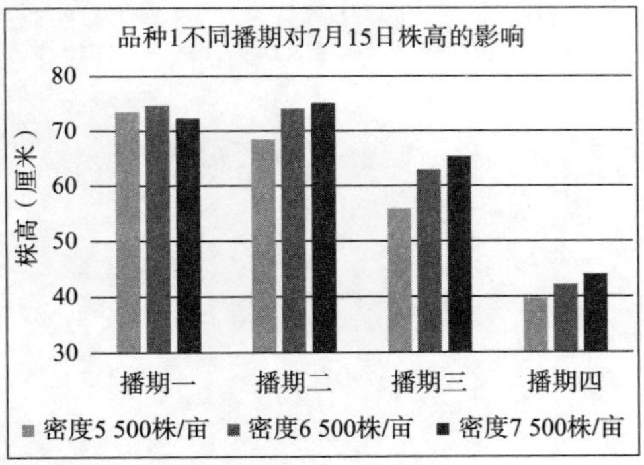


图 4-2-2 品种 1 不同播期对 7 月 15 日株高的影响

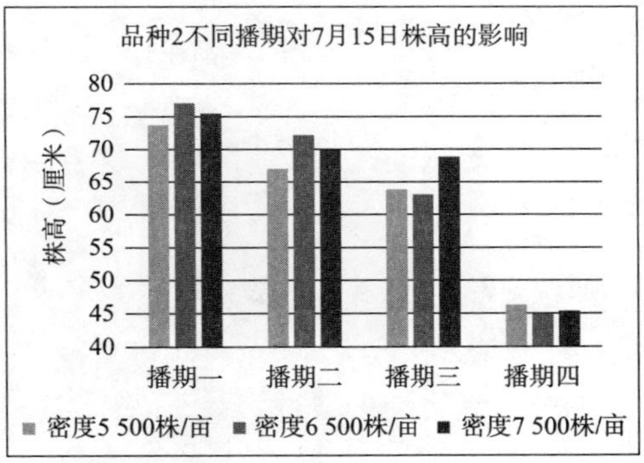


图 4-2-3 品种 2 不同播期对 7 月 15 日株高的影响

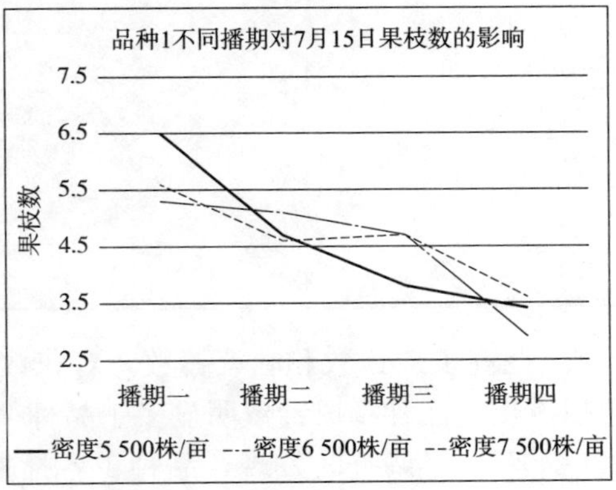


图 4-2-4 品种 1 不同播期对 7 月 15 日果枝数的影响

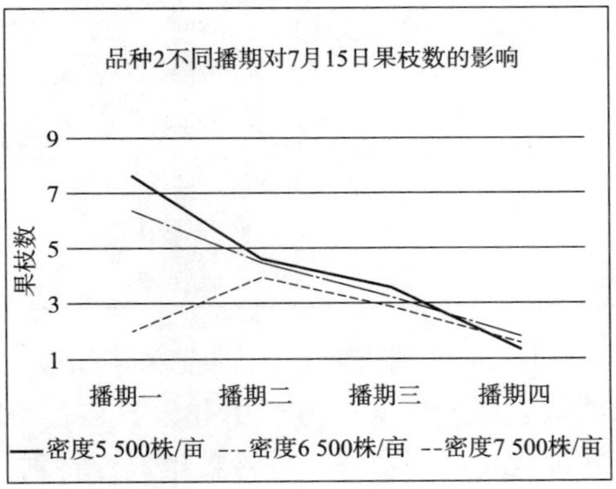


图 4-2-5 品种 2 不同播期对 7 月 15 日果枝数的影响

从表 4-2-4 可以得出，各播期品种 2 株高普遍高于品种 1，果枝数普遍低于品种 1，花与幼铃、成铃数也均低于品种 1。究其原因，可能为打顶时间稍晚，加之气候影响，导致品种 2 不能很好适应本地环境。同一品种间，播期变晚，株高和果枝数相应降低，花与幼铃、成铃数也基本呈下降趋势，播期一与播期四相比，相差约 4 个铃，但播期一与播期二相差不多。

**表 4-2-4　8 月 15 日调查时各处理间农艺形状表**

| 播期 | 密度（株/亩） | 品种 | 株高（厘米） | 果枝数（枝） | 花与幼铃（个） | 成铃（个） |
|---|---|---|---|---|---|---|
| 播期一 | 5 500 | 品种 1 | 86.50 | 9.77 | 5.33 | 8.80 |
| | | 品种 2 | 96.87 | 7.87 | 4.00 | 9.00 |
| | 6 500 | 品种 1 | 91.20 | 8.70 | 4.70 | 6.83 |
| | | 品种 2 | 97.37 | 6.73 | 3.20 | 6.53 |
| | 7 500 | 品种 1 | 89.30 | 9.00 | 5.47 | 6.63 |
| | | 品种 2 | 94.30 | 5.93 | 3.80 | 6.03 |
| 播期二 | 5 500 | 品种 1 | 81.80 | 9.30 | 7.77 | 6.37 |
| | | 品种 2 | 83.43 | 6.83 | 4.10 | 7.37 |
| | 6 500 | 品种 1 | 85.80 | 9.27 | 5.87 | 7.10 |
| | | 品种 2 | 87.90 | 6.57 | 3.40 | 6.87 |
| | 7 500 | 品种 1 | 88.67 | 8.43 | 5.33 | 5.83 |
| | | 品种 2 | 85.83 | 6.10 | 2.40 | 5.93 |
| 播期三 | 5 500 | 品种 1 | 80.47 | 8.67 | 7.27 | 4.63 |
| | | 品种 2 | 79.20 | 5.83 | 3.40 | 7.33 |
| | 6 500 | 品种 1 | 82.63 | 8.53 | 6.60 | 4.73 |
| | | 品种 2 | 82.33 | 5.53 | 3.43 | 6.40 |
| | 7 500 | 品种 1 | 80.83 | 7.73 | 5.67 | 4.23 |
| | | 品种 2 | 84.07 | 4.77 | 2.63 | 4.60 |
| 播期四 | 5 500 | 品种 1 | 61.50 | 8.03 | 8.47 | 2.63 |
| | | 品种 2 | 65.83 | 5.70 | 4.20 | 4.67 |
| | 6 500 | 品种 1 | 69.43 | 7.60 | 7.60 | 3.27 |
| | | 品种 2 | 72.80 | 6.17 | 4.00 | 6.07 |
| | 7 500 | 品种 1 | 69.13 | 7.47 | 5.87 | 2.40 |
| | | 品种 2 | 71.83 | 5.80 | 3.93 | 4.67 |

9 月 14 日调查时，未调查株高和果枝数，重点调查了成铃数和吐絮铃数，对花数、幼铃数、烂铃数等也进行了登记。从表 4-2-5 可以看出，品种 1 成铃数明显多于品种 2，吐絮期也早于品种 2，总铃数也高于品种 2 约 2～4 个。但调查时发现，品种 1 各播期烂铃数较多，尤其是播期一、二和播期四，有的烂铃数可达每株 2 个。究其原因，可能是雨水多、温度低，导致较多幼铃无法正常发育，从而变成烂铃。

表 4-2-5　9 月 14 日调查时各处理间农艺形状表

| 播期 | 密度（株/亩） | 品种 | 成铃（个） | 吐絮铃（个） | 总铃数（个） |
|---|---|---|---|---|---|
| 播期一 | 5 500 | 品种 1 | 9.43 | 2.53 | 13.13 |
| | | 品种 2 | 8.13 | 1.93 | 10.60 |
| | 6 500 | 品种 1 | 7.73 | 2.00 | 10.73 |
| | | 品种 2 | 6.37 | 0.93 | 8.10 |
| | 7 500 | 品种 1 | 7.93 | 1.87 | 10.53 |
| | | 品种 2 | 5.07 | 0.73 | 6.70 |
| 播期二 | 5 500 | 品种 1 | 10.37 | 1.50 | 12.63 |
| | | 品种 2 | 7.90 | — | 8.43 |
| | 6 500 | 品种 1 | 9.13 | 1.70 | 11.73 |
| | | 品种 2 | 7.67 | — | 8.33 |
| | 7 500 | 品种 1 | 7.97 | 1.37 | 10.33 |
| | | 品种 2 | 5.83 | — | 6.53 |
| 播期三 | 5 500 | 品种 1 | 10.27 | — | 11.27 |
| | | 品种 2 | 8.70 | — | 9.87 |
| | 6 500 | 品种 1 | 9.23 | — | 10.17 |
| | | 品种 2 | 7.70 | — | 8.23 |
| | 7 500 | 品种 1 | 7.80 | — | 8.43 |
| | | 品种 2 | 5.87 | — | 6.87 |
| 播期四 | 5 500 | 品种 1 | 8.03 | — | 9.03 |
| | | 品种 2 | 7.80 | — | 8.30 |
| | 6 500 | 品种 1 | 8.07 | — | 9.07 |
| | | 品种 2 | 6.77 | — | 7.33 |
| | 7 500 | 品种 1 | 6.53 | — | 7.17 |
| | | 品种 2 | 7.10 | — | 7.93 |

## （三）棉花产量测定及效益分析

从表 4-2-6 可以看出，两个品种各播期棉株数均较播种时少，中间由于雨水及温度情况特殊，加之管理不到位等，各处理均有缺苗现象，但尤以品种 1 播期一 7 500 株/亩密度处理地块相对较重，其他各处理均表现较好。

衣分率，指单位重量的籽棉与轧出的皮棉的比例，在计算中用百分数表示，正常情况下，棉花的衣分率为 33%～40%，即生产 33～40 千克的皮棉需要 100 千克的籽棉。品种遗传特性对衣分率的影响最大，在适宜的种植条件下，衣分率高的品种其衣分率可达 45%左右。由表 4-2-6 可知，两个品种各播期籽棉衣分率均超 40%，品种 1 衣分率整体高于品种 2，据品种介绍品种 1 衣分率约为 41.1%，我院样品最高值为 43.9%，最低也可达 42.2%，整体表现较好。品种 2 衣分率也优于品种介绍中的数值 39.4%，最低为 40.5%，最高为 42.2%。就衣分率而言，两个品种均表现较好。

**表 4-2-6 各小区中间两行（14 米）的产量构成要素表**

| | 播期 | 密度（株/亩） | 棉株数（个） | 总铃数（个） | 单株结铃数（个） | 单铃重（克） | 衣分率（%） |
|---|---|---|---|---|---|---|---|
| 品种 1 | 播期一 | 5 500 | 417 | 5 208 | 12.71 | 5.09 | 42.8 |
| | | 6 500 | 491 | 5 297 | 10.59 | 4.98 | 42.2 |
| | | 7 500 | 467 | 4 696 | 9.95 | 5.17 | 42.5 |
| | 播期二 | 5 500 | 438 | 4 707 | 10.77 | 4.94 | 42.7 |
| | | 6 500 | 515 | 4 995 | 9.70 | 4.82 | 43.1 |
| | | 7 500 | 564 | 5 370 | 9.54 | 4.79 | 42.7 |
| | 播期三 | 5 500 | 457 | 4 525 | 9.88 | 5.93 | 43.1 |
| | | 6 500 | 547 | 4 701 | 8.60 | 7.27 | 43.0 |
| | | 7 500 | 590 | 4 761 | 8.07 | 5.71 | 43.5 |
| | 播期四 | 5 500 | 501 | 4 703 | 9.45 | 5.63 | 43.0 |
| | | 6 500 | 553 | 4 592 | 8.33 | 5.28 | 43.9 |
| | | 7 500 | 628 | 4 815 | 7.66 | 5.48 | 43.4 |
| 品种 2 | 播期一 | 5 500 | 424 | 4 755 | 11.22 | 5.73 | 40.5 |
| | | 6 500 | 513 | 4 783 | 9.32 | 5.89 | 40.6 |
| | | 7 500 | 562 | 4 653 | 8.29 | 5.64 | 40.5 |
| | 播期二 | 5 500 | 440 | 3 806 | 8.67 | 5.77 | 41.7 |
| | | 6 500 | 507 | 4 354 | 8.60 | 5.67 | 41.6 |
| | | 7 500 | 551 | 4 076 | 7.39 | 5.68 | 42.1 |
| | 播期三 | 5 500 | 445 | 4 193 | 9.47 | 5.72 | 42.2 |
| | | 6 500 | 497 | 4 128 | 8.33 | 5.96 | 41.5 |
| | | 7 500 | 596 | 4 027 | 6.75 | 5.95 | 41.4 |
| | 播期四 | 5 500 | 463 | 4 044 | 8.73 | 5.69 | 42.1 |
| | | 6 500 | 560 | 4 281 | 7.64 | 5.50 | 41.7 |
| | | 7 500 | 578 | 3 952 | 6.85 | 5.62 | 41.1 |

图 4-2-6、图 4-2-7、图 4-2-8 展示了各播期两个品种密度 5 500 株/亩、6 500 株/亩、7 500 株/亩时，单株结铃数和单铃重。从图中可以看出，3 个密度均为播种越晚，单株结铃数越少，播期一和播期四相比，可差 2～3 个铃，品种 1 单株结铃数普遍高于品种 2。单铃重方面，两个品种 3 个密度基本为播期三最高，且品种 2 各密度单铃重相差不大，说明品种 2 棉铃重量较均匀，单铃重约为 5.60 克。

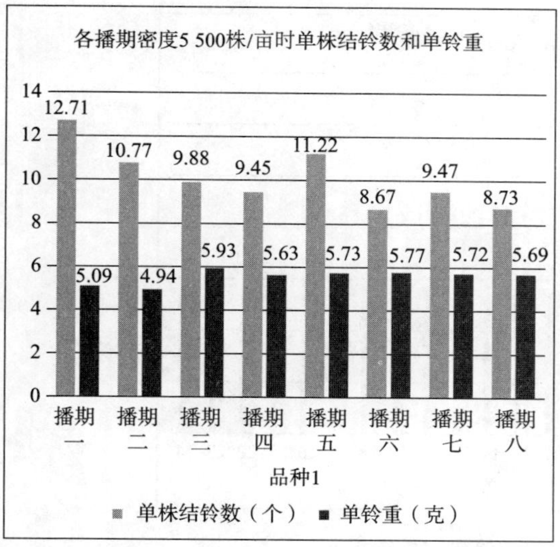


图 4-2-6　各播期密度 5 500 株/亩时单株结铃数和单铃重

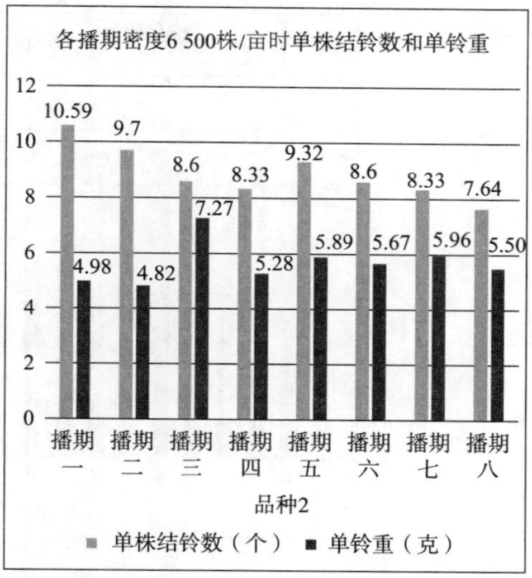


图 4-2-7　各播期密度 6 500 株/亩时单株结铃数和单铃重

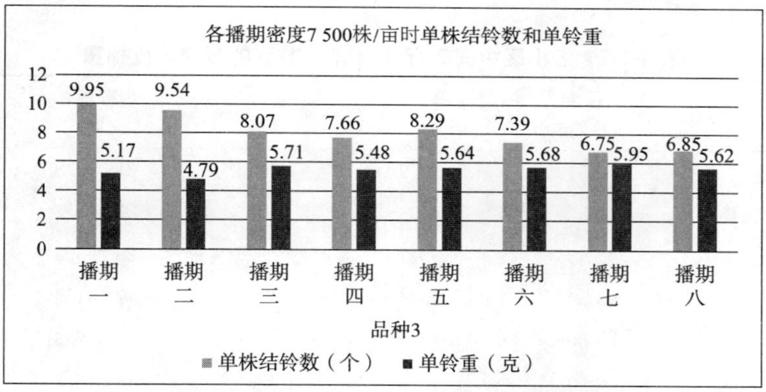


图 4-2-8　各播期密度 7 500 株/亩时单株结铃数和单铃重

注：图 4-2-6、图 4-2-7、图 4-2-8 中横坐标 1～4 为品种 1 四个播期的处理情况，5～8 为品种 2 四个播期的处理情况。

图 4-2-9 展示的为各处理 4 个、播期 3 个密度两品种间单株结铃数和单铃重对比。从图 4-2-9 可以看出，各播期的单株结铃数均随密度增加而减少，同时播种越晚，单株结铃数越少，但同一播期间单铃重相差不大。品种 1 各密度各播期结铃数均高于品种 2，但平均单铃重不如品种 2，说明品种 2 棉铃较大。

表 4-2-7、图 4-2-10 展示了各处理中间两行籽棉和皮棉重量。从图 4-2-10 可以看出，品种 1 各播期多为 6 500 株/亩密度时籽棉产量最高；品种 2 则籽棉产量波动较大，播期一为 5 500 株/亩密度产量最高，播期二为 7 500 株/亩密度产量最高，播期三和播期四均为 6 500 株/亩密度产量最高。皮棉产量随之波动。品种 14 个播期皮棉产量也多以6 500 株/亩密度产量最高，品种 2 皮棉产量与籽棉产量变化相同。由图 4-2-10 还可以得出，品种 1 播种越晚，籽棉产量和皮棉产量越低，品种 2 虽有波动，但也有类似趋势。因此为提高产量，可在适宜时间范围内进行早播。

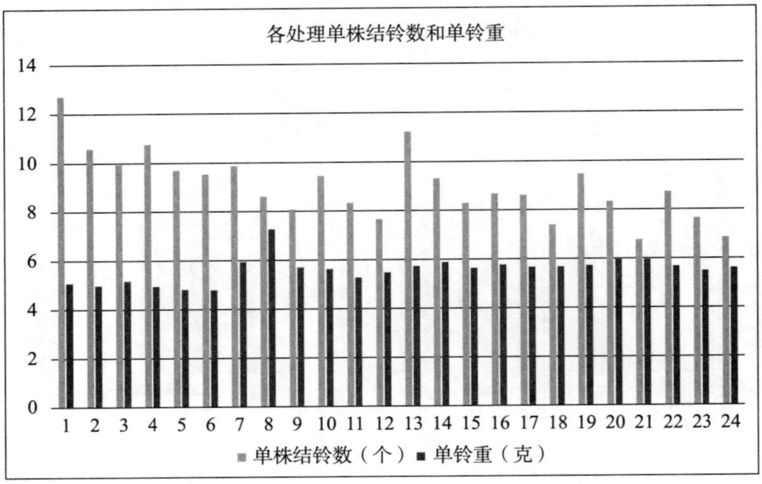


图 4-2-9　各处理单株结铃数和单铃重

注：横坐标中 1～3 为品种 1 播期一的 5 500 株/亩、6 500 株/亩、7 500 株/亩三个密度，4～6 为播期二的三个密度，以此类推。13～15 为品种 2 播期一的 5 500 株/亩、6 500 株/亩、7 500 株/亩三个密度，16～18 为品种 2 播期二的三个密度，以此类推。

**表 4-2-7　各小区中间 2 行（14 米）收获的籽棉、皮棉重**

| | 播期 | 密度（株/亩） | 单铃重（克） | 衣分率（%） | 籽棉（克） | 皮棉（克） |
|---|---|---|---|---|---|---|
| 品种 1 | 播期一 | 5 500 | 5.09 | 42.8 | 21 862.8 | 9 357.3 |
| | | 6 500 | 4.98 | 42.2 | 22 006.7 | 9 286.8 |
| | | 7 500 | 5.17 | 42.5 | 20 895.2 | 8 880.5 |
| | 播期二 | 5 500 | 4.94 | 42.7 | 17 131.6 | 7 315.2 |
| | | 6 500 | 4.82 | 43.1 | 19 577.3 | 8 437.8 |
| | | 7 500 | 4.79 | 42.7 | 18 318.5 | 7 822.0 |
| | 播期三 | 5 500 | 5.93 | 43.1 | 17 917.9 | 7 722.6 |
| | | 6 500 | 7.27 | 43.0 | 19 035.9 | 8 185.4 |
| | | 7 500 | 5.71 | 43.5 | 18 496.4 | 8 045.9 |
| | 播期四 | 5 500 | 5.63 | 43.0 | 16 406.0 | 7 054.6 |
| | | 6 500 | 5.28 | 43.9 | 16 131.8 | 7 081.9 |
| | | 7 500 | 5.48 | 43.4 | 15 272.0 | 6 628.0 |
| 品种 2 | 播期一 | 5 500 | 5.73 | 40.5 | 20 730.1 | 8 395.7 |
| | | 6 500 | 5.89 | 40.6 | 18 064.1 | 7 334.0 |
| | | 7 500 | 5.64 | 40.5 | 16 536.2 | 6 697.2 |
| | 播期二 | 5 500 | 5.77 | 41.7 | 15 354.9 | 6 403.0 |
| | | 6 500 | 5.67 | 41.6 | 19 351.2 | 8 050.1 |
| | | 7 500 | 5.68 | 42.1 | 22 252.5 | 9 368.3 |

（续）

| | 播期 | 密度（株/亩） | 单铃重（克） | 衣分率（%） | 籽棉（克） | 皮棉（克） |
|---|---|---|---|---|---|---|
| 品种 2 | 播期三 | 5 500 | 5.72 | 42.2 | 17 707.2 | 7 472.4 |
| | | 6 500 | 5.96 | 41.5 | 17 720.9 | 7 354.2 |
| | | 7 500 | 5.95 | 41.4 | 17 270.5 | 7 150.0 |
| | 播期四 | 5 500 | 5.69 | 42.1 | 16 389.7 | 6 900.1 |
| | | 6 500 | 5.50 | 41.7 | 16 521.2 | 6 889.3 |
| | | 7 500 | 5.62 | 41.1 | 15 500.0 | 6 370.5 |

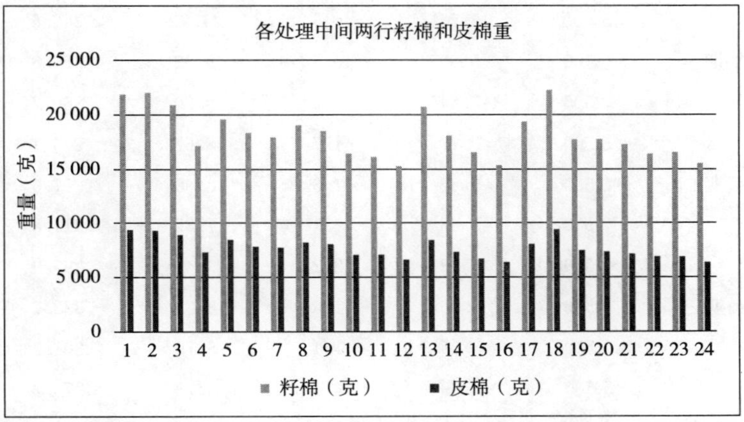


图 4-2-10　各处理中间两行籽棉和皮棉重

注：横坐标中 1～3 为品种 1 播期一的 5 500 株/亩、6 500 株/亩、7 500 株/亩三个密度，4～6 为播期二的三个密度，以此类推。13～15 为品种 2 播期一的 5 500 株/亩、6 500 株/亩、7 500 株/亩三个密度，16～18 为品种 2 播期二的三个密度，以此类推。

从表 4-2-8、图 4-2-11 可以看出，各处理棉花亩产基本随播种推迟而产量下降，品种 2 产量普遍低于品种 1。品种 1 除播期三为 6 500 株/亩密度产量最高外，其余三个播期均为 7 500 株/亩密度产量最高，可能原因为随着密度增加、亩铃数增加，单铃重相差不大，从而提高了棉花亩产量。品种 2 则多为 6 500 株/亩密度产量最高，可能原因为品种 2 不适宜过高密度种植。

**表 4-2-8　各处理棉花亩产量推算表**

| | 播期 | 密度（株/亩） | 单铃重（克） | 衣分率（%） | 单株结铃数（个） | 籽棉亩产（千克） | 皮棉亩产（千克） |
|---|---|---|---|---|---|---|---|
| 品种 1 | 播期一 | 5 500 | 5.09 | 42.8 | 12.71 | 355.8 | 152.3 |
| | | 6 500 | 4.98 | 42.2 | 10.59 | 342.8 | 144.7 |
| | | 7 500 | 5.17 | 42.5 | 9.95 | 385.8 | 164.0 |
| | 播期二 | 5 500 | 4.94 | 42.7 | 10.77 | 292.6 | 124.9 |
| | | 6 500 | 4.82 | 43.1 | 9.70 | 303.9 | 131.0 |

（续）

| | 播期 | 密度（株/亩） | 单铃重（克） | 衣分率（%） | 单株结铃数（个） | 籽棉亩产（千克） | 皮棉亩产（千克） |
|---|---|---|---|---|---|---|---|
| 品种 1 | 播期二 | 7 500 | 4.79 | 42.7 | 9.54 | 342.7 | 146.3 |
| | 播期三 | 5 500 | 5.93 | 43.1 | 9.88 | 322.2 | 138.9 |
| | | 6 500 | 7.27 | 43.0 | 8.60 | 406.4 | 174.7 |
| | | 7 500 | 5.71 | 43.5 | 8.07 | 345.6 | 150.3 |
| | 播期四 | 5 500 | 5.63 | 43.0 | 9.45 | 292.6 | 125.8 |
| | | 6 500 | 5.28 | 43.9 | 8.33 | 285.9 | 125.5 |
| | | 7 500 | 5.48 | 43.4 | 7.66 | 314.8 | 136.6 |
| 品种 2 | 播期一 | 5 500 | 5.73 | 40.5 | 11.22 | 353.6 | 143.2 |
| | | 6 500 | 5.89 | 40.6 | 9.32 | 356.8 | 144.9 |
| | | 7 500 | 5.64 | 40.5 | 8.29 | 350.7 | 142.0 |
| | 播期二 | 5 500 | 5.77 | 41.7 | 8.67 | 275.1 | 114.7 |
| | | 6 500 | 5.67 | 41.6 | 8.60 | 317.0 | 131.9 |
| | | 7 500 | 5.68 | 42.1 | 7.39 | 314.8 | 132.5 |
| | 播期三 | 5 500 | 5.72 | 42.2 | 9.47 | 297.9 | 125.7 |
| | | 6 500 | 5.96 | 41.5 | 8.33 | 322.7 | 133.9 |
| | | 7 500 | 5.95 | 41.4 | 6.75 | 301.2 | 124.7 |
| | 播期四 | 5 500 | 5.69 | 42.1 | 8.73 | 273.2 | 115.0 |
| | | 6 500 | 5.50 | 41.7 | 7.64 | 273.1 | 113.9 |
| | | 7 500 | 5.62 | 41.1 | 6.85 | 288.7 | 118.7 |

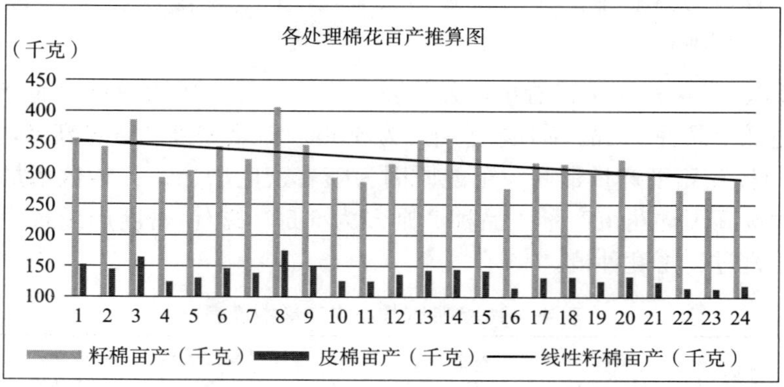


图 4-2-11　各处理棉花亩产推算图

注：横坐标中 1～3 为品种 1 播期一的 5 500 株/亩、6 500 株/亩、7 500 株/亩三个密度，4～6 为播期二的三个密度，以此类推。13～15 为品种 2 播期一的 5 500 株/亩、6 500 株/亩、7 500 株/亩三个密度，16～18 为品种 2 播期二的三个密度，以此类推。

品种 1 各处理籽棉亩产最高为 406.4 千克，最低为 285.9 千克，品种 2 籽棉亩产最低为 273.1 千克，最高为 356.8 千克，按照籽棉收购价格 10 元/千克计算，则两个品种棉花亩收益为2 700～4 000元，远高于小麦和玉米的亩收益。此外，试验中种植的为短季棉，生育期短，开花吐絮集中，便于集中采收，平均亩纯收益在1 000元，因此可在一定范围内进行适度推广。

## （四）棉花纤维指标检测结果

从表4-2-9可以看出，同一棉花品种各处理纤维指标基本一致，品种2上半部平均长度大于品种1，说明品种2加工时棉花长度更高。两个品种各处理马克隆值多为4.6～5.0，处于B2档（4.3～4.9），品种1播期三和播期四马克隆值大于5.0，处于C2档（≥5.0），说明为保证棉花成熟度，品种1不适宜晚播。两个品种整齐度指标均处于高档，说明加工时整齐度较好。品种1断裂比强度多在29厘牛顿/特克斯上下，处于强档（29.0～30.9），品种2断裂比强度多为28～29厘牛顿/特克斯，处于中档（26.0～28.9），说明品种1加工时比品种2更不易断裂。两个品种伸长率相差不大，说明加工时处于相似水平。

表4-2-9　各处理棉花纤维检测指标

| | 播期 | 密度（株/亩） | 上半部平均长度（毫米） | 整齐度指数（%） | 断裂比强度（厘牛顿/特克斯） | 马克隆值 | 伸长率（%） |
|---|---|---|---|---|---|---|---|
| 品种1 | 播期一 | 5 500 | 26.8 | 85.3 | 28.8 | 4.8 | 6.7 |
| | | 6 500 | 26.7 | 85.7 | 29.4 | 4.8 | 6.6 |
| | | 7 500 | 27.6 | 85.0 | 29.8 | 4.9 | 6.7 |
| | 播期二 | 5 500 | 26.3 | 84.9 | 29.4 | 4.8 | 6.7 |
| | | 6 500 | 25.6 | 85.3 | 29.7 | 4.8 | 6.6 |
| | | 7 500 | 26.7 | 84.9 | 29.8 | 4.7 | 6.6 |
| | 播期三 | 5 500 | 26.7 | 85.9 | 29.0 | 5.3 | 6.7 |
| | | 6 500 | 26.7 | 85.2 | 29.0 | 5.1 | 6.7 |
| | | 7 500 | 26.8 | 85.6 | 29.2 | 5.1 | 6.7 |
| | 播期四 | 5 500 | 26.9 | 85.4 | 29.2 | 5.2 | 6.6 |
| | | 6 500 | 26.8 | 85.7 | 28.5 | 5.2 | 6.7 |
| | | 7 500 | 26.9 | 85.3 | 28.4 | 5.3 | 6.7 |
| 品种2 | 播期一 | 5 500 | 28.8 | 84.7 | 30.3 | 4.8 | 6.8 |
| | | 6 500 | 28.8 | 84.6 | 30.1 | 4.8 | 6.7 |
| | | 7 500 | 28.3 | 83.2 | 27.9 | 4.8 | 6.7 |
| | 播期二 | 5 500 | 27.6 | 84.6 | 28.8 | 4.9 | 6.7 |
| | | 6 500 | 28.6 | 84.8 | 28.4 | 4.7 | 6.8 |
| | | 7 500 | 27.3 | 83.0 | 28.0 | 4.6 | 6.7 |
| | 播期三 | 5 500 | 28.1 | 83.8 | 28.3 | 4.8 | 6.7 |
| | | 6 500 | 28.1 | 86.5 | 27.4 | 5.0 | 6.7 |
| | | 7 500 | 28.3 | 84.9 | 28.4 | 4.7 | 6.7 |

（续）

| | 播期 | 密度（株/亩） | 上半部平均长度（毫米） | 整齐度指数（%） | 断裂比强度（厘牛顿/特克斯） | 马克隆值 | 伸长率（%） |
|---|---|---|---|---|---|---|---|
| 品种 2 | 播期四 | 5 500 | 28.1 | 85.1 | 27.6 | 5.1 | 6.7 |
| | | 6 500 | 28.1 | 85.3 | 27.6 | 5.0 | 6.8 |
| | | 7 500 | 28.9 | 83.3 | 29.1 | 4.8 | 6.7 |

## 五、结论与讨论

从本试验可以得出，播期、密度对棉花的果枝数、单株结铃数、单铃重及亩产有较大影响，具体表现为播种越晚，棉花果枝数越少，单株结铃数越低，籽棉产量也越低，因此适宜播期为 5 月 25 日左右，可接油菜茬种植；密度方面，两个品种表现不同，中间两行测定时，品种 1 密度 6 500 株/亩籽棉产量最高，品种 2 则变化较大。亩产推算时，品种 1 密度 7 500 株/亩时产量最高，品种 2 则多为密度 6 500 株/亩时产量最高。究其原因可能为今年雨水较多，缺苗断垄现象偶有发生，导致试验植株整体调查时有缺棵现象。

由于是第一年种植棉花，许多管理细节未落实到位，因此为进一步明确两品种在枣庄地区的栽培技术及适应性，建议继续开展一到两年试验，探讨棉花种植前茬和后茬作物，确定适宜播期，同时加大资金投入，确保各项棉花试验更为顺利地开展。

# 短季棉茬口衔接试验示范试验总结

滕州市农业科学研究院

## 一、试验研究背景及意义

目前我国棉花种植方式主要是单季种植模式和棉-麦轮作、棉-蒜轮作、稻-棉轮作等模式。轮作模式下要考虑各种作物的品种特性、产量、生育期、病虫草害防治情况、机械化作业情况等，进行合理安排。本试验的目的是有效解决传统棉作模式存在的作物间茬口不顺、环节间衔接不畅、产业间技术协同性不强等问题，探索适合山东省不同生态区短季棉推广种植的最佳品种、播期和密度，为今后短季棉的推广提供理论依据。

## 二、试验设计

### （一）供试品种

棉花品种：中棉 50、中棉 425、鲁棉 2387、鲁棉 241。种子由山东省棉花生产技术指导站统一提供。

### （二）试验地点和设计

试验地点为滕州市级索镇水磨庄村（枣庄市召聚农机专业合作社承包的地块），试验田地处平原，地势平坦，灌溉采用微喷灌设施。土壤质地为砂壤土，土壤肥力中上等，周边无不良环境影响。

采取大区试验，6 月 11 日播种，行距 66 厘米，每个品种播种 11 行，种植 1.2 亩，种植密度 6 000 株/亩。播种后微喷灌浇水。品种间留 1.5 米走道（图 4-3-1）。

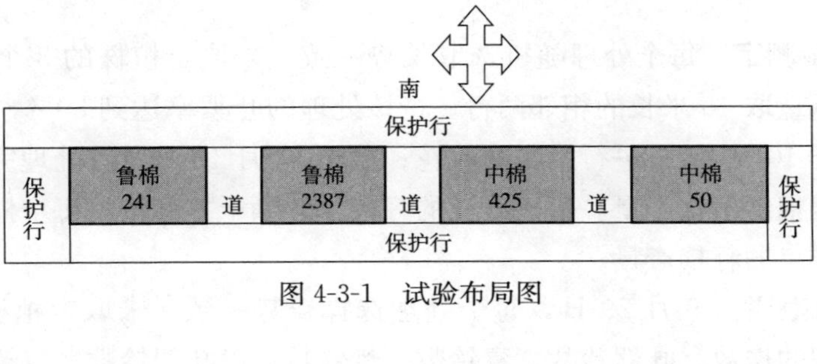


图 4-3-1　试验布局图

## （三）田间管理措施

**1. 施肥培土** 6月28日，每亩喷施叶面肥0.5千克。7月11日撒施N：P：K=15：15：15的复合肥50千克，然后进行覆沟培土。

**2. 播种** 采用人工点播，每穴点播3～4粒。行距66厘米，株距15.5厘米，每亩株数为6 000株。

**3. 除草** 出苗后喷施除草剂（每亩10.8%精喹禾灵水乳剂40毫升）。人工除草4次。

**4. 间苗、定苗** 6月30日、7月6日进行间苗。

**5. 防病虫** 6月20日防立枯病，每亩喷施40%百菌清悬乳剂40毫升+30%恶霉灵水剂20克。7月2日防象甲虫、棉铃虫、白粉虱等，喷施10%联苯·虱螨脲乳油100毫升+12%甲维·虫螨腈悬乳剂40克。

**6. 控旺** 7月6日喷施50%矮壮素水剂1克/亩。7月30日、8月4日，各对棉田喷施50%矮壮素水剂4克/亩。7月23日进行打顶。

**7. 催熟脱叶** 10月11日喷施40%欣噻利脱叶剂150克/亩。

**8. 排灌时间次数** 6月11日播种后进行喷灌带喷灌。

## （四）调查测定项目与方法

**1. 土壤指标测定** 2021年6月10日采集0～20厘米和20～40厘米土层土样，测定土壤有机质、pH、全氮、碱解氮、全磷、有效磷、全钾、速效钾等土壤养分含量。取样方法：整个试验地，按“五点取样”法采集土样，最后将样品混合成0～20厘米、20～40厘米各1个检测样。土样剔除可见植物残体，风干，磨细过0.01毫米筛，保存，用于土壤养分性质检测。

**2. 生育期记载** 记录每个品种的播种期、出苗期、现蕾期、开花期、吐絮期等。

**3. 农艺性状调查** 在每个品种中间4行其中1行选取连续10株棉花，分别于7月15日、8月15日、9月15日调查株高、果枝数（9月15日可不调查株高、果枝数）、成铃数、花与幼铃数、烂铃数、吐絮铃数。试验过程中，若选取植株受损则剔除该植株的相关数据。

**4. 棉花产量测定** 每个处理随机选取长势一致、未取走植株的3个样点进行实收产量测定。每点量取10米长的相邻两行，待该处理的吐絮率达到30%～40%时，进行第1次收花；于10月25日进行第2次收花；截至11月10日所有处理完成最后一次收花，剩余未开裂棉铃不计产量。每次收获的籽棉自然晒干并称重，每个样点3次收花的产量之和为该样点的籽棉产量。

**5. 产量构成因素** 9月29日，每个处理选择长势一致、未取走植株的3个样点，测量6.6亩面积的株数、吐絮铃数、青铃数、烂铃数，以吐絮铃数、青铃数、烂铃数相加为总铃数。10月20日第2次收花，在每个标记样点内收取内围正常吐絮的50个棉铃，晒干（水分11%～12%）后称重，取平均值作为样点单铃重，依据样点籽棉产量（样点内的50个铃的重量计入样点实收产量）和铃重计算铃数。对晒干并称重后的50个棉铃进行轧花，得到衣分率，依据该衣分率和样点籽棉产量计算出样点皮棉产量。

品质测定：对样点50铃轧花后的皮棉进行纤维品质检测，棉籽测定含油率（不饱和脂肪酸含量）、蛋白含量及其组分变化情况。

不同处理的棉花产量构成因素为各收花样点的棉株数（密度）、总铃数、单株结铃数、铃重、衣分率。

## 三、环境条件

### （一）试验地土壤肥力条件

土壤质地为砂壤土，土壤肥力中上等，周边无不良环境影响。

### （二）气候条件

试验期间降水量809.1毫米，降雨天数58天，平均温度22.7℃，有效积温3 446.9℃。

## 四、结果与分析

### （一）不同品种对棉花各生育期的影响

从表4-3-1可知，不同品种出苗时间基本一致。中棉50、中棉425的生育进程一致。鲁棉241和鲁棉2387的生育进程普遍偏早，现蕾期早1天，开花期早2天，吐絮期早1天。

**表4-3-1　棉花不同品种各生育期的情况**

| 品种 | 播种期 | 出苗期 | 现蕾期 | 开花期 | 封行期 | 打顶期 | 吐絮期 |
|---|---|---|---|---|---|---|---|
| 中棉50 | 6月11日 | 6月15日 | 7月10日 | 8月6日 | 7月28日 | 7月23日 | 10月5日 |
| 中棉425 | 6月11日 | 6月15日 | 7月10日 | 8月6日 | 7月28日 | 7月23日 | 10月5日 |
| 鲁棉2387 | 6月11日 | 6月15日 | 7月9日 | 8月4日 | 7月28日 | 7月23日 | 10月4日 |
| 鲁棉241 | 6月11日 | 6月15日 | 7月9日 | 8月4日 | 7月28日 | 7月23日 | 10月4日 |

从表4-3-2可知，各品种出苗所需积温均为108.1℃，鲁棉241现蕾所需积温744.0℃，比其他3个品种少29℃；鲁棉241和鲁棉2387的开花所需积温为1 438.4℃，比其他2个品种少56.6℃；鲁棉241和鲁棉2387吐絮所需积温为2 939.2℃，比其他2个品种少20.5℃。

**表 4-3-2　棉花不同品种生育期需要的积温**

| 品种 | 出苗期总积温（℃） | 现蕾期总积温（℃） | 开花期总积温（℃） | 封行期总积温（℃） | 打顶期总积温（℃） | 吐絮期总积温（℃） |
|---|---|---|---|---|---|---|
| 中棉 50 | 108.1 | 773.0 | 1 495.0 | 1 248.3 | 1 113.7 | 2 959.7 |
| 中棉 425 | 108.1 | 773.0 | 1 495.0 | 1 248.3 | 1 113.7 | 2 959.7 |
| 鲁棉 2387 | 108.1 | 773.0 | 1 438.4 | 1 248.3 | 1 113.7 | 2 939.2 |
| 鲁棉 241 | 108.1 | 744.0 | 1 438.4 | 1 248.3 | 1 113.7 | 2 939.2 |

## （二）不同品种对棉花农艺性状的影响

从表 4-3-3 可知，7 月 15 日调查时，鲁棉 241 植株生长旺盛，植株最高，为 37.4 厘米，分别比中棉 50、中棉 425 和鲁棉 241 高 11.7 厘米、5.2 厘米和 9.5 厘米。果枝数方面，中棉 425 和鲁棉 2387 较多，两品种之间无差异，为 2.6 个，分别比鲁棉 241、中棉 50 多 0.7 个、1.2 个，中棉 50 的果枝数最少。

**表 4-3-3　棉花不同品种的农艺性状情况**（7 月 15 日）

| 品种 | 平均株高（厘米） | 果枝数（个） | 花与幼铃数（个） | 成铃数（个） | 烂铃数（个） | 吐絮铃数（个） |
|---|---|---|---|---|---|---|
| 中棉 50 | 25.7 | 1.4 | 0 | 0 | 0 | 0 |
| 中棉 425 | 32.2 | 2.6 | 0 | 0 | 0 | 0 |
| 鲁棉 2387 | 27.9 | 2.6 | 0 | 0 | 0 | 0 |
| 鲁棉 241 | 37.4 | 1.9 | 0 | 0 | 0 | 0 |

从表 4-3-4 可知，8 月 15 日调查时，鲁棉 241 株高最高，分别比中棉 50、中棉 425 和鲁棉 241 高 13.2 厘米、9.3 厘米和 12 厘米。果枝数中棉 50 和鲁棉 2387 最多，均为 7.0 个，其次是中棉 425（6.4 个），最少的是鲁棉 241（5.1 个）。花与幼铃数中棉 50（14.3 个）＞鲁棉 2387（12.4 个）＞中棉 425（10.9 个）＞鲁棉 241（8.4 个）。成铃数则是鲁棉 241 最多（3.7 个），与鲁棉 2387（3.5 个）差异不大，明显多于中棉 50（2.7 个）和中棉 425（1.6 个）。

**表 4-3-4　棉花不同品种农艺性状情况**（8 月 15 日）

| 品种 | 平均株高（厘米） | 果枝数（枝） | 花与幼铃数（个） | 成铃数（个） | 烂铃数（个） | 吐絮铃数（个） |
|---|---|---|---|---|---|---|
| 中棉 50 | 58.3 | 7.0 | 14.3 | 2.7 | 0 | 0 |
| 中棉 425 | 62.2 | 6.4 | 10.9 | 1.6 | 0 | 0 |
| 鲁棉 2387 | 59.5 | 7.0 | 12.4 | 3.5 | 0 | 0 |
| 鲁棉 241 | 71.5 | 5.1 | 8.4 | 3.7 | 0 | 0 |

从表 4-3-5 可知，9 月 15 日调查的 4 个品种中，鲁棉 241 的花与幼铃数和成铃数均最少，成铃数最多的为中棉 50，中棉 425 和鲁棉 2387 在花与幼铃数和成铃数方面差异不明显，两品种生育进程差不多。

**表 4-3-5　棉花不同品种的农艺性状情况**（9 月 15 日）

| 品种 | 花与幼铃（个） | 成铃数（个） | 烂铃数（个） | 吐絮铃数（个） |
|---|---|---|---|---|
| 中棉 50 | 3.9 | 11.5 | 0 | 0 |
| 中棉 425 | 5.1 | 8.0 | 0 | 0 |
| 鲁棉 2387 | 5.2 | 9.4 | 0 | 0 |
| 鲁棉 241 | 2.7 | 7.8 | 0.1 | 0 |

## （三）不同品种棉花产量测定

从表 4-3-6 可知，吐絮铃数中棉 50 最多，为 236 个，明显高于其他 3 个品种，其次是鲁棉 241（192 个）、中棉 425（170 个），鲁棉 2387 最少，为 168 个。青铃数与絮铃数相反，则是鲁棉 2387 的最多，其次是中棉 425、鲁棉 241，中棉 50 最少。烂铃数最多的为中棉 50，其次是中棉 425、鲁棉 2387，鲁棉 241 没有烂铃。总铃数差异不大，最多的是鲁棉 2387（547 个），最少的是中棉 425（507 个）。单株结铃数各品种间差异不大，最多的是鲁棉 2387（9.1 个），其次是中棉 50（9 个），再次是鲁棉 241（8.6 个），最少的是中棉 425（8.5 个）。单铃重鲁棉 241 最大，为 6.5 克，与其他 3 个品种间差异较大，其他 3 个品种间差异较小（5.1～5.5 克）。

**表 4-3-6　棉花不同品种产量构成要素表**（9 月 29 日）

| 品种 | 株数（株） | 吐絮铃数（个） | 青铃数（个） | 烂铃数（个） | 总铃数（个） | 亩株数（株） | 单株结铃数（个） | 铃重（克） |
|---|---|---|---|---|---|---|---|---|
| 中棉 50 | 60 | 236 | 296 | 5 | 537 | 6 061 | 9.0 | 5.5 |
| 中棉 425 | 60 | 170 | 334 | 3 | 507 | 6 061 | 8.5 | 5.1 |
| 鲁棉 2387 | 60 | 168 | 378 | 1 | 547 | 6 061 | 9.1 | 5.5 |
| 鲁棉 241 | 60 | 192 | 321 | 0 | 513 | 6 061 | 8.6 | 6.5 |

从表 4-3-7 可知，9 月 25 日前，各品种均未吐絮。10 月 20 日，收获籽棉最多的为鲁棉 241，其次是中棉 50，最少的为中棉 425。折合籽棉产量方面，鲁棉 241 表现最好，亩产 209.5 千克，是早熟品种。其次是鲁棉 2387 亩产 190.1 千克，中棉 50 亩产 186.4 千克，产量最低的为中棉 425 亩产 164.4 千克。衣分率方面，鲁棉 2387 和鲁棉 241 相对较高，中棉 425 和中棉 50 较低。折合皮棉产量，鲁棉 2387 的亩产 89.9 千克，鲁棉 241 的亩产 85.4 千克，两品种差异不大，高于中棉 50 的亩产 68.8 千克和中棉 425 的亩产 68.4 千克。

鲁棉 241 为早熟品种，单铃重最高，产量最多，适宜晚播。鲁棉 2387 衣分率最高，皮棉产量较高，适宜晚播。中棉 50 与中棉 425 差异不大，中棉 50 衣分率最低，中棉 425 单铃重最低，不适宜晚播。

**表 4-3-7 不同品种分次收获的籽棉、皮棉重、铃重、衣分率调查表**

| 品种 | 第 1 次收花 9 月 25 日 | 第 2 次收花 10 月 20 日 | | 第 3 次收花 11 月 3 日 | 平均 | | 3 次收花合计 | | 折合产量 | |
|---|---|---|---|---|---|---|---|---|---|---|
| | 籽棉（克） | 籽棉（克） | 50 铃（克） | 籽棉（克） | 单铃重（克） | 衣分率（%） | 籽棉（克） | 皮棉（克） | 籽棉（千克） | 皮棉（千克） |
| 中棉 50 | 0 | 805.95 | 277.41 | 1 038.9 | 5.5 | 36.9 | 1 844.9 | 680.63 | 186.4 | 68.8 |
| 中棉 425 | 0 | 569.36 | 263.83 | 1 058.1 | 5.1 | 41.9 | 1 627.5 | 676.66 | 164.4 | 68.4 |
| 鲁棉 2387 | 0 | 592.46 | 282.50 | 1 289.6 | 5.5 | 44.9 | 1 882.1 | 845.04 | 190.1 | 85.4 |
| 鲁棉 241 | 0 | 917.80 | 325.20 | 1 156.2 | 6.5 | 42.9 | 2 074.0 | 889.75 | 209.5 | 89.9 |

由表 4-3-8 可知，各品种上半部平均长度差异不大，中棉 50 最长，为 30.2 毫米，鲁棉 2387 最短，为 28.3 毫米。整齐度指数鲁棉 2387 表现最好，为 86.8%，其次是鲁棉 241（85.8%）、中棉 425（84.2%），最差的是中棉 50（82.9%）。断裂比强度鲁棉 2387 最高，其次是中棉 50、鲁棉 241，最低的为中棉 425。马克隆值和伸长率表现最好的均是鲁棉 241，其次是中棉 425、中棉 50，最差的是鲁棉 2387。总体分析，鲁棉 241 品质最好。

**表 4-3-8 棉花品质检测统计表**（2021 年）

| 品种 | 检验项目/单位 | | | | |
|---|---|---|---|---|---|
| | 上半部平均长度（毫米） | 整齐度指数（%） | 断裂比强度（厘牛顿/特克斯） | 马克隆值 | 伸长率（%） |
| 中棉 50 | 30.2 | 82.9 | 30.8 | 3.9 | 6.7 |
| 中棉 425 | 29.3 | 84.2 | 28.1 | 4.2 | 6.7 |
| 鲁棉 2387 | 28.3 | 86.8 | 32.1 | 3.8 | 6.6 |
| 鲁棉 241 | 29.0 | 85.8 | 29.9 | 4.6 | 6.8 |

## 五、结论与讨论

### （一）结论

鲁棉 241 为早熟品种，单铃重最高，产量最多，可作为短季棉品种种植，并且适宜晚播。结合往年茌口种植试验结论，可在鲁西南推广种植。鲁棉 2387 皮棉产量与鲁棉 241 相差不大，品质综合分析上也不占优势。中棉 425 和中棉 50 产量差异不大，中棉 425 单铃重最低，且产量较低，不适宜 6 月 10 日以后晚播。

### （二）讨论

4 个品种棉花播种后出苗整齐一致，生育进程相近，略有区别。控旺有点延后，植株长势整体偏高，同时由于棉花生育期长，到收获时期截止时 11 月 3 日时棉花没有全部吐絮，对棉花产量有一定影响。

## 六、原始调查数据

原始调查数据见表 4-3-9 至表 4-3-11。

**表 4-3-9　棉花农艺性状记录表**

| 品种 | 调查日期 | 7月15日 | | | | | | | | | |
|---|---|---|---|---|---|---|---|---|---|---|---|
| | 株号 | 1 | 2 | 3 | 4 | 5 | 6 | 7 | 8 | 9 | 10 |
| 中棉 50 | 株高（厘米） | 26.3 | 27.1 | 21.8 | 30.3 | 26.9 | 21.5 | 26.4 | 22.0 | 27.5 | 27.1 |
| | 果枝数（个） | 1 | 2 | 1 | 3 | 1 | 1 | 1 | 1 | 1 | 2 |
| | 花与幼铃（个） | 0 | 0 | 0 | 0 | 0 | 0 | 0 | 0 | 0 | 0 |
| | 成铃（个） | 0 | 0 | 0 | 0 | 0 | 0 | 0 | 0 | 0 | 0 |
| | 烂铃（个） | 0 | 0 | 0 | 0 | 0 | 0 | 0 | 0 | 0 | 0 |
| | 吐絮铃（个） | 0 | 0 | 0 | 0 | 0 | 0 | 0 | 0 | 0 | 0 |
| 中棉 425 | 株高（厘米） | 32.1 | 26.9 | 32.3 | 32.7 | 37.4 | 34.9 | 31.5 | 30.0 | 34.6 | 29.6 |
| | 果枝数（个） | 3 | 1 | 2 | 3 | 2 | 3 | 3 | 2 | 4 | 3 |
| | 花与幼铃（个） | 0 | 0 | 0 | 0 | 0 | 0 | 0 | 0 | 0 | 0 |
| | 成铃（个） | 0 | 0 | 0 | 0 | 0 | 0 | 0 | 0 | 0 | 0 |
| | 烂铃（个） | 0 | 0 | 0 | 0 | 0 | 0 | 0 | 0 | 0 | 0 |
| | 吐絮铃（个） | 0 | 0 | 0 | 0 | 0 | 0 | 0 | 0 | 0 | 0 |
| 鲁棉 2387 | 株高（厘米） | 27.8 | 22.3 | 27.6 | 25.9 | 23.6 | 28.7 | 26.4 | 30.8 | 33.6 | 32.7 |
| | 果枝数（个） | 0 | 3 | 4 | 2 | 3 | 4 | 3 | 1 | 4 | 2 |
| | 花与幼铃（个） | 0 | 0 | 0 | 0 | 0 | 0 | 0 | 0 | 0 | 0 |
| | 成铃（个） | 0 | 0 | 0 | 0 | 0 | 0 | 0 | 0 | 0 | 0 |
| | 烂铃（个） | 0 | 0 | 0 | 0 | 0 | 0 | 0 | 0 | 0 | 0 |
| | 吐絮铃（个） | 0 | 0 | 0 | 0 | 0 | 0 | 0 | 0 | 0 | 0 |
| 鲁棉 241 | 株高（厘米） | 37.1 | 37.5 | 35.9 | 38.5 | 38.9 | 33.4 | 35.8 | 37.6 | 39.8 | 39.2 |
| | 果枝数（个） | 1 | 3 | 3 | 1 | 3 | 2 | 1 | 3 | 2 | 0 |
| | 花与幼铃（个） | 0 | 0 | 0 | 0 | 0 | 0 | 0 | 0 | 0 | 0 |
| | 成铃（个） | 0 | 0 | 0 | 0 | 0 | 0 | 0 | 0 | 0 | 0 |
| | 烂铃（个） | 0 | 0 | 0 | 0 | 0 | 0 | 0 | 0 | 0 | 0 |
| | 吐絮铃（个） | 0 | 0 | 0 | 0 | 0 | 0 | 0 | 0 | 0 | 0 |

**表 4-3-10　棉花农艺性状记录表**

| 品种 | 调查日期 | 8月15日 | | | | | | | | | |
|---|---|---|---|---|---|---|---|---|---|---|---|
| | 株号 | 1 | 2 | 3 | 4 | 5 | 6 | 7 | 8 | 9 | 10 |
| 中棉 50 | 株高（厘米） | 52 | 48 | 57 | 60 | 60 | 66 | 60 | 54 | 60 | 66 |
| | 果枝数（个） | 9 | 7 | 6 | 9 | 8 | 7 | 5 | 6 | 6 | 7 |

（续）

| 品种 | 调查日期 | 8月15日 | | | | | | | | | |
|---|---|---|---|---|---|---|---|---|---|---|---|
| | 株号 | 1 | 2 | 3 | 4 | 5 | 6 | 7 | 8 | 9 | 10 |
| 中棉50 | 花与幼铃（个） | 22 | 14 | 7 | 21 | 11 | 11 | 8 | 14 | 20 | 15 |
| | 成铃（个） | 3 | 4 | 1 | 1 | 3 | 3 | 2 | 4 | 2 | 4 |
| | 烂铃（个） | 0 | 0 | 0 | 0 | 0 | 0 | 0 | 0 | 0 | 0 |
| | 吐絮铃（个） | 0 | 0 | 0 | 0 | 0 | 0 | 0 | 0 | 0 | 0 |
| 中棉425 | 株高（厘米） | 67 | 72 | 63 | 60 | 62 | 66 | 57 | 60 | 50 | 65 |
| | 果枝数（个） | 6 | 8 | 6 | 5 | 7 | 7 | 8 | 6 | 5 | 6 |
| | 花与幼铃（个） | 9 | 9 | 13 | 15 | 8 | 8 | 13 | 15 | 7 | 12 |
| | 成铃（个） | 1 | 2 | 4 | 1 | 3 | 0 | 2 | 3 | 0 | 0 |
| | 烂铃（个） | 0 | 0 | 0 | 0 | 0 | 0 | 0 | 0 | 0 | 0 |
| | 吐絮铃（个） | 0 | 0 | 0 | 0 | 0 | 0 | 0 | 0 | 0 | 0 |
| 鲁棉2387 | 株高（厘米） | 50 | 53 | 50 | 59 | 44 | 62 | 70 | 72 | 74 | 61 |
| | 果枝数（个） | 8 | 6 | 8 | 8 | 7 | 7 | 7 | 5 | 6 | 8 |
| | 花与幼铃（个） | 13 | 11 | 11 | 11 | 9 | 13 | 19 | 11 | 15 | 11 |
| | 成铃（个） | 4 | 4 | 7 | 5 | 4 | 2 | 2 | 4 | 0 | 3 |
| | 烂铃（个） | 0 | 0 | 0 | 0 | 0 | 0 | 0 | 0 | 0 | 0 |
| | 吐絮铃（个） | 0 | 0 | 0 | 0 | 0 | 0 | 0 | 0 | 0 | 0 |
| 鲁棉241 | 株高（厘米） | 70 | 80 | 80 | 80 | 70 | 70 | 65 | 70 | 70 | 60 |
| | 果枝数（个） | 5 | 5 | 5 | 6 | 4 | 6 | 6 | 4 | 7 | 3 |
| | 花与幼铃（个） | 10 | 11 | 10 | 6 | 7 | 11 | 9 | 9 | 9 | 2 |
| | 成铃（个） | 5 | 1 | 3 | 6 | 4 | 3 | 6 | 2 | 4 | 3 |
| | 烂铃（个） | 0 | 0 | 0 | 0 | 0 | 0 | 0 | 0 | 0 | 0 |
| | 吐絮铃（个） | 0 | 0 | 0 | 0 | 0 | 0 | 0 | 0 | 0 | 0 |

**表 4-3-11 棉花农艺性状记录表**

| 品种 | 调查日期 | 9月15日 | | | | | | | | | |
|---|---|---|---|---|---|---|---|---|---|---|---|
| | 株号 | 1 | 2 | 3 | 4 | 5 | 6 | 7 | 8 | 9 | 10 |
| 中棉50 | 株高（厘米） | — | — | — | — | — | — | — | — | — | — |
| | 果枝数（个） | — | — | — | — | — | — | — | — | — | — |
| | 花与幼铃（个） | 4 | 5 | 5 | 3 | 4 | 8 | 4 | 0 | 2 | 4 |
| | 成铃（个） | 21 | 11 | 11 | 1 | 6 | 13 | 7 | 10 | 17 | 18 |
| | 烂铃（个） | 0 | 0 | 0 | 0 | 0 | 0 | 0 | 0 | 0 | 0 |
| | 吐絮铃（个） | 0 | 0 | 0 | 0 | 0 | 0 | 0 | 0 | 0 | 0 |
| 中棉425 | 株高（厘米） | — | — | — | — | — | — | — | — | — | — |
| | 果枝数（个） | — | — | — | — | — | — | — | — | — | — |

（续）

| 品种 | 调查日期 | 9月15日 | | | | | | | | | |
|---|---|---|---|---|---|---|---|---|---|---|---|
| | 株号 | 1 | 2 | 3 | 4 | 5 | 6 | 7 | 8 | 9 | 10 |
| 中棉425 | 花与幼铃（个） | 0 | 2 | 3 | 5 | 1 | 5 | 11 | 6 | 10 | 8 |
| | 成铃（个） | 5 | 7 | 12 | 4 | 5 | 8 | 7 | 10 | 12 | 10 |
| | 烂铃（个） | 0 | 0 | 0 | 0 | 0 | 0 | 0 | 0 | 0 | 0 |
| | 吐絮铃（个） | 0 | 0 | 0 | 0 | 0 | 0 | 0 | 0 | 0 | 0 |
| | 株高（厘米） | — | — | — | — | — | — | — | — | — | — |
| | 果枝数（个） | — | — | — | — | — | — | — | — | — | — |
| 鲁棉2387 | 花与幼铃（个） | 7 | 5 | 2 | 6 | 8 | 4 | 4 | 2 | 4 | 10 |
| | 成铃（个） | 6 | 4 | 10 | 8 | 11 | 9 | 3 | 7 | 13 | 23 |
| | 烂铃（个） | 0 | 0 | 0 | 0 | 0 | 0 | 0 | 0 | 0 | 1 |
| | 吐絮铃（个） | 0 | 0 | 0 | 0 | 0 | 0 | 0 | 0 | 0 | 0 |
| | 株高（厘米） | — | — | — | — | — | — | — | — | — | — |
| | 果枝数（个） | — | — | — | — | — | — | — | — | — | — |
| 鲁棉241 | 花与幼铃（个） | 3 | 1 | 2 | 3 | 0 | 1 | 5 | 2 | 4 | 6 |
| | 成铃（个） | 10 | 9 | 10 | 8 | 5 | 4 | 10 | 7 | 8 | 7 |
| | 烂铃（个） | 0 | 0 | 1 | 0 | 0 | 0 | 0 | 0 | 0 | 0 |
| | 吐絮铃（个） | 0 | 0 | 0 | 0 | 0 | 0 | 0 | 0 | 0 | 0 |

# 山东省传统棉作结构调整优化蒜后直播短季棉试验技术总结报告

山东贵禾农业科技有限公司

## 一、试验研究背景及意义

为有效解决传统棉作模式存在的作物间茬口不顺、环节间衔接不畅、产业间技术协同性不强等问题，探索适合山东省不同生态区的短季棉应用技术，根据《山东省农业农村厅关于印发 2021 年山东省传统棉作制度调整优化技术试验示范项目实施方案的函》（鲁农棉字〔2021〕6 号）要求，结合金乡及周边棉花生产种植集中区域的实际情况，特进行本实验。实验以提质量、增效益，保面积为目的，优化棉花品质结构，升级棉花耕作制度，提升棉花生产全程轻简化水平，实现棉花绿色可持续发展。

## 二、试验设计

### （一）供试品种

中棉 425、鲁棉 2387。

### （二）试验地点和设计

试验地点：山东省济宁市金乡县鸡黍镇李堌堆村。试验设计：试验设置品种和密度两种因素，选择 2 个短季棉品种和 4 个种植密度（分别为：4 000 株/亩、5 000 株/亩、6 000 株/亩、7 000 株/亩），共 8 个处理，采取随机区组排列，重复 3 次，共 24 个小区，小区面积 39.9 平方米，小区行长 10 米，6 行区，等行距种植，行距 70 厘米，区组间走道宽保持为 1.5 米，试验净占地面积 1.436 亩。

### （三）田间管理措施

前茬作物：大蒜，收获期为 5 月 20 日。土壤类型：壤土。耕地和整地方式：机械浅旋。播种方式和方法：小机械条播。播种期：5 月 27 日；第一次间苗：6 月 10 日；定苗期：6 月 20 日。中耕除草（次数和时间）：中耕 1 次，于 6 月 23 日进行。追肥（时间、种类、方法）：7 月 15 日每亩追施尿素 10 千克、硫酸钾 15 千克。灌溉（排水）情况：全生育期没有浇水，共排水 2 次。整枝（次数和时间）：1 次，时间为 7 月 25 日。化调（日期、药剂种类、用量）：第一次时间为 7 月 5 日，用 40%助壮素，5 毫升/亩；

第二次时间为7月20日，用40%助壮素，8毫升/亩；第三次时间为8月2日，用40%助壮素，10毫升/亩；第四次时间为8月15日，用40%助壮素，15毫升/亩。主要病虫害及其防治（时间、种类、用药量和方法）：第一次为6月15日用赛虫嗪+茚虫威各1 500倍，喷雾，防治蚜虫、盲蝽蟓和蓟马等；第二次为6月28日用吡虫啉和啶虫脒1 500倍液喷雾，防治甜菜夜蛾、蚜虫和飞虱；第三次为7月19日用赛虫嗪+高效氯氰菊酯各1 500倍液喷雾，防治棉铃虫、盲蝽蟓和飞虱；第四次为8月13日用甲维盐+啶虫脒1 000倍，防治棉铃虫、盲蝽蟓和飞虱。第五次为8月25日，用甲维盐+啶虫脒各1 500倍，防治棉铃虫、飞虱、盲蝽蟓。打顶期为7月27日，收花期为10月10日，秸秆还田期为10月13日。

## （四）测定项目和方法

**1. 土壤肥力测定**　在棉花播种前和收获后采集选取0～20厘米和20～40厘米土层土样，测定土壤有机质、pH、全氮、碱解氮、全磷、有效磷、全钾、速效钾等土壤养分含量。播种前取样方法是：在均匀的试验地，按“对角线”法选取3个点采集土样（每个点取3土钻进行混合）。收获后，在每个小区随机选取1个点采集土样（大区种植应在每个处理随机选取3个点取样），每个点应取2～3土钻混合。土样剔除杂质时可见植物残体，风干，磨细过0.01毫米筛，保存，用于土壤养分性质检测。

**2. 田间管理措施记录**　记录施肥数量和种类，化控时间和用量、排灌时间，防治病虫时间及用药名称，打顶时间等。

**3. 生育期记载**　记录每个处理的播种期、出苗期、现蕾期、开花期、吐絮期等。

**4. 农艺性状调查**　每个小区中间行定点选择10株棉花，分别于7月15日、8月15日、9月15日调查定点植株株高，果枝数，成铃、花与幼铃、烂铃、吐絮铃数量。试验过程中，若定点植株死亡则剔除该植株的相关数据。

**5. 棉花干物质积累与分配**　在现蕾、开花、盛花（第4果枝上开第1朵花）、吐絮期（均为全部50%棉株达到标准的时间）进行干物质取样，测定植株干物质积累量及植株氮、磷、钾含量。每个小区取3株，现蕾期可增加取样数量，分为生殖器官（蕾花铃）和营养器官（根茎叶），置于烘箱中105℃杀青30分钟，然后再烘干至恒重，称重。

**6. 棉花光合等指标测定**

（1）光合速率。在盛蕾期、初花期、盛花期和吐絮期，选取晴天上午8：30—11：30，用LI-6400便携式光合测定仪（LI-COR，Lincoln，USA）测定每个小区棉花主茎倒4叶的净光合速率，每个小区测3株棉花，取平均值。

（2）冠层结构。在盛蕾期、初花期、盛花期和吐絮期用LAI-2200植物冠层分析仪（LAI-2200，PlantCanopyAnalyzers，PCA；Li-COR，Lincoln，Nebarska，USA）测定每个小区的棉花群体冠层结构指标，包括群体叶面积指数（LeafAreaindex，LAI）、冠层开度（DIFN）和叶倾角（MeanTiltAngle，MTA）。

光能利用率：在盛蕾期、初花期、盛花期、吐絮期，分别用LI-250A光照计进行光辐射测定，计算不同处理棉花的光能利用率。

7. **棉花产量和纤维品质测定**

（1）实收产量测定。全小区一次性收获计实产；同时，收花时，在每个标记样点内收取内围正常吐絮的50个棉铃，晒干（水分11%～12%）后称重，取平均值作为样点单铃重，依据样点籽棉产量（样点内的50个铃的重量计入样点实收产量）和铃重计算铃数。对晒干并称重后的50个棉铃进行轧花，得到衣分，依据该衣分和样点籽棉产量计算出样点皮棉产量。

（2）品质测定。对样点50铃轧花后的皮棉进行纤维品质检测，籽棉测定含油率（不饱和脂肪酸含量）、蛋白含量及其组分变化情况。

（3）大蒜产量测定。测定大蒜产量，并计算经济效益。记录大蒜品种名称、主要特征特性、播种时间、收获时间、产量、价格、人工成本、物化成本、总成本等，计算大蒜经济效益（元/亩）。

依据产量和当地市场价格，分析大蒜和棉花的经济效益。

## 三、环境条件

### （一）试验地土壤肥力条件

试验地土壤类型：壤土，土壤肥力中上等，地力均匀，排灌方便。

### （二）气候条件（试验期间降水、温度、有效积温等）

苗期：试验期间播前造墒，一播全苗，且苗齐、苗匀、苗壮，田间微旱，没有浇水，利于促进棉花根系下扎，丰产架子非常好；蕾铃期：初期下透雨一次，利于集中现蕾开花；降水主要集中在7月下旬，虽降水量大，但持续时间短，光照尚可，没有影响开花结铃，仅个别品种中部果枝内围有蕾花脱落；吐絮期：8月下旬至9月下旬进入吐絮初期，降水多，持续时间长，低温寡照，造成棉田黑桃烂铃增加，非常不利于吐絮收花。

## 四、结果分析

### （一）不同试验处理对棉花生育期的影响

由表4-4-1可知，不同品种和密度处理间，播种期和出苗期时间无明显差别，现蕾期亦无明显差别；中棉425的开花期明显早于鲁棉2387。不同密度处理间，4 000株/亩处理开花早于其他3个处理1～2天，不同品种的不同处理间无不同变化趋势；封行期，不同品种处理间差别不大，不同密度间4 000株/亩的处理封行期略早于其他3个处理1～2天，其他3个处理无明显差别，不同品种处理间无不同变化趋势；吐絮期，中棉425明显早于鲁棉2387 2～3天吐絮，不同密度处理间，由于4 000株/亩处理早发，吐絮略早于其他3个处理1～2天。

表 4-4-1 生育调查表

| 品种名称 | 密度(株/亩) | 播种期(月/日) | | | 出苗期(月/日) | | | 现蕾期(月/日) | | | 开花期(月/日) | | | 封行期(月/日) | | | 打顶期(月/日) | 吐絮期(月/日) | | |
|---|---|---|---|---|---|---|---|---|---|---|---|---|---|---|---|---|---|---|---|---|
| | | Ⅰ | Ⅱ | Ⅲ | Ⅰ | Ⅱ | Ⅲ | Ⅰ | Ⅱ | Ⅲ | Ⅰ | Ⅱ | Ⅲ | Ⅰ | Ⅱ | Ⅲ | | Ⅰ | Ⅱ | Ⅲ |
| 中棉 425 | 4 000 | 5/27 | 5/27 | 5/27 | 6/1 | 6/1 | 6/1 | 6/22 | 6/22 | 6/22 | 7/11 | 7/11 | 7/11 | 7/25 | 7/25 | 7/25 | 7/27 | 9/8 | 9/8 | 9/8 |
| 中棉 425 | 5 000 | 5/27 | 5/27 | 5/27 | 6/1 | 6/1 | 6/1 | 6/22 | 6/21 | 6/22 | 7/11 | 7/13 | 7/12 | 7/26 | 7/25 | 7/26 | 7/27 | 9/9 | 9/9 | 9/8 |
| 中棉 425 | 6 000 | 5/27 | 5/27 | 5/27 | 6/1 | 6/1 | 6/1 | 6/21 | 6/22 | 6/21 | 7/12 | 7/11 | 7/13 | 7/26 | 7/26 | 7/26 | 7/27 | 9/8 | 9/8 | 9/9 |
| 中棉 425 | 7 000 | 5/27 | 5/27 | 5/27 | 6/1 | 6/1 | 6/1 | 6/22 | 6/22 | 6/22 | 7/11 | 7/12 | 7/12 | 7/25 | 7/25 | 7/26 | 7/27 | 9/8 | 9/9 | 9/8 |
| 鲁棉 2387 | 4 000 | 5/27 | 5/27 | 5/27 | 6/1 | 6/1 | 6/1 | 6/22 | 6/22 | 6/22 | 7/12 | 7/12 | 7/11 | 7/25 | 7/25 | 7/25 | 7/27 | 9/10 | 9/11 | 9/10 |
| 鲁棉 2387 | 5 000 | 5/27 | 5/27 | 5/27 | 6/1 | 6/1 | 6/1 | 6/21 | 6/22 | 6/22 | 7/13 | 7/14 | 7/13 | 7/26 | 7/26 | 7/26 | 7/27 | 9/9 | 9/10 | 9/9 |
| 鲁棉 2387 | 6 000 | 5/27 | 5/27 | 5/27 | 6/1 | 6/1 | 6/1 | 6/22 | 6/22 | 6/22 | 7/14 | 7/13 | 7/14 | 7/25 | 7/26 | 7/25 | 7/27 | 9/11 | 9/10 | 9/10 |
| 鲁棉 2387 | 7 000 | 5/27 | 5/27 | 5/27 | 6/1 | 6/1 | 6/1 | 6/22 | 6/22 | 6/22 | 7/14 | 7/14 | 7/14 | 7/25 | 7/26 | 7/26 | 7/27 | 9/10 | 9/11 | 9/10 |

## (二)不同试验处理对棉花农艺性状的影响

不同处理对株高的生长影响见表 4-4-2，在同样的化控水平下，品种间鲁棉 2387 株高明显高于中棉 425。不同密度下，各处理随密度的增加株高也增加。从不同调查时期来看，鲁棉 2387 前中期株高发育较快，后期稳健，造成 7 000 株/亩处理株高低于其他处理。

表 4-4-2 不同处理对株高的影响

| 调查时期 | 中棉 425 | | | | 鲁棉 2387 | | | |
|---|---|---|---|---|---|---|---|---|
| 密度(株/亩) | 4 000 | 5 000 | 6 000 | 7 000 | 4 000 | 5 000 | 6 000 | 7 000 |
| 7 月 15 日(厘米) | 58.3 | 59.8 | 63.2 | 64.0 | 62.1 | 62.9 | 65.5 | 62.2 |
| 8 月 15 日(厘米) | 66.1 | 78.0 | 66.3 | 67.7 | 71.3 | 70.1 | 75.6 | 67.8 |
| 9 月 15 日(厘米) | 68.0 | 68.3 | 71.0 | 73.9 | 71.3 | 70.1 | 99.0 | 67.8 |

由表 4-4-3 可知，在不同处理对果枝数的影响方面，品种间鲁棉 2387 的果枝数明显多于中棉 425，不同密度间两品种果枝数的变化趋势是一样的，均随密度的增加果枝数减少，但 5 000 株/亩、6 000 株/亩的果枝数差别不大。

表 4-4-3 不同处理对果枝数的影响

| 调查时期 | 中棉 425 | | | | 鲁棉 2387 | | | |
|---|---|---|---|---|---|---|---|---|
| 密度(株/亩) | 4 000 | 5 000 | 6 000 | 7 000 | 4 000 | 5 000 | 6 000 | 7 000 |
| 7 月 15 日(个) | 7.2 | 6.7 | 6.7 | 6.0 | 9.9 | 8.8 | 9.1 | 8.8 |
| 8 月 15 日(个) | 11.9 | 10.2 | 10.3 | 9.9 | 12.3 | 11.9 | 11.9 | 11.3 |
| 9 月 15 日(个) | 11.3 | 10.6 | 10.8 | 10.2 | 12.3 | 11.9 | 11.9 | 11.3 |

由表 4-4-4 可知，在不同处理对成铃数的影响方面，品种间鲁棉 2387 单株成铃数明显高于中棉 425，不同密度间两品种变化趋势一致，除 4 000 株/亩处理明显高于其他处理外，其他处理单株成铃数基本趋于一致。从不同的调查时期来看，中棉 425 前、中

期结铃较为集中，鲁棉 2387 中、后期结铃叶絮集中。

**表 4-4-4　不同处理对单株成铃数的影响**

| 调查时期 | 中棉 425 | | | | 鲁棉 2387 | | | |
|---|---|---|---|---|---|---|---|---|
| 密度（株/亩） | 4 000 | 5 000 | 6 000 | 7 000 | 4 000 | 5 000 | 6 000 | 7 000 |
| 7 月 15 日（个） | 4.1 | 4.5 | 4.4 | 4.5 | 3.5 | 3.9 | 4.1 | 3.9 |
| 8 月 15 日（个） | 11.1 | 4.8 | 6.4 | 7.1 | 13.0 | 9.5 | 9.3 | 9.3 |
| 9 月 15 日（个） | 10.8 | 9.1 | 8.3 | 9.4 | 14.7 | 10.2 | 10.5 | 10.8 |

注：成铃包括青铃、烂铃和吐絮铃。

由表 4-4-5 可知，不同处理对烂铃的影响方面，品种间鲁棉 2387 明显多于中棉 425，可能与中棉 425 第一枝以下距地面高、通风好有关。不同密度间两品种成铃数有不同，但由于4 000 株/亩的低密度处理前期发育快、结铃早，烂铃都较多。中棉 425 的其他 3 个密度处理烂铃数差别不明显；鲁棉 2387 的 5 000 株/亩和 6 000 株/亩处理烂铃数差别不明显，7 000 株/亩处理烂铃数也较多，仅次于 4 000 株/亩的处理。

**表 4-4-5　不同处理对烂铃数的影响**

| 调查时期 | 中棉 425 | | | | 鲁棉 2387 | | | |
|---|---|---|---|---|---|---|---|---|
| 密度（株/亩） | 4 000 | 5 000 | 6 000 | 7 000 | 4 000 | 5 000 | 6 000 | 7 000 |
| 7 月 15 日（个） | 0.0 | 0.0 | 0.0 | 0.0 | 0.0 | 0.0 | 0.0 | 0.0 |
| 8 月 15 日（个） | 0.0 | 0.0 | 0.0 | 0.0 | 0.0 | 0.0 | 0.0 | 0.0 |
| 9 月 15 日（个） | 2.7 | 1.3 | 1.7 | 1.3 | 4.2 | 2.6 | 2.7 | 3.2 |

由表 4-4-6 可知，在不同处理对吐絮铃的影响方面，品种间差别较大，中棉 425 吐絮明显早于鲁棉 2387。由于前期的黑桃烂铃的影响，单株吐絮铃数在不同密度处理间差别不明显。

**表 4-4-6　不同处理对吐絮铃的影响**

| 调查时期 | 中棉 425 | | | | 鲁棉 2387 | | | |
|---|---|---|---|---|---|---|---|---|
| 密度（株/亩） | 4 000 | 5 000 | 6 000 | 7 000 | 4 000 | 5 000 | 6 000 | 7 000 |
| 7 月 15 日（个） | 0.0 | 0.0 | 0.0 | 0.0 | 0.0 | 0.0 | 0.0 | 0.0 |
| 8 月 15 日（个） | 0.0 | 0.0 | 0.0 | 0.0 | 0.0 | 0.0 | 0.0 | 0.0 |
| 9 月 15 日（个） | 1.3 | 2.0 | 0.7 | 2.0 | 0.1 | 0.2 | 0.6 | 0.2 |

## （三）棉花产量测定及效益分析

各处理的棉花产量测定情况及收益情况见表 4-4-7。

**表 4-4-7　小区产量测定表**

| 品种 | 重复 | 密度处理（株/亩） | 小区实收籽棉产量（克） | 单铃重（克） | 衣分率（%） | 子指（克） |
|---|---|---|---|---|---|---|
| 中棉 425 | 一 | 4 000 | 12 930 | 5.9 | 44.2 | 10.9 |
| | | 5 000 | 13 602 | 5.5 | 44.4 | 10.2 |
| | | 6 000 | 13 427 | 5.9 | 43.9 | 11.2 |
| | | 7 000 | 13 078 | 5.8 | 44.4 | 10.8 |
| 中棉 425 | 二 | 4 000 | 13 052 | 5.8 | 44.3 | 11.1 |
| | | 5 000 | 13 681 | 6.3 | 43.8 | 11.7 |
| | | 6 000 | 13 681 | 6.2 | 43.4 | 12.0 |
| | | 7 000 | 13 189 | 6.3 | 43.4 | 11.7 |
| 中棉 425 | 三 | 4 000 | 12 086 | 5.8 | 43.0 | 11.1 |
| | | 5 000 | 12 957 | 5.7 | 45.1 | 10.3 |
| | | 6 000 | 12 816 | 5.5 | 45.0 | 11.9 |
| | | 7 000 | 12 022 | 5.6 | 44.2 | 10.8 |
| 鲁棉 2387 | 一 | 4 000 | 12 605 | 5.3 | 45.9 | 9.8 |
| | | 5 000 | 13 586 | 5.2 | 45.4 | 10.0 |
| | | 6 000 | 13 438 | 5.6 | 45.4 | 9.1 |
| | | 7 000 | 13 129 | 5.8 | 44.2 | 9.8 |
| 鲁棉 2387 | 二 | 4 000 | 13 203 | 6.1 | 43.1 | 9.9 |
| | | 5 000 | 13 827 | 6.3 | 43.4 | 9.8 |
| | | 6 000 | 13 927 | 6.0 | 42.9 | 9.6 |
| | | 7 000 | 13 426 | 6.5 | 44.0 | 9.8 |
| 鲁棉 2387 | 三 | 4 000 | 12 459 | 6.0 | 42.5 | 10.5 |
| | | 5 000 | 12 856 | 5.8 | 46.5 | 9.8 |
| | | 6 000 | 12 818 | 6.2 | 45.4 | 10.2 |
| | | 7 000 | 12 254 | 6.2 | 42.8 | 9.5 |

计产采用全小区收获计产。由表 4-4-8 可知，各处理的单铃重和衣分率没有明显差别。品种间，中棉 425 子指明显高于鲁棉 2387，两品种之间产量差别不大，不同品种不同密度对产量的影响趋势亦同，即 5 000 株/亩和 6 000 株/亩的产量明显高于其他两个处理，其他两个密度的处理产量均明显较低。由表 4-4-8 可知，以小区平均产量为对照进行产量比较，鲁棉 2387 的 5 000 株/亩和 6 000 株/亩处理产量最高，皮棉亩产分别为 101 千克/亩和 99.5 千克/亩，分别比平均产量高 4.7%和 3.2%；其次为中棉 425 的

5 000 株/亩和6 000 株/亩处理，产量均高于平均产量，皮棉亩产分别为 99.3 千克/亩和 97.8 千克/亩，分别比平均产量高 3.0%和 1.4%。

**表 4-4-8 产量汇总表**

| 品种名称 | 密度处理（株/亩） | 小区籽棉平均产量（千克） | 平均单铃重（克） | 平均衣分率（%） | 籽棉亩产（千克） | 皮棉亩产（千克） | 小区平均亩产（千克） | 皮棉亩产较平均增减（%） | 位次 |
|---|---|---|---|---|---|---|---|---|---|
| 中棉 425 | 4 000 | 12.69 | 5.9 | 43.8 | 211.5 | 92.7 | 96.4 | −3.8 | 8 |
| 中棉 425 | 5 000 | 13.41 | 5.8 | 44.4 | 223.6 | 99.3 | 96.4 | 3.0 | 3 |
| 中棉 425 | 6 000 | 13.31 | 5.9 | 44.1 | 221.8 | 97.8 | 96.4 | 1.4 | 4 |
| 中棉 425 | 7 000 | 12.76 | 5.9 | 44.0 | 212.7 | 93.6 | 96.4 | −2.9 | 6 |
| 鲁棉 2387 | 4 000 | 12.76 | 5.8 | 43.8 | 212.6 | 93.2 | 96.4 | −3.4 | 7 |
| 鲁棉 2387 | 5 000 | 13.42 | 5.8 | 45.1 | 223.7 | 101.0 | 96.4 | 4.7 | 1 |
| 鲁棉 2387 | 6 000 | 13.39 | 5.9 | 44.6 | 223.2 | 99.5 | 96.4 | 3.2 | 2 |
| 鲁棉 2387 | 7 000 | 12.94 | 6.1 | 43.7 | 215.6 | 94.2 | 96.4 | −2.3 | 5 |

以金乡蒜棉套作传统种植模式为对照，进行蒜棉种植全年两季综合效益分析，蒜棉连作亩纯收入 2 222 元，蒜棉套作亩纯收入 1 863 元，蒜棉连作较蒜棉套作亩增加纯收入 19.2%，综合效益明显增加，不仅省工、省时，而且减轻了劳动强度，值得进一步扩大示范推广面积（表 4-4-9）。

**表 4-4-9 全年蒜棉两季综合效益表**

| 种植模式 | 大蒜产量（千克/亩） | 大蒜价格（元） | 大蒜毛收入（元/亩） | 棉花产量（千克/亩） | 棉花价格（元） | 棉花毛收入（元/亩） | 大蒜生产成本（元/亩） | 棉花生产成本（元/亩） | 成本总计（元/亩） | 纯收入（元/亩） | 较蒜棉套作收增减（%） |
|---|---|---|---|---|---|---|---|---|---|---|---|
| 蒜棉连作 | 2 200 | 2.4 | 5 280 | 436.2 | 5.1 | 2 224 | 4 220 | 1 063 | 5 283 | 2 222 | 19.2 |
| 蒜棉套作 | 2 200 | 2.4 | 5 280 | 520.0 | 5.1 | 2 652 | 4 221 | 1 848 | 6 069 | 1 863 | 0 |

注：产量和价格均按照当年当季价格计算。

**1. 大蒜生产成本** 2020～2021 年度大蒜生产成本 4 220 元/亩，分别为：蒜种 1 000 元、收种用工 2 300 元、肥料 600 元、农药地膜 70 元、机械费 150 元、其他费用 100 元。

**2. 蒜后直播棉生产成本** 蒜后直播棉生产成本为 1 063 元/亩，分别为：种子 20 元、肥料 150 元、机械费 110 元（包括播前浅旋 40 元和秸秆还田 70 元）、农药 210 元、人工 137 元（包括打顶 50 元、打药 62 元、播种 25 元）、收花用工 436 元（0.5 元/千克）。

**3. 蒜套棉生产成本** 蒜套棉生产成本 1 848 元，分别为：播种 773 元（包括种子 55 元、除草剂 18 元、育苗 300 元、移栽 400 元）、田间管理费用 455 元（包括整枝打顶 120 元、中耕除草 70 元、病虫害防治 265 元）、采收期成本 620 元（采收 520 元、采收相关其他费用 30 元、秸秆还田 70 元）。

## 五、结论与讨论

本年度的试验，在蒜后直播早熟棉种植技术方面，从品种选择、种植密度、栽培技术等方面进行了归纳总结，为山东省不同生态区的短季棉应用提供了技术支撑。通过试验可知，蒜后直播早熟棉技术在金乡及周边蒜棉种植区完全可行，可以更大面积、更多地点进行示范和推广。

# 蒜棉椒(瓜)新型棉作模式良种良法示范总结报告

山东贵禾农业科技有限公司

## 一、示范内容

棉花-辣椒间套作和棉花-西瓜间套作新型种植模式。

## 二、示范地点和面积

面积共200亩，地点和面积分别位于：济宁市金乡县鸡黍镇柳园村50亩，任楼大周庄村100亩，李堌堆村50亩。其中棉-椒模式示范面积100亩，棉-瓜模式面积70亩，棉花、辣椒、西瓜纯作各10亩为示范对照区。

## 三、品种选择

棉花品种：瑞杂818。辣椒品种：三樱朝天椒。西瓜品种：新全王。

## 四、田间管理

严格按照蒜棉椒三元间套作高效生产技术规程进行。

## 五、示范期间气候情况

苗期：田间微旱，没有浇水，利于促进棉花根系下扎，丰产架子非常好。花蕾期：下透雨一次，利于集中现蕾开花。花铃期：该时期降水主要集中在7月下旬，虽降水量大，但持续时间短，光照情况尚可，没有影响开花结铃，仅个别品种中部果枝内围有蕾花脱落。中后期：8月下旬至9月下旬进入吐絮初期，此时降水多，持续时间长，低温寡照，造成棉田黑桃烂铃增加，非常不利于吐絮收花。

## 六、产量和效益分析

产量和效益分析见表4-5-1、表4-5-2。

**表 4-5-1　产量和效益分析表**

| 模式 | 作物 | 亩产（千克） | 单价（元） | 亩效益（元） | 投入（元） | 模式亩收益（元） | 较蒜套棉收益增减（%） |
|---|---|---|---|---|---|---|---|
| 纯作棉花 | 棉花 | 268.7 | 10.0 | 2 687.0 | 1 377 | 1 310.0 | 0.0 |
| 棉-椒模式 | 棉花 | 149.8 | 10.0 | 1 498.0 | 688 | 4 427.6 | 238.0 |
| | 辣椒 | 240.7 | 18.0 | 4 332.6 | 715 | | |
| 棉-瓜模式 | 棉花 | 137.6 | 10.0 | 1 376.0 | 964 | 2 844.8 | 117.2 |
| | 西瓜 | 2 208 | 1.6 | 3 532.8 | 1 100 | | |

**表 4-5-2　亩投入成本表**

| 作物 | 移栽（元） | 整枝（元） | 农药（元） | 收获（元） | 其他（元） | 小计（元） | 折合间作亩成本（元） |
|---|---|---|---|---|---|---|---|
| 棉花 | 300 | 150 | 240 | 537 | 150 | 1 377 | 688 |
| 辣椒 | 600 | 50 | 280 | 350 | 150 | 1 430 | 715 |
| 西瓜 | 300 | 100 | 200 | 300 | 200 | 1 100 | 1 100 |

2021 年度新型棉作模式良种良法示范选用了棉-瓜和棉-椒两种新型间作模式，每种模式两种作物的互补性都很强。西瓜在进入 7 月份以后，就可以陆续收获，此时棉花刚进入开花期；7 月 20 日西瓜就可以全部收获完，此时棉花正处于棉花伏桃的形成关键期，故西瓜收获后要及时清除瓜秧和杂草，为棉花多结伏桃创造条件。辣椒较棉花提前进入开花期，两作物生长发育进程类似，但辣椒收获结束较早，可为棉花后期吐絮提供优越的自然条件；棉花长势强于辣椒，可为辣椒遮阴避暑，减少病害的发生。同时，多作物间作，可减少用药 10%以上，节省成本，降低劳动强度。

效益分析中的棉花价格、辣椒价格是根据 2021 年末的价格计算的，西瓜根据收获季节价格计算。本年度辣椒和西瓜价格均较高，因此，与蒜套棉相比，示范的新型种植模式收益明显高于传统蒜套棉种植模式，分别较传统蒜套棉种植模式增收 238%和 117.2%。两种新型种植模式的风险主要是，辣椒和西瓜价格年份间变化较大，收益不稳定，其实棉花的价格不同年份间也有很大变化，因此在下一步的工作中，对不同的种植模式要配套推广，以减少棉农植棉风险，增加亩收益。

## 七、组织领导

本示范展示工作由山东贵禾农业科技有限公司组织具体实施，金乡县农业农村局进行技术服务和监督工作，并在田间醒目处设立了标志牌，示范过程中进一步提出良种良法配套的具体技术措施，做到良种良法同步示范，充分展示了棉花-辣椒间套作和棉花-西瓜间套作新型种植模式及配套新品种的优良特性和生产潜力。

## 八、加强宣传引导

在试验示范期间，金乡县农业农村局和山东贵禾农业科技有限公司邀请专家于全生育期进行多次现场指导；组织全县及周边蒜套棉种植区的种植大户、家庭农场、合作社和各乡镇农技推广部门召开现场观摩会 2 次；以乡镇农技站为中心，通过集中现场培训学习，发放各类技术明白纸 500 多份。通过现场多次观摩和宣传培训，参与人员一致认可该新型种植模式能够充分利用光热资源，减少生产风险，多数棉农可以接受并积极配合推广。

# 枣庄市2021年短季棉茬口衔接田间效果试验示范总结

枣庄市农业科学研究院

## 一、试验研究背景及意义

为促进粮食安全，发展特色农产品，促进全省棉花生产稳定发展，山东省农业技术推广中心下达了“山东省调整优化传统棉作结构技术推进工程——短季棉产业化及高效种植经验”项目，以期有效解决传统棉作模式存在的作物间茬口不顺、环节间衔接不畅、产业间技术协同性不强等问题。

枣庄市位于鲁南地区，光照充足，属中纬度暖温带季风型大陆性气候区，兼有南方温湿气候和北方干冷气候的特点，具有发展棉花种植的优越光热资源条件。2020年枣庄市棉花种植面积5 924.87亩，长期以来采用小麦-棉花的种植模式，近年来，出现了机械化水平低、比较效益差等多种负面因素。为促进本市棉花种植业发展，探索适合本市短季棉推广种植的最佳品种，提高棉花种植者的经济收入，2021年枣庄市农业农机技术推广中心承担了短季棉茬口衔接田间效果试验任务，以期为今后短季棉的推广提供理论依据。

## 二、试验设计

### （一）供试品种

棉花品种：鲁棉241、中棉50、鲁棉2387、中棉425。

种子由省棉技站统一提供。

### （二）试验地点和设计

试验地点位于峄城区古邵镇，试验田地处平原，地势平坦，灌溉采用微喷灌设施。土壤质地为砂浆黑土，平均有机质含量2.32%，全氮含量为1.369克/千克，碱解氮含量为54.61毫克/千克，速效磷含量为40.41毫克/千克，速效钾含量为112.5毫克/千克，土壤肥力中上等，周边无不良环境影响。

采取大区试验，6月12日播种，行距63厘米、株距17厘米（播种密度均为6 000株/亩）。每个品种播种15行，种植1亩，播种后微喷灌浇水。品种间留1米走道（图4-6-1）。

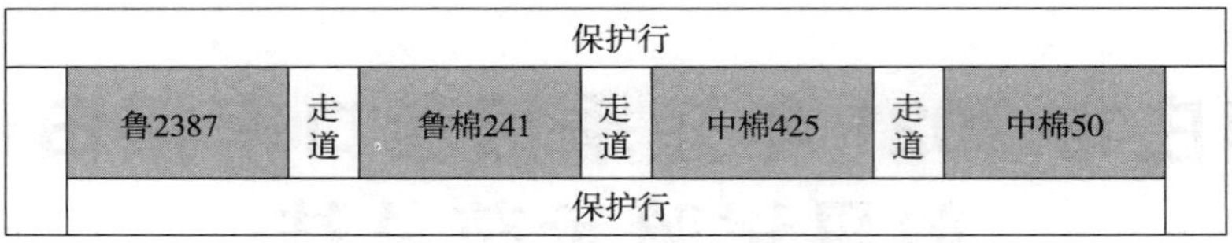


图 4-6-1　试验布局图

## （三）田间管理措施

1. **施肥培土**　播种前，于 6 月 10 日每亩撒施江西开门子肥业公司生产的白俄罗斯 N∶P∶K＝15∶10∶20 的复合肥 200 千克作基肥，然后旋耕整地 2 遍。第二天耙压 2 遍，于 7 月 21 日覆沟培土。

2. **播种**　采用机械点播，每穴点播 1 粒。行距 63 厘米，株距 17 厘米，亩株数为 6 000 株。

3. **除草**　播种后出苗前喷施除草剂 3 次（每亩 33％二甲戊灵乳油 100 毫升），6 月 13 日播后喷封闭除草剂 1 次，6 月 27 日喷灭草剂 1 次，7 月 9 日喷灭草剂 1 次。7 月份人工除草 3 次。

4. **间苗、定苗**　6 月 20 日扣苗，7 月 1 日移苗，7 月 6 日间苗，7 月 7 日定苗。

5. **防病虫**　8 月 9 日用叮虫脒＋达螨灵防治防棉铃虫等夜蛾害虫。8 月 18 日用易保＋毒死蜱防治防虫。

6. **控旺**　8 月 7—9 日打顶。

7. **排灌时间次数**　6 月 12 日播种后喷保苗水，6 月 21 日下午用喷灌带喷水 1 次，6 月 27 日喷水 1 次。

## （四）测定项目与方法

1. **生育期记载**　记录每个品种播种期、出苗期、现蕾期、开花期、吐絮期等。

2. **农艺性状调查**　在每个品种中间 4 行中的 1 行定点连续 20 株棉花，分别于 7 月 15 日、8 月 15 日、9 月 15 日调查株高，果枝数（9 月 15 日可不调查株高、果枝数），成铃、花与幼铃、烂铃、吐絮铃数量。试验过程中，若定点植株受损则剔除该植株的相关数据。

3. **棉花产量测定**　于 11 月 2 日前后，在每个小区内的中间 4 行选其中相邻 2 行（避开定点生育调查的 15 株棉花），测量 0.01 亩面积，调查株数、吐絮铃数、成铃数、烂铃数、花与幼铃数，以吐絮铃数、成铃数、烂铃数相加为总铃数。在其中 1 行内选择连续长势均匀一致的 20 株棉花，于 10 月 5 日、10 月 25 日、11 月 10 日收籽棉，记载每次收花的铃数，单独晾晒称重，计算单铃重，轧花后测定衣分，收获完毕后按加权算术平均数计算全株平均单铃重和衣分率，然后计算产量。取每次收花的皮棉单独进行纤维品质测定。

**4. 棉花品质测定** 委托专业机构进行上半部平均长度、整齐度指数、断裂比强度、马克隆值、伸长率指标检测。

## 三、环境条件

### （一）试验地土壤肥力条件

2021年5月28日，在小麦田间取5个样点采集0～20厘米和20～40厘米土层土样，测定土壤有机质、pH、全氮、碱解氮、全磷、有效磷、全钾、速效钾等土壤养分含量。取样方法：整个试验地“五点取样”，最后将样品混合成0～20厘米、20～40厘米各1个检测样。土样剔除可见植物残体，风干，磨细过0.01毫米筛，保存，用于土壤养分性质检测。从表4-6-1中可以看出，0～20厘米土层的有机质、碱性氮、速效磷、速效钾含量高于20～40厘米土层，pH、全氮、EC低于20～40厘米土层。

**表4-6-1 土壤速效养分及全量养分含量**（6月12日）

| 处理深度（厘米） | 检测指标 | | | | | | |
|---|---|---|---|---|---|---|---|
| | 有机质（%） | pH | 碱性氮（毫克/千克） | 速效磷（毫克/千克） | 速效钾（毫克/千克） | 全氮（毫克/千克） | 电导度（毫西门子/厘米） |
| 0～20 | 2.32 | 5.28 | 54.61 | 40.41 | 112.5 | 1.369 | 0.046 5 |
| 20～40 | 1.41 | 7.01 | 24.97 | 5.94 | 102.0 | 1.852 | 0.058 0 |

### （二）气候条件（试验期间降水、温度、有效积温等）

枣庄市属于中纬度大陆性季风气候，试验时，6～8月平均气温24～33℃；9～10月平均气温12～28℃；11月平均气温5～14℃。6～11月降水量973.3毫米，比往年偏高。

## 四、结果与分析

### （一）棉花不同品种的生育期

由表4-6-2可知，播种期一致情况下，不同品种出苗时间一致，鲁棉2387、鲁棉241出苗期、现蕾期一致，均早于中棉50、中棉425。开花期方面，鲁棉241要比其他3个品种晚1天。鲁棉2387的封行期、打顶期都最早，中棉50其次，其他两个品种封行期和打顶期要晚1天。鲁棉2387、中棉50的吐絮期都是10月2日，鲁棉241和中棉425都要晚1天，为10月3日。

从生育期时间来看，鲁棉2387的生育期最短，开花期最早。鲁棉241和中棉425的生育期略长，吐絮期较晚。中棉50为生育期第二短的品种。

表 4-6-2　棉花不同品种各生育期的情况

| 品种 | 播种期 | 出苗期 | 现蕾期 | 开花期 | 封行期 | 打顶期 | 吐絮期 |
|---|---|---|---|---|---|---|---|
| 鲁棉 2387 | 6月12日 | 6月16日 | 7月14日 | 8月3日 | 8月6日 | 8月6日 | 10月2日 |
| 中棉 50 | 6月12日 | 6月18日 | 7月16日 | 8月3日 | 8月7日 | 8月7日 | 10月2日 |
| 鲁棉 241 | 6月12日 | 6月16日 | 7月14日 | 8月4日 | 8月8日 | 8月8日 | 10月3日 |
| 中棉 425 | 6月12日 | 6月18日 | 7月16日 | 8月3日 | 8月8日 | 8月8日 | 10月3日 |

## （二）棉花不同品种的农艺性状

由表 4-6-3 可知，7 月 15 日调查时，鲁棉 2387 棉植株生长旺盛，植株最高，为 41 厘米，中棉 50 植株最矮；鲁棉 2387 和鲁棉 241 出现果枝，鲁棉 2387 果枝数最多，为 4.7 枝，比鲁棉 241 多 0.9 枝。

表 4-6-3　棉花不同品种的农艺性状情况（7 月 15 日）

| 品种 | 平均株高（厘米） | 果枝数（枝） | 花与幼铃（个） | 成铃（个） | 烂铃（个） | 吐絮铃（个） |
|---|---|---|---|---|---|---|
| 鲁棉 2387 | 41.0 | 4.7 | 0 | 0 | 0 | 0 |
| 中棉 50 | 33.2 | 0 | 0 | 0 | 0 | 0 |
| 鲁棉 241 | 40.9 | 3.8 | 0 | 0 | 0 | 0 |
| 中棉 425 | 36.3 | 0 | 0 | 0 | 0 | 0 |

从表 4-6-4 可知，8 月 15 日调查时，鲁棉 241 植株最高，其次为中棉 50 植株，再其次为中棉 425，最矮的是鲁棉 2387；鲁棉 2387 果枝数达 12.5 枝，为最多，鲁棉 241 其次，为 11.7 枝，中棉 50 排第三，为 10.3 枝，最少的中棉 425 仅有 10 枝。鲁棉 2387 和鲁棉 241 的花与幼铃数差异不显著，第三是中棉 425，最少的是中棉 50。成铃个数方面，中棉 50 最多，鲁棉 2387 其次，鲁棉 241 排第三，最少的是中棉 425。鲁棉 2387 的果枝数、花与幼铃数、成铃个数明显好于鲁棉 241 和中棉 425。中棉 50 成铃最多，有早熟性表现。

表 4-6-4　棉花不同品种农艺性状情况（8 月 15 日）

| 品种 | 平均株高（厘米） | 果枝数（枝） | 花与幼铃（个） | 成铃（个） | 烂铃（个） | 吐絮铃（个） |
|---|---|---|---|---|---|---|
| 鲁棉 2387 | 78.5 | 12.5 | 13.6 | 5.1 | 0 | 0 |
| 鲁棉 241 | 88.1 | 11.7 | 13.0 | 3.5 | 0 | 0 |
| 中棉 425 | 79.0 | 10.0 | 8.9 | 3.1 | 0 | 0 |
| 中棉 50 | 87.0 | 10.3 | 7.1 | 6.2 | 0 | 0 |

从表 4-6-5 可知，9 月 15 日调查时，鲁棉 2387 的花与幼铃数最多，达 3.63 个，其次是鲁棉 241，为 2.7 个，中棉 50 和中棉 425 形成的花与幼铃差异不明显，也比较少。成铃个数方面，鲁棉 241 最多，为 17.07 个，其次是鲁棉 2387，为 14.9 个，第三是中棉 50，为 15.0 个，中棉 425 的成铃个数为 9.13 个，明显最少。烂铃数方面，鲁棉 241

最多为1.67个，其次鲁棉2387为1.43个，中棉425为0.2个，中棉50为0.17个；鲁棉2387吐絮铃数为0.1个，中棉50吐絮铃数为0.13个。

表4-6-5　棉花不同品种的农艺性状情况（9月15日）

| 品种 | 花与幼铃（个） | 成铃（个） | 烂铃（个） | 吐絮铃（个） |
|---|---|---|---|---|
| 鲁棉2387 | 3.63 | 14.90 | 1.43 | 0.10 |
| 鲁棉241 | 2.70 | 17.07 | 1.67 | 0.00 |
| 中棉425 | 0.30 | 9.13 | 0.20 | 0.00 |
| 中棉50 | 0.47 | 15.00 | 0.17 | 0.13 |

## （三）不同品种棉花产量测定及效益分析

从表4-6-6可知，10月5日4个品种都已经吐絮，其中鲁棉2387吐絮最多，鲁棉241和中棉50吐絮数相似，中棉425最少。亩青铃数、成铃数方面，鲁棉2387最高，鲁棉241和中棉50其次，中棉425最低。亩烂铃数方面，鲁棉2387烂铃最多，鲁棉241最少。从亩总铃数可知，理论亩籽棉、皮棉都是鲁棉2387最多，其次为鲁棉241、中棉50，中棉425最少。

表4-6-6　棉花不同品种产量情况（10月5日）

| 品种 | 亩吐絮铃数（个） | 亩青铃数（个） | 亩烂铃数（个） | 亩总铃数（个） | 单铃重（克） | 衣分率（%） | 理论亩籽棉（千克） | 亩皮棉（千克） |
|---|---|---|---|---|---|---|---|---|
| 鲁棉2387 | 11 333.5 | 46 267.3 | 2 888.9 | 26 755.9 | 5.6 | 40.5 | 127.4 | 52.3 |
| 鲁棉241 | 9 718.5 | 39 220.9 | 650.8 | 22 792.1 | 5.8 | 39.4 | 112.4 | 45.7 |
| 中棉50 | 8 980.9 | 38 440.0 | 2 603.2 | 21 794.2 | 5.4 | 40.7 | 100.0 | 40.5 |

从表4-6-7中可以看出，10月5日调查时，籽棉产量从高到低分别是鲁棉2387、鲁棉241、中棉50、中棉425，差异极显著；10月25日第二次采摘籽棉的产量、亩产值从高到低分别是鲁棉2387、鲁棉241、中棉50、中棉425，中棉50、中棉425差异不显著，和其他两个品种差异显著；11月10日第三次采摘时，鲁棉2387、鲁棉241、中棉50、中棉425差异不显著，其中中棉50、中棉425产量一样。三次采摘合计亩产量方面，鲁棉2387品种最高为161.89千克、鲁棉241为147.10千克、中棉50为127.11千克、中棉425为102.34千克，差异极显著。

皮棉产量方面，10月5日、10月25日、11月10日产量及总产量从高到低都依次为鲁棉2387、鲁棉241、中棉50、中棉425，在11月10日时差异不显著。总产量最高的是鲁棉2387，为66.51千克，鲁棉241为59.96千克，中棉50为51.48千克，中棉425为40.3千克，差异极显著。

亩产值方面，10月5日、10月25日、11月10日产值及总产值从高到低都依次为鲁棉2387、鲁棉241、中棉50、中棉425。总产值方面，鲁棉2387最高，为1 682.87元，鲁棉241为1 532.18元，中棉50为1 321.87元，中棉425为1 063.83元，差异极显著。

**表 4-6-7　不同品种 20 株棉花产量情况**

| 时间 | 品种 | 20 株籽棉（克） | 折亩产量（千克） | 衣分率（%） | 皮棉亩产量（千克） | 籽棉亩产值（元） |
|---|---|---|---|---|---|---|
| 10 月 5 日 | 中棉 425 | 543.33 | 28.75 | 39.4 | 11.33 | 298.98 |
| | 鲁棉 2387 | 1 200.67 | 63.53 | 41.1 | 26.11 | 660.71 |
| | 中棉 50 | 916.53 | 48.49 | 40.5 | 19.64 | 504.29 |
| | 鲁棉 241 | 1 065.03 | 56.35 | 40.7 | 22.93 | 586.04 |
| 10 月 25 日 | 中棉 425 | 682.77 | 36.13 | 39.4 | 14.23 | 375.75 |
| | 鲁棉 2387 | 1 148.60 | 60.77 | 41.1 | 24.98 | 632.01 |
| | 中棉 50 | 788.40 | 41.71 | 40.5 | 16.89 | 433.78 |
| | 鲁棉 241 | 998.40 | 52.83 | 40.7 | 21.50 | 549.43 |
| 11 月 10 日 | 中棉 425 | 707.20 | 37.42 | 39.4 | 14.74 | 389.15 |
| | 鲁棉 2387 | 708.69 | 37.49 | 41.1 | 15.41 | 390.12 |
| | 中棉 50 | 697.33 | 36.89 | 40.5 | 14.94 | 383.68 |
| | 鲁棉 241 | 721.00 | 38.15 | 40.7 | 15.53 | 396.74 |
| 3 次采摘合计 | 中棉 425 | — | 102.34 | 39.4 | 40.32 | 1 063.83 |
| | 鲁棉 2387 | — | 161.89 | 41.1 | 66.54 | 1 682.87 |
| | 中棉 50 | — | 127.11 | 40.5 | 51.48 | 1 321.34 |
| | 鲁棉 241 | — | 147.10 | 40.7 | 59.87 | 1 532.18 |

注：方差分析采用 SPSS 软件分析，籽棉市场价为每千克 10.4 元。

### （四）不同棉花品质测定

由表 4-6-8 可以看出，4 个品种的整齐度指数、断裂比强度、马克隆值、伸长率都没有差异，上半部平均长度方面，中棉 425 和鲁棉 241、中棉 50 差异不显著，鲁棉 2387 略低，但和鲁棉 241、中棉 50 差异不显著。4 个品种在品质上差别不大。

**表 4-6-8　不同棉花品质测定**

| 品种 | 上半部平均长度（毫米） | 整齐度指数（%） | 断裂比强度（厘牛顿/特克斯） | 马克隆值 | 伸长率（%） |
|---|---|---|---|---|---|
| 鲁棉 241 | 28.5 | 84.0 | 29.9 | 5.1 | 6.8 |
| 鲁棉 2387 | 27.7 | 83.5 | 31.1 | 5.0 | 6.7 |
| 中棉 425 | 29.3 | 83.2 | 29.5 | 4.8 | 6.7 |
| 中棉 50 | 29.1 | 82.3 | 30.5 | 4.6 | 6.7 |

注：方差分析采用 SPSS 软件分析。

## 五、结论与讨论

### （一）讨论

播种期一致的情况下，不同品种出苗时间一致，但出苗期、现蕾期、封行期、打顶期并不一致。从生育期时间来看，鲁棉2387的生育期最短，开花期最早，其次是中棉50。从植株长势上来看，前期调查时，鲁棉2387植株生长旺盛，最高为41厘米，分别比中棉50、鲁棉241、中棉425高7.5厘米、0.5厘米和5厘米。中棉50植株最矮。中期调查时，鲁棉241植株最高，其次为中棉50，再次为中棉425，最矮的是鲁棉2387。

9月15日调查时，鲁棉2387的花与幼铃数最多，其次为鲁棉241，中棉50和中棉425的花与幼铃数差异不明显，也都比较少。成铃个数方面，鲁棉241最多，为18.65个，其次是鲁棉2387为15.85个、中棉50为15.5个，中棉425的成铃个数为9.05个，明显最少。烂铃数方面，鲁棉241最多，为1.9个，其次是鲁棉2387，为1.35个，中棉425和中棉50都为0.2个。鲁棉2387和中棉50已有吐絮铃。

从植株生长情况看，鲁棉2387发育期短，前期生长旺盛，属于早熟品种。鲁棉241成熟期略晚，也是生长比较旺盛的品种。

以三次采摘合计亩产量、皮棉产量，鲁棉2387产量最高、其次为鲁棉241，再次为中棉50，中棉425最低，差异极显著。在枣庄市棉花市场上销售时，由于棉花市场小、对商品分辨不严格，都以同等价格销售，所以四个品种市场价格都一样。销售收入也是按照产量从高到低：鲁棉2387最高、其次为鲁棉241，再次为中棉50，中棉425最低。

## （二）结论

综合分析，在鲁南地区，鲁棉2387、鲁棉241、中棉50、中棉425四个品种中，籽棉亩产量以鲁棉2387最高，为161.89千克，鲁棉241为147.10千克，中棉50为127.11千克，中棉425为102.34千克，差异极显著。鲁棉2387、鲁棉241较早熟，产量较好。4个品种在品质上差异不大。

# 山东省传统棉区种植业结构调整优化试验技术总结（2021年东明县试验点）

东明县农利所

## 一、试验研究背景及意义

该试验是山东省传统棉区种植业结构调整优化试验的一部分，主要解决传统棉作模式存在的作物间茬口不顺、环节间衔接不畅、产业间技术协同性不强等问题，探索适合山东省、东明县棉花生态区短季棉推广种植的最佳品种、播期和密度。此项试验由山东省棉技总站安排，东明县润丰源农业发展有限公司具体承担，东明县农业农村局提供技术协作。

试验目的：一是试验麦（蒜）后直播短季棉在东明县种植的可行性；二是确认中棉50、中棉425、鲁棉2387、鲁棉241在东明县的特性表现；三是积累探讨麦（蒜）后直播短季棉栽培模式技术经验，为优化传统棉花单作结构、推进两熟制种植提供技术保障；四是在目前棉花种植比较效益低的态势下，探索降低综合植棉成本、提高经济效益及生态效益的路子，为当下一定时期内稳定棉花生产提供种植模式。

短季棉种植在省内外多地有强度较高的长时间的推广，但在东明县还未曾有过。此项试验的成功，必将带动东明县的棉花生产向种植集约化、品质优质化、管理简约化、播收机械化方向发展，同时促进涉农服务组织，如病虫害飞防组织、农机服务组织等的成长，为本县棉纺加工业向高质面纱生产过渡提供原材料。

## 二、试验设计

采取大区试验，每个品种种植1亩，品种间留1.5米走道。种子由山东省棉技站统一提供。

### （一）供试品种

供试品种有四个：中棉50、中棉425、鲁棉2387、鲁棉241。

### （二）试验地点和设计

东明县短季棉品种对比试验安排在东明集镇西大屯村，该地块地势平坦，地力水平均匀一致，浇排灌条件成熟，四周无不良环境影响，地质能代表东明县土质特征，符合项目要求。

## （三）田间管理措施

**1. 播种技术** 适期播种。前茬作物小麦于6月7日收获，6月8日下午播种短季棉，随后喷灌造墒，采取棉花机械播种。行距66厘米，不间苗定苗，后期测定密度为6 000～6 500株/亩。

**2. 苗期管理** 苗期管理的主攻目标是培育壮苗，防治棉蚜、地老虎、棉蓟马、棉叶螨、棉盲蝽等，结合除草中耕2次。

**3. 蕾期管理**

（1）化学调控。棉花蕾期营养生长和生殖生长并进，是棉花管理的关键时期，应根据棉花长势和天气状况，按“提前、少量、分次”的使用原则，对棉花进行系统化调。对生长正常的棉田，每亩喷施缩节安0.5～1克；对棉株日增长量2.5～3厘米的偏旺棉田，每亩喷施缩节安1.5～2克。化学调控为搭好棉花丰产架子奠定了基础。

（2）中耕追肥。蕾期中耕的作用是促根下扎、去除杂草和结合中耕追肥提高作物质量。七月初示范片棉田全部深中耕、追肥。在施用种肥的基础上，7月12日追施复合肥17.5千克，8月7日第二次追施复合肥21千克。棉花前期干旱时要及时浇水，加快棉花生育进程。

**4. 铃期管理**

（1）排水。2021年7—8月份降雨多，田间都及时进行了排涝，没有明水，但由于降雨频繁，降水量大，棉田土壤湿度大，始终处于饱和状态，造成不同程度的涝灾。

（2）打顶与化学调控。根据果枝数、株高等按照“时到不等枝、枝到看长势”的原则确定打顶，一般留7～9个果枝，一般打顶时间为7月26日至8月2日，株高控制在80～90厘米。打顶后5～7天，用缩节胺4～5克兑水20～30千克喷雾。

（3）花铃期虫害。主要防治棉盲蝽、伏蚜、棉叶螨、棉铃虫等。2021年后期虫害发生较轻，对棉花基本没有造成危害。

**5. 吐絮期管理** 后期管理的主要目标是保护棉花后期的根系吸收功能，延长叶片的功能期。科学收花，大部分棉田10月25日前后开始吐絮。在棉铃开裂后7～10天采摘，采下的棉花晒干后储存。

（1）化学催熟。10月10日前，对棉花喷施乙烯利或催熟落叶剂，每亩以40%乙烯利200～300毫升兑水30千克喷雾。10月25日后集中采收棉花。结合采棉情况拔柴，旋耕地后播种小麦。

（2）防治虫害。主要是防治棉盲蝽，进入9月份以后，棉盲蝽危害逐渐减轻，但大多数棉田也进行了防治。

（3）抢摘烂铃。今年秋雨连绵天气较多，烂铃现象较重，单株平均烂铃0.8个，农户都及时收拾、晾晒。这项工作既降低了产量损失，得到色泽较白的棉花，又减少棉田菌源，减少棉铃病菌的扩散再侵染。

## （四）测定项目与方法

**1. 田间管理技术措施** 按照田间管理技术措施分别记录每个品种施肥次数和数量，农药、化控次数和用量，耕整地、排灌水等情况（详见表4-7-1）。

**表 4-7-1　田间管理技术措施记录表**

| 处理名称 | 密度：6 300株；品种鲁棉241、中棉425、鲁棉2387、中棉50 | | | | |
|---|---|---|---|---|---|
| 追肥 | 次数 | 日期 | 种类 | 数量 | 使用方法 |
| | 1 | 7月12日 | 15-15-15复合肥 | 17.5千克 | 条施 |
| | 2 | 8月7日 | 25-8-12复合肥 | 21千克 | 条施 |
| 中耕除草培土 | 日期 | 中耕深度 | 培土高度 | 除草 | 备注 |
| | 6月25日 | 2厘米 | 无 | 人工进行 | 无 |
| | 7月12日 | 2厘米 | 无 | — | 中耕后施肥 |
| | 8月20日 | 无 | 无 | 人工进行 | 无 |
| 灌溉 | 日期 | 方法 | | | |
| | 6月8日播种后喷灌 | | | | |
| | 6月23日喷灌 | | | | |
| 治虫 | 日期 | 虫害种类 | 用药种类和浓度 | | 效果 |
| | 6月18日 | 蚜虫 | 双丙环虫酯3 000倍 | | 好 |
| | 7月8日 | 蓟马、棉铃虫 | 多杀．虫螨腈1 000倍 | | 好 |
| | 7月26日 | 棉铃虫 | 康宽、甲维．茚虫威3 000倍 | | 好 |
| | 8月15日 | 棉铃虫 | 康宽、甲维．茚虫威3 000倍 | | 好 |
| 调节物质应用情况 | 时间：6月22日　用量：0.3克　时间：7月25日　用量：0.7克<br>时间：8月18日　用量：3克 | | | | |
| 棉花生育期气象简况 | 进入7月份雨水天气较多、阴天较多，落铃严重，化控困难 | | | | |
| 其他农事记录 | 10月10日前，对棉花喷施乙烯利或催熟落叶剂，每亩以40%乙烯利200～300毫升兑水30千克喷雾 | | | | |

**2. 生育期记录**　记录每个品种播种期、出苗期、现蕾期、开花期、吐絮期等（详见表4-7-2）。

**表 4-7-2　棉花生育期调查记录表**

| 处理 | 小区 | 播种期 | 出苗期 | 现蕾期 | 开花期 | 封行期 | 打顶期 | 吐絮期 |
|---|---|---|---|---|---|---|---|---|
| 处理：中棉50 | 1 | 6月8日下午 | 6月13日 | 7月10日 | 7月18日 | 8月12日 | 7月28日 | 9月28日 |
| 处理：鲁棉241 | 2 | 6月8日下午 | 6月13日 | 6月30日 | 7月18日 | 8月10日 | 7月28日 | 9月25日 |
| 处理：鲁棉2387 | 3 | 6月8日下午 | 6月13日 | 7月8日 | 7月20日 | 8月05日 | 7月28日 | 9月20日 |
| 处理：中棉425 | 4 | 6月8日下午 | 6月13日 | 7月8日 | 7月20日 | 8月12日 | 7月28日 | 9月25日 |

**3. 农艺性状调查**　在每个品种中间4行其中1行定点连续10株棉花，分别于7月15日、8月15日、9月15日调查株高，果枝数（9月15日可不调查株高、果枝数），成铃、花与幼铃、烂铃、吐絮铃数量。

**4. 实收产量测定**　按照方案要求，每个处理随机选取长势一致、未取走植株的3个样点，每点量取10米长的相邻两行，待该处理的吐絮率达到30%～40%时，第1次收花；于10月25日第2次收花；11月10日所有处理最后一次收花，剩余未开裂棉铃不计入产量。由于棉田吐絮较晚，实际进行2次收花，第1次于10月25日进行，第2次于11月10日进行，每次收获的籽棉自然晒干并称重（籽棉产量），每个样点2次收花的产量之和为该样点的籽棉产量（详见表4-7-3）。

**表4-7-3　实收产量记录表**

检测结果报告单

| 委托单位 | 东明县农业农村局 | | | |
|---|---|---|---|---|
| 寄样者 | 杨留峰 | 收样日期 | 2021年11月22日 | |
| 样品原编号 | 50铃籽棉重量（克） | 衣分率（%） | 铃重（克） | 子指（克） |
| DM-1-1 | 256.9 | 42.6 | 4.8 | 11.1 |
| DM-1-2 | 279.1 | 43.2 | 5.7 | 11.6 |
| DM-1-3 | 255.4 | 43.4 | 5.0 | 11.6 |
| DM-2-1 | 245.9 | 43.4 | 4.9 | 11.5 |
| DM-2-2 | 258.1 | 43.4 | 5.1 | 11.2 |
| DM-2-3 | 271.8 | 44.5 | 5.4 | 11.2 |
| DM-3-1 | 242.7 | 43.1 | 4.8 | 11.6 |
| DM-3-2 | 223.7 | 43.1 | 4.4 | 11.2 |
| DM-3-3 | 244.7 | 44.4 | 4.8 | 10.3 |
| DM-4-1 | 243.6 | 44.4 | 4.8 | 10.4 |
| DM-4-2 | 248.9 | 43.3 | 4.9 | 10.7 |
| DM-4-3 | 225.0 | 43.2 | 4.4 | 10.7 |

备注：衣分率、铃重的数据基于送检样品为50铃籽棉样品，衣分率为50铃籽棉轧花后皮棉的重量百分率，结果仅供参考。

农业农村部棉花品质监督检验测试中心

检验结果报告书

（棉花纤维）

| 来样编号 | 检验项目（单位） | | | | |
|---|---|---|---|---|---|
| | 上半部平均长度（毫米） | 整齐度指数（%） | 断裂比强度（厘牛顿/特克斯） | 马克隆值 | 伸长率（%） |
| 东明5 | 29.5 | 86.6 | 30.2 | 5.5 | 6.8 |
| 东明6 | 29.1 | 84.8 | 31.1 | 5.7 | 6.8 |
| 东明7 | 28.7 | 86.3 | 29.3 | 5.5 | 6.8 |
| 东明8 | 30.0 | 86.0 | 31.8 | 5.5 | 6.8 |
| 东明9 | 28.9 | 85.6 | 29.2 | 5.9 | 6.8 |
| 东明10 | 27.6 | 85.5 | 29.2 | 5.1 | 6.8 |
| 东明11 | 28.4 | 84.0 | 28.3 | 5.4 | 6.8 |
| 东明12 | 27.9 | 84.8 | 27.9 | 5.5 | 6.7 |
| 东明13 | 27.1 | 82.6 | 30.0 | 4.9 | 6.7 |
| 东明14 | 28.9 | 86.7 | 29.4 | 5.1 | 6.7 |
| 东明15 | 30.5 | 85.0 | 31.3 | 4.9 | 6.8 |
| 东明16 | 29.2 | 85.9 | 30.1 | 5.1 | 6.8 |

**5. 产量构成因素** 于第 1 次收花前，每个处理选择长势一致、未取走植株的 3 个样点，测量 0.01 亩面积的株数、吐絮铃数、青铃数、烂铃数，以吐絮铃数、青铃数、烂铃数相加为总铃数。同时在每个标记样点内收取内围正常吐絮的 50 个棉铃，晒干（水分 11%～12%）后称重，取平均值作为样点单铃重，依据样点籽棉产量（样点内的 50 个铃的重量计入样点实收产量）和铃重计算铃数。对晒干并称重后的 50 个棉铃进行轧花，得到衣分率，依据该衣分率和样点籽棉产量计算出样点皮棉产量（详见表 4-7-4）。

**表 4-7-4 各小区中间 2 行（或 10 米样点）分次收获的籽棉、皮棉重、铃重、衣分率**

| 处理 | 小区 | 第 1 次收花（吐絮率达到 30%～40%时） | 第 2 次收花（10 月 25 日） | | 第 3 次收花（11 月 10 日） | 平均 | | 3 次收花合计 | |
|---|---|---|---|---|---|---|---|---|---|
| | | 籽棉（克） | 籽棉（克） | 50 铃（克） | 籽棉（克） | 单铃重（克） | 衣分率（%） | 籽棉（克） | 皮棉（克） |
| 中棉 50 | 1 | 0 | 1 572.0 | 256.9 | 1 635.0 | 4.8 | 42.6 | 3 207 | 1 366.18 |
| | 2 | | 1 462.7 | 279.1 | 1 522.3 | 5.7 | 43.2 | 2 985 | 1 289.52 |
| | 3 | | 1 555.3 | 255.4 | 1 618.7 | 5.0 | 43.4 | 3 174 | 1 377.52 |
| | 平均 | | 1 530.0 | 263.8 | 1 592.0 | 5.2 | 43.0 | 3 122 | 1 342.46 |
| 鲁棉 241 | 1 | 0 | 1 595.0 | 245.9 | 1 659.0 | 5.1 | 43.4 | 3 254 | 1 412.24 |
| | 2 | | 1 509.2 | 258.1 | 1 570.8 | 5.4 | 43.4 | 3 080 | 1 336.72 |
| | 3 | | 1 406.8 | 271.8 | 1 464.2 | 4.8 | 44.5 | 2 871 | 1 277.60 |
| | 平均 | | 1 503.7 | 258.6 | 1 564.7 | 5.1 | 43.7 | 3 068 | 1 340.72 |
| 鲁棉 2387 | 1 | 0 | 1 117.2 | 242.7 | 1 162.8 | 4.8 | 43.1 | 2 280 | 982.68 |
| | 2 | | 1 218.0 | 223.7 | 1 268.0 | 4.4 | 43.1 | 2 486 | 1 071.47 |
| | 3 | | 1 226.5 | 244.7 | 1 276.5 | 4.8 | 44.4 | 2 503 | 1 111.33 |
| | 平均 | | 1 187.2 | 237.0 | 1 235.8 | 4.7 | 43.5 | 2 423 | 1 054.01 |
| 中棉 425 | 1 | 0 | 1 463.6 | 243.6 | 1 523.4 | 4.8 | 44.4 | 2 987 | 1 326.23 |
| | 2 | | 1 562.0 | 248.9 | 1 627.0 | 4.9 | 43.3 | 3 189 | 1 380.84 |
| | 3 | | 1 598.4 | 225.0 | 1 663.6 | 4.4 | 43.2 | 3 262 | 1 409.18 |
| | 平均 | | 1 541.3 | 239.0 | 1 604.7 | 4.7 | 43.6 | 3 146 | 1 371.66 |

注：1. 每个小区选取中间 2 行收花计产，分 3 次收获籽棉，每次收获的籽棉自然晒干并称重（实收籽棉产量）。
2. 第 2 次收花时每小区中间两行选取 50 个棉铃，晒干（水分 11%～12%）后称重，取平均值作为平均单铃重，依据籽棉产量和铃重计算铃数；收取的 50 个棉铃晒干后轧花，取平均值，得到衣分率，依据该衣分率和籽棉产量计算出皮棉产量。

**6. 品质测定** 由于 2021 年雨水太大，影响棉花的品质，仅仅对送检的棉花进行纤维品质和衣分率检测，棉籽含油率（不饱和脂肪酸含量）、蛋白含量及其组分变化按照省站要求不再测定。

# 三、环境条件

## （一）试验地土壤肥力条件

土壤质地为潮土，土壤肥力中等，周边无不良环境影响。

## （二）气候条件

2021年6月1日至9月30日，东明县平均气温26.3℃，较常年同期值24.6℃偏高1.7℃，较2020年同期值26.0℃偏高0.3℃；累计日照时数616.7小时，较常年同期值777.1小时偏少160.4小时，较2020年同期值673.1小时偏少56.4小时；累计降水量968.3毫米，较常年同期值430.9毫米偏多537.4毫米，较2020年同期值393.3毫米偏多575.0毫米；＞20度积温3 128.1℃，较常年同期值3 006.9℃偏多121.2℃，较2020年同期值3 115.1℃偏多12.7℃。

# 四、结果与分析

从调查数字来看，今年播种的每个短季棉品种株高、果枝数都低于去年。其原因一是吸收2020年化控的经验，增加化控次数和改换化控品种（2020年使用的是叶绿素P2-37，2021年改用甲派鎓），二是先播种后造墒，直播后造墒出苗期比先造墒后直播缩短2天。2021年6、7月份东明县天气为前期干旱，后期阴天寡照。西大屯村试验点在前期干旱时，因担心雨季到来，不敢浇水；后期雨水较大，由于化控做得到位，没有出现旺长的现象。

棉花坐桃主要集中在8月以后，8月15日调查时，四个品种成铃数分别是2.8个、3.5个、2.4个、1.4个；花与幼铃数分别为15.5个、9个、10.3个、8.5个。8月底每株成铃数为4～6个。加上9月16日以后结的有效秋桃，每株平均铃数达到6个，远远低于去年的10.5个。

按照表4-7-4实际采棉情况，单铃重依据农业农村部棉花品质监督检验测试中心测量的平均值计算，中棉所50、鲁棉241、鲁棉2387、中棉425四个品种的产量分别为157.5千克/亩、154.5千克/亩、122千克/亩、158.5千克/亩。但依据表4-7-5记录的吐絮铃数、成铃数、烂铃数（此时花和幼铃已成不了产量），计算产量分别为220.5千克/亩、219.5千克/亩、203千克/亩、192.5千克/亩，实际产量与估产量相差很大。11月25日棉秆还田时（由于今年雨水较大，农田一直处在含水饱和状态，无法进地操作），棉秆上还有部分棉铃，但大部分为无效铃、未开裂棉铃，不计产量，约占总铃数的25%。

关于棉花品质，2020年没有检测无法比较，故仅把2021年农业农村部棉花品质监督检验测试中心出具的报告附后，便于与其他地方棉花品质进行比较。报告单中编号DM-1和编号东明5、6、7的为中棉所50品种；编号DM-2和东明8、9、10的为鲁棉241品种；编号DM-3和东明11、12、13的为鲁棉2387品种；编号DM-4和东明14、15、16为中棉425品种。

**表 4-7-5　各小区中间 2 行的产量构成要素**（0.01 亩）

| 处理 | 小区 | 株数（株） | 絮铃数（个） | 青铃数（个） | 烂铃数（个） | 总铃数（个） | 单株结铃数（个） | 铃重（克） | 衣分率（%） |
|---|---|---|---|---|---|---|---|---|---|
| 中棉 50 | 1 | 64.0 | 35.0 | 354 | 48.0 | 437.0 | 6.8 | — | 42.6 |
| | 2 | 66.0 | 29.0 | 335 | 44.0 | 408.0 | 6.2 | — | 43.2 |
| | 3 | 66.0 | 39.0 | 346 | 50.0 | 435.0 | 6.6 | — | 43.4 |
| | 平均 | 65.3 | 34.3 | 345 | 47.3 | 426.6 | 6.5 | 5.2 | 43.0 |
| 鲁棉 241 | 1 | 63.0 | 33.0 | 339.0 | 49 | 421 | 6.6 | — | 43.4 |
| | 2 | 62.0 | 32.0 | 326.0 | 48 | 406 | 6.5 | — | 43.4 |
| | 3 | 68.0 | 39.0 | 386.0 | 56 | 481 | 7.0 | — | 44.5 |
| | 平均 | 64.3 | 34.6 | 350.3 | 51 | 436 | 6.7 | 5.1 | 43.7 |
| 鲁棉 2387 | 1 | 61.0 | 32.0 | 327.0 | 46.0 | 405.0 | 6.6 | — | 43.1 |
| | 2 | 67.0 | 37.0 | 375.0 | 42.0 | 454.0 | 6.8 | — | 43.1 |
| | 3 | 60.0 | 38.0 | 364.0 | 48.0 | 450.0 | 7.5 | — | 44.4 |
| | 平均 | 62.6 | 35.6 | 355.3 | 45.3 | 436.3 | 6.9 | 4.7 | 43.5 |
| 中棉 425 | 1 | 62.0 | 30.0 | 321.0 | 34.0 | 385.0 | 6.2 | — | 44.4 |
| | 2 | 60.0 | 36.0 | 361.0 | 39.0 | 436.0 | 7.2 | — | 43.3 |
| | 3 | 59.0 | 38.0 | 343.0 | 37.0 | 418.0 | 7.0 | — | 43.2 |
| | 平均 | 60.3 | 34.6 | 341.6 | 36.6 | 412.8 | 6.8 | 4.7 | 43.6 |

注：于第一次收获前，每个小区选取中间 2 行，调查株数、吐絮铃数、青铃数、烂铃数，以吐絮铃数、青铃数、烂铃数相加为总铃数。不同处理的棉花产量构成因素为各小区中间两行的棉株数（密度）、总铃数、单株结铃数、铃重、衣分率。

# 山东省传统棉区种植业结构调整优化试验（2021 年东明县试验点）

东明县农利所

## 一、试验项目简介

该试验是山东省传统棉区种植业结构调整优化试验的一部分，由山东省棉技总站安排、东明润丰源农业发展有限公司具体承担、东明县农业农村局提供技术协作。

目的：

一是试验麦（蒜）后直播短季棉在东明种植的可行性。

二是对比源棉 1 号、德棉 15、鲁棉 241 在东明的特性表现。

三是积累探讨麦（蒜）后直播短季棉栽培模式技术经验，为优化传统棉花单作结构、推进两熟制种植提供技术保障。

四是在目前棉花种植比较效益低的态势下，探索降低综合植棉成本、提高经济效益及生态效益的路子，为当下一定时期内稳定棉花生产提供种植模式。

## 二、试验点工作情况

东明县短季棉对比试验安排在东明集镇城子村南，该地块地势平坦，地力水平均匀一致，浇排灌条件成熟，四周无不良环境影响，地质能代表东明县土质特征。试验设计及处理按照山东省棉技站统一安排，采取大区试验，每个品种种植 1 亩，品种间留 1.5 米走道。种子由山东省棉技站统一提供。供试品种：源棉 1 号、德棉 15、鲁棉 241。田间管理方面，前茬作物小麦于 6 月 5 日收获，随后喷灌造墒，6 月 8 日下午播种（同期基质穴盘育苗备补），行距 66 厘米，种植密度 6 000 株/亩，6 月 13 日见苗，6 月 15 日基本出齐。6 月 29 日间苗、补苗。施肥、灌水、化控等田间管理按照当地高产田要求进行。各品种的田间管理做到均匀一致。

2018 年棉花目标价格补贴项目中，东明县特意安排了短季棉茬口衔接实验，试验地点安排在东明集镇西大屯村，其地质不如前块土壤肥沃，但其他条件相同。试验品种为中棉 425，密度安排为 6 000 株/亩，一个处理为蒜后、一个处理为麦后。蒜后短季棉：在整地后于 6 月 1 日下午播种，播后喷灌造墒，6 月 4 日见苗，6 月 6 日基本出齐。麦后短季棉：在小麦蜡黄期收麦，收后晾晒，城子村小麦因在完熟期收获，晚收 6 天。6 月 2 日下午播种，播后喷灌造墒，6 月 5 日棉苗出齐。

## （一）调查方法及记录

1. **田间管理措施** 分别记录每个品种施肥次数和数量，农药、化控次数和用量，耕整地、排灌水等情况（详见表 4-8-1）。

2. **生育期记录** 记录每个品种的播种期、出苗期、现蕾期、开花期、吐絮期等（详见表 4-8-2）。

3. **农艺性状调查** 在每个品种中间 4 行其中 1 行定点连续 10 株棉花，分别于 7 月 15 日、8 月 15 日、9 月 15 日调查株高、果枝数（9 月 15 日可不调查株高、果枝数）、成铃数、花与幼铃数、烂铃数、吐絮铃数。试验过程中，若定点植株受损，则剔除该植株的相关数据（详见表 4-8-3 至表 4-8-5）。

4. **棉花产量测定** 按照方案要求于拔棉柴前在每个小区内选其中相邻 2 行（避开定点生育调查的 15 株棉花），测量 0.01 亩面积，调查株数、吐絮铃数、成铃数、烂铃数、花与幼铃数，以吐絮铃数、成铃数、烂铃数相加为总铃数。在其中一行内选择连续且长势均匀一致的 20 株棉花，于 9 月 25 日、10 月 15 日、11 月 5 日收花，记录每次收花的铃数，单独晾晒、称重，计算单铃重，轧花后测定衣分率，收获完毕后按加权算术平均数计算全株平均单铃重和衣分率，然后计算产量。取每次收花的皮棉单独进行纤维品质测定。记录详见表 4-8-6 和表 4-8-7。

**表 4-8-1 田间管理技术措施记录表**

| 处理名称 | 6 000 株密度：源棉 1 号、德棉 15、鲁棉 241 对比 | | | | |
|---|---|---|---|---|---|
| 追肥 | 次数 | 日期 | 种类 | 数量 | 施用方法 |
| | 1 | 7 月 20 日 | 金正大复合肥 | 17.5 千克 | 条施 |
| | 2 | 8 月 3 日 | 金正大复合肥 | 20 千克 | 条施 |
| 中耕除草培土 | 日期 | 中耕深度 | 培土高度 | 方法 | 备注 |
| | 7 月 5 日<br>7 月 19 日 | 2 厘米 | — | — | — |
| 灌溉 | 日期 | 方法 | | | |
| | 7 月 2 日 | 漫灌 | | | |
| 整枝 | 去叶枝：7 月 26 日<br>抹赘芽：无<br>打边心：无<br>打顶心：8 月 7 日 | | | | |
| 治虫 | 日期 | 虫害种类 | 用药种类和浓度 | | 效果 |
| | 6 月 28 日 | 蚜虫 | 双丙环虫酯 3 000 倍 | | 好 |
| | 7 月 6 日 | 蓟马、棉铃虫 | 多杀．虫螨腈 1 000 倍 | | 好 |
| | 7 月 24 日 | 棉铃虫 | 康宽、甲维．茚虫威 3 000 倍 | | 好 |
| | 8 月 17 日 | 棉铃虫 | 康宽、甲维．茚虫威 3 000 倍 | | 好 |
| 调节物质应用情况 | 时间：7 月 24 日 用量：4 500 倍液（P2-37） 时间：8 月 17 日 用量：4 500 倍液（P2-37） | | | | |
| 棉花生育期气象简况 | 生长前期偏旱，气温较低，进入 8 月份雨水偏多，落铃早、多。 | | | | |

**表 4-8-2　棉花生育期调查记录表**

| 处理 | 小区 | 播种期 | 出苗期 | 现蕾期 | 开花期 | 封行期 | 打顶期 | 吐絮期 |
|---|---|---|---|---|---|---|---|---|
| 处理：鲁棉 241 | 1 | 6月8日下午 | 6月13日 | 7月21日 | 7月28日 | 8月3日 | 8月7日 | 9月22日 |
| 处理：德棉 15 | 4 | 6月8日下午 | 6月13日 | 7月21日 | 7月28日 | 8月3日 | 8月7日 | 9月18日 |
| 处理：源棉1号 | 7 | 6月8日下午 | 6月13日 | 7月21日 | 7月30日 | 8月3日 | 8月7日 | 9月25日 |

**表 4-8-3　棉花农艺性状记录表**（7月15日）

| 品种 | 株高（厘米） | 果枝数（枝） | 花与幼铃数（个） | 成铃数（个） | 烂铃数（个） | 吐絮铃数（个） |
|---|---|---|---|---|---|---|
| 鲁棉 241 | 31.0 | 1.1 | 0 | 0 | 0 | 0 |
| 德棉 15 | 30.1 | 0.4 | 0 | 0 | 0 | 0 |
| 源棉1号 | 35.1 | 1.0 | 0 | 0 | 0 | 0 |
| 中棉 425（麦后） | 63.3 | 5.3 | 0 | 0 | 0 | 0 |
| 中棉 425（蒜后） | 54.6 | 4.5 | 0 | 0 | 0 | 0 |

**表 4-8-4　棉花农艺性状记录表**（8月15日）

| 品种 | 株高（厘米） | 果枝数（枝） | 花与幼铃数（个） | 成铃数（个） | 烂铃数（个） | 吐絮铃数（个） |
|---|---|---|---|---|---|---|
| 鲁棉 241 | 99.50 | 9.5 | 4.0 | 3.5 | 0 | 0 |
| 德棉 15 | 10.32 | 10.9 | 2.7 | 5.0 | 0 | 0 |
| 源棉1号 | 94.30 | 9.6 | 3.0 | 2.4 | 0 | 0 |
| 中棉 425（麦后） | 104.60 | 9.3 | 12.7 | 3.3 | 0 | 0 |
| 中棉 425（蒜后） | 124.20 | 8.8 | 13.8 | 3.9 | 0 | 0 |

**表 4-8-5　棉花农艺性状记录表**（9月15日）

| 品种 | 株高（厘米） | 果枝数（枝） | 花与幼铃数（个） | 成铃数（个） | 烂铃数（个） | 吐絮铃数（个） |
|---|---|---|---|---|---|---|
| 鲁棉 241 |  | 9.5 | 1.6 | 12.3 | 0 | 0 |
| 德棉 15 |  | 10.9 | 1.8 | 9.5 | 0 | 0 |
| 源棉1号 |  | 9.6 | 2.4 | 9.1 | — | — |
| 中棉 425（麦后） |  | 9.3 | 1.9 | 13.5 | — | — |
| 中棉 425（蒜后） |  | 8.8 | 1.7 | 12.8 | — | — |

**表 4-8-6　棉花产量测定记录表**（10月24日）（0.01亩）

| 处理 | 株数（株） | 吐絮铃数（个） | 成铃数（个） | 烂铃数（个） | 花与幼铃数（个） |
|---|---|---|---|---|---|
| 鲁棉 241 | 57 | 122 | 478 | 6 | 79 |
| 德棉 15 | 61 | 139 | 495 | 9 | 93 |
| 源棉1号 | 59 | 26 | 354 | 3 | 147 |

**表 4-8-7　棉花产量测定记录表**（20株）

| 处理 | 时间 | 籽棉（克） | 铃数（个） | 单铃重（克） | 衣分率（%） |
|---|---|---|---|---|---|
| 鲁棉 241 | 9月25日 | 50 | 10 | 5.00 | 37.8 |
|  | 10月25日 | 245 | 54 | 4.53 | 39.2 |
|  | 11月5日 | 255 | 60 | 4.25 | 39.1 |

（续）

| 处理 | 时间 | 籽棉（克） | 铃数（个） | 单铃重（克） | 衣分率（%） |
|---|---|---|---|---|---|
| | 9月25日 | 0 | 0 | 0.00 | — |
| 德棉15 | 10月15日 | 200 | 44 | 4.54 | 38.6 |
| | 11月5日 | 205 | 49 | 4.18 | 38.3 |
| | 9月25日 | 0 | 0 | 0.00 | — |
| 源棉1 | 10月15日 | 50 | 9 | 5.50 | 38.2 |
| | 11月5日 | 120 | 24 | 5.00 | 37.5 |

### （二）天气情况

2021年6月1日到7月22日，东明县的平均气温为26.5℃，较常年偏高0.6℃；日照时数276.9小时，较2020年同期偏少315.2小时；降水量160.2毫米，较常年偏少200.1毫米；>20度积温1 405.6℃，较2020年同期偏低。

6月1日到8月底，东明县的平均气温为26.7℃，较2020年同期偏低1.3℃；日照时数455.4小时，较2020年同期偏少168.8小时；降水量387.9毫米，较2020年同期偏多75.8毫米；>20度积温2 459.0℃，较2020年同期偏低。（县气象局提供）

## 三、简析

从调查结果来看，6月8日播种的短季棉株高、果枝数都远远低于6月1日和6月2日播种的短季棉。其原因一是播期相差7天，二是先造墒后播种，影响了出苗时间，直播后造墒出苗比先造墒后直播缩短2天。2021年东明县6—7月份天气情况是前期干旱，后期阴天寡照。城子村试验点在前期干旱时，怕雨季到来，不敢浇水，直到7月2日浇水一次，影响了棉花生长。6月8日播种的短季棉于6月13日出苗，这与6月10日前出齐苗的要求相比，晚了3—5天，大大影响了棉苗的生长，造成在7月15日以前没有一株棉花挂铃，伏前成桃率为0。

棉花坐桃主要集中在8月以后。8月15日调查时，3个品种成铃数分别是3.5个、5个、2.4个；花与幼铃数分别为4个、2.7个、3个。8月底每株成铃数为8～11个。加上9月16日以后结的有效秋桃，每株平均铃数达到10.5个。

按照表4-8-5记录的吐絮铃数、成铃数、烂铃数计算总铃数（此时花和幼铃已成不了产量），单铃重依据表4-8-6各品种3次测量的平均值计算，则3个品种的产量分别为278千克/亩、280千克/亩、201千克/亩。但依据表4-8-6计算产量，则分别为82.5千克/亩、60.5千克/亩、25.5千克/亩（密度按照6 000株/亩计算），11月5日拔棉柴后，秸秆上还有部分棉铃，但大部分为无效铃，约占总铃数的30%，形不成产量。

从四个品种表现来看，鲁棉241好于中棉425、德棉15，源棉1号较差。

## 四、存在的问题

一是小麦收获过晚，影响棉花的播期。以前人工收获小麦时，一般在小麦蜡黄期收获（阴历五月下旬）。现在农民为减少小麦晾晒，一般在完熟期机收（阴历六月上旬）。这导致棉花播期比以前晚10天左右，大大影响棉花产量。

二是棉田灌溉条件是短季棉生产的关键制约因素。东明县麦收时期往往出现干旱状况，从5月上旬直到6月底，有雨水的年份很少。因而完善棉田灌溉和排水条件是短季棉生产的保证。

三是短季棉生产技术及经验欠缺。短季棉生产在东明县是首次，当地缺少种植管理经验，只能借鉴外地的经验。特别是在化控上，需看天、看地、看长势，技术性较强，没有技术经验积累很难掌握，化控达不到预期目的。下一步要加大试验示范力度，积累当地短季棉生产经验。

# 2020年棉花饲料绿肥轮作提升耕地质量技术试验总结报告

滨州市农业科学院

2021年，滨州市农业科学院安排了不同饲料绿肥作物对比试验和黑麦草后直播短季棉最适宜密度试验，本项目为2020年山东省传统棉作结构调整优化推进工程的技术实验之一，项目编号370MHJGZ2020。

## 一、试验目的和意义

为有效解决传统棉作模式存在的作物间茬口不顺、环节间衔接不畅、产业间技术协同性不强等问题，探索适合山东省不同生态区短季棉推广种植的最佳品种、播期和密度，提高植棉产量和效益，特设计本试验。

## 二、试验设计

试验安排在滨州国家农作物品种试验站进行，分不同饲料绿肥作物对比试验和黑麦草后直播短季棉最适宜密度试验两个单项。

### （一）不同饲料绿肥作物对比试验

**1. 试验处理** 设置常规棉一年一熟（空白对照）、短季棉→冬牧70黑麦草、短季棉→油菜、短季棉→二月兰4个种植模式，每个模式种植1亩地。

**2. 供试品种** 常规棉选用鲁棉696，短季棉选用中棉425。

**3. 试验地点和设计** 试验于滨州市滨城区东孟村，北外环路327号，滨州市国家农作物品种区域试验站内进行，四个处理南北排列，每个处理占地1亩，分3个重复，3个重复成东西排列的3个小区，小区南北行长约22.3米、东西宽10米，南北向播种。

**4. 田间管理措施**

（1）饲料绿肥管理。2020年10月19日播种二月兰、油菜、黑麦草3种饲料绿肥作物，留一个空白处理第二年春天播种常规棉。二月兰、油菜、黑麦草均人工开沟撒播，播后用平耙等工具翻土掩埋，油菜播种量2.5千克/亩，二月兰播种量5千克/亩，冬牧70黑麦草播种量7.5千克/亩。

2020年11月初试验田墒情较差，对出苗不好的二月兰浇小水促苗。2021年3月进行冻害调查，油菜冻害极重，黑麦草和二月兰冻害较轻。3月9日补种油菜；4月10日黑麦草、油菜浇小水，追施尿素6千克/亩。

5月14日进行绿肥饲草测产、取样，然后收获翻压，用秸秆粉碎还田机将绿肥直接粉碎还田，并用旋耕机翻压于耕层内，以不露出地面为准，翻压后趁小雨后墒情播种短季棉。

（2）棉花种植管理。2021年4月19日，进行春棉对照区覆膜播种，5月18日进行短季棉无膜播种，每行76厘米。播前取土样。2片真叶时定苗，留苗密度为6 000株/亩，东边设保护行多留预备苗，缺苗及时移栽补苗。

6月上中旬缺少有效降雨，春棉长势较好，夏播棉苗期长势弱。6月下旬大雨，旱情解除。7月中旬大雨，棉田出现轻微积水倒伏。8、9月降水较多，棉花底层出现脱落和僵瓣烂铃。

各处理于7月20日至31日前后根据长势分两次人工打顶，7月初开始应用助壮素对棉花进行合理化学调控和虫害防控化控2次，打药治虫4次，追肥2次。对生育期、三桃和植株性状、产量构成因素按期调查。

8月30日春棉开始收花，9月24日夏播棉开始收花，10月25日第2次收花，11月2日第3次收花。

**5. 田间管理措施记录** 田间管理措施见表4-9-1。

**表4-9-1 田间管理技术措施记录表——棉花**

| | | | | | |
|---|---|---|---|---|---|
| 处理名称 | 不同饲料绿肥作物对比试验 | | | | |
| 棉花追肥 | 次数 | 日期 | 种类 | 数量 | 施用方法 |
| | 1 | 7月19日 | 史丹利复合肥 | 10千克 | 人工撒施 |
| | 2 | 8月7日 | 史丹利复合肥 | 10千克 | 人工沟施 |
| 棉花中耕除草培土 | 日期 | 中耕深度 | 培土高度 | 方法 | 备注 |
| | 6月7日、9月2日 | 浅 | 无 | 人工 | — |
| 棉花灌溉 | 日期：5月24日 | 方法：自来水小水浇沟 | | | |
| 棉花打顶 | 打顶时间：7月20—31日<br>其他整枝措施：简化修棉 | | | | |
| 绿肥治虫 | 日期 | 虫害种类 | 用药种类和浓度 | | 效果 |
| | 无 | — | — | | — |
| 棉花治虫 | 日期 | 虫害种类 | 用药种类和浓度 | | 效果 |
| | 6月26日 | 盲蝽象 | 全杀，20毫升 | | 较好 |
| | 7月1日 | 盲蝽象 | 全杀，20毫升 | | 较好 |
| | 7月17日 | 盲蝽象 | 全杀，20毫升 | | 较好 |
| | 8月18日 | 盲蝽象、灰飞虱 | 全杀，20毫升 | | 较好 |
| 调节物质应用情况 | 时间：7月1日 种类：缩节胺<br>时间：7月28日 种类：缩节胺<br>时间：8月5日 种类：缩节胺 | | | | |

（续）

| | |
|---|---|
| 病害情况 | 春棉对照 8 月 17 日东重复一个小区有少量黄萎病叶片 |
| 棉花生育期气象简况 | 苗期干旱长势慢，中期降雨较多，部分烂铃，没有冰雹、长期阴雨寡照和台风极端天气 |

**6. 生育期记录** 记录每个饲料绿肥作物的播种期、出苗期、开花期、收割（翻压）期；记录棉花的播种期、出苗期、现蕾期、开花期、吐絮期等（表 4-9-2、表 4-9-3）。

**表 4-9-2 饲料绿肥作物生育期调查记录表**

| 处理 | 小区 | 播种期 | 出苗期 | 开花期 | 收割（翻压）期 | 备注 |
|---|---|---|---|---|---|---|
| 处理 1<br>二月兰 | 1 | 10 月 20 日 | 10 月 31 日 | 4 月 5 日 | 5 月 14 日 | — |
| | 2 | 10 月 20 日 | 10 月 31 日 | 4 月 5 日 | 5 月 14 日 | — |
| | 3 | 10 月 20 日 | 10 月 31 日 | 4 月 5 日 | 5 月 14 日 | — |
| 处理 2<br>空白对照 | 4 | — | — | — | — | — |
| | 5 | — | — | — | — | — |
| | 6 | — | — | — | — | — |
| 处理 3<br>油菜 | 7 | 10 月 20 日 | 10 月 27 日 | 4 月 2 日 | 5 月 14 日 | — |
| | 8 | 10 月 20 日 | 10 月 27 日 | 4 月 2 日 | 5 月 14 日 | — |
| | 9 | 10 月 20 日 | 10 月 27 日 | 4 月 2 日 | 5 月 14 日 | — |
| 处理 4<br>黑麦草 | 10 | 10 月 20 日 | 10 月 27 日 | 4 月 5 日 | 5 月 14 日 | — |
| | 11 | 10 月 20 日 | 10 月 27 日 | 4 月 5 日 | 5 月 14 日 | — |
| | 12 | 10 月 20 日 | 10 月 27 日 | 4 月 5 日 | 5 月 14 日 | — |

**表 4-9-3 棉花生育期调查记录表**

| 处理 | 小区 | 播种期 | 出苗期 | 现蕾期 | 开花期 | 封行期 | 打顶期 | 吐絮期 |
|---|---|---|---|---|---|---|---|---|
| 处理 1<br>二月兰 | 1 | 5 月 18 日 | 5 月 28 日 | 6 月 28 日 | 7 月 16 日 | 8 月 8 日 | 7 月 29 日 | 9 月 15 日 |
| | 2 | 5 月 18 日 | 5 月 28 日 | 6 月 28 日 | 7 月 15 日 | 8 月 8 日 | 7 月 29 日 | 9 月 15 日 |
| | 3 | 5 月 18 日 | 5 月 28 日 | 6 月 28 日 | 7 月 20 日 | 8 月 8 日 | 7 月 29 日 | 9 月 15 日 |
| 处理 2<br>春棉对照 | 4 | 4 月 19 日 | 4 月 30 日 | 6 月 20 日 | 6 月 28 日 | 7 月 27 日 | 7 月 20 日 | 8 月 17 日 |
| | 5 | 4 月 19 日 | 4 月 30 日 | 6 月 20 日 | 7 月 10 日 | 7 月 27 日 | 7 月 20 日 | 8 月 17 日 |
| | 6 | 4 月 19 日 | 4 月 30 日 | 6 月 20 日 | 7 月 10 日 | 7 月 27 日 | 7 月 20 日 | 8 月 17 日 |
| 处理 3<br>油菜 | 7 | 5 月 18 日 | 5 月 28 日 | 6 月 28 日 | 7 月 17 日 | 8 月 8 日 | 7 月 29 日 | 9 月 17 日 |
| | 8 | 5 月 18 日 | 5 月 28 日 | 6 月 28 日 | 7 月 15 日 | 8 月 8 日 | 7 月 29 日 | 9 月 16 日 |
| | 9 | 5 月 18 日 | 5 月 28 日 | 6 月 28 日 | 7 月 19 日 | 8 月 8 日 | 7 月 29 日 | 9 月 18 日 |
| 处理 4<br>黑麦草 | 10 | 5 月 18 日 | 5 月 28 日 | 6 月 28 日 | 7 月 15 日 | 8 月 8 日 | 7 月 29 日 | 9 月 17 日 |
| | 11 | 5 月 18 日 | 5 月 28 日 | 6 月 28 日 | 7 月 13 日 | 8 月 8 日 | 7 月 29 日 | 9 月 18 日 |
| | 12 | 5 月 18 日 | 5 月 28 日 | 6 月 28 日 | 7 月 11 日 | 8 月 8 日 | 7 月 29 日 | 9 月 12 日 |

**7. 农艺性状调查** 每个处理随机选取长势一致的 3 点，定点连续 10 株棉花，分别于 7 月 15 日、8 月 15 日、9 月 15 日调查株高、果枝数（9 月 15 日可不调查株高、果枝数）、成铃数、花与幼铃数、烂铃数、吐絮铃数（表 4-9-4）。

**表 4-9-4　棉花生育期调查记录表**

| 株号 | 日期 | 株高（厘米） | 果枝数（枝） | 花与幼铃数（个） | 成铃数（个） | 烂铃数（个） | 吐絮铃数（个） |
|---|---|---|---|---|---|---|---|
| 处理 1 二月兰 西重复 | 7 月 15 日 | 37.2 | 6.5 | 0.1 | 0.0 | 0.0 | 0.0 |
| | 8 月 15 日 | 82.4 | 9.3 | 2.8 | 4.3 | 0.0 | 0.0 |
| | 9 月 15 日 | 94.7 | 10.3 | 0.8 | 7.0 | 0.4 | 1.0 |
| 处理 1 二月兰 中重复 | 7 月 15 日 | 34.1 | 5.4 | 0.2 | 0.0 | 0.0 | 0.0 |
| | 8 月 15 日 | 68.4 | 4.5 | 2.8 | 4.5 | 0.0 | 0.0 |
| | 9 月 15 日 | 75.8 | 8.6 | 0.8 | 5.1 | 1.0 | 1.1 |
| 处理 1 二月兰 东重复 | 7 月 15 日 | 26.4 | 2.7 | 0.0 | 0.0 | 0.0 | 0.0 |
| | 8 月 15 日 | 71.2 | 9.1 | 2.5 | 1.7 | 0.0 | 0.0 |
| | 9 月 15 日 | 84.5 | 9.8 | 1.2 | 5.2 | 0.1 | 0.7 |
| 处理 2 春棉对照 西重复 | 7 月 15 日 | 89.9 | 14.3 | 9.3 | 2.9 | 0.0 | 0.0 |
| | 8 月 15 日 | 95.3 | 11.7 | 0.4 | 13.3 | 1.4 | 0.7 |
| | 9 月 15 日 | 102.3 | 11.5 | 1.4 | 4.0 | 1.0 | 10.1 |
| 处理 2 春棉对照 中重复 | 7 月 15 日 | 79.6 | 12.4 | 4.6 | 1.8 | 0.0 | 0.0 |
| | 8 月 15 日 | 97.4 | 13.5 | 3.8 | 12.0 | 0.2 | 0.0 |
| | 9 月 15 日 | 107.5 | 13.5 | 2.5 | 8.4 | 2.1 | 7.6 |
| 处理 2 春棉对照 东重复 | 7 月 15 日 | 78.8 | 12.2 | 5.5 | 13.0 | 0.0 | 0.0 |
| | 8 月 15 日 | 94.7 | 12.5 | 1.1 | 10.5 | 0.6 | 0.0 |
| | 9 月 15 日 | 102.1 | 13.5 | 1.3 | 4.8 | 0.2 | 6.6 |
| 处理 3 油菜 西重复 | 7 月 15 日 | 34.1 | 4.1 | 0.0 | 0.0 | 0.0 | 0.0 |
| | 8 月 15 日 | 84.7 | 12.4 | 3.5 | 3.0 | 0.1 | 0.0 |
| | 9 月 15 日 | 94.2 | 9.0 | 2.1 | 5.9 | 0.3 | 0.4 |
| 处理 3 油菜 中重复 | 7 月 15 日 | 42.9 | 6.5 | 0.2 | 0.0 | 0.0 | 0.0 |
| | 8 月 15 日 | 88.1 | 11.5 | 4.1 | 3.5 | 0.1 | 0.0 |
| | 9 月 15 日 | 95.1 | 11，5 | 3.2 | 6.4 | 0.9 | 0.9 |
| 处理 3 油菜 东重复 | 7 月 15 日 | 32.7 | 4.7 | 0.0 | 0.0 | 0.0 | 0.0 |
| | 8 月 15 日 | 78.8 | 9.4 | 3.5 | 4.0 | 0.0 | 0.0 |
| | 9 月 15 日 | 91.1 | 8.9 | 1.2 | 5.8 | 0.3 | 0.3 |
| 处理 4 黑麦草 西重复 | 7 月 15 日 | 43.4 | 6.9 | 0.2 | 0.0 | 0.0 | 0.0 |
| | 8 月 15 日 | 8.9 | 12.9 | 3.7 | 3.7 | 0.1 | 0.0 |
| | 9 月 15 日 | 102.0 | 12.0 | 0.7 | 5.5 | 1.0 | 0.3 |
| 处理 4 黑麦草 中重复 | 7 月 15 日 | 40.5 | 5.8 | 0.1 | 0.0 | 0.0 | 0.0 |
| | 8 月 15 日 | 75.3 | 9.9 | 3.0 | 3.5 | 0.3 | 0.0 |
| | 9 月 15 日 | 89.2 | 10.3 | 2.0 | 4.2 | 1.7 | 0.2 |
| 处理 4 黑麦草 西重复 | 7 月 15 日 | 48.7 | 8.4 | 0.0 | 0.4 | 0.0 | 0.0 |
| | 8 月 15 日 | 85.0 | 10.3 | 5.7 | 2.7 | 0.0 | 0.0 |
| | 9 月 15 日 | 93.8 | 10.8 | 5.8 | 2.4 | 1.5 | 1.2 |

**8. 实收棉花产量**　表 4-9-5 统计了棉花产量构成因素。产量构成因素数据来源：于第 1 次收花前，每个处理选择长势一致、未取走植株的 3 个样点，测量 0.01 亩面积的

株数、吐絮铃数、青铃数、烂铃数，以吐絮铃数、青铃数、烂铃数相加为总铃数。第2次收花时（10月25日），在每个标记样点内收取内围正常吐絮的50个棉铃，晒干（水分11%～12%）后称重，取平均值作为样点单铃重，依据样点籽棉产量（样点内的50个铃的重量计入样点实收产量）和铃重计算铃数。对晒干并称重后的50个棉铃进行轧花，得到衣分率，依据该衣分率和样点籽棉产量计算出样点皮棉产量。

品质测定：对样点50铃轧花后的皮棉进行纤维品质检测，棉籽测定含油率（不饱和脂肪酸含量）、蛋白含量及其组分变化情况。

不同处理的棉花产量构成因素为各收花样点的棉株数（密度）、总铃数、单株结铃数、铃重、衣分率。

**表 4-9-5　棉花产量构成因素调查记录表**（2021年8月30日）

| 处理 | 样点 | 行距（厘米） | 双行长（厘米） | 株数（株） | 吐絮铃数（个） | 青铃数（个） | 烂铃数（个） | 总铃数（个） | 50铃单铃重（克） | 衣分率（%） |
|---|---|---|---|---|---|---|---|---|---|---|
| 南一区，二月兰 | 西 | 0.767 | 435 | 59.00 | 35 | 444.00 | 29.00 | 508 | 4.50 | 40.42 |
| | 中 | 0.767 | 435 | 60.00 | 41 | 429.00 | 16.00 | 486 | 4.30 | 42.51 |
| | 东 | 0.767 | 435 | 59.00 | 23 | 396.00 | 7.00 | 426 | 4.10 | 40.36 |
| | 平均数 | 0.767 | 435 | 59.33 | 33 | 423.00 | 17.33 | 473.33 | 4.30 | 41.10 |
| 南二区，春棉对照 | 西 | 0.650 | 520 | 32.00 | 77 | 399.00 | 30.00 | 506 | 5.10 | 42.85 |
| | 中 | 0.650 | 413 | 39.00 | 58 | 519.00 | 21.00 | 598 | 4.90 | 43.54 |
| | 东 | 0.660 | 507 | 37.00 | 48 | 428.00 | 25.00 | 501 | 4.70 | 43.10 |
| | 平均数 | 0.653 | 480 | 36.00 | 61 | 448.67 | 25.33 | 535 | 4.90 | 43.16 |
| 南三区，油菜 | 西 | 0.750 | 446 | 53.00 | 6 | 289.00 | 8.00 | 303 | 4.30 | 41.94 |
| | 中 | 0.770 | 435 | 58.00 | 14 | 237.00 | 17.00 | 268 | 4.40 | 41.11 |
| | 东 | 0.760 | 440 | 66.00 | 7 | 291.00 | 11.00 | 309 | 4.30 | 41.32 |
| | 平均数 | 0.760 | 440.33 | 59.00 | 9 | 272.33 | 12.00 | 293.33 | 4.30 | 41.46 |
| 南四区，黑麦草 | 西 | 0.760 | 440.00 | 56.00 | 24 | 312.00 | 27.00 | 363 | 4.40 | 39.87 |
| | 中 | 0.760 | 440.00 | 49.00 | 6 | 270.00 | 31.00 | 307 | 4.60 | 40.93 |
| | 东 | 0.770 | 435.00 | 52.00 | 23 | 319.00 | 29.00 | 371 | 4.70 | 40.51 |
| | 平均数 | 0.760 | 438.33 | 52.33 | 17.6 | 300.33 | 23.00 | 47 | 4.57 | 40.44 |

表4-9-6统计了饲料绿肥作物产量。

**表 4-9-6　饲料绿肥作物产量记载表**

| 处理 | 样点 | 时间 | 0.01亩鲜重 |
|---|---|---|---|
| 南一区，二月兰 | 西 | — | — |
| | 中 | — | 取30株平均单株38.66千克 |
| | 东 | 5月14日 | 估计16千克 |
| 南二区，春播对照 | 西 | — | — |
| | 中 | — | — |
| | 东 | — | — |

（续）

| 处理 | 样点 | 时间 | 0.01 亩鲜重 |
|---|---|---|---|
| 南三区，油菜 | 西 | 5月14日 | 48.507 千克 |
| | 中 | 5月14日 | 58.483 千克 |
| | 东 | 5月14日 | 35.788 千克 |
| 南四区，黑麦草 | 西 | 5月14日 | 13.294 千克 |
| | 中 | 5月14日 | 15.400 千克 |
| | 东 | 5月14日 | 12.960 千克 |

棉花实收产量测定情况见表 4-9-7。每个处理随机选取长势一致、未取走植株的 3 个样点，每点量取 10 米长的相邻两行，待该处理的吐絮率达到 30%～40%时第 1 次收花；于 10 月 25 日第 2 次收花；11 月 10 日所有处理最后一次收花，剩余未开裂棉铃不计产量。每次收获的籽棉自然晒干并称重（籽棉产量），每个样点 3 次收花的产量之和为该样点的籽棉产量。

**表 4-9-7 棉花实收产量测定记录表**

| 处理 | 小区 | 第 1 次收花籽棉重（克） | 第 2 次收花籽棉重（克） | 第 3 次收花籽棉重（克） | 小区计产量合计（克） | 计产面积（平方米） | 折亩产（千克） |
|---|---|---|---|---|---|---|---|
| 1 二月兰 | 1 | 554 | 1 513 | 2 911 | 4 978 | 15.34 | 216 |
| | 2 | 574 | 1 712 | 2 203 | 4 489 | 15.34 | 195 |
| | 3 | 270 | 1 161 | 2 424 | 3 855 | 15.34 | 168 |
| | 平均 | 466 | 1 462 | 2 513 | 4 441 | 15.00 | 193 |
| 2 春棉对照 | 1 | 626 | 2 497 | 2 478 | 5 601 | 12.96 | 288 |
| | 2 | 633 | 2 045 | 2 926 | 5 604 | 13.00 | 287 |
| | 3 | 494 | 1 724 | 2 909 | 5 127 | 13.14 | 260 |
| | 平均 | 584 | 2 089 | 2 771 | 5 444 | 13.00 | 279 |
| 3 油菜 | 1 | 143 | 1 547 | 1 811 | 3 501 | 15.00 | 156 |
| | 2 | 271 | 1 905 | 2 142 | 4 318 | 15.34 | 188 |
| | 3 | 225 | 2 051 | 2 395 | 4 671 | 15.16 | 205 |
| | 平均 | 213 | 1 834 | 2 116 | 4 163 | 15.00 | 183 |
| 4 黑麦草 | 1 | 517 | 1 167 | 2 619 | 4 303 | 15.16 | 189 |
| | 2 | 469 | 1 173 | 2 513 | 4 155 | 15.16 | 183 |
| | 3 | 712 | 1 391 | 2 590 | 4 693 | 15.34 | 204 |
| | 平均 | 566 | 1 244 | 2 574 | 4 384 | 15.00 | 192 |

## （二）黑麦草后直播短季棉最适宜密度试验

**1. 试验处理** 设置 5 000 株/亩、6 000 株/亩、7 000 株/亩 3 个棉花种植密度，共 3 个处理，每个处理种植面积 0.9 亩。

**2. 供试品种** 短季棉选用鲁棉 2387，黑麦草选用冬牧 70。

**3. 试验地点和设计** 试验于滨州市滨城区东孟村北外环路 327 号滨州市国家农作物品种区域试验站内进行，三个处理南北排列，每个处理占地 0.9 亩，分三次重复，三个重复成东西排列的小区，小区南北行长约 20 米、东西宽 10 米，南北向播种。

**4. 田间管理措施**

（1）饲料作物管理。2020 年 10 月 20 日播种饲料作物黑麦草，以小麦播种机开沟条播，播种量 7.5 千克/亩。

10 月 27 日出苗，2021 年 3 月进行返青期调查，发现黑麦草冻害较轻，长势较弱，4 月 10 日浇小水，追施尿素 6 千克/亩。

5 月 14 日，进行饲草测产、取样，然后收获。

（2）棉花种植管理。5 月 18 日进行短季棉无膜播种，行距 76 厘米。播前取土样。2 片真叶时定苗，按计划留苗密度为 5 000 株/亩、6 000 株/亩、7 000 株/亩，东边设保护行多留预备苗，缺苗及时移栽补苗。

6 月上中旬缺少有效降雨，夏播棉苗期长势弱；6 月下旬大雨，旱情解除；7 月中旬大雨，棉田出现轻微积水倒伏。8、9 月降水较多，棉花底层出现脱落和僵瓣烂铃。

各处理于 7 月 20 日至 31 日前后根据长势分两次人工打顶，7 月初开始应用助壮素对棉花进行合理化学调控和虫害防控化控 2 次，打药治虫 4 次，追肥 2 次。对生育期、三桃和植株性状、产量构成因素按期调查。

9 月 24 日夏播棉开始收花，10 月 25 日第 2 次收花，11 月 2 日第 3 次收花。

**5. 田间管理措施记录表** 记录每个处理小黑麦和棉花施肥次数和数量，农药、化控次数和用量，耕整地、排灌水情况等田间管理措施（表 4-9-8）。

**表 4-9-8 田间管理技术措施记录表——棉花**

| 处理名称 | 黑麦草后直播短季棉不同密度对比试验 | | | | |
|---|---|---|---|---|---|
| | 次数 | 日期 | 种类 | 数量 | 使用方法 |
| 棉花追肥 | 1 | 7月19日 | 史丹利复合肥 | 10千克 | 人工撒施 |
| | 2 | 8月7日 | 史丹利复合肥 | 10千克 | 人工沟施 |
| 棉花中耕除草培土 | 日期 | 中耕深度 | 培土高度 | 方法 | 备注 |
| | 6月7日、9月2日 | 浅 | 无 | 人工 | — |
| 棉花灌溉 | 日期 | 方法 | | | |
| | 5月24日 | 自来水小水浇沟 | | | |
| 棉花打顶 | 打顶时间：7月20日—31日 | | | | |
| | 其他整枝措施：简化修棉 | | | | |
| 棉花治虫 | 日期 | 虫害种类 | 用药种类和浓度 | | 效果 |
| | 6月26日 | 盲椿象 | 全杀，20毫升 | | 较好 |
| | 1月7日 | 盲椿象 | 全杀，20毫升 | | 较好 |
| | 7月17日 | 盲椿象 | 全杀，20毫升 | | 较好 |
| | 8月18日 | 盲椿象灰飞虱 | 全杀，20毫升 | | 较好 |

（续）

| | |
|---|---|
| 调节物质应用情况 | 时间：7月1日　种类：缩节胺 |
| | 时间：7月28日　种类：缩节胺 |
| | 时间：8月5日　种类：缩节胺 |
| 病害情况 | 无 |
| 棉花生育期气象简况 | 苗期干旱长势慢，中期降雨较多，部分烂铃，没有冰雹、长期阴雨寡照和台风极端天气 |

**6. 生育期记录**　记录每个饲料作物的播种期、出苗期、开花期、收割（翻压）期；记录棉花品种的播种期、出苗期、现蕾期、开花期、吐絮期等（表4-9-9、表4-9-10）。

**表4-9-9　饲料作物生育期调查记录表**

| 处理 | 小区 | 播种期（日/月） | 出苗期（日/月） | 开花期（日/月） | 收割期（日/月） |
|---|---|---|---|---|---|
| 处理1<br>5 000株/亩 | 1 | 20/10 | 31/10 | 5/4 | 14/5 |
| | 2 | 20/10 | 31/10 | 5/4 | 14/5 |
| | 3 | 20/10 | 31/10 | 5/4 | 14/5 |
| 处理2<br>6 000株/亩 | 7 | 20/10 | 27/10 | 2/4 | 14/5 |
| | 8 | 20/10 | 27/10 | 2/4 | 14/5 |
| | 9 | 20/10 | 27/10 | 2/4 | 14/5 |
| 处理3<br>7 000株/亩 | 10 | 20/10 | 27/10 | 5/4 | 14/5 |
| | 11 | 20/10 | 27/10 | 5/4 | 14/5 |
| | 12 | 20/10 | 27/10 | 5/4 | 14/5 |

**表4-9-10　棉花品种生育期调查记录表**

| 处理 | 小区 | 播种期（日/月） | 出苗期（日/月） | 现蕾期（日/月） | 开花期（日/月） | 封行期（日/月） | 打顶期（日/月） | 吐絮期（日/月） |
|---|---|---|---|---|---|---|---|---|
| 处理1<br>5 000株/亩 | 1 | 18/5 | 28/5 | 28/6 | 14/7 | 8/8 | 30/7 | 16/9 |
| | 2 | 18/5 | 28/5 | 28/6 | 14/7 | 8/8 | 30/7 | 14/9 |
| | 3 | 18/5 | 28/5 | 28/6 | 15//7 | 8/8 | 30/7 | 15/9 |
| 处理2<br>6 000株/亩 | 4 | 18/5 | 28/5 | 28/6 | 12/7 | 5/8 | 28/7 | 12/9 |
| | 5 | 18/5 | 28/5 | 28/6 | 11/7 | 5/8 | 28/7 | 12/9 |
| | 6 | 18/5 | 28/5 | 28/6 | 10/7 | 5/8 | 28/7 | 12/9 |
| 处理3<br>7 000株/亩 | 7 | 18/5 | 28/5 | 28/6 | 20/7 | 4/8 | 28/7 | 17/9 |
| | 8 | 18/5 | 28/5 | 28/6 | 14/7 | 4/8 | 28/7 | 12/9 |
| | 9 | 18/5 | 28/5 | 28/6 | 13/7 | 4/8 | 28/7 | 12/9 |

**7. 农艺性状调查**　棉花性状调查情况见表4-9-11。调查方法为每个处理随机选取长势一致的3点，定点连续10株棉花，分别于7月15日、8月15日、9月15日调查株高、果枝数（9月15日可不调查株高、果枝数）、成铃数、花与幼铃数、烂铃数、吐絮铃数。

**表 4-9-11　棉花农艺性状记录表**

| 处理 | 日期（日/月） | 株高（厘米） | 果枝数（枝） | 花与幼铃数（个） | 成铃数（个） | 烂铃数（个） | 吐絮铃数（个） |
|---|---|---|---|---|---|---|---|
| 处理 1<br>5 000 株/亩<br>西重复 | 15/7 | 41.70 | 4.40 | 0.20 | 0.0 | 0.0 | 0.0 |
| | 15/8 | 82.48 | 7.20 | 1.20 | 2.7 | 0.0 | 0.0 |
| | 15/9 | 94.80 | 9.30 | 2.50 | 3.8 | 0.5 | 0.6 |
| 处理 1<br>5 000 株/亩<br>中重复 | 15/7 | 46.80 | 7.80 | 0.90 | 0.0 | 0.0 | 0.0 |
| | 15/8 | 80.20 | 11.90 | 2.00 | 5.0 | 0.5 | 0.0 |
| | 15/9 | 93.70 | 12.50 | 2.70 | 5.0 | 2.4 | 1.7 |
| 处理 1<br>5 000 株/亩<br>东重复 | 15/7 | 37.10 | 6.70 | 0.20 | 0.0 | 0.0 | 0.0 |
| | 15/8 | 74.10 | 10.70 | 1.70 | 5.6 | 0.8 | 0.0 |
| | 15/9 | 81.00 | 10.70 | 1.50 | 7.9 | 1.1 | 1.0 |
| 处理 2<br>6 000 株/亩<br>西重复 | 15/7 | 59.10 | 9.20 | 0.40 | 0.0 | 0.0 | 0.0 |
| | 15/8 | 102.00 | 12.10 | 2.00 | 5.4 | 0.0 | 0.0 |
| | 15/9 | 116.80 | 10.10 | 1.20 | 3.9 | 2.0 | 0.9 |
| 处理 2<br>6 000 株/亩<br>中重复 | 15/7 | 69.10 | 9.30 | 0.60 | 0.0 | 0.0 | 0.0 |
| | 5/8 | 122.40 | 14.70 | 5.90 | 6.5 | 0.0 | 0.0 |
| | 15/9 | 130.30 | 13.40 | 1.44 | 9.5 | 2.2 | 1.0 |
| 处理 2<br>6 000 株/亩<br>东重复 | 15/7 | 67.00 | 9.60 | 0.40 | 0.0 | 0.0 | 0.0 |
| | 15/8 | 98.60 | 13.00 | 2.60 | 6.2 | 0.1 | 0.0 |
| | 15/9 | 102.70 | 10.10 | 1.30 | 5.2 | 2.7 | 0.8 |
| 处理 3<br>7 000 株/亩<br>西重复 | 15/7 | 52.10 | 6.60 | 0.00 | 0.0 | 0.0 | 0.0 |
| | 15/8 | 102.30 | 10.30 | 1.80 | 3.6 | 0.0 | 0.0 |
| | 15/9 | 119.10 | 11.20 | 2.40 | 5.2 | 0.1 | 0.1 |
| 处理 3<br>7 000 株/亩<br>中重复 | 15/7 | 64.60 | 9.20 | 0.40 | 0.0 | 0.0 | 0.0 |
| | 15/8 | 94.80 | 13.40 | 3.30 | 5.8 | 0.0 | 0.0 |
| | 15/9 | 103.20 | 12.80 | 1.30 | 8.7 | 1.5 | 1.2 |
| 处理 3<br>7 000 株/亩<br>东重复 | 15/7 | 60.60 | 8.30 | 0.20 | 0.0 | 0.0 | 0.0 |
| | 15/8 | 92.00 | 11.60 | 2.40 | 6.0 | 0.0 | 0.0 |
| | 15/9 | 97.50 | 10.78 | 0.80 | 5.5 | 1.8 | 0.9 |

8. **实收棉花产量**　表 4-9-12 为产量构成因素情况，数据来源为于第 1 次收花前，每个处理选择长势一致、未取走植株的 3 个样点，测量 0.01 亩面积的株数、吐絮铃数、青铃数、烂铃数，以吐絮铃数、青铃数、烂铃数相加为总铃数。第 2 次收花时（10 月 25 日），在每个标记样点内收取内围正常吐絮的 50 个棉铃，晒干（水分 11%～12%）后称重，取平均值作为样点单铃重，依据样点籽棉产量（样点内的 50 个铃的重量计入样点实收产量）和铃重计算铃数。对晒干并称重后的 50 个棉铃进行轧花，得到衣分率，依据该衣分率和样点籽棉产量计算出样点皮棉产量。

品质测定：对样点50铃轧花后的皮棉进行纤维品质检测，棉籽测定含油率（不饱和脂肪酸含量）、蛋白含量及其组分变化情况。

不同处理的棉花产量构成因素为各收花样点的棉株数（密度）、总铃数、单株结铃数、铃重、衣分率（表4-9-12、表4-9-13、表4-9-14）。

饲草5月14日测鲜重，0.01亩面积的情况下，北一区收获13千克，北二区收获14千克，北三区收获11千克。

**表4-9-12　密度试验棉花产量因素构成调查记录表**（8月30日）

| 棉花产量因素构成调查记录表 | | | | | | | | |
|---|---|---|---|---|---|---|---|---|
| 处理 | 样点 | 行距（厘米） | 双行长（厘米） | 株数（株） | 吐絮铃数（个） | 青铃数（个） | 烂铃数（个） | 总铃数（个） |
| 北一区，6 000株/亩 | 西 | 0.75 | 444.00 | 60.0 | 30.00 | 317.00 | 61.00 | 408 |
| | 中 | 0.78 | 430.00 | 57.0 | 26.00 | 348.00 | 68.00 | 442 |
| | 东 | 0.77 | 435.00 | 65.0 | 26.00 | 374.00 | 87.00 | 487 |
| | 平均 | 0.77 | 436.33 | 60.7 | 27.33 | 346.33 | 72.00 | 446 |
| 北二区，7 000株/亩 | 西 | 0.75 | 444.00 | 69.0 | 18.00 | 339.00 | 94.00 | 451 |
| | 中 | 0.78 | 430.00 | 69.0 | 28.00 | 386.00 | 118.00 | 532 |
| | 东 | 0.77 | 435.00 | 67.0 | 34.00 | 448.00 | 84.00 | 566 |
| | 平均 | 0.77 | 436.33 | 68.3 | 26.67 | 391.00 | 98.67 | 516 |
| 北三区，5 000株/亩 | 西 | 0.76 | 440.00 | 57.0 | 56.00 | 398.00 | 21.00 | 475 |
| | 中 | 0.77 | 435.00 | 49.0 | 16.00 | 254.00 | 14.00 | 284 |
| | 东 | 0.77 | 435.00 | 65.0 | 24.00 | 342.00 | 55.00 | 421 |
| | 平均 | 0.77 | 436.67 | 57.0 | 32.00 | 331.33 | 30.00 | 393 |

**表4-9-13　棉花50铃衣分率记录表**

| 处理 | 样点 | 籽棉重（克） | 皮棉重（克） | 衣分率（%） | 单铃重（克） |
|---|---|---|---|---|---|
| 北一区，6 000株/亩 | 西 | 241.4 | 105.9 | 43.87 | 4.83 |
| | 中 | 238.4 | 104.9 | 44.00 | 4.77 |
| | 东 | 242.0 | 107.4 | 44.38 | 4.84 |
| | 平均 | 240.6 | 106.1 | 44.08 | 4.81 |
| 北二区，7 000株/亩 | 西 | 239.7 | 103.3 | 43.10 | 4.79 |
| | 中 | 225.4 | 99.9 | 44.32 | 4.51 |
| | 东 | 243.5 | 107.0 | 43.94 | 4.87 |
| | 平均 | 236.2 | 103.4 | 43.79 | 4.72 |
| 北三区，5 000株/亩 | 西 | 249.7 | 107.6 | 43.09 | 4.99 |
| | 中 | 248.7 | 111.4 | 44.79 | 4.97 |
| | 东 | 242.1 | 108.9 | 44.98 | 4.84 |
| | 平均 | 246.8 | 109.3 | 44.29 | 4.94 |

**表 4-9-14　短季棉密度试验棉花实收产量测定记录表**

| 处理 | 小区位置 | | 第一次籽棉重（克） | 第二次籽棉重（克） | 小区计产区总重（克） | 小区计产区面积（平方米） | 折亩产（千克） | 位次 |
|---|---|---|---|---|---|---|---|---|
| 5 000 株/亩 | 北三区 | 1 | 818 | 2 551 | 4 420 | 15.16 | 194 | |
| | | 2 | 488 | 2 132 | 4 010 | 15.34 | 174 | |
| | | 3 | 707 | 1 919 | 3 816 | 15.34 | 166 | |
| | | 平均 | 671 | 2 201 | 4 082 | 15.28 | 178 | 2 |
| 6 000 株/亩 | 北一区 | 1 | 894 | 1 855 | 4 600 | 15.00 | 204 | |
| | | 2 | 1 058 | 1 773 | 4 071 | 15.50 | 175 | |
| | | 3 | 968 | 1 943 | 4 515 | 15.34 | 196 | |
| | | 平均 | 919 | 1 884 | 4 572 | 15.00 | 203 | 1 |
| 7 000 株/亩 | 北二区 | 1 | 658 | 1 162 | 3 189 | 15.00 | 142 | |
| | | 2 | 882 | 1 652 | 4 245 | 15.50 | 183 | |
| | | 3 | 824 | 1 849 | 3 976 | 15.34 | 173 | |
| | | 平均 | 788 | 1 554 | 3 803 | 15.28 | 166 | 3 |

## 三、环境条件

### （一）试验地土壤肥力条件

土壤质地为滨海盐碱土，土壤肥力中等，周边无不良环境影响。

### （二）气候条件

6 月上中旬缺少有效降雨，春棉长势较好，夏播棉苗期长势弱。6 月下旬大雨，旱情解除。7 月中旬大雨，棉田出现轻微积水倒伏。8、9 月降水较多，棉花底层出现脱落和僵瓣烂铃。

## 四、结果与分析

### （一）不同试验处理对土壤肥力的影响

增加土壤有机质改善了土壤通透性，但肥力提升效果当季还不能全部显现。

### （二）不同试验处理对棉花生育期的影响

不同饲料、绿肥作物对生育期的影响还不清楚，但试验处理的生育期均比对照春棉晚，霜前花率下降。

### （三）不同试验处理对棉花农艺性状的影响

不同绿肥饲料处理对株高、果枝数的影响不明显，对总铃数有变化，二月兰的最多，黑麦草的次之，油菜的最少，但机理不清楚；不同密度条件下随密度增加总铃数增加，但夏播棉总铃数还低于春棉对照。

### （四）棉花产量测定及效益分析

试验田夏播棉产量基本在200千克/亩左右，低于春棉对照处理270千克/亩的产量，但多一季饲草能增加800元/亩左右的收入。

## 五、结论与讨论

夏播棉在滨州可以正常成熟，但需要更多的配套机械和管理投入。推广该技术并增加绿肥或者饲料作物能起到稳定面积、提高作物总产量、改良土壤、提升地力的作用。

# 山东省阳谷县夏套棉机械化耕种关键技术试验报告

阳谷县农科所

## 一、试验目的及地点

试验目的是合理利用当地的光热资源，合理利用作物生育期的时间差，科学分配时间空间，探索一套不与粮食争地、麦棉两熟的高产高效栽培模式。试验地点选在高庙王镇驻地，地力水平均匀一致，地势平坦、灌排便利、地力中上等、四周无不良环境影响，充分发挥小麦和棉花边行优势，利于棉花中后期通风透光，减少烂桃和脱落，实现麦棉双丰收。

## 二、试验设计及处理

采取大小行种植，种植面积为 3 亩，大行 95 厘米，小行 25 厘米。小行种小麦，大行种棉花，棉花种植时间为 5 月 19 日，小麦收割时间为 6 月 10 日左右。小麦供试品种：泰科麦 32。

设置 3 个处理（3 个短季棉品种）：采取大区试验，每个品种种植 1 亩（相当于 12 垄），品种间留 1.5 米走道。每大行种一垄棉花，棉花行距 120 厘米，种植密度 4 500 株/亩。棉花供试品种：中棉 425、鲁棉 2387、鲁棉 241。种子均由山东省棉技站统一提供。

## 三、田间管理情况

### （一）前茬作物田间管理情况

小麦于 2020 年 10 月 14 日机械播种，2021 年 6 月 12 日收获。对小麦进行机械收获时，棉花株高 9～13 厘米，2～4 片真叶，处于苗期，麦茬高度 30 厘米左右，故收获工作对棉花幼苗伤害较小。小麦施肥分基肥和追肥，共 2 次，其中基施复合肥（16-16-16）35 千克/亩，3 月中旬追施尿素 25 千克/亩。小麦实收亩产量 415 千克。

### （二）棉花田间管理情况

各品种的田间管理均匀一致。

**1. 耕地**　5 月 10 日进行机械耕地。

**2. 播种** 于5月19日进行，中棉425、鲁棉2387和鲁棉241全部采用机械播种。此时，小麦株高70厘米左右，处于灌浆期。

**3. 灌溉** 共计滴灌3次，日期分别是5月20日、5月27日、6月24日。

**4. 人工除草** 共计人工除草4次。日期分别是7月18日、7月24日、8月12日和8月16日。

**5. 施肥** 8月3日追肥一次，每亩施13千克尿素，条施。

**6. 化控** 喷施甲哌鎓，7月8日第一次喷施，剂量为1克/亩；7月24日第二次喷施，剂量为1.5克/亩；8月6日第三次喷施，剂量为1克/亩；8月12日第四次喷施，剂量为1克/亩。于7月26日统一打顶。

**7. 病虫害防治** 共进行病虫害防治5次，主要防治的虫害为蓟马、斑潜蝇、白粉虱、盲蝽象、甜菜夜蛾。

# 四、试验数据分析

## （一）生育期记录

从表4-10-1可知，鲁棉241现蕾期、开花期、吐絮期最早，中棉425吐絮期最晚。

从表4-10-2可知，中棉425、鲁棉2387和鲁棉241棉花出苗期所需积温一样，鲁棉2387现蕾期、开花期和封行期所需积温最多，中棉425吐絮期的所需积温最多。

从表4-10-3可以看出，中棉425、鲁棉2387和鲁棉241从播种到出苗没有降雨，均采用滴灌浇水。

**表4-10-1 阳谷县夏套棉机械化耕种关键技术试验生育期调查记录表**

| 品种 | 播种期 | 出苗期 | 现蕾期 | 开花期 | 封行期 | 打顶期 | 吐絮期 |
|---|---|---|---|---|---|---|---|
| 中棉425 | 5月19日 | 5月28日 | 7月4日 | 7月24日 | 8月1日 | 7月26日 | 9月16日 |
| 鲁棉2387 | 5月19日 | 5月28日 | 7月5日 | 7月24日 | 8月12日 | 7月26日 | 9月11日 |
| 鲁棉241 | 5月19日 | 5月28日 | 7月1日 | 7月21日 | 8月6日 | 7月26日 | 9月9日 |

**表4-10-2 阳谷县夏套棉机械化耕种关键技术试验各生育期积温**

| 品种 | 棉花播种期 | 出苗期总积温（℃） | 现蕾期总积温（℃） | 开花期总积温（℃） | 封行期总积温（℃） | 打顶期总积温（℃） | 吐絮期总积温（℃） |
|---|---|---|---|---|---|---|---|
| 中棉425 | 5月19日 | 1 278.3 | 2 249.8 | 2 773.3 | 2 988 | 2 823.6 | 4 173.3 |
| 鲁棉2387 | 5月19日 | 1 278.3 | 2 277.3 | 2 773.3 | 3 293.9 | 2 823.6 | 4 015.2 |
| 鲁棉241 | 5月19日 | 1 278.3 | 2 175.9 | 2 696.6 | 3 127.1 | 2 823.6 | 4 015.2 |

**表4-10-3 阳谷县夏套棉机械化耕种关键技术试验各生育期降水量**

| 品种 | 棉花播种期 | 出苗期总降水量（毫米） | 现蕾期总降水量（毫米） | 开花期总降水量（毫米） | 封行期总降水量（毫米） | 打顶期总降水量（毫米） | 吐絮期总降水量（毫米） |
|---|---|---|---|---|---|---|---|
| 中棉425 | 5月19日 | 106.1 | 153.7 | 306.2 | 412.2 | 306.2 | 657.3 |

（续）

| 品种 | 棉花播种期 | 出苗期总降水量（毫米） | 现蕾期总降水量（毫米） | 开花期总降水量（毫米） | 封行期总降水量（毫米） | 打顶期总降水量（毫米） | 吐絮期总降水量（毫米） |
|---|---|---|---|---|---|---|---|
| 鲁棉 2387 | 5 月 19 日 | 106.1 | 153.7 | 306.2 | 414.1 | 306.2 | 657.3 |
| 鲁棉 241 | 5 月 19 日 | 106.1 | 151.7 | 304.6 | 412.2 | 306.2 | 657.3 |

## （二）农艺性状分析

本次试验一共进行了 3 次农艺性状调查，时间分别为 7 月 15 日、8 月 16 日和 9 月 15 日。

通过 7 月 15 日的农艺性状调查表，计算可知中棉 425 株高平均 46.3 厘米，果枝数平均 7.8 枝；鲁棉 2387 株高平均 42.9 厘米，果枝数平均 8.2 枝；鲁棉 241 株高平均 50 厘米，果枝数平均 8.2 枝。分析表明鲁棉 241 的平均株高是最高的，而鲁棉 2387 和鲁棉 241 的平均果枝数一样多。

由表 4-10-4 可知，鲁棉 2387 平均株高最矮、平均花铃数和平均成铃数最多，中棉 425 平均果枝数最多。

**表 4-10-4　阳谷县夏套棉机械化耕种关键技术试验农艺性状调查表**（8 月 16 日）

| 品种 | 平均株高（厘米） | 平均果枝数（枝） | 平均花铃数（个） | 平均成铃数（个） | 平均烂铃数（个） |
|---|---|---|---|---|---|
| 中棉 425 | 78.3 | 11.2 | 9.6 | 8.1 | 0.1 |
| 鲁棉 2387 | 60.2 | 11.1 | 10.4 | 11.2 | 0.1 |
| 鲁棉 241 | 69.9 | 10.4 | 8.9 | 9.6 | 0.0 |

由表 4-10-5 可知，鲁棉 241 平均花与幼铃数最多，鲁棉 2387 平均成铃数最多，而鲁棉 241 平均吐絮铃数最多。

**表 4-10-5　阳谷县夏套棉机械化耕种关键技术试验农艺性状调查表**（9 月 15 日）

| 品种 | 密度（株/亩） | 单株总成铃数（个） | 亩总铃数（个） | 单铃重（克） | 亩产籽棉（千克） | 衣分率（%） | 亩产皮棉（千克） |
|---|---|---|---|---|---|---|---|
| 中棉 425 | 3 777 | 17.92 | 67 684 | 5.492 | 316.0 | 41.1 | 129.9 |
| 鲁棉 2387 | 4 055 | 21.48 | 87 101 | 5.368 | 397.4 | 44.0 | 174.9 |
| 鲁棉 241 | 4 222 | 20.06 | 84 693 | 5.522 | 397.4 | 41.6 | 165.3 |

## （三）棉花产量分析

**1. 预测产量**　测定于 11 月 4 日，在每个小区内随机选取长势一致、未取走植株的 3 个样点，每点量取 10 米长的相邻两行，进行收花，剩余未开裂棉铃不计产量。收获的籽棉自然晒干并称重（籽棉产量），每个样点 3 次收花的产量之和为该样点的籽棉产量。

调查株数、吐絮铃数、成铃数、烂铃数、花与幼铃数，以吐絮铃数、成铃数、烂铃数相加得总铃数。

计算方法：

①收获密度（株/亩）＝667 平方米/［平均行距（米）×平均株距（米）］。

②平均单株成铃数（个/株）＝青成铃数＋絮铃数＋1/3 幼铃数＋1/2 烂铃数。

③籽棉亩产量（千克/亩）＝收获密度（株/亩）×平均单株成铃数（个/株）×单铃重（克/铃）/1 000×校正系数（85％）。

④皮棉亩产量（千克/亩）＝籽棉亩产量（千克/亩）×衣分率（％）。

由表 4-10-6 可知，鲁棉 2387 的皮棉预测产量最高，中棉 425 的皮棉预测产量最低。

**表 4-10-6　阳谷县夏套棉机械化耕种关键技术试验棉产量预测表**

| 品　种 | 平均花与幼铃数 | 平均成铃数 | 平均烂铃数 | 平均吐絮铃数 |
|---|---|---|---|---|
| 中棉 425 | 1.1 | 18.9 | 0.0 | 3.0 |
| 鲁棉 2387 | 0.6 | 22.3 | 0.2 | 1.8 |
| 鲁棉 241 | 1.2 | 14.9 | 0.1 | 2.3 |

2. **实收产量**　中棉 425 亩产籽棉 292 千克，折合皮棉 120 千克；鲁棉 2387 亩产籽棉 286 千克，折合皮棉 125.8 千克；鲁棉 241 亩产籽棉 326 千克，折合皮棉 135.6 千克。

通过预测产量与实收产量的对比发现，中棉 425 皮棉产量最低，实收产量与预测产量一致，实收皮棉产量最高的棉花品种与预测皮棉产量最高的棉花品种不一致。

### （四）棉花纤维品质分析

从表 4-10-7 可以看出，中棉 425、鲁棉 2387、鲁棉 241 均属于中绒棉，三个品种的整齐度较高。

**表 4-10-7　阳谷县夏套棉机械化耕种关键技术试验纤维测定表**

| 品种 | 密度（株/亩） | 上半部平均长度（毫米） | 整齐度指数（％） | 断裂比强度（毫牛顿/特克斯） | 马克隆值 | 伸长率（％） |
|---|---|---|---|---|---|---|
| 中棉 425 | 3 777 | 28.2 | 83.8 | 31.4 | 4.6 | 6.8 |
| 鲁棉 2387 | 4 055 | 27.0 | 83.7 | 28.7 | 4.3 | 6.7 |
| 鲁棉 241 | 4 222 | 28.7 | 84.2 | 31.0 | 4.8 | 6.8 |

## 五、结论

从棉花实收产量综合分析，建议于 5 月 19 日播种鲁棉 241，播种密度为 4 500 株/亩，而且经过观察发现，鲁棉 241 出苗齐，一致性好，开花期、吐絮期也比较早，鲁棉 2387 苗期出现缺苗断垄现象，出苗不整齐、不一致。11 月 4 日收花时，鲁棉 241 棉株上的桃已经开到顶了。

通过预测产量和实收产量对比发现，鲁棉 241 的产量最高，远远高于 2020 年试验的产量，分析原因可能是因为之前这块地种过辣椒，地力较好，土壤偏淤土，能够更好地保持肥力。棉花抗逆能力强，产量受强降水影响较小；2021 年雨水较多，玉米产量每亩仅 400 多千克，与往年相比减产较多。

在棉花化控方面，2021 年棉花整体植株比较整齐，没有出现棉花旺长。2021 年棉花化控方面控制较好，前期甲哌鎓用量 0.5～1 克/亩，后期雨水较多，加大了甲哌鎓用量，为 1～1.5 克/亩。

以上数据表明，鲁棉 241 在阳谷县试验田表现较好。

## 六、试验过程中存在的问题

### （一）棉花苗期出现缺苗断垄现象

棉花出苗不整齐不一致，尤其是鲁棉 2387。分析原因，可能与棉花品种、温度、水分、土壤和播种深度等因素有关。播种机械原来是播辣椒使用的，由于第一次播棉花种子，机械可能不配套，再加上鲁棉 2387 发芽率仅 70%左右、棉田地块略偏盐碱等原因，棉花苗期出现缺苗断垄现象。在发现棉花未出苗时，对播种过深、已发芽尚未出土的棉苗，应及时中耕破土，以助幼苗出土。出苗时间先后不一致，造成了棉田整齐度的不一致。

### （二）缺苗除草用工多

由于棉花缺苗断垄，棉田杂草较多，共计进行了 4 次人工除草，与 2020 年棉花试验相比较，情况较差。去年棉花苗整齐度一致，棉田很少有草，只有道路两边有杂草，共进行 2 次人工除草。

### （三）少数棉花出现二次生长现象

在棉花生长后期，棉株上部生长了一些无效果枝或营养枝，这些枝条上难以形成有效铃，不仅造成棉田荫蔽、通风透光差，影响光合作用，还减轻铃重、降低品质，对棉花后期生长有弊无利。分析原因，可能是化控不及时所致。

### （四）棉花中后期出现倒伏现象

2021 年 1 月 1 日至 9 月 4 日，阳谷县降水量为 639.7 毫米，较常年同期（448.3 毫米）偏多 42.7%。2021 年 8—9 月雨季阳谷县雨水较多，给棉花生产带来较大危害，导致棉田 30 多天一直积水，棉花出现不少烂铃，很多植株出现倒伏现象，影响了棉花的品质。

# 鱼台县短季棉茬口衔接试验示范

鱼台县农科所

## 一、试验地点

试验地地力水平均匀一致，地势平坦、灌排便利、地力中上等、四周无不良环境影响。

## 二、试验设计及处理

采取大区试验，每个品种种植 1 亩，品种间留 1.5 米走道。种子由山东省棉技站统一提供。供试品种：中 74-1、石早 1 号、石早 2 号、源棉 1 号。

## 三、田间管理

前茬作物收获后播种，行距 66 厘米，种植密度 6 000 株/亩。施肥、灌水、化控等田间管理按照当地高产田要求进行。各品种的田间管理应做到均匀一致。

## 四、调查与测定项目

### （一）土壤指标测定

在棉花播种前采集 0～20 厘米和 20～40 厘米土层土样，测定土壤有机质、pH、全氮、碱解氮、全磷、有效磷、全钾、速效钾等土壤养分含量。取样方法：整个试验地按“五点取样”法采集土样，最后将样品混合成 0～20 厘米、20～40 厘米各 1 个检测样。土样剔除可见植物残体，风干，磨细，过 0.01 毫米筛，保存，用于土壤养分性质检测。

### （二）田间管理措施记录

记录每个品种的施肥次数和数量，农药、化控次数和用量，耕整地、排灌水情况等田间管理措施（表 4-11-1）。

### （三）生育期记录

记录每个品种的播种期、出苗期、现蕾期、开花期、吐絮期等（表 4-11-2）。

## （四）农艺性状调查

在每个品种中间4行其中1行定点连续10株棉花，分别于7月15日、8月15日、9月15日调查株高、果枝数（9月15日可不调查株高、果枝数）、成铃数、花与幼铃数、烂铃数、吐絮铃数。试验过程中，若定点植株受损，则剔除该植株的相关数据（表4-11-3、表4-11-4、表4-11-5、表4-11-6）。

**表4-11-1　田间管理技术措施记录表**

<table>
<tr><td>处理名称</td><td colspan="5"></td></tr>
<tr><td rowspan="2">追肥</td><td>次数</td><td>日期</td><td>种类</td><td>数量</td><td>施用方法</td></tr>
<tr><td>施肥5次<br>根外追肥4次</td><td>—</td><td>—</td><td>—</td><td>雨后撒施喷施<br>详情见附件</td></tr>
<tr><td rowspan="2">中耕除草<br>培土</td><td>日期</td><td>中耕深度</td><td>培土高度</td><td>方法</td><td>备注</td></tr>
<tr><td colspan="2">去除草5次，详情见附件</td><td>无</td><td>免耕播种，无培土</td><td>遇大风雨，<br>只有边行植株倾倒</td></tr>
<tr><td rowspan="2">灌溉</td><td>日期</td><td colspan="4">方法</td></tr>
<tr><td>5月25日—26日</td><td colspan="4">井水漫灌造墒，大到暴雨的地面积水，则挖沟排水，详情见附材料</td></tr>
<tr><td>整枝</td><td colspan="5">去叶枝：7月16日—17日<br>抹赘芽：无<br>打边心：无<br>打顶心：7月24日—25日</td></tr>
<tr><td rowspan="2">治虫</td><td>日期</td><td>虫害种类</td><td colspan="2">用药种类和浓度</td><td>效果</td></tr>
<tr><td colspan="2">9次，详情见“田间管理技术措施记录”</td><td colspan="2">—</td><td>—</td></tr>
<tr><td>调节物质<br>应用情况</td><td colspan="5">时间：9次，详情见“田间管理技术措施记录”。</td></tr>
<tr><td>病害情况</td><td colspan="5">6月6日因种子没拌杀菌剂，幼苗期用恶霉灵防治一次<br>6月20日雨后每桶水用多福1代防治立枯病、死苗<br>9月8日每桶水30克甲托防治铃病</td></tr>
<tr><td>产量</td><td colspan="5">籽棉：石早1号，222.08千克/亩　霜前花：石早1号，73.395千克/亩<br>中74-1，237.71千克/亩　中74-1，147.80千克/亩<br>源棉1号，93.90千克/亩　源棉1号，39.795千克/亩<br>石早2号，124.66千克/亩　石早2号，74.80千克/亩</td></tr>
<tr><td>棉花生育期<br>气象简况</td><td colspan="5">播种后，从5月31日时气温19℃～30℃，6月1日气温26℃～34℃。出土幼苗因表土干燥，子叶枯焦，形成少数死苗。6月4日气温23℃～38℃，6月5日气温22℃～35℃，6月6日晴天干燥，气温22℃～36℃，6月7日为22℃～36℃。从6月8日到7月14日多雨，天气热并有中到大雨，7月22日大暴雨，7月26日—8月24日持续近一个月的阴雨天气，并有特大暴雨，地面潮湿，对开花坐桃不利</td></tr>
</table>

**表4-11-2　棉花生育期清查记录表**

| 处理 | 品种 | 播种期（日/月） | 出苗期（日/月） | 现蕾期（日/月） | 开花期（日/月） | 封行期（日/月） | 打顶期（日/月） | 吐絮期（日/月） | 备注 |
|---|---|---|---|---|---|---|---|---|---|
| 处理1 | 石早1号 | 27/5 | 1/6 | 4/7 | 26/7 | 25/8 | 25/7 | 16/9 | |

（续）

| 处理 | 品种 | 播种期（日/月） | 出苗期（日/月） | 现蕾期（日/月） | 开花期（日/月） | 封行期（日/月） | 打顶期（日/月） | 吐絮期（日/月） | 备注 |
|---|---|---|---|---|---|---|---|---|---|
| 处理2 | 中74-1 | 27/5 | 1/6 | 3/7 | 23/7 | 后期点片封行 | 24/7 | 11/9 | |
| 处理3 | 源棉1号 | 28/5 | 2/6 | 5/7 | 25/7 | 后期点片封行 | 25/7 | 14/9 | |
| 处理4 | 石早2号 | 28/5 | 2/6 | 5/7 | 24/7 | 基本上不封行 | 25/7 | 15/9 | |

**表 4-11-3　棉花农艺性状记录表**（中 74-1）

处理：中 74-1　　重复：　　调查日期：9 月 15 日

| 株号 | 株高（厘米） | 果枝数（枝） | 花与幼铃（个） | 成铃（个） | 烂铃（个） | 吐絮铃（个） |
|---|---|---|---|---|---|---|
| 1 | 65.0 | 7.0 | 1.0 | 10.0 | 0.0 | 0.0 |
| 2 | 71.0 | 9.0 | 0.0 | 13.0 | 1.0 | 2.0 |
| 3 | 70.0 | 10.0 | 3.0 | 10.0 | 0.0 | 3.0 |
| 4 | 53.0 | 6.0 | 0.0 | 6.0 | 0.0 | 0.0 |
| 5 | 58.0 | 6.0 | 0.0 | 8.0 | 0.0 | 0.0 |
| 6 | 65.0 | 9.0 | 2.0 | 13.0 | 0.0 | 1.0 |
| 7 | 63.0 | 8.0 | 2.0 | 5.0 | 0.0 | 1.0 |
| 8 | 66.0 | 9.0 | 1.0 | 9.0 | 0.0 | 1.0 |
| 9 | 65.0 | 8.0 | 1.0 | 6.0 | 0.0 | 1.0 |
| 10 | 69.0 | 8.0 | 0.0 | 10.0 | 0.0 | 1.0 |
| 合计 | 645.0 | 80.0 | 10.0 | 90.0 | 1.0 | 10.0 |
| 平均 | 64.5 | 8.0 | 1.0 | 9.0 | 0.1 | 1.0 |

**表 4-11-4　棉花农艺性状记录表**（石早 1 号）

处理：石早 1 号　　重复：　　调查日期：9 月 15 日

| 株号 | 株高（厘米） | 果枝数（枝） | 花与幼铃（个） | 成铃（个） | 烂铃（个） | 吐絮铃（个） |
|---|---|---|---|---|---|---|
| 1 | 87.0 | 7.0 | 1.0 | 7.0 | 0.0 | 1.0 |
| 2 | 97.0 | 11.0 | 3.0 | 9.0 | 0.0 | 1.0 |
| 3 | 90.0 | 9.0 | 0.0 | 11.0 | 0.0 | 0.0 |
| 4 | 91.0 | 7.0 | 0.0 | 7.0 | 0.0 | 0.0 |
| 5 | 86.0 | 9.0 | 1.0 | 6.0 | 0.0 | 0.0 |
| 6 | 88.0 | 7.0 | 1.0 | 8.0 | 1.0 | 1.0 |
| 7 | 86.0 | 7.0 | 0.0 | 7.0 | 0.0 | 0.0 |
| 8 | 93.0 | 9.0 | 0.0 | 10.0 | 0.0 | 0.0 |
| 9 | 92.0 | 9.0 | 1.0 | 10.0 | 0.0 | 0.0 |
| 10 | 87.0 | 7.0 | 0.0 | 5.0 | 0.0 | 0.0 |
| 合计 | 897.0 | 82.0 | 7.0 | 80.0 | 1.0 | 4.0 |
| 平均 | 89.7 | 8.2 | 0.7 | 8.0 | 0.1 | 0.4 |

**表 4-11-5　棉花农艺性状记录表**（源棉 1 号）

处理三：源棉 1 号　　　重复：　　　　　　　　　　　　调查日期：9 月 15 日

| 株号 | 株高（厘米） | 果枝数（枝） | 花与幼铃（个） | 成铃（个） | 烂铃（个） | 吐絮铃（个） |
|---|---|---|---|---|---|---|
| 1 | 60.0 | 9.0 | 2.0 | 4.0 | 0.0 | 0.0 |
| 2 | 57.0 | 8.0 | 2.0 | 4.0 | 0.0 | 2.0 |
| 3 | 60.0 | 9.0 | 0.0 | 7.0 | 1.0 | 2.0 |
| 4 | 50.0 | 9.0 | 1.0 | 7.0 | 0.0 | 0.0 |
| 5 | 56.0 | 8.0 | 0.0 | 8.0 | 0.0 | 0.0 |
| 6 | 65.0 | 10.0 | 0.0 | 7.0 | 0.0 | 2.0 |
| 7 | 57.0 | 4.0 | 0.0 | 3.0 | 0.0 | 0.0 |
| 8 | 62.0 | 8.0 | 0.0 | 9.0 | 0.0 | 0.0 |
| 9 | 63.0 | 9.0 | 1.0 | 8.0 | 0.0 | 1.0 |
| 10 | 64.0 | 7.0 | 0.0 | 9.0 | 0.0 | 0.0 |
| 合计 | 594.0 | 81.0 | 6.0 | 66.0 | 1.0 | 7.0 |
| 平均 | 59.4 | 8.1 | 0.6 | 6.6 | 0.1 | 0.7 |

**表 4-11-6　棉花农艺性状记录表**（石早 2 号）

处理四：石早 2 号　　　重复：　　　　　　　　　　　　调查日期：9 月 15 日

| 株号 | 株高（厘米） | 果枝数（枝） | 花与幼铃（个） | 成铃（个） | 烂铃（个） | 吐絮铃（个） |
|---|---|---|---|---|---|---|
| 1 | 61.0 | 8.0 | 1.0 | 8.0 | 0.0 | 0.0 |
| 2 | 59.0 | 7.0 | 1.0 | 8.0 | 0.0 | 0.0 |
| 3 | 58.0 | 8.0 | 0.0 | 9.0 | 0.0 | 0.0 |
| 4 | 60.0 | 8.0 | 0.0 | 5.0 | 0.0 | 0.0 |
| 5 | 53.0 | 7.0 | 0.0 | 8.0 | 0.0 | 0.0 |
| 6 | 50.0 | 8.0 | 0.0 | 5.0 | 0.0 | 0.0 |
| 7 | 57.0 | 9.0 | 0.0 | 10.0 | 1.0 | 1.0 |
| 8 | 55.0 | 8.0 | 0.0 | 7.0 | 0.0 | 0.0 |
| 9 | 38.0 | 5.0 | 0.0 | 3.0 | 0.0 | 0.0 |
| 10 | 52.0 | 7.0 | 0.0 | 10.0 | 0.0 | 0.0 |
| 合计 | 543.0 | 25.0 | 2.0 | 73.0 | 1.0 | 1.0 |
| 平均 | 54.3 | 2.5 | 0.2 | 7.3 | 0.1 | 0.1 |

## （五）棉花产量测定

于 10 月 1 日前后，在每个小区内的中间 4 行选其中相邻 2 行（避开定点生育调查的 10 株棉花），测量 0.01 亩面积，调查株数、吐絮铃数、成铃数、烂铃数、花与幼铃数，以吐絮铃数、成铃数、烂铃数相加得总铃数。在其中 1 行内选择连续长势均匀一致的 20 株棉花，于 9 月 25 日、10 月 15 日、11 月 5 日收花，记载每次收花的铃数，单独晾晒称重以计算单铃重，轧花后测定衣分，收获后按加权算术平均数计算全株平均单铃重和衣分率，然后计算产量。取每次收花的皮棉单独进行纤维品质测定。

# 五、田间管理技术措施记录

## （一）追肥次数

### 1. 大量元素

①5 月 25 日—26 日，浇水造墒时，施尿素 0.9 千克/亩，48%复合肥 8 斤/亩。

②7 月 27 日，雨后撒施 $N_{20}P_8K_{20}$ 复合肥 0.75 千克/亩。

③8 月 1 日施 $N_{20}P_8K_{20}$ 复合肥 7.5 千克/亩。

④8 月 10 日撒施 $N_{20}P_8K_{20}$ 复合肥 9 千克/亩。

⑤8 月 15 日撒施 $N_{17}P_8K_{26}$ 复合肥 5 千克/亩＋46%尿素 5 千克/亩。

### 2. 中微量元素叶面喷肥

①8 月 19 日施尿素 0.25 千克＋磷酸二氢钾 0.05 千克，每亩施 2 桶水约 30 千克。

②8 月 29 日施尿素 0.25 千克＋磷酸二氢钾 0.05 千克＋硼锌钼 1 代，每亩施 2 桶水。

③9 月 8 日施尿素 0.2 千克＋磷酸二氢钾 0.05 千克，每亩施 2 桶水。

④10 月 8 日施 46%尿素 0.2 千克＋磷酸二氢钾 0.05 千克，每亩 2 桶水。

## （二）中耕除草培土

①免耕播种。

②5 月 21 日对点片恶性杂草（香附子）喷施有效成分 30%的草甘膦异丙胺盐，每桶水用药 150 毫升，喷 0.4 亩地，效果很好。

③5 月 29 日播种后封闭土壤，用 33%二甲戊灵 60 毫升＋草甘膦 40 毫升，每亩用 2 桶水。

④6 月 29 日人工铲除大棵杂草一次，并对株间杂草进行铲除，带出田外。

⑤7 月 21 日进行化学除草，施 10%草胺膦，每亩用 800 毫升兑两桶水对茎叶实施喷雾，效果不好，不能根除杂草，易复生。

⑥9 月 7 日—9 日人工除草一次，带出田外。

## （三）灌溉排水

①5 月 25—26 日以井水漫灌造墒。

②6 月 12 日中到大雨，地面无积水。

③7 月 22 日大到暴雨，地面积水 10 厘米左右，7 月 23 日挖沟排水，排水后基本无明水，只有少数洼处留有积水。

④8 月 6—7 日发生大到特大暴雨，地面积水 10～14 厘米，一片汪洋，白天又下中雨，8 月 8 日排水，到 8 月 10 日基本上无水。

⑤8 月 12 日雷阵雨，地面积水。

⑥8 月 13 日夜雷阵雨达中到大雨水平，积水由排水口自然排出。

## （四）整枝

①7月16—17日去除叶枝一次。

②7月24—25日打顶心一次。

## （五）治虫

①6月29日综防一次，施用20%哒螨灵1袋+10%吡虫啉1袋+氯氰丙溴磷1袋，效果不错。

②7月15日喷药防治大龄棉铃虫、盲蝽象、棉蓟马、红蜘蛛，用20%哒螨灵1袋+10%吡虫啉1.5袋+小飞钻（甲维·虱螨脲）1袋，亩用2桶水，效果很好。

③7月15日，施金苏云杆菌1小瓶+20%啶虫脒1袋，亩用2桶水，效果很好。

④7月28日，施5%啶虫脒30毫升+虫螨腈20克（240克/升）+70%吡虫啉1袋（2克），亩用2桶水，防治伏蚜、蓟马和甜菜夜蛾，效果很好。

⑤8月11日，施吡虫啉4克，防治蚜虫、蓟马、盲蝽象。

⑥9月8日，施50克25%吡虫啉，防治白粉虱。

⑦8月24日，施虫螨腈1瓶+25%吡虫啉50克，亩用2桶水，防治白粉虱兼防棉铃虫，效果较好，但白粉虱仍较多。

⑧8月29日，施25%吡虫啉25克，控制白粉虱。

⑨10月8日，施20%吡虫啉4克，控制白粉虱。

## （六）调节物质

①6月6日，于幼苗期喷多元素生根剂一次。

②6月20日，每亩用3克棉宝轻化控。

③7月5日，施多元素生根剂1袋+棉宝15～20克，亩用2桶水，效果好。

④7月15日，施33克棉宝（郑州产）+40克二氢钾，亩用1桶水效果显著。

⑤7月28日，施生根壮苗剂1袋（30毫升）+0.05千克二氢钾。

⑥8月24日，施中微量元素快绿1袋+25克二氢钾+整枝蕾铃多50克。

⑦9月8日，对源棉1号亩用2袋整枝蕾铃多化控。

⑧8月21日，对石早1号施50克二氢钾+30毫升生根壮苗剂+50毫升整枝蕾铃多，亩用2桶水；中74-1，石早2号，源棉1号均不加蕾铃多。

## （七）病害情况

6月20日雨后用多福1袋，兑水防治立枯病、死苗，亩用2桶水。6月6日因种子没拌杀菌剂，用恶霉灵、四霉素防治一次。石早1号幼苗期可见黄萎病株，9月8日每桶水加30克甲托防治铃病。

### (八) 催熟剂

10 月 8 日施脱叶剂 1 袋+60 毫升乙烯剂，亩用 2 桶水。

## 六、短季棉品种对比试验产量结果

**1. 石早 1 号** 18.0、14.6、10.5、12.5、15.6、5.5、14.25、17.85、21.95、14.0、12.75、14.65、21.3、5.1、1.45、16.2。18.5、14.1、11.2、12.4、15.3、5.9、14.15、17.65、21.8、14.3、5.18、12.25、14.95、21.6、5.2、1.55、16.1+10 株定点产 0.425 千克。

石早 1 号：0.01 亩测产 2.39 千克。

**2. 中 74-1** 11.0、13.6、12.2、12.7、12.8、25.8、13.8、2.57、7.8、10.15、14.85、14.2、19.7、15.05、13.8、1.03、9.8、3.5、16.85、10.5、14.1、12.3、13.1、12.4、25.2、13.6、3.4、8.05、4.77、10.1、13.95、14.4、19.2、16.1、13.6、2.45、9.9、3.8、17.1+10 株定点产 0.45 千克。

中 74-1：0.01 亩测产 2.65 千克。

**3. 源棉 1 号** 5.1、12.9、14.0、10.9、1.55、19.05、10.05、3.8、5.5、0.4、8.75、12.1、14.4、10.2、2.05、18.9、10.3、4.4、5.8、0.6、8.45、5.5+10 株定点 0.25 千克。

源棉 1 号：0.01 亩测产 1.3 千克。

**4. 石早 2 号** 6.35、13.2、7.4、15.1、19.7、1.2、13.5、10.3、9.0、6.6、9.75、2.15、7.05、12.95、7.62、14.9、19.9、1.5、13.6、11.1、8.9、6.3、10.3、2.2、7.1、6.65+10 株定点产 0.375 千克。

石早 2 号：0.01 亩测产 2.125 千克。

小结：由于恶劣天气影响，长势不均衡，实产低于测产（表 4-11-7、表 4-11-8）。

试验地面积 4 亩，每个品种种植 1 亩，中间留 1.5 米走道。前茬作物为大蒜，亩产 1 500 千克以上，沙质土壤。行距 66 厘米，株距 17 厘米左右。拉线用小铲点播，每穴播 2～3 粒种子。

**表 4-11-7 棉花产量测定记录表**（0.01 亩）

| 处理 | 株数 | 吐絮铃数（个） | 成铃数（个） | 烂铃数（个） | 花与幼铃数（个） | 总铃数（个） | 产量（千克） |
|---|---|---|---|---|---|---|---|
| 处理 1 石早 1 号 | 54 | 20 | 456 | 6 | 33 | 482 | 2.39 |
| 处理 2 中 74-1 | 66 | 192 | 390 | 12 | 14 | 594 | 2.65 |
| 处理 3 源棉 1 号 | 59 | 45 | 286 | 6 | 35 | 337 | 1.3 |
| 处理 4 石早 2 号 | 61 | 110 | 446 | 2 | 38 | 558 | 2.125 |

表 4-11-8　棉花产量测定记录表（20 株）

| 处理 | 时间 | 籽棉（克） | 铃数（个） | 单铃重（克） |
|---|---|---|---|---|
| 处理 1 | 9 月 25 日 | 50 | 10 | 5.00 |
| 石早 1 号 | 10 月 15 日 | 300 | 56 | 5.36 |
| | 11 月 5 日 | 575 | 113 | 5.09（平均 5.15） |
| 处理 2 | 9 月 25 日 | 325 | 72 | 4.51 |
| 中 74-1 | 10 月 15 日 | 275 | 50 | 5.50 |
| | 11 月 5 日 | 175 | 51 | 3.43（平均 4.48） |
| 处理 3 | 9 月 25 日 | 25 | 9 | 2.78 |
| 源棉 1 号 | 10 月 15 日 | 225 | 57 | 3.95 |
| | 11 月 5 日 | 150 | 34 | 4.41（平均 3.71） |
| 处理 4 | 9 月 25 日 | 125 | 33 | 3.79 |
| 石早 2 号 | 10 月 15 日 | 350 | 84 | 4.17 |
| | 11 月 5 日 | 100 | 23 | 4.35（平均 4.10） |

## 七、试验报告

### （一）品种评价

1. **石早 1 号**　出苗好，生长速度快，叶色浓绿中大，桃子大，吐絮畅、易采摘，抗病性好，但生殖生长发育迟缓。化控中对激素不敏感，较抗白粉虱，产量占第二位，短季棉中属于较晚熟品种。

2. **中 74-1**　出苗快好，苗粗壮、抗倒性好，现蕾开花、坐桃早，叶片小，透光性好，较抗白粉虱，易于化控，吐絮畅、易采摘，抗病性好，产量占第一位，短季棉中属于较早熟品种。

3. **石早 2 号**　出苗稍差，易于化控，生长稳健，开花坐桃较早，产量占第三位。

4. **源棉 1 号**　出苗稍差，苗期不抗育蚜象，成铃率低，桃较小，不抗白粉虱，耐涝性稍差，不好拾花，产量最低。

### （二）结果分析

从试验结果可以看出，播种时的墒情和气温情况是制约一播全苗的关键，播后浇明水一次和浇水后再播种都能获得好的出苗效果。

棉花生长发育中期受雨天较多、雨量较大的影响，加上 8 月中旬前后阴雨高温的影响，中上部花铃脱落增加，从而影响了成铃数量。低洼处受水浸时间较长及浅层水的影响，生长迟缓，长势差且不均衡，影响了品种的总体产量。花铃期前期高温干旱，贴茬播种，又因雨多，肥料不能深施，影响了肥效，有些植株有脱肥早衰趋势，补施肥料后叶色好转。

后期进行根外追肥和持续病虫防治，能有效增加花铃数量和减少脱落，增加单铃重，提高产量。

## （三）建议

在今后的种植中，如果是贴茬，不施基肥，第一次追肥应提前至盛蕾期，结合中耕培土，于雨季到来之前施入。由于密度大，单株结铃少，在施足花铃肥的前提下，增加根外追肥次数，氮、磷、钾肥配合施用防早衰，就能提高产量。

# 棉花-大豆间作试验技术总结报告(大豆部分)

乳山市农业科学研究院

## 一、试验研究项目背景及意义

为优化山东省种植业结构，实现棉油生产节本增效，促进全省棉花生产稳定并适度恢复，提高棉花生产综合效益，山东省农业农村厅印发了《2021 年山东省传统棉作制度调整优化技术试验示范项目实施方案》(鲁农棉字〔2021〕6 号)。

乳山市土壤酸化严重，在山东属于酸化较重区域，尤其乳山东部、南近海区域耕地盐渍化面积占比大。棉花耐盐渍化，20 世纪 70 年代乳山市有种植棉花的历史。2021 年 4 月山东省棉花生产技术指导站与乳山市正华农林科技示范园有限公司共同开展“棉花花生及棉花大豆间作技术试验”，乳山市农业农村局作为项目的丙方，负责试验经费监管与协作指导。

## 二、试验设计

### (一) 供试品种

供试品种为鲁棉 2387、中棉 979、齐黄 34。

### (二) 试验地点

试验地点为乳山市南黄镇东洋水村。

### (三) 棉花-大豆间作试验设计

**1. 试验设计及处理面积** 试验设置 5 个处理，分别为单作大豆、单作棉花、棉花-大豆间作（分为 2∶4 模式、4∶4 模式和 4∶6 模式），重复 3 次，共 15 个小区。为保证试验地块面积，比方案增加 1 个宽带，共 4 个宽带，数据考察在 1、2、3 重复区（宽带）。棉花-大豆间作试验田总长 132 米，总宽度 25.72 米［4 个 4∶4 带宽＋10 行中棉 979（空白对照）＝25.72 米］。合计：棉花-大豆间作试验田总面积 5.26 亩，其中棉花占地 3.05 亩、大豆占地 2.21 亩。

(1) 单作鲁棉 2387。棉花平地种植，种植密度为 6 000 株/亩，行距 66 厘米，株距 17 厘米，(3＋1) 次重复，29 行单作鲁棉 2387，小区长 25 米＋南地头 2 米鲁棉 2387 做保护行。鲁棉 2387 小区面积：0.66×29 行×25＝478.5 平方米。保护区鲁棉 2387 面积：0.66×29 行×2＝38.28 平方米。面积合计 516.78 平方米。

（2）单作大豆。大豆平地种植，行距 60 厘米，株距 28 厘米，种植密度 8 000 株/亩，双粒播种（每亩 4 000 穴），每个重复 10 行×4 个重复，单作大豆区共 40 行，行长 25 米。

大豆占地：0.6×40×25＝600 平方米（每小区 150 平方米）。

（3）棉花-大豆间作。棉花种植密度为 7 200 株/亩，行距 66 厘米，株距 14 厘米；大豆平作种植，行距 60 厘米，株距 28 厘米，种植密度为 8 000 株/亩，双粒播种（每亩 4 000 穴）；棉花与大豆的间距为 50 厘米。3 种间作模式每个模式重复 4 次，即 4 个带宽，小区行长 25 米。

①2∶4 模式。2 行棉花 4 行大豆（带宽 3.46 米×4 个重复）南北走向种植。

3.46×4 个重复＝13.84 米（宽度）。

其中，棉花占地（0.66＋0.5）×25×4＝116 平方米；大豆占地（0.6×3＋0.5）×25×4＝230 平方米。

②4∶4 模式。4 行棉花 4 行大豆（带宽 4.78 米×4 个重复）南北走向种植。4.78×4 个重复＝19.12 米（宽度）。

其中，棉花占地（0.66＋0.66＋0.66＋0.5）×25×4＝248 平方米；大豆占地（0.6×3＋0.5）×25×4＝230 平方米。

③4∶6 模式。4 行棉花 6 行大豆（带宽 5.98 米），南北走向种植。3 个宽带（该处理带宽，为了田间整齐，就安排 3 个处理）。5.98×3 个重复＝17.94 米（宽度）。

其中，棉花占地（0.66＋0.66＋0.66＋0.5）×25×3＝186 平方米；大豆占地（0.6×5＋0.5）×25×3＝262.5 平方米。

④南北长条区。田间种植时考虑观察方便，于棉花-大豆间作及棉花-花生间作两试验田中间，从南到北全长种植 10 行中棉 979，5 行鲁棉 2387。面积分摊：10 行中棉 979 属于棉花-大豆间作区，5 行鲁棉 2387 分摊到棉花//花生区。行距 66 厘米，株距17 厘米。

10 行中棉 979 占地：0.66×10×132＝871.2 平方米。

⑤单作鲁棉 2387 北头 5 米保护对照区。考虑地头太长及试验田面积要达 5 亩标准，北头 5 米（132－25×5－2＝5）增加一个单作鲁棉 2387 小区，兼为保护行及对照。

鲁棉 2387 占地：29 行×0.66×5＝95.7 平方米。

**2. 各小区大豆补齐面积** 每个处理的带宽不同，试验田以最宽的 4∶4 模式的 4.78×4＝19.12 米为标准，缺口的部分用齐黄 34 补齐。

（1）单作鲁棉 2387。0.66×29＝19.14 米，不用补。

（2）2∶4 模式。补齐大豆 8 行，带宽 3.46×4＝13.84 米（宽度）－19.12＝5.28 米，补齐大豆 8 行。

补齐大豆面积：0.6×8×25＝120 平方米。

（3）4∶4 模式。不用补。

（4）4∶6 模式。补 2 行。带宽 5.98×3 个重复＝17.94 米（宽度）－19.12＝1.18 米，补齐大豆 2 行。

补豆面积：0.6×2×25＝30 平方米。

（5）合计。棉花-大豆试验总面积：

①鲁棉2387面积。516.7＋116＋248＋186＋95.7＝1162.4平方米≈1.74亩。

②中棉979面积。871.2平方米≈1.307亩。

③棉花总面积。2 033.6平方米≈3.05亩

④大豆总面积。600＋230＋230＋262.5＋150＝1 360.0平方米≈2.21亩。

⑤试验总面积。3.05＋2.21＝5.26亩。

## （四）田间管理措施

**1. 播种**　5月19日播种，每穴2粒，播种深度2厘米。土壤湿度70％。

**2. 拌种**　以60％吡虫啉＋巴斯夫鑫尊100毫升拌种，防根腐病、蛴螬、蚜虫。

**3. 基肥**　亩施商品生物有机肥40千克，13-12-20氯基复合肥25千克，土壤调理剂40千克。

**4. 除草**　播后封闭除草，施二甲戊灵。

**5. 中耕2次**　于6月8日、7月12日中耕，除草2次。出苗后为破除雨后板结，封垄前中耕。8月6日封垄后拔草1次。

**6. 叶面追肥3次**　分别于初花期前、花荚期、鼓粒中期喷0.3％磷酸二氢钾＋0.3％液体硼并结合病虫害防治。

**7. 病虫害综合防治**　共3次。苗期喷药2次。

出苗10天后的6月10日打药防治蚜虫、豆荚螟、食心虫，防灰斑病、霜霉病病害，促根壮苗。使用氯氰菊酯1 000倍70毫升＋康宽＋恶霉灵1包＋百泰1 500倍20克＋0.2％硼＋钼酸铵10克，使用30千克水。

7月12日初花期前，防夜蛾、菜青虫、棉铃虫，控旺，防叶斑病，亩用25％吡唑醚菌酯50毫升＋氟环唑＋10％微量元素30毫升＋氯氰菊酯1 000倍70毫升，使用30千克水。

8月10日花荚期喷药，防褐斑病、防棉铃虫、食心虫、豆荚螟，每亩使用300倍苏云金杆菌＋25％高效氯氟氰菊酯1 500倍＋25％丙环唑1 000倍＋吡唑1 500倍＋0.5％磷酸二氢钾＋0.3％钙。

**8. 控旺**　于7月20日进行，每亩地施5％烯效唑20克，使用30千克水。

## （五）测定项目与方法

**1. 田间管理措施记录**　记录棉花施肥次数和数量，农药、化控次数和用量，耕整地、排灌水情况等田间管理措施。

**2. 大豆生育期记录**　记录大豆播种期、出苗期、开花期、收获期。

**3. 大豆农艺性状调查**　单作大豆在每个小区随机选取2株大豆，间作大豆在各处理的每个小区每行定点连续选取2株大豆（分行分别记载调查），分别于分枝期、开花结荚期、鼓粒成熟期，调查株高、底荚高、节数、有效分枝数、单株有效荚数、单株粒数、单株粒重。

4. **棉花产量品质测定** 每个处理选取 3 个样点，在样点中连续测量 11 行的距离，分别除以 10，计算出平均行距（米）。产量（千克）＝亩株数（株）×株粒数（粒）×百粒重（克）$\times10^{-5}$

5. **棉花-大豆间作经济效益分析** 记录不同处理的人工成本、物化成本、总成本，根据价格、产量计算经济效益。

## 三、环境条件

在棉花播种前、收获后采集 0～20 厘米和 20～40 厘米土层土样，测定土壤有机质、pH、碱解氮、有效磷、速效钾等土壤指标。

取样方法：播种前，整个试验地按“五点取样”法采集土样，最后将样品混合成 0～20 厘米、20～40 厘米各 1 个检测样；收获后，每个处理的每个小区分别取 0～20 厘米和 20～40 厘米土层土样，每个小区混合成 0～20 厘米、20～40 厘米各 1 个检测样。其中，棉花-大豆间作的 3 种模式，每个小区分别在棉花行间、大豆行间取 0～20 厘米、20～40 厘米土样。

经检测，项目地为砂壤土，耕性良好。播种前取样由中国水稻研究所化验，结果为土壤有机质 14.32 克/千克、碱解氮 105 毫克/千克、有效磷 71.65 毫克/千克、速效钾 151.25 毫克/千克，pH4.75。

## 四、结果与分析

### （一）不同处理对土壤养分含量的影响

表 4-12-1 为中国水稻所化验所得数据，由表中可见：3 种间作模式中，4∶6 模式对土壤养分消耗低，培肥地力效果好于 2∶4 及 4∶4 模式。

**表 4-12-1 棉花-大豆土壤化验数据**（0～20 厘米＋20～40 厘米）

| 编号 | 单位名称 | pH | 碱解氮（毫克/千克） | 速效磷（毫克/千克） | 速效钾（毫克/千克） | 有机质（克/千克） |
|---|---|---|---|---|---|---|
| 1 | 棉花-大豆间作 2∶4 模式重复 1（0～20） | 4.05 | 77.00 | 35.17 | 66.50 | 9.33 |
| 4 | 棉花-大豆间作 2∶4 模式重复 1（20～40） | 4.09 | 88.20 | 29.62 | 72.50 | 10.69 |
| 2 | 棉花-大豆间作 2∶4 模式重复 2（0～20） | 4.07 | 82.60 | 42.98 | 50.00 | 9.99 |
| 5 | 棉花-大豆间作 2∶4 模式重复 2（20～40） | 4.01 | 89.60 | 49.44 | 63.00 | 11.00 |
| 3 | 棉花-大豆间作 2∶4 模式重复 3（0～20） | 4.07 | 91.00 | 66.78 | 107.00 | 12.12 |
| 6 | 棉花-大豆间作 2∶4 模式重复 3（20～40） | 4.20 | 88.20 | 33.70 | 83.50 | 11.77 |
| 平均 | 2∶4 模式 | 4.08 | 86.10 | 42.95 | 73.75 | 10.82 |

（续）

| 编号 | 单位名称 | pH | 碱解氮（毫克/千克） | 速效磷（毫克/千克） | 速效钾（毫克/千克） | 有机质（克/千克） |
|---|---|---|---|---|---|---|
| 7 | 棉花-大豆间作 4∶4 模式重复 1（0～20） | 3.90 | 93.80 | 50.36 | 89.50 | 11.77 |
| 10 | 棉花-大豆间作 4∶4 模式重复 1（20～40） | 3.90 | 79.80 | 49.50 | 87.00 | 11.00 |
| 8 | 棉花-大豆间作 4∶4 模式重复 2（0～20） | 4.04 | 92.40 | 70.00 | 104.00 | 13.13 |
| 11 | 棉花-大豆间作 4∶4 模式重复 2（20～40） | 4.40 | 93.80 | 52.14 | 111.00 | 11.31 |
| 9 | 棉花-大豆间作 4∶4 模式重复 3（0～20） | 4.04 | 91.00 | 48.03 | 77.00 | 11.27 |
| 12 | 棉花-大豆间作 4∶4 模式重复 3（20～40） | 4.13 | 100.80 | 58.20 | 114.00 | 12.01 |
| 平均 | 4∶4 模式 | 4.06 | 91.93 | 54.70 | 97.08 | 11.75 |
| 13 | 棉花-大豆间作 4∶6 模式重复 1（0～20） | 3.92 | 79.80 | 31.58 | 56.00 | 9.48 |
| 16 | 棉花-大豆间作 4∶6 模式重复 1（20～40） | 4.11 | 86.80 | 49.62 | 56.00 | 9.45 |
| 14 | 棉花-大豆间作 4∶6 模式重复 2（0～20） | 4.07 | 91.00 | 63.53 | 105.50 | 11.27 |
| 17 | 棉花-大豆间作 4∶6 模式重复 2（20～40） | 4.47 | 60.20 | 24.66 | 49.50 | 6.61 |
| 15 | 棉花-大豆间作 4∶6 模式重复 3（0～20） | 4.01 | 93.80 | 47.97 | 68.00 | 10.96 |
| 18 | 棉花-大豆间作 4∶6 模式重复 3（20～40） | 4.14 | 103.60 | 55.57 | 94.00 | 12.55 |
| 平均 | 4∶6 | 4.12 | 85.87 | 45.49 | 71.50 | 10.05 |
| 43 | 单作大豆重复 1（0～20） | 4.07 | 100.80 | 49.41 | 59.50 | 13.40 |
| 46 | 单作大豆重复 1（20～40） | 3.69 | 88.20 | 41.17 | 84.50 | 15.42 |
| 44 | 单作大豆重复 2（0～20） | 4.02 | 68.60 | 57.93 | 92.50 | 14.99 |
| 47 | 单作大豆重复 2（20～40） | 3.56 | 79.80 | 41.17 | 97.50 | 9.72 |
| 45 | 单作大豆重复 3（0～20） | 4.17 | 74.20 | 67.27 | 60.50 | 10.69 |
| 48 | 单作大豆重复 3（20～40） | 4.17 | 74.20 | 52.72 | 65.50 | 9.56 |
| 平均 | 单作 | 3.95 | 80.97 | 51.62 | 76.67 | 12.30 |
| 51 | 播种前棉花∶大豆（0～20） | 4.53 | 130.20 | 64.96 | 231.25 | 12.14 |
| 52 | 播种前棉花∶大豆（20～40） | 4.63 | 89.60 | 24.79 | 108.75 | 10.74 |

## （二）不同处理对大豆生育期的影响

由表 4-12-2 可知，单作与间作对生育期的花前影响不大。各生育期情况如下：

播种出苗期：播种 5 月 19 日—出苗 6 月 1 日，共 13 天。

出苗—初花：7 月 15 日，播后 57 天。

单作花荚期：初花 7 月 15 日—8 月 20 日，花荚 36 天。

间作花荚期：初花 7 月 9 日—8 月 15 日，花荚 30 天。

单作鼓粒期：8 月 20 日—9 月 25 日，35 天。

间作鼓粒期：8 月 15 日—9 月 20 日，30 天。

综合以上情况可知，间作使生育期提前 5～7 天。

**表 4-12-2　大豆生育期及生物学特性记录表**

| 处理 | 重复 | 播种期（日/月） | 出苗期（日/月） | 出苗率（%） | 开花期（日/月） | 收获期（日/月） |
|---|---|---|---|---|---|---|
| 单作大豆 | 1 | 19/5 | 1/6 | 93% | 15/7 | 25/9 |
| | 2 | 19/5 | 1/6 | 92% | 15/7 | 25/9 |
| | 3 | 19/5 | 1/6 | 96% | 9/7 | 25/9 |
| 棉花-大豆间作 2：4 模式 | 1 | 19/5 | 1/6 | 94% | 9/7 | 25/9 |
| | 2 | 19/5 | 1/6 | 94% | 9/7 | 25/9 |
| | 3 | 19/5 | 1/6 | 93% | 9/7 | 25/9 |
| 棉花-大豆间作 4：4 模式 | 1 | 19/5 | 1/6 | 92% | 9/7 | 25/9 |
| | 2 | 19/5 | 1/6 | 96% | 9/7 | 25/9 |
| | 3 | 19/5 | 1/6 | 95% | 9/7 | 25/9 |
| 棉花-大豆间作 4：6 模式 | 1 | 19/5 | 1/6 | 97% | 9/7 | 25/9 |
| | 2 | 19/5 | 1/6 | 92% | 9/7 | 25/9 |
| | 3 | 19/5 | 1/6 | 99% | 9/7 | 25/9 |

## （三）不同处理对大豆农艺性状的影响

田间考察记录共进行 3 次，分别于 6 月 23 日分枝期、8 月 14 日开花结荚期、9 月 25 日鼓粒成熟期进行。因苗期各处理间区别不大，下面汇总中后期两次考察数据进行分析，见表 4-12-3、表 4-12-4。间作与单作比，株高、底荚高、节数、有效分枝数差别不大；单株有效荚数多 8.9 个，单株粒数多 5.9 个，单株粒重多 1.62 克。

**表 4-12-3　大豆主要经济性状记录表——开花结荚期汇总**（8 月 14 日）

| 处理 | 株高（厘米） | 底荚（厘米） | 节数（个） | 有效分支数（条） | 单株有效荚数（个） |
|---|---|---|---|---|---|
| 单作大豆 | 64.0 | 10.0 | 11.3 | 1.6 | 35.6 |
| 棉花-大豆间作 2：4 模式 | 67.4 | 11.2 | 12.0 | 1.6 | 43.2 |
| 棉花-大豆间作 4：4 模式 | 68.1 | 11.4 | 12.2 | 1.5 | 41.8 |
| 棉花-大豆间作 4：6 模式 | 68.9 | 11.1 | 12.5 | 1.7 | 44.1 |

**表 4-12-4　大豆主要经济性状记录表汇总**（9 月 25 日）

| 处理 | 株高（厘米） | 底荚高（厘米） | 节数（个） | 有效分枝数（条） | 单株有效荚数（个） | 单株粒数（个） | 单株粒重（克） |
|---|---|---|---|---|---|---|---|
| 单作大豆 | 76.3 | 10.00 | 15.80 | 1.60 | 36.6 | 102.6 | 27.87 |
| 棉花-大豆间作 2：4 模式 | 80.1 | 11.60 | 15.30 | 1.70 | 46.7 | 110.5 | 29.76 |
| 棉花-大豆间作 4：4 模式 | 77.1 | 11.41 | 15.10 | 1.50 | 44.1 | 106.8 | 29.21 |
| 棉花-大豆间作 4：6 模式 | 78.6 | 11.10 | 14.40 | 1.70 | 45.7 | 108.2 | 29.52 |
| 间作平均 | 78.6 | 11.37 | 14.93 | 1.63 | 45.5 | 108.5 | 29.49 |

## （四）大豆产量的测定及效益分析

**1. 测平均行距** 每个处理3个重复，每个重复选有代表性的点，在样点中连续测量4～6行的距离，分别除以行数，计算出平均行距（米）。结果见表4-12-5。

**表4-12-5 平均行距**

| 处 理 | Ⅰ（米） | Ⅱ（米） | Ⅲ（米） | 平均（米） |
|---|---|---|---|---|
| 单作大豆 | 0.578 | 0.582 | 0.595 | 0.585 |
| 棉花-大豆间作2∶4模式 | 0.615 | 0.583 | 0.617 | 0.604 |
| 棉花-大豆间作4∶4模式 | 0.600 | 0.593 | 0.607 | 0.600 |
| 棉花-大豆间作4∶6模式 | 0.618 | 0.595 | 0.590 | 0.601 |

**2. 每平方米株数** 依据平均行距，计算相邻2行的2平方米的行长，数出2平方米株数（表4-12-6）。

**表4-12-6 2平方米样点的行长与株数**（相邻2行）

| 处 理 | 2平方米行长（米）及2平方米实有株数 | | | | | | | 折亩株数 |
|---|---|---|---|---|---|---|---|---|
| | 重复1 | | 重复2 | | 重复3 | | 平均每平方米株数 | |
| | 行长（米） | 2平方米株数 | 行长（米） | 2平方米株数 | 行长（米） | 2平方米株数 | | |
| 单作大豆 | 1.73 | 24 | 1.72 | 21 | 1.68 | 22 | 11.17 | 7 444.48 |
| 棉花-大豆间作2∶4模式 | 1.63 | 23 | 1.72 | 22 | 1.62 | 21 | 11.00 | 7 333.37 |
| 棉花-大豆间作4∶4模式 | 1.67 | 22 | 1.69 | 23 | 1.65 | 20 | 10.83 | 7 222.58 |
| 棉花-大豆间作4∶6模式 | 1.62 | 23 | 1.68 | 21 | 1.69 | 23 | 11.17 | 7 444.48 |

**3. 平均株粒数** 连续测定10株的株粒数，相加除以10计算出平均株粒数，见表4-12-7。

**表4-12-7 连续测定10株株粒数情况**

| 处理 | 每小区连续10株株粒数（个） | | | 平均每株粒数（个） |
|---|---|---|---|---|
| | 重复1 | 重复2 | 重复3 | |
| 单作豆 | （103＋100＋80＋75＋103＋99＋91＋95＋85＋98）÷10＝92.9 | （79＋102＋71＋105＋89＋90＋99＋95＋98＋104）÷10＝93.1 | （81＋98＋84＋88＋102＋100＋99＋103＋102＋97）÷10＝95.4 | 93.80 |
| 棉花-大豆间作2∶4模式 | （112＋100＋114＋110＋113＋113＋99＋97＋100＋118）÷10＝107.6 | （86＋100＋112＋109＋103＋111＋105＋90＋94＋99）÷10＝100.9 | （112＋99＋87＋103＋97＋110＋85＋101＋96＋98）÷10＝98.8 | 102.43 |
| 棉花-大豆间作4∶4模式 | （94＋98＋101＋96＋100＋100＋115＋93＋104＋100）÷10＝100.1 | （100＋88＋97＋113＋107＋99＋110＋109＋90＋111）÷10＝102.4 | （103＋90＋99＋109＋116＋96＋81＋103＋112＋95）÷10＝100.4 | 100.97 |
| 棉花-大豆间作4∶6模式 | （90＋90＋102＋105＋91＋100＋94＋90＋89＋102）÷10＝95.3 | （99＋92＋97＋105＋100＋89＋94＋100＋89＋103）÷10＝96.8 | （106＋101＋113＋105＋89＋92＋95＋84＋94＋103）÷10＝98.2 | 96.77 |

4. **称重百粒重** 于每个小区的样点，数出 100 粒，称重，各个处理算出 3 个重复的平均百粒重，再算出亩产量，即为该处理的平均产量。

5. **计算小区产量** 在每个小区数出 100 粒，称重，算出各处理 3 个重复平均百粒重，以 3 个重复的 3 个取样点的平均产量为该处理的平均产量，以其 90％为测产产量。

公式：大豆测产产量（千克/亩）＝株数/亩×株粒数×百粒重（克）×10－5×0.9。由表 4-12-7、表 4-12-8、表 4-12-9 得出表 4-12-10。

**表 4-12-8 各处理百粒重**

| 处理 | 每小区数出 100 粒称重（克） | | | 平均百粒重（克） |
|---|---|---|---|---|
| | 重复 1 | 重复 2 | 重复 3 | |
| 单作大豆 | 25.2 | 25.9 | 25.0 | 25.37 |
| 棉花-大豆间作 2：4 模式 | 24.7 | 26.8 | 26.0 | 25.83 |
| 棉花-大豆间作 4：4 模式 | 26.2 | 25.5 | 24.0 | 25.23 |
| 棉花-大豆间作 4：6 模式 | 25.4 | 25.8 | 25.2 | 25.50 |

**表 4-12-9 大豆产量构成因素汇总**

| 处理 | 重复 1 | | | 重复 2 | | | 重复 3 | | | 亩株数（株/亩） |
|---|---|---|---|---|---|---|---|---|---|---|
| | 每株粒数 A（个） | 2 平方米样点株数 B（个） | 百粒重 C（克） | 每株粒数 a（个） | 2 平方米样点株数 b（株） | 百粒重 c（克） | 每株粒数 d（个） | 2 平方米样点株数 e（株） | 百粒重 f（克） | |
| 单作大豆 | 92.9 | 24 | 25.2 | 93.1 | 21 | 25.9 | 95.4 | 22 | 25.0 | 7 444.48 |
| 棉花-大豆间作 2：4 模式 | 107.6 | 23 | 24.7 | 100.9 | 22 | 26.8 | 98.8 | 21 | 26.0 | 7 333.37 |
| 棉花-大豆间作 4：4 模式 | 100.1 | 22 | 26.2 | 102.4 | 23 | 25.5 | 100.4 | 20 | 24.0 | 7 222.58 |
| 棉花-大豆间作 4：6 模式 | 95.3 | 23 | 25.4 | 96.8 | 21 | 25.8 | 98.2 | 23 | 25.2 | 7 444.48 |

由表 4-12-10 可知，在大豆产量构成因素中，每株粒数是最活跃因素。间作与单作比，2：4 模式产量最高，增产 9.59％；4：4 模式增产 4.14％；4：6 模式增产 3.77％。

**表 4-12-10 大豆产量测定统计表**

| 处理 | 小区大豆产量（千克），2 平方米产量 | | | | | 折亩产（千克） | 比单作±（％） | 位次 |
|---|---|---|---|---|---|---|---|---|
| | Ⅰ（A×B×C） | Ⅱ（a×b×c） | Ⅲ（d×e×f） | 合计 | 平均 | | | |
| 单作大豆 | 0.561 8 | 0.506 4 | 0.524 7 | 1.592 9 | 0.531 0 | 177.00 | — | |
| 棉花-大豆间作 2：4 模式 | 0.611 3 | 0.594 9 | 0.539 4 | 1.745 6 | 0.581 9 | 193.97 | ＋9.59 | 1 |
| 棉花-大豆间作 4：4 模式 | 0.577 0 | 0.600 6 | 0.481 9 | 1.659 5 | 0.553 2 | 184.40 | ＋4.18 | 2 |
| 棉花-大豆间作 4：6 模式 | 0.556 7 | 0.524 5 | 0.569 2 | 1.650 4 | 0.550 1 | 183.37 | ＋3.77 | 3 |

**6. 棉花-大豆间作经济效益分析** 棉花-大豆间作成本见表4-12-11、表4-12-12。

**表4-12-11 棉花（棉花-大豆间作）试验投资**

| 投资成本项目 | 成本明细分类 | | 3.05亩棉投资（元） | 折亩投资（元/亩） | 备注 |
|---|---|---|---|---|---|
| 机械成本 | 深翻 | | 183.00 | 60.00 | 深翻1亩60元 |
| | 旋地 | | 183.00 | 60.00 | 旋地1亩60元 |
| 物化成本 | 肥料 | 复合肥 | 549.00 | 180.00 | 50千克 |
| | | 调土中微量 | 488.00 | 160.00 | 40千克 |
| | | 生物肥 | 488.00 | 160.00 | 80千克 |
| | | 追肥 | 366.00 | 120.00 | 7月20日施30-5-5肥料15千克；8月15日10-5-25肥料15千克 |
| | 拌种 | 巴斯夫鑫尊（杀菌） | 106.75 | 35.00 | 1亩用药1瓶，一瓶35元 |
| | | 吡虫啉（杀虫） | 6.10 | 2.00 | 1亩用药1瓶，一瓶2元 |
| | 封闭除草剂 | 巴斯夫二甲戊灵 | 122.00 | 40.00 | 1亩用药200毫升，1瓶40元 |
| | 化控药 | 化控烯效唑 | 91.50 | 30.00 | 1包药5元，兑药1桶，1亩用药2桶，每亩打3次，共20元 |
| | 农药成本 | 杀虫＋杀菌＋营养 | 610.00 | 200.00 | 1次1亩用2～3壶水，每壶水用药成本15～20元，平均一次用药50元，4次200元 |
| 劳务用工 | 播种 | | 793.00 | 260.00 | 5亩5个人工作2天，1亩地用工＝10个工×130元/5亩＝260元/亩 |
| | 追肥 | | 951.60 | 312.00 | 1亩用工1.2个，追肥两次，1.2×2次×130.00＝312元 |
| | 喷药 | | 396.50 | 130.00 | 1人1天喷8桶药水共4亩地，亩用工32.5元×4次用药＝130元/亩 |
| | 中耕 | | 1 982.50 | 650.00 | 1亩中耕1次用工1人/天，中耕5次，分别于6月10日、6月23日、7月10日、7月23日、8月2日进行 |
| | 化控 | | 297.38 | 97.50 | 1亩化控1次用工0.25人/天，共化控3次 |
| | 整枝打叉 | | 1 189.50 | 390.00 | 1亩打叉用1天，每亩3次整枝，费用130.00×3＝390.00元 |
| | 采土样用工 | | 317.20 | 104.00 | 5个处理×3个重复×2个土层×5个点/小区＝150个样点。2人1天2.5亩＝130×2/2.5＝104元 |
| | 排涝费 | | 158.60 | 52.00 | 5亩地1人排涝4次半天，1亩排涝用工0.4人/天 |
| | 数据调查 | | 237.90 | 78.00 | 5亩，每次2人0.5天，共进行3次 |
| | 室内考种 | | 317.20 | 104.00 | 5亩地，2人室内考种2天 |
| | 收花 | | 475.80 | 156.00 | 收花测产1亩0.4个工，共进行3次：0.4×130×3＝156元 |
| 土地租用 | | | 1 677.50 | 550.00 | 土地租用费 |
| 交通费 | | | 1 586.00 | 520.00 | 2.313亩地分摊 |

（续）

| 投资成本项目 | 3.05亩棉投资（元） | 折亩投资（元/亩） | 备　注 |
| --- | --- | --- | --- |
| 调查材料 | 74.72 | 24.50 | 邮寄费245元 |
| 土样化验 | 1 522.56 | 499.20 | 52个样×96/个=4 992.00元，10亩地分摊 |
| 棉花化验 | 1 098.00 | 360.00 | 30个样×60.00=1 800.00元，5亩地分摊 |
| 调查专用材料 | 32.03 | 10.50 | 方便袋、口取纸等 |
| 合计 | 16 301.34 | 5 344.70 | |

**表4-12-12　大豆（棉花-大豆间作）试验投资（元）**

| 投资成本项目 | 成本明细分类 | | 2.21亩大豆投资（元） | 折亩投资（元/亩） | 投资金额（元） |
| --- | --- | --- | --- | --- | --- |
| 机械成本 | 深翻 | | 132.60 | 60.00 | 深翻1亩60元 |
| | 旋地 | | 132.60 | 60.00 | 旋地1亩60元 |
| 物化成本 | 肥料 | 复合肥 | 198.90 | 90.00 | 25千克 |
| | | 调土中微量 | 353.60 | 160.00 | 40千克 |
| | | 生物肥 | 176.80 | 80.00 | 40千克 |
| | 拌种 | 巴斯夫鑫尊杀菌 | 77.35 | 35.00 | 1亩用药1瓶，1瓶35元 |
| | | 吡虫啉杀虫 | 4.42 | 2.00 | 1亩用药1瓶，1瓶2元 |
| | 封闭除草剂 | 巴斯夫二甲戊灵 | 88.40 | 40.00 | 1亩用药200毫升，1瓶40元 |
| | 化控药 | 化控烯效唑 | 4.42 | 2.00 | 1亩用药1瓶，1瓶2元 |
| | 农药成本 | 杀虫+杀菌+营养 | 331.50 | 150.00 | 1次1亩2～3壶水，每壶水用药成本15～20元，平均一次用药50元，3次150元 |
| 劳务用工 | 播种 | | 574.60 | 260.00 | 5亩5个人2天，1亩地用工=10个工×130元/5亩=260元/亩 |
| | 喷药 | | 287.30 | 130.00 | 1人1天喷8桶药水4亩地，亩用工32.5元×4次用药=130元/亩 |
| | 中耕 | | 574.60 | 260.00 | 1亩中耕1次用工1人/天，需2次 |
| | 化控 | | 143.65 | 65.00 | 1亩化控1次用工0.25人/天，化控2次 |
| | 采土样用工 | | 229.84 | 104.00 | 5个处理×3个重复×2个土层×5个点/小区=150个样点。2人1天2.5亩=130×2/2.5=104元 |
| | 排涝费 | | 114.92 | 52.00 | 5亩地1人排涝4次，每次半天，1亩排涝用工0.4人/天 |
| | 数据调查 | | 172.38 | 78.00 | 5亩地，每次2人0.5天，共进行3次 |
| | 室内考种 | | 229.84 | 104.00 | 5亩地，2人室内考种2天 |
| | 9月15日测产 | | 86.19 | 39.00 | 5亩地3人0.5天 |
| | 9月25日测产 | | 57.46 | 26.00 | 5亩地2人0.5天 |

（续）

| 投资成本项目 | 2.21 亩大豆投资（元） | 折亩投资（元/亩） | 投资金额（元） |
|---|---|---|---|
| 土地租用 | 1 215.50 | 550.00 | 土地租用费 |
| 交通费 | 1 149.20 | 520.00 | 2.313 亩地分摊 |
| 调查材料 | 108.29 | 49.00 | 邮寄费 245 元 |
| 土样化验 | 1 103.23 | 499.20 | 96.00/个×52 个/10 亩 |
| 测产 | 114.92 | 52.00 | 5 亩地，4 人测产，用 0.5 天 |
| 调查专用材料 | 23.21 | 10.50 | 方便袋、口取纸等 |
| 合计 | 7 685.72 | 3 477.7 | |

（1）棉花-大豆间作中，棉花物化和人工投入成本。见表 4-12-11。棉花-大豆间作中，共种植棉花 3.05 亩，每亩成本 5 344.70 元。其中，棉花的物化成本 927 元，占总投入的 17.34%；人工成本 2 333.50 元，占总投入的 43.66%。化验费、地租、交通机械等成本 2 084.2 元，占 39.00%。用工数 17.95 个。

（2）棉花-大豆间作中，大豆物化和人工投入成本。见表 4-12-12。共种植大豆 2.21 亩，每亩成本 3 477.70 元。其中物化成本 559 元，人工成本 1 118 元（按 130 元/工计算），主要包括播种、中耕、喷药、采土样、田间数据调查、室内考种等用工费用；其他成本1 760.7 元，包括土样化验费、土地租用、交通费、机械成本等。

综上所述，棉花-大豆间作中，2.21 亩大豆共投入 7 685.72 元，折亩投入 3 477.7 元。3.05 亩棉花共投入 16 301.34 元，折亩投入 5 344.7 元。

**7. 棉花-大豆间作效益分析** 由表 4-12-13 可知：

所有处理的经济效益均为负数，主要原因为成本高。本试验人工投入较高，另有化验费用、田间观察记载用工费用、地租等；棉花产量低也是效益偏低的主要因素。

间作棉花平均产量 58.29 千克/亩，较单作平均产量 47.4 千克/亩增产 22.98%。

在各间作模式处理中，2∶4 模式与 4∶6 模式棉花产量相当，经济效益方面 2∶4 模式最高。

间作与单作相比，2∶4 模式产量最高，增产 9.59%；4∶4 模式增产 4.14%；4∶6 模式增产 3.77%。

**表 4-12-13 棉花-大豆间作经济效益分析**（棉花价格按 10 元/千克计算，大豆价格按 7 元/千克计算）

| 处理 | 重复 | 物化成本（元/亩） | 人工成本（元/亩） | 用工个数（个/亩） | 总成本（元/亩） | 棉花产量（千克/亩） | 大豆产量（千克/亩） | 经济效益（元/亩） |
|---|---|---|---|---|---|---|---|---|
| 单作大豆 | 1 | 559.000 | 1 118.000 | 8.600 | 1 677.000 | — | 187.270 | −438.000 |
| | 2 | 559.000 | 1 118.000 | 8.600 | 1 677.000 | — | 168.800 | −495.400 |
| | 3 | 559.000 | 1 118.000 | 8.600 | 1 677.000 | — | 174.900 | −452.700 |
| | 平均 | 559.000 | 1 118.000 | 8.600 | 1 677.000 | | 176.990 | −462.030 |

（续）

| 处理 | 重复 | 物化成本（元/亩） | 人工成本（元/亩） | 用工个数（个/亩） | 总成本（元/亩） | 棉花产量（千克/亩） | 大豆产量（千克/亩） | 经济效益（元/亩） |
|---|---|---|---|---|---|---|---|---|
| 单作棉花 | 1 | 927.000 | 2 333.500 | 17.950 | 3 260.500 | 59.130 | — | −2 669.200 |
| | 2 | 927.000 | 2 333.500 | 17.950 | 3 260.500 | 61.100 | — | −2 649.500 |
| | 3 | 927.000 | 2 333.500 | 17.950 | 3 260.500 | 21.990 | — | −3 040.600 |
| | 平均 | 927.000 | 2 333.500 | 17.950 | 3 260.500 | 47.400 | — | −2 786.430 |
| 棉花-大豆间作 2：4 模式 | 1 | 682.370 | 1 525.520 | 11.728 | 2 207.890 | 69.295 | 203.770 | −88.550 |
| | 2 | 682.370 | 1 525.520 | 11.728 | 2 207.890 | 80.000 | 198.300 | −19.790 |
| | 3 | 682.370 | 1 525.520 | 11.728 | 2 207.890 | 38.950 | 179.800 | −559.790 |
| | 平均 | 682.370 | 1 525.520 | 11.728 | 2 207.890 | 62.750 | 193.970 | −222.710 |
| 棉花-大豆间作 4：4 模式 | 1 | 749.870 | 1 748.636 | 13.450 | 2 498.506 | 53.860 | 192.330 | −613.596 |
| | 2 | 749.870 | 1 748.636 | 13.450 | 2 498.506 | 59.360 | 200.200 | −503.506 |
| | 3 | 749.870 | 1 748.636 | 13.450 | 2 498.506 | 30.120 | 160.630 | −1 072.896 |
| | 平均 | 749.870 | 1 748.640 | 13.450 | 2 498.510 | 47.780 | 184.400 | −730.000 |
| 棉花-大豆间作 4：6 模式 | 1 | 711.614 | 1 622.086 | 12.478 | 2 333.700 | 80.100 | 185.570 | −233.700 |
| | 2 | 711.614 | 1 622.086 | 12.478 | 2 333.700 | 69.460 | 174.830 | −415.290 |
| | 3 | 711.614 | 1 622.086 | 12.478 | 2 333.700 | 43.500 | 189.730 | −570.590 |
| | 平均 | 711.610 | 1 622.090 | 12.480 | 2 333.700 | 64.350 | 183.370 | −406.530 |

# 五、结论与讨论

## （一）效益结果

本试验中，棉花-大豆 2：4 模式效益最高，为−222.71 元/亩；4：6 模式效益第二，为−406.52 元/亩；单作大豆效益第三，为−462.03 元/亩；单作棉花效益最低，为−2 786.43 元/亩。

## （二）产量构成因素研究

研究结果如下：

1. **苗期情况**　苗期棉花生长发育慢，大豆各处理最低分枝节位高度较低且相对稳定，间作或单作模式对大豆分枝影响很小。

2. **底荚高、节数、有效分支数情况**　各处理底荚高、节数、有效分支数差异不大，可能与品种特性有关，受到遗传因素影响。

3. **株高影响**　株高与单株有效荚数、单株粒数、单株粒重呈正相关趋势。

4. **结荚情况**　间作大豆与单作大豆前期无差异，大豆行间中下部结荚趋势一致，中后期间作结荚数高于单作。导致单作产量低于间作的主要因素是每株荚数、每株粒数、百粒重。间作模式相较单作模式，单株有效荚数增长 24.3%，单株粒数增长 5.75%，单株粒重增长 5.81%。

**5. 每荚粒数** 单作大豆平均 2.2 个/荚，间作单株荚数稍多，但平均每荚粒数少 1.95 个。

总之，在大豆的产量因素中，单株有效荚数是最活跃的因素，相比单株粒数和百粒重相对稳定。棉花-大豆间作中，间作大豆的单株有效荚数、单株粒数、单株粒重的增加是增产的主要途径。

## （三）成本情况

本试验中，大豆每亩生产成本 3 477.4 元。其中物化成本 559 元，包括化肥、农药、种子、除草剂等；用工成本 1 118 元，按每个日工 130 元计，合计用工 8.6 个；土地租赁、交通费、测产、土壤化验等费用 1 680.7 元；机械费用 120 元。

棉花每亩生产成本 5 344.70 元，其中物化成本 927 元，包括化肥、农药、种子、除草剂等；用工成本 2 333.5 元，按每个日工 130 元计，合计用工 17.95 个；土地租赁、交通费、测产、土壤化验等费用 1 964.2 元；机械费用 120 元。

## （四）气象分析

**1. 大豆各生育期理想的气候条件** 6 月份降水量 80～150 毫米，日平均气温 16～18℃；7 月份降水量 100～110 毫米，日平均气温 18～20℃；8 月份降水量 60～90 毫米，日平均气温 17～20℃。

**2. 实际气象情况** 乳山市 2021 年 6 月降水量合计 112 毫米，气温 14～27 ℃，正好满足大豆幼苗期对于降水量的要求，有利于大豆的根系下扎、花芽分化。

7 月份降水量 236 毫米，气温 21～31 ℃，雨量大，易导致旺长。7 月份大豆营养生长和生殖生长是交替进行的，雨量充沛，有利于植株生长，但雨水过量、气温高会导致授粉后落花落荚。

8 月份合计降水量 238.5 毫米，气温 21～28 ℃。8 月份大豆生长发育的重点是生殖生长，即结荚和鼓粒。60～90 毫米降水量是大豆产量提高的条件。

9 月份合计降水量 111 毫米，气温 18～26 ℃。

总体来看，乳山 2021 年大豆生育期降雨过量，易导致大豆旺长。齐黄 34 耐雨涝，故雨量大对产量影响不大。棉花-大豆间作利于大豆增产增收，但因棉花处于次适宜期，产量太低，故整体亏损。

附：2021 年当地大豆产量调查结果

根据 2021 年对乳山市大豆种植户的调查，当地大豆亩均产量 125～150 千克，当地出售的新季大豆 6.4～7 元/千克，平均每亩产值 1 000 元，大豆亩均总成本 770 元，其中物化成本 350 元、机械费用 120 元、口粮地租 300 元。亩均家庭用工 5.6 个，不计入成本（附表 4-12-1）。

**附表 4-12-1　棉花-大豆间作田间管理技术措施记录表**（大豆）

| 处理名称 | 大豆 | | | | |
|---|---|---|---|---|---|
| 基肥 | 名称 | 日期 | 种类 | 数量 | 施用方法 |
| | 复肥 | 5 月 19 日 | 13-12-20 | 25 千克 | 撒施后旋地 |
| | 土将军土壤调理剂 | 5 月 19 日 | 调酸补钙镁中微量 | 40 千克 | |
| | 根多菌 | 5 月 19 日 | 2 亿生物有机肥 | 40 千克 | |
| 追肥 | 次数 | 日期 | 种类 | 数量 | 施用方法 |
| | 3 | 7 月 12 日、8 月 5 日、8 月 30 日 | 螯合钙 0.3%+0.3% 磷酸二氢钾 | 0.1% | 结合打药 |
| 中耕除草培土 | 日期 | 中耕深度 | 培土高度 | 除草 | 施用方法 |
| | 播后封闭除草 | 无 | 无 | 二甲戊灵 | 播后封闭 200 毫升 |
| | 6 月 8 日、7 月 12 日 | 4 厘米、6 厘米 | 中耕 | 无 | 无 |
| | 8 月 6 日 | 拔草 | 无 | 无 | 无 |
| 治虫 | 日期 | 防虫害种类 | 用药种类和浓度 | 效果 | |
| | 5 月 19 日拌种 | 蛴螬蚜虫 | 60%吡虫啉 150 毫升 | 好 | |
| | 6 月 10 日 | 蚜虫、菜青虫、棉铃虫 | 吡虫啉 70%2 000 倍 2 克＋恶霉灵＋百泰 1 500 倍 20 克＋中微肥，用 2 桶水（30 千克） | 好 | |
| | 7 月 12 日 | 夜蛾、菜青虫、棉铃虫 | 氯氰菊酯 1 000 倍 70 毫升＋20%氯虫＋云乐收 1 包，用 2 桶水（30 千克） | | |
| | 8 月 10 日 | 棉铃虫、食心虫、豆荚螟 | 每壶水用 300 倍苏云金杆菌＋25%高效氯氟氰菊酯 1 500 倍＋0.1%硼＋云乐收 1 包，用 2 桶水（30 千克） | 好 | |
| 调节物质应用情况 | 时间：7 月 20 日　用量：5%烯效唑 20 克，30 千克水<br>时间 8 月 5 日　用量：5%烯效唑 20 克，30 千克水 | | | | |
| 化控 | 日期 | 作用 | 用药种类和浓度 | 效果 | |
| | 5 月 19 日拌种 | 防根腐病、抗病、抗低温、壮苗促根 | 巴斯夫鑫尊（吡唑＋甲基硫菌灵）150 毫升 | 好 | |
| | 6 月 10 日 | 促根、防根腐病茎腐病、壮苗 | 恶霉灵＋百泰 1 500 倍 20 微肥 | 好 | |
| | 7 月 12 日 | 控旺、防叶斑病 | 25%吡唑醚菌酯 50 毫升＋氟环唑＋10%微量元素 30 毫升 | 好 | |
| | 8 月 10 日 | 防褐斑病、保叶防早衰 | 25%丙环唑 20 毫升 1 000 倍＋吡唑 1 500 倍＋0.5%磷酸二氢钾＋0.3%钙，用 30 千克水 | 雨频病多 | |
| 花生生育期气象简况 | 1. 播种（5 月 19 日）：墒情 70%，气温 15～23 ℃；10 厘米地温 15.5 ℃。5 月降水量合计 86 毫米。5 月 6 日降水 26 毫米，5 月播种后降水 25 毫米<br>2. 出苗：6 月 1 日播种到出苗期间降水 55 毫米，较多年同期增加 66.5%，6 月 2 日、9 日、14 日、25 日降雨，28 日中雨。温度：平均低温 20.9 ℃。极端低温 9.6 ℃。6 月降水量合计 112 毫米<br>3. 分枝：6 月 23 日<br>4. 开花：7 月 15 日，晴天 | | | | |

（续）

| | |
|---|---|
| 花生<br>生育期<br>气象简况 | 5. 封垄：7 月 15 日。13—14 日降水 134.8 毫米，15—16 日降水 52.2 毫米，气温 23—27 ℃<br>7 月合计降水 236 毫米，较多年同期增加 558%，其中 7 月 16 日小雨；13 日、14 日、15 日、16 日、30 日中雨。温度：平均高温 26 ℃、平均低温 22 ℃。极端低温 18 ℃，极端高温 33 ℃<br>6. 花荚期：8 月 7 日<br>7. 鼓粒期：8 月 7 日以后<br>8 月合计降水 238.5 毫米，较多年同期增加 44.3%，其中 3 日、10 日、20 日、23 日为小中雨，31 日为暴雨。温度：平均高温 27 ℃、平均低温 21 ℃。极端低温 18 ℃<br>9 月合计降水 111 毫米，较多年同期增加 47.3%。温度：平均高温 26 ℃、平均低温 18 ℃。极端低温 15 ℃<br>8. 测产：9 月 15 日<br>9. 收获：9 月 25 日 |
| 其他农事 | 1. 入冬前整地，耕深 30 厘米<br>2. 5 月 15 日二次旋耕，因为多次降雨，表土较硬<br>3. 5 月 19 日播种时土壤墒情：60%～70%。播种 5 厘米地温 14 ℃～15 ℃<br>4. 拌种：使用预防地老虎、根腐病、苗期蚜虫、吡虫啉的拌种剂 60%吡虫啉 150 毫升＋巴斯夫鑫尊 100 毫升（1 瓶）<br>5. 种肥：施复合肥 13-12-20，用量 25 千克/亩，配合施菌肥 40 千克/亩，土壤调理剂 40 千克/亩<br>6. 封闭除草：巴斯夫二甲戊灵施田补 200 毫升<br>7. 6 月 1 日查出苗率<br>8. 6 月 8 日中耕，耕深 4～6 厘米<br>9. 6 月 10 日喷药：防促根、根腐病、茎腐病、壮苗；蚜虫、蓟马、菜青虫等虫害防治：用吡虫啉 70% 2 000 倍 2 克＋恶霉灵＋百泰 1 500 倍 20 克＋中微肥＋芸苔素 6 毫升，2 桶水<br>10. 7 月 12 日，防豆杆蝇、菜青虫、棉铃虫，用氯氰菊酯 1 000 倍 70 毫升，2 桶水＋20%氯虫＋25%吡唑醚菌酯 50 毫升＋氟环唑＋10%微量元素 30 毫升<br>11. 7 月 20 日打药控旺，用量：5%烯唑醇 20 克＋15 千克水<br>12. 8 月 5 日，防棉铃虫、食心虫、豆荚螟，每壶水用 300 倍苏云金杆菌＋25%高效氯氟氰菊酯 1 500 倍＋0.1%硼＋磷酸二氢钾<br>13. 7 月 14～16 日、8 月 15 日、8 月 31 日排涝<br>14. 8 月 30 日肥料补充，喷施磷酸二氢钾叶面肥料<br>15. 8 月 5 日防病虫，施用 25%丙环唑 20 毫升 1 000 倍＋吡唑 1 500 倍＋磷酸二氢钾＋0.3%钙 |

# 棉花-大豆间作试验技术总结报告(棉花部分)

乳山市农业科学研究院

## 一、试验研究项目背景及意义

为优化山东省种植业结构，实现棉油生产节本增效，促进全省棉花生产稳定并适度恢复，提高棉花生产综合效益，山东省农业农村厅印发了《2021年山东省传统棉作制度调整优化技术试验示范项目实施方案》（鲁农棉字〔2021〕6号）。

乳山市土壤酸化严重，在山东属于酸化较重区域，尤其乳山东部、南近海区域耕地盐渍化面积占比大。棉花耐盐渍化，20世纪70年代乳山市有种植棉花的历史。2021年4月山东省棉花生产技术指导站与乳山市正华农林科技示范园有限公司共同开展“棉花花生及棉花大豆间作技术试验”，乳山市农业农村局作为项目的丙方，负责试验经费监管与协作指导。

## 二、试验设计

### （一）供试品种

供试品种为鲁棉2387、中棉979、花育22、齐黄34。

### （二）试验地点

试验地点为乳山市南黄镇东洋水村。

### （三）棉花-大豆间作试验设计

**1. 试验设计及处理面积** 试验设置5个处理，分别为单作大豆、单作棉花、棉花-大豆间作（分为2∶4模式、4∶4模式和4∶6模式），重复3次，共15个小区。为保证试验地块面积，比方案增加1宽带，共4个宽带，数据考察在1、2、3重复区（宽带）。棉花-大豆间作试验田总面积5.26亩，其中棉花占地3.05亩，大豆占地面积2.21亩。

（1）单作鲁棉2387。棉花平地种植，种植密度为6 000株/亩，行距66厘米，株距17厘米，（3+1）次重复，29行单作鲁棉2387，小区长25米+南地头2米鲁棉2387做保护行。鲁棉2387小区面积：0.66×29行×25米=478.5平方米。

保护区鲁棉2387面积：0.66×29行×2=38.28平方米。

面积合计516.78平方米。

（2）单作大豆。大豆平地种植，行距60厘米，株距28厘米，种植密度8 000株/亩，双粒播种（每亩 4 000 穴），每个重复 10 行×4 个重复，单作大豆区共 40 行，行长 25 米。

大豆占地：0.6×40×25 米=600 平方米（每小区 150 平方米）。

（3）棉花-大豆间作。棉花种植密度为 7 200 株/亩，行距 66 厘米，株距 14 厘米；大豆平作种植，行距 60 厘米，株距 28 厘米，种植密度为 8 000 株/亩，双粒播种（每亩 4 000 穴）；棉花与大豆的间距为 50 厘米。3 种间作模式每个模式重复 4 次，即 4 个带宽，小区行长 25 米。

①2：4 模式。2 行棉花 4 行大豆（带宽 3.46 米×4 个重复），南北走向种植。

3.46×4 个重复=13.84 米（宽度）。

其中，棉花占地（0.66+0.5）×25×4=116 平方米，大豆占地（0.6×3+0.5）×25×4=230 平方米。

②4：4 模式。4 行棉花 4 行大豆（带宽 4.78 米×4 个重复）南北走向。4.78×4 个重复=19.12 米（宽度）。

其中，棉花占地（0.66+0.66+0.66+0.5）×25×4=248 平方米，大豆占地（0.6×3+0.5）×25×4=230 平方米。

③4：6 模式。4 行棉花 6 行大豆（带宽 5.98 米），南北走向种植。3 个宽带（这个处理带宽，为了田间整齐，就安排 3 个处理）。5.98×3 个重复=17.94 米（宽度）。

其中，棉花占地（0.66+0.66+0.66+0.5）×25×3=186 平方米，大豆占地（0.6×5+0.5）×25×3=262.5 平方米。

④南北长条区。田间种植时考虑观察方便，于棉花-大豆间作及棉花-花生间作两试验田中间，从南到北全长种植 10 行中棉 979、9 行鲁棉 2387。面积分摊：其中 10 行中棉 979 属于棉花-大豆间作区，另外 9 行鲁棉 2387 分摊到棉花-花生间作区。行距 66 厘米，株距 17 厘米。

10 行中棉 979 占地：0.66×10 行×132=871.2 平方米。

⑤单作鲁棉 2387 北头 5 米保护对照区。考虑地头太长及试验田面积要达 5 亩标准，北头 5 米（132－25×5－2 米=5 米）增加一个单作鲁棉 2387 小区，兼保护行及对照。

鲁棉 2387 占地：29 行×0.66×5 米=95.7 平方米。

**2. 各小区大豆补齐面积** 每个处理的带宽不同，试验田以最宽的 4：4 模式的 4.78×4=19.12 米为标准，缺口的部分用齐黄 34 补齐。

（1）单作鲁棉 2387。0.66×29=19.14 米，不用补。

（2）2：4 模式。补齐大豆 8 行。

带宽 3.46×4 个重复=13.84 米（宽度）－19.12=5.28 米，补齐大豆 8 行。

补齐大豆面积：0.6×8×25=120 平方米。

（3）4：4 模式。不用补。

（4）4：6 模式。补 2 行。

带宽 5.98×3 个重复=17.94 米（宽度）－19.12=1.18 米，补齐大豆 2 行。

补齐大豆面积：0.6×2×25=30 平方米。

合计棉花-大豆间作试验总面积：

鲁棉2387种植面积为516.7＋116＋248＋186＋95.7＝1162.4平方米≈1.744亩。

中棉979种植面积为871.2平方米≈1.307亩。

棉花面积合计2 033.6平方米≈3.05亩。

大豆面积：600＋230＋230＋262.5＋120＋30＝1 472.5平方米≈2.21亩。

试验总面积：3.05＋2.21＝5.26亩。

## （四）田间管理措施

### 1. 播种期管理

（1）播种。每穴3粒，播种深度2厘米。土壤湿度65%～70%。

（2）拌种。防立枯病、根腐病及苗期蓟马、蚜虫。用药为60%吡虫啉＋巴斯夫鑫尊100毫升。

（3）基肥。亩施商品生物有机肥80千克，13-12-20氯基复合肥50千克，调土、补中微量元素功能肥40千克。

### 2. 前期管理

（1）间苗定苗。6月8日2～3叶时轻间苗。因为苗不见长，间二次苗。6月13日二次间苗，定苗时间为6月15日，3～4片叶。

（2）中耕。分别于6月10日、6月23日、7月13日、7月23日、8月2日中耕5次。

因降雨频繁（6月降水量112毫米，7月降水量236毫米），6月僵苗，中耕2次提地温；7月雨大，中耕2次散墒。8月15日封行前除草中耕。

（3）结合防病虫喷肥促长。第一次于6月12日进行，因苗期僵苗不长，喷0.3%磷酸二氢钾＋0.3%液体硼＋芸苔素6毫升，配合防治蓟马、蚜虫。第二次于6月18日进行，喷0.3%磷酸二氢钾＋0.3%液体硼＋进口海藻悠满多，配合病虫防治。

### 3. 中后期管理

（1）第一次测量数据。7月23日刚到现蕾期，第一次测量数据，各处理间株高、节位、果枝数没有差异。因降雨地黏，比方案规定的7月15日推迟一周测量数据。

（2）开沟追肥。为提苗、促壮、促蕾，7月26日追高氮肥30-5-5，每亩15千克，追肥深度8～10厘米。

（3）第二次追肥。为了花盛期促花铃，8月18日追肥10-5-25，每亩15千克，追肥深度8～10厘米。

（4）打顶促铃。按照最晚打顶日期是霜前3个月计算，于7月25日打顶结束。打一心一叶，打顶株高不到60厘米，打顶时长势弱，8月中旬花后才封行。

（5）8月化控2次，剪枝打边心2次。常规情况下6～7叶现蕾时应控旺，因为苗弱，未进行此工作。7月25日打顶一周后于8月1日控旺一次，每亩用5%烯效唑5克，同时配合0.3%磷酸二氢钾叶面追肥。

因控旺效果不明显，8月15日又进行一次控旺，每亩施5%烯效唑5克，每次每亩用30千克水。8月中后期温度、湿度适宜，前期肥力又较为集中，导致疯长，行间郁闭，落铃重。8月13日、9月2日打边心、赘芽，剪空枝。

（6）水控不到位。6、7、8 月降水量分别为：112 毫米、134.8 毫米、238.5 毫米，土壤墒情处于 70%～80%之间，没做到有效水控。

（7）病虫害综合防治。

①拌种。5 月 22 日播种时，用巴斯夫杀菌加杀虫拌种，防苗期蓟马、蚜虫、立枯病。

②苗期喷药两次。出苗一周后，打药防蓟马、蚜虫并促根，防立枯病、烂根且起到壮苗效果。

6 月 12 日用吡虫啉 70%2 000 倍 2 克＋恶灵＋百泰 1 500 倍 20 克＋微肥＋芸苔素 6 毫升，每亩用 30 千克水；从结果看，蚜虫防得不彻底。

6 月 18 日打第二次药防蓟马蚜虫，结合促根、防根腐病茎腐病及壮苗：每亩用 10%氟啶虫酰胺 50 克＋恶霉灵＋百泰 1 500 倍 20 克＋微肥＋芸苔素 6 毫升，用 30 千克水。

③蕾期防棉铃虫、椿象、叶部病害防治。

7 月 24 日现蕾后结合防治棉铃虫、炭疽角斑病，喷药 20%氯虫苯甲酰胺 2 克 3%＋啶虫米 2 000 倍＋25%吡唑醚菌酯 50 毫升＋10%微量元素 30 毫升＋磷酸二氢钾 150 克/亩，长势弱则配合芸薹素及进口海藻酸，用 30 千克水。

8 月 18 日喷药，目的为花铃期防治棉铃虫、棉春象、秋蚜虫配合防叶斑病，使用 25%丙环唑 20 毫升 1 000 倍＋吡唑 1 500 倍＋磷酸二氢钾＋阿维菌素＋液体硼。

（8）采收。9 月 30 日以 40%乙烯利 100 毫升催熟，兑入 30 千克水均匀喷全部棉铃，促吐絮，同时每亩混配磷酸二氢钾 100 克。

10 月 13 日第 1 次定点收花；10 月 25 日第 2 次定点收花；11 月 10 日第 3 次定点收花。

**4. 施肥方面**

底肥施用复合肥 13-12-20，用量 50 千克/亩，2 亿生物有机肥 80 千克/亩，多元素及调理土壤多功能肥 40 千克/亩。将这些肥料均匀撒施地面后旋耕，然后播种。

苗期僵苗不长，配合病虫害防治，喷施 3 次叶面肥。第一次于 6 月 12 日喷 0.3%磷酸二氢钾＋0.3%液体硼＋芸苔素 6 毫升；第 2 次于 6 月 18 日喷 0.3%磷酸二氢钾＋0.3%液体硼＋进口海藻悠满多；第 3 次于 7 月 24 日喷 150 克二氢钾＋10%钙硼微量元素 30 毫升。

## （四）测定项目与方法

**1. 棉花生育期记录** 记录棉花播种期、出苗期、现蕾期、开花期、吐絮期等（表 4-13-3）。

**2. 棉花农艺性状调查** 单作棉花取中间 2 行其中 1 行定点连续选取 10 株棉花，间作棉花在各处理的每个小区每行定点连续选取 5 株棉花，分别于 7 月 15 日、8 月 15 日、9 月 15 日调查株高、第一果枝高度、第一果枝节位、果枝数、成铃数、花与幼铃数、烂铃数、吐絮铃数。试验过程中，若定点植株受损，则剔除该植株的相关数据。调查结果见表 4-13-4。

### 3. 棉花产量品质测定

（1）棉花实收产量测定。单作棉花在每个小区随机选取长势一致的棉花标记样点，量取中间两行的10米长度；间作棉花在每个小区随机选取长势一致的棉花标记样点，量取每行5米长度。待该小区的吐絮率达到30%～40%时，第1次收花；于10月25日第2次收花；截至11月10日所有小区最后一次收花，剩余未开裂棉铃不计产量。每次收获的籽棉自然晒干并称重（籽棉产量），每个小区棉花标记样点，3次收花的产量之和为该样点的籽棉产量。

（2）棉花产量构成因素。于第1次收花前，每个小区选择长势一致的棉花标记样点，测量0.01亩面积的株数、吐絮铃数、青铃数、烂铃数，以吐絮铃数、青铃数、烂铃数相加为总铃数。第2次收花时（10月25日），在每个标记样点内收取内围正常吐絮的50个棉铃，晒干（水分11%～12%）后称重，取平均值作为样点单铃重，依据样点籽棉产量（样点内的50个铃的重量计入样点实收产量）和铃重计算铃数。对晒干并称重后的50个棉铃进行轧花，得到衣分率，依据该衣分率和样点籽棉产量计算出样点皮棉产量。

（3）棉花纤维品质测定。对样点50铃轧花后的皮棉进行纤维品质检测。

## 三、环境条件

在棉花播种前、收获后采集0～20厘米和20～40厘米土层土样，测定土壤有机质、pH、碱解氮、有效磷、速效钾等土壤指标。

取样方法：播种前，整个试验地，按“五点取样”法采集土样，最后将样品混合成0～20厘米、20～40厘米各1个检测样；收获后，每个处理的每个小区分别取0～20厘米和20～40厘米土层土样，每个小区混合成0～20厘米、20～40厘米各1个检测样，其中，棉花-大豆间作3种模式，每个小区分别在棉花行间、大豆行间取0～20厘米、20～40厘米土样（表4-13-1）。

经检测，项目地为砂壤土，耕性良好。播种前取样，经中国水稻研究所化验，土壤有机质容量14.32克/千克、碱解氮容量105毫克/千克、有效磷容量71.65毫克/千克、速效钾容量151.25毫克/千克，pH4.75。

## 四、结果与分析

### （一）不同处理对土壤养分含量的影响

表4-13-1、表4-13-2为中国水稻所化验数据，从中可见：

单作棉花对地力消耗最重，棉花-花生间作有培肥地力的作用。

间作模式中，在培肥地力方面4∶6模式最好，2∶4模式次之；4∶4模式最差。

单作、间作在对土壤pH的影响方面没有差异。

**表 4-13-1　棉花-大豆间作土壤化验数据**（0～20 厘米+20～40 厘米）

| 化验编号 | 处理 | 重复 | pH | 碱解氮（毫克/千克） | 速效磷（毫克/千克） | 速效钾（毫克/千克） | 有机质（克/千克） |
|---|---|---|---|---|---|---|---|
| 19 | 棉花-大豆间作 2∶4 模式 | 重复 1（0～20 厘米） | 4.00 | 82.60 | 68.53 | 62.00 | 9.91 |
| 22 | 棉花-大豆间作 2∶4 模式 | 重复 1（20～40 厘米） | 3.96 | 79.80 | 73.27 | 59.00 | 10.42 |
| 20 | 棉花-大豆间作 2∶4 模式 | 重复 2（0～20 厘米） | 4.22 | 84.00 | 50.67 | 74.00 | 10.49 |
| 23 | 棉花-大豆间作 2∶4 模式 | 重复 2（20～40 厘米） | 4.38 | 84.00 | 32.35 | 70.50 | 9.83 |
| 21 | 棉花-大豆间作 2∶4 模式 | 重复 3（0～20 厘米） | 3.86 | 100.80 | 57.04 | 91.50 | 12.55 |
| 24 | 棉花-大豆间作 2∶4 模式 | 重复 3（20～40 厘米） | 4.08 | 75.60 | 34.68 | 81.00 | 8.98 |
| | | 收获后 | 4.03 | 84.47 | 52.76 | 73.00 | 10.36 |
| | | 播前平均 | 4.71 | 105.00 | 71.65 | 151.25 | 14.32 |
| 25 | 棉花-大豆间作 4∶4 模式 | 重复 1（0～20 厘米） | 3.91 | 82.60 | 59.43 | 51.50 | 8.94 |
| 28 | 棉花-大豆间作 4∶4 模式 | 重复 1（20～40 厘米） | 3.79 | 77.00 | 59.92 | 55.00 | 10.07 |
| 26 | 棉花-大豆间作 4∶4 模式 | 重复 2（0～20 厘米） | 3.93 | 91.00 | 48.71 | 62.50 | 11.58 |
| 29 | 棉花-大豆间作 4∶4 模式 | 重复 2（20～40 厘米） | 3.87 | 93.80 | 44.45 | 58.00 | 10.22 |
| 27 | 棉花-大豆间作 4∶4 模式 | 重复 3（0～20 厘米） | 4.01 | 75.60 | 49.78 | 63.50 | 9.72 |
| 30 | 棉花-大豆间作 4∶4 模式 | 重复 3（20～40 厘米） | 4.22 | 65.80 | 39.42 | 60.50 | 7.86 |
| | | 收获后 | 4.00 | 81.00 | 50.29 | 58.50 | 9.73 |
| | | 播前平均 | 4.74 | 101.50 | 73.12 | 156.25 | 13.72 |
| 31 | 棉花-大豆间作 4∶6 模式 | 重复 1（0～20 厘米） | 3.85 | 102.20 | 56.73 | 86.00 | 13.91 |
| 34 | 棉花-大豆间作 4∶6 模式 | 重复 1（20～40 厘米） | 3.91 | 78.40 | 37.16 | 71.50 | 10.34 |
| 32 | 棉花-大豆间作 4∶6 模式 | 重复 2（0～20 厘米） | 3.76 | 88.20 | 50.82 | 79.00 | 15.42 |
| 35 | 棉花-大豆间作 4∶6 模式 | 重复 2（20～40 厘米） | 3.79 | 84.00 | 42.67 | 82.50 | 10.80 |
| 33 | 棉花-大豆间作 4∶6 模式 | 重复 3（0～20 厘米） | 3.5 | 110.60 | 72.05 | 78.00 | 13.79 |
| 36 | 棉花-大豆间作 4∶6 模式 | 重复 3（20～40 厘米） | 3.76 | 82.60 | 59.34 | 64.50 | 10.26 |
| | | 收获后 | 3.89 | 93.00 | 55.77 | 87.53 | 12.69 |
| | | 播前平均 | 4.74 | 101.50 | 73.12 | 156.25 | 13.72 |
| 37 | 单作棉花 | 重复 1（0～20 厘米） | 3.94 | 88.20 | 49.32 | 69.50 | 10.38 |
| 40 | 单作棉花 | 重复 1（20～40 厘米） | 4.00 | 86.80 | 44.02 | 55.50 | 10.84 |
| 38 | 单作棉花 | 重复 2（0～20 厘米） | 3.98 | 79.80 | 28.79 | 103.00 | 11.46 |
| 41 | 单作棉花 | 重复 2（20～40 厘米） | 4.18 | 67.20 | 22.85 | 83.50 | 7.04 |
| 39 | 单作棉花 | 重复 3（0～20 厘米） | 4.07 | 68.60 | 40.50 | 56.00 | 9.14 |
| 42 | 单作棉花 | 重复 3（20～40 厘米） | 4.49 | 63.00 | 18.17 | 43.00 | 6.69 |
| | 单作棉花 | 收获后 | 4.11 | 75.60 | 33.94 | 68.42 | 9.26 |

（续）

| 化验编号 | 处理 | 重复 | pH | 碱解氮（毫克/千克） | 速效磷（毫克/千克） | 速效钾（毫克/千克） | 有机质（克/千克） |
|---|---|---|---|---|---|---|---|
| | | 以上播后平均 | 3.98 | 83.00 | 47.52 | 69.20 | 10.44 |
| 49 | 棉花-大豆间作 | （0～20 厘米）播种前 | 4.71 | 105.00 | 71.65 | 151.25 | 14.32 |
| 50 | 棉花-大豆间作 | （20～40 厘米）播种前 | 4.76 | 98.00 | 74.59 | 161.25 | 13.12 |
| | | 播前平均 | 4.74 | 101.50 | 73.12 | 156.25 | 13.72 |

**表 4-13-2　棉花-大豆间作土壤化验数据**（0～20 厘米＋20～40 厘米）

| 处理 | 重复 | pH | 碱解氮（毫克/千克） | 速效磷（毫克/千克） | 速效钾（毫克/千克） | 有机质（克/千克） |
|---|---|---|---|---|---|---|
| | 播前平均 | 4.74 | 101.50 | 73.12 | 156.25 | 13.72 |
| 棉花-大豆间作 2∶4 模式 | 收获后 | 4.03 | 84.47 | 52.76 | 73.00 | 10.36 |
| 棉花-大豆间作 4∶4 模式 | 收获后 | 4.00 | 81.00 | 50.29 | 58.50 | 9.73 |
| 棉花-大豆间作 4∶6 模式 | 收获后 | 3.89 | 93.00 | 55.77 | 87.53 | 12.69 |
| 单作棉花 | 收获后 | 4.11 | 75.60 | 33.94 | 68.42 | 9.26 |

## （二）不同处理对棉花生育期的影响

由表 4-13-3 可知：

开花前，间作与单作处理间没有差异；封行、开花后，间作比单作开花、吐絮提前 5～7 天。因为内涝，各个处理的第三重复（从南到北）发育迟缓 5～7 天。

**表 4-13-3　棉花**（间大豆）**生育期调查记录表**

| 处理 | 重复 | 播种期（日/月） | 出苗期（日/月） | 现蕾期（日/月） | 打顶期（日/月） | 开花期（日/月） | 封行期（日/月） | 吐絮期（日/月） |
|---|---|---|---|---|---|---|---|---|
| 单作棉花 2387 | 1 东 | 19/5 | 6/6 | 16/7 | 25/7 | 13/8 | 15/8 | 8/10 |
| | 2 中 | 19/5 | 6/6 | 16/7 | 25/7 | 13/8 | 15/8 | 8/10 |
| | 3 西 | 19/5 | 10/6 | 23/7 | 25/7 | 13/8 | 15/8 | 8/10 |
| 棉花-大豆间作 2∶4 模式 | 1 东 | 19/5 | 6/6 | 16/7 | 25/7 | 8/8 | 10/8 | 1/10 |
| | 2 中 | 19/5 | 6/6 | 16/7 | 25/7 | 8/8 | 10/8 | 1/10 |
| | 3 西 | 19/5 | 10/6 | 23/7 | 25/7 | 15/8 | 15/8 | 8/10 |
| 棉花-大豆间作 4∶4 模式 | 1 东 | 19/5 | 6/6 | 16/7 | 25/7 | 8/8 | 10/8 | 1/10 |
| | 2 中 | 19/5 | 6/6 | 16/7 | 25/7 | 8/8 | 10/8 | 1/10 |
| | 3 西 | 19/5 | 10/6 | 23/7 | 25/7 | 15/8 | 15/8 | 8/10 |
| 棉花-大豆间作 4∶6 模式 | 1 东 | 19/5 | 6/6 | 16/7 | 25/7 | 8/8 | 10/8 | 1/10 |
| | 2 中 | 19/5 | 6/6 | 16/7 | 25/7 | 8/8 | 10/8 | 1/10 |
| | 3 西 | 19/5 | 10/6 | 23/7 | 25/7 | 15/8 | 15/8 | 8/10 |

棉花各个生育期天数情况如下。

播种出苗期：播种—出苗 18 天；苗期：出苗—现蕾 40 天；蕾期：现蕾—开花 28 天；花铃期：开花—吐絮 56 天；吐絮期：11 月 10 日收花结束，吐絮到收花结束 33～40 天。

## （三）不同处理对棉花农艺性状的影响

由表 4-13-4 可以看出：

（1）株高。各处理间前期株高没有差异，后期间作比单作鲁棉 2387 高 1.88～6.01 厘米。

（2）第一果枝高度。间作比单作高 0.74～1.73 厘米。

（3）第一果枝节位。间作比单作高出 0.12～0.3 厘米。

（4）果枝数。间作比单作多 0.24～0.82 枝。

（5）蕾铃数。单作少 0.7～1.32 个。

（6）成铃数。间作与单作相当。

**表 4-13-4　棉花（棉花-大豆间作）农艺性状记录表**（9 月 15 日）

| 株号 | 株高（厘米） | 第一果枝高度（厘米） | 第一果枝节位（厘米） | 果枝数（枝） | 蕾数（个） | 花与幼铃数（个） | 成铃数（个） | 吐絮铃数（个） | 烂铃数（个） |
|---|---|---|---|---|---|---|---|---|---|
| 单作 2387（10 株） | 81.23 | 9.10 | 4.67 | 7.87 | 4.23 | 6.10 | 3.67 | 0 | 3.40 |
| 棉花-大豆间作 2∶4 模式（20 株） | 79.35 | 10.83 | 4.55 | 8.23 | 5.55 | 6.00 | 3.72 | 0 | 1.75 |
| 棉花-大豆间作 4∶4 模式（20 株） | 86.98 | 10.31 | 4.90 | 8.11 | 3.53 | 5.55 | 3.58 | 0 | 1.63 |
| 棉花-大豆间作 4∶6 模式（20 株） | 87.24 | 9.84 | 4.98 | 8.69 | 5.35 | 6.05 | 3.75 | 0 | 3.15 |

## （四）棉花产量的测定及效益分析

### 1. 棉花产量构成因素

由表 4-13-5 可知，单作 2387 与间作 2∶4 模式、4∶4 模式、4∶6 模式相比：

亩株数分别少 1 600 株、1 633 株、1 733 株；

亩吐絮数分别少 2 400 个、3 133 个、1 566 个；

亩青铃数分别少 10 166 个、9 733 个、13 033 个；

亩烂铃数单作分别多 467 个、1 133 个、33 个；

每亩总铃数单作 2387 比间作分别少 11 134 个、11 734 个、14 634 个。

单作中棉 979 各项目比鲁棉 2387 高。

**表 4-13-5　棉花-大豆间作产量构成因素记录表**（双行 5 米 0.01 亩，10 月 13 日）

| 处理 | 株数（株） | 吐絮数（个） | 青铃数（个） | 烂铃数（个） | 总铃数（个） |
|---|---|---|---|---|---|
| 单作鲁棉 2387 | 52.00 | 143.67 | 112.67 | 24.00 | 280.33 |
| 棉花-大豆间作 2∶4 模式 | 68.00 | 167.67 | 214.33 | 9.67 | 391.67 |
| 棉花-大豆间作 4∶4 模式 | 68.33 | 175.00 | 210.00 | 12.67 | 397.67 |

（续）

| 处理 | 株数（株） | 吐絮数（个） | 青铃数（个） | 烂铃数（个） | 总铃数（个） |
|---|---|---|---|---|---|
| 棉花-大豆间作 4：6 模式 | 69.33 | 159.33 | 243.00 | 24.33 | 426.67 |
| 单作中棉 979 | 57.33 | 159.33 | 205.00 | 19.33 | 383.67 |

## 2. 棉花产量测定

由表 4-13-6 可知：

（1）单铃重。间作与单作 2387 相比，间作 2：4 模式单铃重高 6.94%、4：4 模式高 2.78%、4：6 模式高 7.64%；单作中棉 979 比单作鲁棉 2387 高 4.51%。

（2）衣分率。间作与单作鲁棉 2387 比，间作 2：4 高 1.72%、4：4 高 2.29%；4：6 高 3.34%；单作中棉 979 高比鲁棉 2387 高 3.28%。

（3）亩成铃数。间作与单作鲁棉 2387 相比，间作 2：4 模式比单作高 16.7%；4：4 模式比单作高 21.81%；4：6 模式比单作高 10.9%；中棉 979 单作比鲁棉 2387 单作高 10.90%。

（4）籽棉产量。间作与单作鲁棉 2387 相比：间作 2：4 模式比单作增产 32.37%；4：4 模式比单作增产 0.79%；4：6 模式比单作 2387 增产 35.76%。单作中棉 979 比单作鲁棉 2387 增产 9.87%。

（5）生育进程。5 月 19 日播种，6 月初出苗，7 月中旬以前现蕾，8 月上旬开花，10 月上旬吐絮。没有伏前桃、伏桃，只有棉株基部的早秋桃，平均 2.3～2.5 个/株，9 月 15 日左右开花结束，棉花产量是 10 月 13 日、10 月 25 日、11 月 10 日 3 次收花之和。

（6）种植密度。因本次试验为初次种植棉花，没有经验，以株高确定密度；实际上密度为 6 000 株/亩时，株高应控制为 70～85 厘米，故控旺不到位。

**表 4-13-6　棉花（棉花-大豆间作）产量测定记录表**（3 次收花 0.02 亩）

| 处理 | 重复 | 第 1 次收花 10 月 13 日 籽棉（克） | 第 2 次收花 10 月 25 日 | | 第 3 次收花 11 月 10 日 籽棉（克） | 平均 | | 3 次收花合计 | | 籽棉（千克/亩） |
|---|---|---|---|---|---|---|---|---|---|---|
| | | | 籽棉（克） | 50 铃（克） | | 单铃重（克） | 衣分率（%） | 籽棉（克） | 皮棉（克） | |
| 单作棉花 2387 | 1 | 133.60 | 800.30 | 160.20 | 88.47 | 3.20 | 28.60 | 1 182.57 | 338.215 | 118.26 |
| | 2 | 108.70 | 893.20 | 123.30 | 96.78 | 2.47 | 30.33 | 1 221.98 | 370.627 | 122.20 |
| | 3 | 90.20 | 160.40 | 148.80 | 40.26 | 2.98 | 31.62 | 439.66 | 139.020 | 43.97 |
| | 平均 | 110.83 | 617.97 | 144.10 | 75.17 | 2.88 | 30.18 | 948.07 | 286.128 | 94.81 |
| 棉花-大豆间作 2：4 模式 | 1 | 148.62 | 990.07 | 166.43 | 80.74 | 3.33 | 30.92 | 1 385.86 | 428.510 | 138.59 |
| | 2 | 88.73 | 1 279.43 | 155.49 | 76.41 | 3.11 | 32.60 | 1 600.06 | 521.620 | 160.00 |
| | 3 | 70.23 | 510.62 | 139.52 | 58.62 | 2.79 | 28.57 | 778.99 | 222.557 | 77.90 |
| | 平均 | 102.53 | 926.71 | 153.81 | 71.92 | 3.08 | 30.70 | 1 254.97 | 385.276 | 125.50 |
| 棉花-大豆间作 4：4 模式 | 1 | 113.46 | 747.62 | 157.50 | 58.64 | 3.15 | 33.16 | 1 077.22 | 357.210 | 107.72 |
| | 2 | 102.89 | 869.76 | 154.22 | 60.21 | 3.08 | 30.895 | 1 187.08 | 366.750 | 118.71 |

（续）

| 处理 | 重复 | 第1次收花 10月13日 籽棉（克） | 第2次收花 10月25日 | | 第3次收花 11月10日 籽棉（克） | 平均 | | 3次收花合计 | | 籽棉（千克/亩） |
|---|---|---|---|---|---|---|---|---|---|---|
| | | | 籽棉（克） | 50铃（克） | | 单铃重（克） | 衣分率（%） | 籽棉（克） | 皮棉（克） | |
| 棉花-大豆间作4∶4模式 | 3 | 78.67 | 282.09 | 154.00 | 87.65 | 2.65 | 28.56 | 602.41 | 172.050 | 60.24 |
| | 平均 | 98.34 | 633.16 | 155.24 | 68.83 | 2.96 | 30.87 | 955.57 | 294.985 | 95.56 |
| 棉花-大豆间作4∶6模式 | 1 | 114.66 | 1 216.44 | 160.52 | 110.42 | 3.21 | 31.95 | 1 602.04 | 511.850 | 160.20 |
| | 2 | 137.82 | 962.55 | 158.27 | 130.68 | 3.17 | 34.17 | 1 389.32 | 474.730 | 138.93 |
| | 3 | 53.10 | 600.03 | 146.51 | 70.30 | 2.93 | 27.45 | 869.94 | 238.800 | 86.99 |
| | 平均 | 101.86 | 926.34 | 155.10 | 103.80 | 3.10 | 31.19 | 1 287.10 | 401.447 | 128.71 |
| 单作中棉979 | 1 | 54.46 | 977.15 | 153.96 | 80.73 | 3.08 | 31.80 | 1 266.30 | 402.680 | 126.63 |
| | 2 | 78.39 | 890.77 | 155.46 | 71.26 | 3.11 | 30.16 | 1 195.88 | 360.680 | 119.59 |
| | 3 | 55.43 | 402.38 | 141.52 | 62.03 | 2.83 | 31.56 | 661.36 | 208.730 | 66.13 |
| | 平均 | 62.76 | 756.77 | 150.31 | 71.34 | 3.01 | 31.17 | 1 041.18 | 324.536 | 104.17 |

**3. 棉花-大豆间作经济效益分析** 棉花-大豆间作经济效益分析见表4-13-7、表4-13-8。

（1）棉花-大豆间作中棉花物化和人工投入成本。棉花-大豆间作中，棉花的物化成本927.00元，占总投入的17.34%；人工成本2 333.50元，占总投入的43.66%。化验费、地租、交通机械等成本2 084.2元，占总投入的39.00%。用工数17.95个。每亩成本合计：5 344.70元（表4-13-7）。

**表4-13-7 棉花-大豆间作试验投资**

| 投资成本项目 | 成本明细分类 | | 3.05亩棉投资（元） | 折亩投资（元/亩） | 备注 |
|---|---|---|---|---|---|
| 机械成本 | 深翻 | | 183.00 | 60.00 | 深翻1亩60元 |
| | 旋地 | | 183.00 | 60.00 | 旋地1亩60元 |
| 物化成本 | 肥料 | 复合肥 | 549.00 | 180.00 | 50千克 |
| | | 调土中微量 | 488.00 | 160.00 | 40千克 |
| | | 生物肥 | 488.00 | 160.00 | 80千克 |
| | | 追肥 | 366.00 | 120.00 | 7月20日施30-5-5肥15千克；8月15日施10-5-25肥15千克 |
| | 拌种 | 巴斯夫鑫尊（杀菌） | 106.75 | 35.00 | 1亩用药1瓶，1瓶35元 |
| | | 吡虫啉（杀虫） | 6.10 | 2.00 | 1亩用药1瓶，1瓶2元 |
| | 封闭除草剂 | 巴斯夫二甲戊灵 | 122.00 | 40.00 | 1亩用药200毫升，1瓶40元 |
| | 化控药 | 化控烯效唑 | 91.50 | 30.00 | 1瓶药5元兑药1桶，1亩用药2桶，每亩打3次，共30元 |
| | 农药成本 | 杀虫+杀菌+营养 | 610.00 | 200.00 | 1次1亩2～3壶水，每壶水用药成本15～20元，平均1次用药50元，4次200元 |

（续）

| 投资成本项目 | 成本明细分类 | | 3.05 亩棉投资（元） | 折亩投资（元/亩） | 备注 |
|---|---|---|---|---|---|
| 劳务用工 | | 播种 | 793.00 | 260.00 | 5 亩 5 个人 2 天，1 亩地用工＝10 个工×130 元/5 亩＝260 元/亩 |
| | | 追肥 | 951.60 | 312.00 | 1 亩用工 1.2 个，追肥两次，130×1.2×2 次＝312.00 元 |
| | | 喷药 | 396.50 | 130.00 | 1 人 1 天喷 8 桶药水 4 亩地，亩用工 32.5 元×4 次用药＝130 元/亩 |
| | | 中耕 | 1 982.50 | 650.00 | 1 亩中耕 1 次用工 1 人/天，中耕 5 次，分别是 6 月 10 日、6 月 23 日、7 月 10 日、7 月 23 日、8 月 2 日 |
| | | 化控 | 297.38 | 97.50 | 1 亩化控 1 次用工 0.25 人/天，化控 3 次 |
| | | 整枝打叉 | 1 189.50 | 390.00 | 1 亩打叉用时 1 天，每亩 3 次整枝，130×3＝390.00 |
| | | 采土样用工 | 317.20 | 104.00 | 5 个处理×3 个重复×2 个土层×5 个点/小区＝150 个样点。2 人 1 天 2.5 亩＝130×2/2.5＝104 元 |
| | | 排涝费 | 158.60 | 52.00 | 5 亩地 1 人排涝 4 次半天，1 亩排涝用工 0.4 人/天 |
| | | 数据调查 | 237.90 | 78.00 | 5 亩地，每次 2 人 0.5 天，3 次 |
| | | 室内考种 | 317.20 | 104.00 | 5 亩地，2 人室内考种 2 天 |
| | | 收花 | 475.80 | 156.00 | 收花测产 1 亩 0.4 个工，3 次 0.4×130×3＝156.00 |
| 土地租用 | | | 1 677.50 | 550.00 | 土地租用费 |
| 交通费 | | | 1 586.00 | 520.00 | 2.313 亩地分摊 |
| 调查材料 | | | 74.72 | 24.50 | 邮寄费 245 元 |
| 土样化验 | | | 1 522.56 | 499.20 | 52 个样×96/个＝4 992.00，10 亩分摊 |
| 棉花化验 | | | 1 098.00 | 360.00 | 30 个样×60.00＝1 800.00，5 亩分摊 |
| 调查专用材料 | | | 32.03 | 10.50 | 方便袋、口取纸等 |
| 合计 | | | 16 301.34 | 5 344.70 | |

（2）棉花-大豆间作中大豆物化和人工投入成本。大豆每亩成本：3 477.7 元（表 4-13-8）。其中，物化成本 599 元；人工成本 1 118 元（130 元/工），主要包括播种、中耕、喷药、采土样、田间数据调查、室内考种等；其他成本 1 760.7 元，包括土样化验费、土地租用、交通费、机械成本等。

**表 4-13-8 棉花-大豆间作试验投资**（元）

| 投资成本项目 | 成本明细分类 | 2.21 亩大豆投资（元） | 折亩投资（元/亩） | 投资金额（元） |
|---|---|---|---|---|
| 机械成本 | 深翻 | 132.60 | 60.00 | 深翻 1 亩 60 元 |
| | 旋地 | 132.60 | 60.00 | 旋地 1 亩 60 元 |

（续）

| 投资成本项目 | 成本明细分类 | | 2.21 亩大豆投资（元） | 折亩投资（元/亩） | 投资金额（元） |
|---|---|---|---|---|---|
| 物化成本 | 肥料 | 复合肥 | 198.90 | 90.00 | 25 千克 |
| | | 调土中微量 | 353.60 | 160.00 | 40 千克 |
| | | 生物肥 | 176.80 | 80.00 | 40 千克 |
| | 拌种 | 巴斯夫鑫尊杀菌 | 77.35 | 35.00 | 1 亩用药 1 瓶，1 瓶 35 元 |
| | | 吡虫啉杀虫 | 4.42 | 2.00 | 1 亩用药 1 瓶，1 瓶 2 元 |
| | 封闭除草剂 | 巴斯夫二甲戊灵 | 88.40 | 40.00 | 1 亩用药 200 毫升（1 瓶）40 元 |
| | 化控药 | 化控烯效唑 | 4.42 | 2.00 | 1 亩用药 1 瓶，1 瓶 2 元 |
| | 农药成本 | 杀虫＋杀菌＋营养 | 331.50 | 150.00 | 1 次 1 亩 2～3 壶水，每壶水用药成本 15～20 元，平均 1 次用药 50 元，3 次 150 元 |
| 劳务用工 | 播种 | | 574.60 | 260.00 | 5 亩 5 个人 2 天，1 亩地用工＝10 个工×130 元/5 亩＝260 元/亩 |
| | 喷药 | | 287.30 | 130.00 | 1 人 1 天喷 8 桶药水 4 亩地，亩用工 32.5 元×4 次用药＝130 元/亩 |
| | 中耕 | | 574.60 | 260.00 | 1 亩中耕 1 次用工 1 人/天，需 2 次 |
| | 化控 | | 143.65 | 65.00 | 1 亩化控 1 次用工 0.25 人/天，化控 2 次 |
| | 采土样用工 | | 229.84 | 104.00 | 5 个处理×3 个重复×2 个土层×5 个点/小区＝150 个样点。2 人 1 天 2.5 亩＝130×2/2.5＝104 元 |
| | 排涝费 | | 114.92 | 52.00 | 5 亩地 1 人排涝 4 次半天，1 亩排涝用工 0.4 人/天 |
| | 数据调查 | | 172.38 | 78.00 | 5 亩，每次 2 人 0.5 天，3 次 |
| | 室内考种 | | 229.84 | 104.00 | 5 亩地，2 人室内考种 2 天 |
| | 9 月 15 日测产 | | 86.19 | 39.00 | 5 亩地 3 人 0.5 天 |
| | 9 月 25 日测产 | | 57.46 | 26.00 | 5 亩地 2 人 0.5 天 |
| 土地租用 | | | 1 215.50 | 550.00 | 土地租用费 |
| 交通费 | | | 1 149.20 | 520.00 | 2.21 亩地分摊 |
| 调查材料 | | | 108.29 | 49.00 | 邮寄费 245 元 |
| 土样化验 | | | 1 103.23 | 499.20 | 96.00/个×52 个/10 亩 |
| 测产 | | | 114.92 | 52.00 | 5 亩，4 人测产 0.5 天 |
| 调查专用材料 | | | 23.21 | 10.5 | 方便袋、口取纸等 |
| 合计 | | | 7 685.72 | 3 477.7 | |

综合以上数据，棉花-大豆间作成本为：2.21 亩大豆共投入 7 685.72 元，折合成本 3 477.7 元/亩。3.05 亩棉花共投入 16 301.34 元，折合成本 5 344.7 元/亩。

（3）棉花-大豆间作效益分析。由表 4-13-9 可知：

①所有处理的经济效益均为负数，主要原因是成本高，且小区试验的人工成本高，其他成本中的化验费用也高；此外，棉花产量低也是效益偏低的主要因素。

②间作棉花平均产量 58.29 千克/亩，较单作增产 22.98%。

③在间作处理中，2∶4 模式与 4∶6 模式棉花产量相当，经济效益 2∶4 模式处理最高。其他结论有待于进一步探索。

**表 4-13-9　棉花-大豆间作经济效益分析（棉花价格 10 元/千克，大豆价格 7 元/千克）**

| 处理 | 重复 | 物化成本（元/亩） | 人工成本（元/亩） | 用工个数（个/亩） | 总成本（元/亩） | 棉花产量（千克/亩） | 大豆产量（千克/亩） | 经济效益（元/亩） |
|---|---|---|---|---|---|---|---|---|
| 单作大豆 | 1 | 559 | 1 118 | 8.6 | 1 677 | — | 187.27 | −366.11 |
| | 2 | 559 | 1 118 | 8.6 | 1 677 | — | 168.80 | −495.40 |
| | 3 | 559 | 1 118 | 8.6 | 1 677 | — | 174.90 | −452.70 |
| | 平均 | 559 | 1 118 | 8.6 | 1 677 | — | 176.99 | −438.07 |
| 单作棉花 | 1 | 927 | 2 333.5 | 17.95 | 3 260.5 | 59.13 | — | −2 669.20 |
| | 2 | 927 | 2 333.5 | 17.95 | 3 260.5 | 61.10 | — | −2 649.50 |
| | 3 | 927 | 2 333.5 | 17.95 | 3 260.5 | 21.99 | — | −3 040.60 |
| | 平均 | 927 | 2 333.5 | 17.95 | 3 260.5 | 47.40 | — | −2 786.50 |
| 棉花-大豆间作 2∶4 模式 | 1 | 682.37 | 1 525.52 | 11.728 | 2 207.89 | 69.295 | 203.77 | −88.55 |
| | 2 | 682.37 | 1 525.52 | 11.728 | 2 207.89 | 80.00 | 198.30 | −19.79 |
| | 3 | 682.37 | 1 525.52 | 11.728 | 2 207.89 | 38.95 | 179.80 | −559.79 |
| | 平均 | 682.37 | 1 525.52 | 11.728 | 2 207.89 | 62.75 | 193.96 | −222.67 |
| 棉花-大豆间作 4∶4 模式 | 1 | 749.87 | 1 748.636 | 13.45 | 2 498.506 | 53.86 | 192.33 | −613.596 |
| | 2 | 749.87 | 1 748.636 | 13.45 | 2 498.506 | 59.36 | 200.20 | −503.506 |
| | 3 | 749.87 | 1 748.636 | 13.45 | 2 498.506 | 30.12 | 160.63 | −1 072.90 |
| | 平均 | 749.87 | 1 748.64 | 13.45 | 2 498.51 | 47.78 | 184.39 | −730.00 |
| 棉花-大豆间作 4∶6 模式 | 1 | 711.614 | 1 622.086 | 12.478 | 2 333.7 | 80.10 | 185.57 | −233.71 |
| | 2 | 711.614 | 1 622.086 | 12.478 | 2 333.7 | 69.46 | 174.83 | −415.29 |
| | 3 | 711.614 | 1 622.086 | 12.478 | 2 333.7 | 43.50 | 189.73 | −570.59 |
| | 平均 | 711.61 | 1 622.09 | 12.48 | 2 333.70 | 64.35 | 183.38 | −406.54 |

### （五）棉花纤维指标检测结果

按照方案取各个处理棉花样品 30 个，送农业农村部棉花品质监督检测中心化验中心检测。

## 五、结论与讨论

（1）生育期情况。从棉花-大豆间作生产试验来看，棉花生育期过长，造成棉花不能正常成熟的棉桃数比例高，从而直接影响棉花产量、棉花品质。

（2）地质情况。2021 年乳山市棉花试验的生育进程比西部棉区推迟 20～30 天，贪青晚导致熟桃多。棉花喜温暖气候，乳山市春季气温回升慢，导致产量低。初步结论：乳山市为棉花次适宜区。

（3）注意控旺。从 2021 年棉田的管理来看，棉花花铃期最难管理的就是旺长，该问题比较突出。封行后，营养生长控制不住，上桃慢且少，虽然生物产量比较高，但棉桃数量较少、产量低。

（4）防落蕾落果。2021 年中后期雨频，郁闭，造成棉花蕾铃脱落严重。底部 2～3 苔果枝不孕籽多，第 5～7 苔蕾铃几乎脱落。国庆节连续一周阴雨天气，10 月 3 次采花时烂铃多。

（5）促棵早发，防贪青晚熟。后期棉花贪青晚熟、郁闭、烂铃。棉棵高、大、空，后期花蕾多、空果枝多。

（6）调理酸性土壤。土壤 pH4，酸化严重，影响根系发育，导致根系吸收功能差，苗弱，现蕾开花晚。

附 1　乳山市气候与土壤环境

乳山市位于胶东半岛的东南部。地理坐标为：东经 121°11′至 121°51′，北纬 36°41′至 37°08′，南北长 48 千米、东西宽 60 千米，地域保护范围面积 1 668 平方千米。西北连烟台，东南临黄海，西南接青岛。境内多山地或丘陵，属于暖温带大陆性季风气候，四季分明，气候温和，日照充足，雨量适中，空气湿润。

**1. 气温**　年平均气温 12.1～12.7 ℃，年平均无霜期为 205～210 天。

**2. 光照**　年平均日照时数 2 499.7 小时～2 530 小时。

**3. 降水量**　年平均降水 505～744.7 毫米。降水集中在 6—8 月。2021 年 6—10 月降水量 960 多毫升，为往年的 2 倍，降雨集中，形成阶段性雨涝。

**4. 土壤**　砂壤土占土地总面积的 70%左右，土质较细而松软，耕性良好，保水力强，土壤中有机质含量 10 克/千克以上，pH 值 5.5～6.5。

附 2　棉花-间作大豆田间管理技术措施记录具体记录（棉花）见附表 4-13-1。

**附表 4-13-1　棉花-大豆间作田间管理技术措施记录表**（棉花）

| 处理名称 | 棉花 | | | | |
|---|---|---|---|---|---|
| 基肥 | 名称 | 日期 | 种类 | 数量 | 施用方法 |
| | 复肥 | 5 月 19 日 | 13-12-20 | 50 千克 | 撒施后旋地 |
| | 土将军土理剂 | 5 月 19 日 | 调土补钙镁中微量 | 40 千克 | |
| | 根多菌 | 5 月 19 日 | 2 亿生物有机肥 | 80 千克 | |
| 追肥 | 次数 | 日期 | 种类 | 数量 | 施用方法 |
| | 1 | 6 月 12 日 | 芸薹素＋0.5%二氢钾 | 30 千克水，150 克二氢钾＋1 小包芸薹素 | 叶喷雾促根抗逆 |

（续）

| | 次数 | 日期 | 种类 | 数量 | 施用方法 |
|---|---|---|---|---|---|
| 追肥 | 1 | 6月18日 | 0.5%二氢钾＋悠满多（海藻中微量） | 30千克水，150克二氢钾＋富美实海藻中微量 | 叶喷雾促根抗逆 |
| | 1 | 7月24日 | 钙硼＋0.5%二氢钾 | 30千克水<br>钙硼＋150克二氢钾 | 叶喷雾，开花坐果 |
| | 1 | 7月20日 | 30-5-5 | 15千克 | 沟施 |
| | 1 | 8月15日 | 10-5-25 | 15千克 | 沟施 |
| 中耕除草培土 | 日期 | 中耕深度 | 培土高度 | 工作 | 方法 |
| | 6月10日 | 6厘米 | 无 | 除草 | 雨后划锄 |
| | 6月23日 | 6厘米 | 无 | 除草 | 雨后划锄 |
| | 7月10日 | 6厘米 | 无 | 除草 | 雨后划锄 |
| | 7月23日 | 10厘米 | 蕾期深耕，断根促新根 | 除草 | 雨后划锄 |
| | 8月2日 | 10厘米 | 无 | 除草 | 雨后划锄 |
| 治虫 | 日期 | 虫害种类 | 用药种类和浓度 | | 效果 |
| | 5月19日拌种 | 蛴螬蚜虫 | 60%吡虫啉150毫升兑30千克水 | | 好 |
| | 6月12日拌种 | 蓟马蚜虫 | 吡虫啉70%2 000倍2克兑30千克水 | | 一般 |
| | 6月18日 | 蓟马蚜虫 | 10%氟啶虫酰胺50克兑30千克水 | | 好 |
| | 7月24日 | 棉铃虫 | 20%氯虫苯甲酰胺2克3%＋啶虫米2 000倍兑30千克水 | | 好 |
| | 8月18日 | 棉铃虫、棉春象 | 20%氯虫苯甲酰胺2克3%＋啶虫米2 000倍兑30千克水 | | 好 |
| 调节物质应用情况 | 时间：7月20日　用量：5%烯效唑5克兑30千克水<br>时间：8月1日　用量：5%烯效唑5克兑30千克水<br>时间：9月30日用量：乙烯利100毫升 | | | | |
| 防病 | 日期 | 作用 | 用药种类和浓度 | | 效果 |
| | 5月19日拌种 | 防根腐病、茎腐病，抗病，抗低温，壮苗促根 | 巴斯夫鑫尊（吡唑＋甲基硫菌灵）150毫升 | | 好 |
| | 6月12日 | 促根、防立枯病烂根、壮苗 | 恶霉灵＋百泰1 500倍20克＋微肥＋芸苔素6毫升 | | 好 |
| | 6月18日 | 促根，防根腐病、茎腐病，壮苗 | 恶霉灵＋百泰1 500倍20克＋微肥＋芸苔素6毫升 | | 好 |
| | 7月24日 | 防炭疽角斑病 | 25%吡唑醚菌酯50毫升＋10%微量元素30毫升 | | 好，雨前防护 |
| | 8月18日 | 防叶斑病 | 25%丙环唑20毫升1 000倍＋吡唑1 500倍＋磷酸二氢钾 | | 好，多雨 |

（续）

| | |
|---|---|
| 棉花生育期气象简况 | 1. 5月19日播种：墒情70%，气温15～23 ℃；10厘米地温15.5 ℃<br>2. 6月6日出苗：播种到出苗期间降水55毫米，较多年同期增加66.5%；<br>6月2日、9日、14日、25日降小雨；28日中雨。温度：平均低温16～18 ℃。极端低温9.6 ℃。6月降水合计112毫米<br>3. 6月13日：单作2387为2片叶，其他处理3片叶；中棉炭疽重。气温14～27 ℃<br>4. 6月26日：单作2387为2-3片叶，其他处理4片叶；中棉炭疽重。气温18～27 ℃<br>5. 7月10日：渍涝导致僵苗不长，主根系浅，毛细根少<br>6. 7月16日：单作2387为6～7片叶，其他处理7～8片叶；7月3日—14日降水134.8毫米，15—16日降雨52.2毫米，气温23～27 ℃。北地头中棉区、单作2387区低洼部分水冲倒伏<br>7. 7月23日现蕾，7月20日—25日温度18～25 ℃，平均23度。7月合计降水236毫米，较多年同期增加558%，其中11日、16日小雨；13、14、15、16、30日中雨。温度：平均高温26 ℃、平均低温22 ℃。极端低温18 ℃，极端高温33 ℃<br>8.7月25日打顶，气温21～25 ℃<br>9. 开花期为8月13日，气温20～28 ℃<br>10. 封行期为8月15日，18～23 ℃，中雨，降水量23毫米。8月合计降水238.5毫米，较多年同期增加44.3%，其中3日、10日、20日、23日小中雨，31日暴雨。温度：平均高温27 ℃、平均低温21 ℃，极端低温18 ℃；9月合计降水111毫米，较多年同期增加47.3%，温度：平均高温26 ℃、平均低温18 ℃。极端低温15 ℃<br>11. 采棉，10月合计降水57.5毫米，较多年同期增加50.73%，温度：平均高温19 ℃、平均低温9 ℃，极端低温3 ℃（10月17日）<br>10月13日吐絮<br>10月25日，第2次采棉<br>11月10日，第3次采棉 |
| 其他农事记录 | 1. 旋地、施基肥：5月5日施复合肥50千克＋土壤调理剂40千克＋生物有机肥80千克<br>2. 播种：5月19日<br>拌种：杀菌＋杀虫：巴斯夫鑫尊＋吡虫啉<br>封闭除草：巴斯夫二甲戊灵<br>3. 6月6日出苗，播后18天出苗；<br>6月9日田间查看棉花出苗率<br>4. 6月10日第一次中耕，深度4厘米<br>5. 6月18日齐苗喷药，防蓟马、盲椿象、棉蚜、立枯病、棉铃虫。用恶霉灵＋芸薹素＋吡虫啉＋氯虫苯甲酰胺<br>6. 6月23日防炭疽病＋第二次防蓟马、蚜虫<br>7. 6月26日3～4叶定苗，结合第二次中耕除草<br>8. 7月10日小雨，进行第三次中耕，深度10厘米<br>9. 7月14日因暴雨挖水沟，防田间积水；<br>连续5天降雨，7月16日为现蕾期，高温多湿，增强防病虫害力度<br>10. 7月16日现蕾前第五次中耕，深度10厘米<br>11. 7月25日打顶，按照省技术指导，打顶时间最晚为初霜前3个月，故实际上株高不够60厘米；<br>7月26日开沟追肥，施30-5-5肥15千克<br>12. 8月1日控旺，打烯效唑5%烯效唑5克，用30千克水，封群尖和控顶<br>13. 8月10日—13日，以花为界剪去幼蕾、修边、抹赘芽<br>14. 8月15日开沟，追花铃肥10-5-25，用量15千克<br>15. 8月18日防蚜虫、红蜘蛛、棉铃虫、蓟马、叶斑病，用25%丙环唑20毫升1 000倍＋吡唑1 500倍＋磷酸二氢钾＋啶虫米＋氯虫苯甲酰胺<br>16. 9月2日，打疯叉、剪空枝 |

附 2　棉花田间管理技术措施，见附表 4-13-2。

**附表 4-13-2　棉花田间管理技术措施表**

| 处理名称 | 棉花 |
| --- | --- |
| 整枝 | 第一次：7 月 25 日打顶<br>第二次：8 月 10 日—13 日抹赘芽<br>第三次：8 月 13 日修边<br>第四次：9 月 2 日打疯叉 |
| 调节物质应用情况 | 时间：7 月 20 日　　用量：5%烯效唑 5 克，30 千克水<br>时间：8 月 1 日　　用量：5%烯效唑 5 克，30 千克水<br>时间：8 月 18 日　　用量：25%丙环唑 20 毫升 800 倍 |
| 病害情况 | 鲁棉 2387 轻，中棉炭疽重，为叶斑炭疽病 |
| 备注 | 1. 出苗弱抗性比较差。前期温度低，雨水比较多，墒比较重，有立枯病、炭疽病发生<br>2. 打顶时间为 7 月 25 日，摘一叶一心；现蕾时株高不够 60 厘米<br>3. 8 月 1 日控旺 3 克烯效唑<br>4. 试验田各处理第三重复苗弱 |

附 3　试验主要技术指标试验结果

棉花-大豆间作主要技术指标试验结果见附表 4-13-3。

**附表 4-13-3　棉花-大豆间作主要技术指标试验结果**

| 项目 | 技术指标 | 耕作模式 | | | | |
| --- | --- | --- | --- | --- | --- | --- |
| | 处理 | 单作 2387 | 棉花-大豆间作 2∶4 | 棉花-大豆间作 4∶4 | 棉花-大豆间作 4∶6 | 单作中棉 979 |
| 产量结构 | 理论密度（株/亩） | 6 000.00 | 7 200 | 7 200 | 7 200 | 7 200 |
| | 保苗（株/亩） | 5 200.00 | 6 800 | 6 833 | 6 933 | 5 733 |
| | 株高（厘米） | 81.23 | 79.35 | 86.98 | 87.15 | 92.3 |
| | 果枝数（台） | 7.87 | 8.23 | 8.11 | 8.65 | 8.20 |
| | 单株结铃（个） | 3.67 | 3.72 | 3.58 | 3.75 | 3.69 |
| | 总铃数（万个/亩） | 1.908 4 | 2.529 6 | 2.446 2 | 2.600 0 | 2.115 0 |
| | 伏前桃/伏桃/秋桃 | 0/0/2.88 | 0/0/3.08 | 0/0/2.96 | 0/0/3.10 | 0/0/3.01 |
| | 平均单铃重（克） | 2.88 | 3.08 | 2.96 | 3.10 | 3.01 |
| | 衣分率（%） | 30.18 | 30.70 | 30.87 | 31.19 | 31.17 |
| | 霜前花率（%） | 92.07 | 94.27 | 92.80 | 91.93 | 93.15 |
| | 产量（千克/亩） | 47.41 | 62.75 | 47.78 | 64.36 | 52.09 |
| 生育进程 | 播种期 | 5 月 19 日 | 5 月 19 日 | 5 月 19 日 | 5 月 19 日 | 5 月 19 日 |
| | 出苗期 | 6 月 5 日 | 6 月 5 日 | 6 月 5 日 | 6 月 5 日 | 6 月 5 日 |
| | 现蕾期 | 7 月 16 日 | 7 月 16 日 | 7 月 16 日 | 7 月 16 日 | 7 月 16 日 |
| | 开花期 | 8 月 13 日 | 8 月 8 日 | 8 月 8 日 | 8 月 8 日 | 8 月 13 日 |
| | 吐絮期 | 10 月 8 日 | 10 月 1 日 | 10 月 1 日 | 10 月 1 日 | 10 月 8 日 |

# 棉花-花生间作试验技术总结报告(花生部分)

乳山市农业科学研究院

## 一、试验研究项目背景及意义

为优化我省种植业结构，实现棉油生产节本增效，促进全省棉花生产稳定并适度恢复，提高棉花生产综合效益，山东省农业农村厅印发《2021 年山东省传统棉作制度调整优化技术试验示范项目实施方案》（鲁农棉字〔2021〕6 号）。据此安排试验。

乳山市土壤酸化严重，在山东省属于较重区域，尤其乳山东部、南近海区域耕地盐渍化面积占比大。棉花耐盐渍化，20 世纪 70 年代乳山市有种植棉花的历史。2021 年 4 月山东省棉花生产技术指导站与乳山市正华农林科技示范园有限公司共同开展“棉花-花生间作技术试验”，乳山市农业农村局为项目的丙方，负责试验经费监管与协作指导。

## 二、试验设计

### （一）供试品种

鲁棉 2387、中棉 979、花育 22。

### （二）试验地点

乳山市南黄镇东洋水村。

### （三）棉花-花生间作田间试验设计

试验设置 5 个处理，分别为单作花生、单作棉花、棉花-花生间作（分为 2∶4 模式、4∶4 模式和 4∶6 模式），重复 4 次，共 20 个小区。

（省定方案设计是 3 个重复、15 个小区。但由于方案上要求至少 3 个宽带，还要保证棉花-花生间作试验田面积不小于 5 亩。故在布置田间小区时增加了一个宽带作为重复。田间数据考查设在东面 3 个重复 15 个小区中）。

棉花-花生间作试验总面积：试验总面积 4.987 亩，其中花生占地 2.313 亩、棉花占地 2.674 亩。

**1. 单作鲁棉 2387** 棉花平地种植，种植密度为 6 000 株/亩，行距 66 厘米，株距 17 厘米，4 个重复，每个 7 行，共 28 行棉花，行长（小区长）25 米。

小区面积为 0.66×28 行×25 米＝462 平方米。

**2. 单作花生** 花生垄作种植，垄宽为80厘米，一垄两行，小行距30厘米。种植密度为2万株/亩，双粒播种，4个重复，每个小区11行，加2行保护行，共46行（23垄），行长25米。

小区面积0.8×23垄×25米=460平方米。

**3. 棉花-花生间作** 棉花种植密度为6 000株/亩，行距66厘米，株距17厘米；花生垄作种植，垄宽为80厘米，一垄两行，小行距30厘米，种植密度为2万株/亩，双粒播种；棉花与花生的行距为50厘米。3种间作模式每个模式重复4次，即4个带宽，行长25米。分为3个模式。

（1）2∶4模式。2行棉花4行花生（带宽2.51米）。

2.51×4个重复=10.04米（宽度）。

其中，棉花占地（0.66+0.25）×25行×4米=91平方米；花生占地（0.8+0.8+0.25）×25×4=185平方米。

（2）4∶4模式。4行棉花4行花生（带宽3.83米）。

3.83×4个重复=15.32米（宽度）。

其中，棉花占地（0.66+0.66+0.66+0.25）×25×4=223平方米；花生占地（0.8+0.8+0.25）×25×4=185平方米。

（3）4∶6模式。4行棉花6行花生（带宽4.63米）。

4.63×4个重复=18.52米（宽度）。

其中，棉花占地（0.66+0.66+0.66+0.25）×25×4=223平方米；花生占地（0.8+0.8+0.8+0.25）×25×4=265平方米。

**4. 南北长条对照区** 田间种植时考虑观察方便，于棉花-大豆间作与棉花-花生间作两试验田中间，从南到北全长种植10行中棉979、5行鲁棉2387。面积分摊：其中10行中棉979属于棉花-大豆间作区，另外5行×132米鲁棉2387分摊到棉花-花生间作区。行距66厘米，株距17厘米。

5行鲁棉2387占地：5×0.66×132米=435.6平方米。

**5. 各小区花生补齐面积** 每个处理的宽带不同，试验田以最宽的4∶6模式的18.52米为标准，缺口的部分用花育22补齐。

（1）单作鲁棉2387。0.66×28=18.48米，不用补。

（2）2∶4模式。补齐花生21行。

带宽2.51×4个重复=10.04米（宽度）－18.52=8.48米，补齐花生21行。

补齐花生面积：8.48×25=237.44平方米。

（3）4∶4模式。补齐花生4行。

带宽3.83×4个重复=15.32米（宽度）－18.52=3.2米，补齐花生4行。

补齐花生面积：3.2×25=80平方米。

**6. 花生保护行** 地块总长度132米，最北地头剩余7米，以花生做保护行。面积18.52×7=129.64平方米。

7. **棉花-花生间作试验总面积**

（1）花生占地。460＋185＋185＋265＋237.44＋80＋129.64＝1 542.08 平方米≈2.313 亩。

（2）棉花占地。462＋91＋223＋223＋435.6＝1434.6 平方米≈2.152 亩。

（3）试验总面积：4.465 亩。

## （四）田间管理措施

1. **播前准备**

（1）试验前准备。冬前深耕 30 厘米，5 月 15 日撒施基肥后旋地。

（2）试验田土壤情况。土层深厚、地势平坦、肥力中等以上、灌排便利、四周无不良环境影响。为砂壤土，前茬种植小麦、玉米。

（3）基肥。亩施商品生物有机肥 80 千克，13-12-20 氯基复合肥 50 千克，调土、补中微量元素功能肥 40 千克。

2. **播种**

（1）播种时间。5 月 22—23 日，连续 5 天 5 厘米地温稳定 14.5 ℃。

（2）土壤情况。土壤墒情 70%，播种深度 4～5 厘米，播种密度为 10 000 穴/每亩，每穴 2 粒种子。气温 15～23 ℃。

（3）拌种。预防土传病害和种传病害的发生，以吡虫啉的拌种剂＋巴斯夫鑫尊拌种。

（4）除草。进行封闭除草，施二甲戊灵。

3. **出苗**　6 月 8 日查出苗率 96.7%，处理间无差异。

4. **三次中耕**　6 月 8 日齐苗后第一次中耕，结合清棵，破除土壤板结，促进根系下扎；6 月 23 日第二次中耕，团棵时，浅锄，除净杂草。

7 月 3 日于花生下针封垄前进行最后一次中耕。

5. **四次病虫害防治**　6 月 15 日第一次防病虫害、增营养。促根壮苗，防根腐病、茎腐病、蚜虫、蓟马等虫病害，施吡虫啉 70%2 000 倍 2 克＋恶霉灵＋百泰 1 500 倍 20 克＋花生宝硼钼微肥＋芸苔素 6 毫升，用 2 桶水。

7 月 12 日第二次病虫防治、促早下针坐果。防蚜虫、棉铃、青虫夜蛾，防叶斑病、白绢病，施用 70%啶虫米 5 毫升＋康宽 5 毫升＋0.1%硼＋25%吡唑醚菌酯 50 毫升＋0.3%磷酸二氢钾＋芸薹素。

8 月 18 日第三次病虫防治、膨果，施用 70%啶虫米 5 毫升＋康宽 5 毫升＋0.1%硼＋25%吡唑醚菌酯 . 戊唑醇 50 毫升＋10%钙硼微量元素 30 毫升＋0.3%磷酸二氢钾。

8 月 30 日第四次防褐斑病，施用 25%丙环唑 20 毫升 1 000 倍＋吡唑 1 500 倍＋磷酸二氢钾＋0.3%钙。

6. **两次控旺**　第一次于 7 月 12 日进行，当花生主茎高度在 35 厘米时打药控旺，用量：5%烯唑醇 50 克，兑 30 千克水。

第二次控旺于 7 月 30 日，株高 40 厘米时进行，用量：5%烯唑醇 50 克，兑 30 千克水。

7. **4 次排涝**　7 月 14 日、16 日，8 月 15 日、31 日排涝 4 次。

8. **测产**　9 月 15 日测产。

**9. 收获** 9月28日80%的花生果出现“青皮铁壳”，进行收获。

## 三、环境条件

### （一）试验地土壤肥力条件

在棉花播种前、收获后采集0～20厘米和20～40厘米土层土样，测定土壤有机质、pH、碱解氮、有效磷、速效钾等土壤指标。

取样方法：播种前，整个试验地按“五点取样”法采集土样，最后将样品混合成0～20厘米、20～40厘米各1个检测样；收获后，每个处理的每个小区分别取0～20厘米和20～40厘米土层土样，每个小区混合成0～20厘米、20～40厘米各1个检测样。其中，棉花间作3种模式，每个小区分别在棉花行间取0～20厘米、20～40厘米土样。（表4-14-1）

### （二）气候条件

1. 5月22日播种 气温15～23℃；10厘米地温15.5℃。

2. 6月6日出苗 播种到出苗期间降水55毫米。

3. 6月2日下雨、9日下雨、14日下雨、25日下雨；28日中雨。温度：平均低温16～18℃。极端温度9.6℃。6月降雨合计112毫米。

4. 7月10日，渍涝导致僵苗不长，主根系浅，毛细根少。

5. 7月3日—14日降水134.8毫米，15—16日降水52.2毫米，气温23～27℃。

6. 7月23日现蕾，7月20—25日温度18～25℃，平均23℃。7月合计降水236毫米。温度：平均高温26℃、平均低温22℃。极端低温18℃，极端高温33℃。

7. 7月25日打顶。21～25℃。

8. 开花期为8月13日，气温20～28℃。

9. 封行期为8月15日，气温18～23℃，中雨23毫米。8月份合计降水238.5毫米，较多年同期增加44.3%，其中8月3日、10日、20日、23日小中雨；8月31日暴雨。温度：平均高温27℃、平均低温21℃，极端低温18℃。9月合计降水111毫米，较多年同期增加47.3%。温度：平均高温26℃、平均低温18℃，极端低温15℃。

10. 采棉。10月合计降水57.5毫米，温度：平均高温19℃，平均低温9℃，极端温度3℃（10月17日）。

10月13日，吐絮。

10月25日，第二次采棉。

11月10日，第三次采棉。

## 四、结果与分析

### （一）不同处理对土壤养分含量的影响

表4-14-1为中国水稻所化验数据，从中可见：

①单作棉对地力消耗最重，间作花生有培肥地力的作用。

②间作模式中培肥地力的效果 4∶6 模式最好，2∶4 模式与 4∶4 模式相当。

③各处理对土壤 pH 的影响没有差异。

**表 4-14-1　棉花-花生间作土壤化验数据**（0～20 厘米＋20～40 厘米）

| 化验编号 | 处理 | 重复 | pH | 碱解氮（毫克/千克） | 速效磷（毫克/千克） | 速效钾（毫克/千克） | 有机质（克/千克） |
|---|---|---|---|---|---|---|---|
| 19 | 棉花-花生间作 2∶4 模式 | 重复 1（0～20 厘米） | 4.00 | 82.60 | 68.53 | 62.00 | 9.91 |
| 22 | 棉花-花生间作 2∶4 模式 | 重复 1（20～40 厘米） | 3.96 | 79.80 | 73.27 | 59.00 | 10.42 |
| 20 | 棉花-花生间作 2∶4 模式 | 重复 2（0～20 厘米） | 4.22 | 84.00 | 50.67 | 74.00 | 10.49 |
| 23 | 棉花-花生间作 2∶4 模式 | 重复 2（20～40 厘米） | 4.38 | 84.00 | 32.35 | 70.50 | 9.83 |
| 21 | 棉花-花生间作 2∶4 模式 | 重复 3（0～20 厘米） | 3.86 | 100.80 | 57.04 | 91.50 | 12.55 |
| 24 | 棉花-花生间作 2∶4 模式 | 重复 3（20～40 厘米） | 4.08 | 75.60 | 34.68 | 81.00 | 8.98 |
| 25 | 棉花-花生间作 4∶4 模式 | 重复 1（0～20 厘米） | 3.91 | 82.60 | 59.43 | 51.50 | 8.94 |
| 28 | 棉花-花生间作 4∶4 模式 | 重复 1（20～40 厘米） | 3.79 | 77.00 | 59.92 | 55.00 | 10.07 |
| 26 | 棉花-花生间作 4∶4 模式 | 重复 2（0～20 厘米） | 3.93 | 91.00 | 48.71 | 62.50 | 11.58 |
| 29 | 棉花-花生间作 4∶4 模式 | 重复 2（20～40 厘米） | 3.87 | 93.80 | 44.45 | 58.00 | 10.22 |
| 27 | 棉花-花生间作 4∶4 模式 | 重复 3（0～20 厘米） | 4.01 | 75.60 | 49.78 | 63.50 | 9.72 |
| 30 | 棉花-花生间作 4∶4 模式 | 重复 3（20～40 厘米） | 4.22 | 65.80 | 39.42 | 60.50 | 7.86 |
|  |  | 平均 | 3.96 | 80.64 | 48.46 | 59.90 | 9.89 |
| 31 | 棉花-花生间作 4∶6 模式 | 重复 1（0～20 厘米） | 3.85 | 102.20 | 56.73 | 86.00 | 13.91 |
| 34 | 棉花-花生间作 4∶6 模式 | 重复 1（20～40 厘米） | 3.91 | 78.40 | 37.16 | 71.50 | 10.34 |
| 32 | 棉花-花生间作 4∶6 模式 | 重复 2（0～20 厘米） | 3.76 | 88.20 | 50.82 | 79.00 | 15.42 |
| 35 | 棉花-花生间作 4∶6 模式 | 重复 2（20～40 厘米） | 3.79 | 84.00 | 42.67 | 82.50 | 10.80 |
| 33 | 棉花-花生间作 4∶6 模式 | 重复 3（0～20 厘米） | 3.50 | 110.60 | 72.05 | 78.00 | 13.79 |
| 36 | 棉花-花生间作 4∶6 模式 | 重复 3（20～40 厘米） | 3.76 | 82.60 | 59.34 | 64.50 | 10.26 |
|  |  | 平均 | 3.76 | 91.00 | 53.13 | 76.92 | 12.42 |
| 37 | 单作棉 | 重复 1（0～20 厘米） | 3.94 | 88.20 | 49.32 | 69.50 | 10.38 |
| 40 | 单作棉 | 重复 1（20～40 厘米） | 4.00 | 86.80 | 44.02 | 55.50 | 10.84 |
| 38 | 单作棉 | 重复 2（0～20 厘米） | 3.98 | 79.80 | 28.79 | 103.00 | 11.46 |
| 41 | 单作棉 | 重复 2（20～40 厘米） | 4.18 | 67.20 | 22.85 | 83.50 | 7.04 |
| 39 | 单作棉 | 重复 3（0～20 厘米） | 4.07 | 68.60 | 40.50 | 56.00 | 9.14 |
| 42 | 单作棉 | 重复 3（20～40 厘米） | 4.49 | 63.00 | 18.17 | 43.00 | 6.69 |
|  |  | 平均 | 4.11 | 75.60 | 33.94 | 68.40 | 9.26 |
| 49 | 棉花-花生间作 | （0～20 厘米）播种前 | 4.71 | 105.00 | 71.65 | 151.25 | 14.32 |
| 50 | 棉花-花生间作 | （20～40 厘米）播种前 | 4.76 | 98.00 | 74.59 | 161.25 | 13.12 |
|  |  | 播前平均 | 4.74 | 101.50 | 73.12 | 156.25 | 13.72 |

## （二）不同处理对棉花生育期的影响

由表 4-14-2 可知：

开花期为 6 月 30 日，从播种到开花共 38 天，因阴雨天气多，较常规延迟开花一周左右；收获期为9月28日，生育期天数128天。

花育22品种抗旱性、耐涝性、抗叶斑病性中等，抗倒、休眠性一般。

**表 4-14-2 花生-棉花间作生育期调查记录表**

| 处理 | 重复 | 播种期（日/月） | 出苗期（日/月） | 出苗率（%） | 开花期（日/月） | 成熟期（日/月） | 生育日数（日） | 缺穴率（%） | 休眠性 | 抗旱性 | 抗涝性 | 叶斑病 | 抗倒伏性 |
|---|---|---|---|---|---|---|---|---|---|---|---|---|---|
| 单作花生 | 1 | 23/5 | 8/6 | 94 | 30/6 | 28/9 | 128 | 6 | 短 | 中等 | 中等 | 中等 | 抗倒 |
| | 2 | 23/5 | 8/6 | 100 | 30/6 | 28/9 | 128 | 0 | 短 | 中等 | 中等 | 中等 | 抗倒 |
| | 3 | 23/5 | 8/6 | 95 | 30/6 | 28/9 | 128 | 5 | 短 | 中等 | 中等 | 中等 | 抗倒 |
| 棉花-花生间作 2：4模式 | 1 | 23/5 | 8/6 | 96 | 30/6 | 28/9 | 128 | 4 | 短 | 中等 | 中等 | 中等 | 抗倒 |
| | 2 | 23/5 | 8/6 | 100 | 30/6 | 28/9 | 128 | 0 | 短 | 中等 | 中等 | 中等 | 抗倒 |
| | 3 | 23/5 | 8/6 | 98 | 30/6 | 28/9 | 128 | 2 | 短 | 中等 | 中等 | 中等 | 抗倒 |
| 棉花-花生间作 4：4模式 | 1 | 23/5 | 8/6 | 96 | 30/6 | 28/9 | 128 | 4 | 短 | 中等 | 中等 | 中等 | 抗倒 |
| | 2 | 23/5 | 8/6 | 99 | 30/6 | 28/9 | 128 | 1 | 短 | 中等 | 中等 | 中等 | 抗倒 |
| | 3 | 23/5 | 8/6 | 94 | 30/6 | 28/9 | 128 | 6 | 短 | 中等 | 中等 | 中等 | 抗倒 |
| 棉花-花生间作 4：6模式 | 1 | 23/5 | 8/6 | 97 | 30/6 | 28/9 | 128 | 3 | 短 | 中等 | 中等 | 中等 | 抗倒 |
| | 2 | 23/5 | 8/6 | 98 | 30/6 | 28/9 | 128 | 2 | 短 | 中等 | 中等 | 中等 | 抗倒 |
| | 3 | 23/5 | 8/6 | 96 | 30/6 | 28/9 | 128 | 4 | 短 | 中等 | 中等 | 中等 | 抗倒 |

## （三）不同处理对花生农艺性状的影响

每个小区随机选取2株花生，分别于苗期、开花期、结荚期、收获期调查主茎高、侧枝长、分枝数、结果枝数。结果见表4-14-3。

苗期、花期方面，花生间作与单作差异不大，间作花期开花分枝数多约0.5个：单作分枝个数平均4.66个，间作平均5.1个。

结荚期主茎、侧枝长、分枝数、结果枝数，单作分别为41.48厘米、46.76厘米、9.16个、4.66个；间作分别为40.33厘米、45.28厘米、9.44个、5.1个，间作营养生长向生殖生长转化得好。

收获期，单作主茎、侧枝比间作分别长4厘米、3厘米，间作分枝数多将近1条，但是有效结果枝数单作、间作没有差异。

**表 4-14-3 花生农艺性状调查**（苗期、开花期、结荚期、收获期）

| 生育期：收获期 | | 每个小区随机选取2株花生 | | | | | 调查日期：2021年9月28日 | | |
|---|---|---|---|---|---|---|---|---|---|
| 处理 | 重复 | 主茎高（厘米） | | 侧枝长（厘米） | | 分枝数（个） | | 结果枝数（个） | |
| | | 1株 | 2株 | 1株 | 2株 | 1株 | 2株 | 1株 | 2株 |
| 单作花生 | 1 | 54 | 50 | 58 | 54 | 8 | 10 | 5 | 7 |
| | 2 | 53 | 48 | 58 | 53 | 6 | 7 | 5 | 6 |
| | 3 | 55 | 53 | 59 | 60 | 9 | 7 | 4 | 6 |
| | 平均 | 52.167 | 52.160 | 57.000 | 57.000 | 7.830 | 7.830 | 5.500 | 5.500 |

（续）

| 生育期：收获期 | | 每个小区随机选取2株花生 | | | | 调查日期：2021年9月28日 | | | |
|---|---|---|---|---|---|---|---|---|---|
| 处理 | 重复 | 主茎高（厘米） | | 侧枝长（厘米） | | 分枝数（个） | | 结果枝数（个） | |
| | | 1株 | 2株 | 1株 | 2株 | 1株 | 2株 | 1株 | 2株 |
| 棉花-花生间作 2∶4模式 | 1 | 54 | 44 | 60 | 48 | 9 | 7 | 6 | 5 |
| | 2 | 48 | 47 | 52 | 53 | 9 | 9 | 6 | 5 |
| | 3 | 48 | 44 | 53 | 49 | 9 | 10 | 6 | 5 |
| | 平均 | 47.50 | 47.50 | 52.50 | 52.50 | 8.83 | 8.83 | 5.50 | 5.50 |
| 棉花-花生间作 4∶4模式 | 1 | 50 | 48 | 56 | 54 | 8 | 9 | 5 | 6 |
| | 2 | 47 | 48 | 53 | 53 | 10 | 9 | 5 | 6 |
| | 3 | 50 | 55 | 55 | 60 | 9 | 8 | 7 | 5 |
| | 平均 | 49.670 | 49.660 | 55.167 | 55.160 | 8.830 | 8.830 | 5.67 | 5.66 |
| 棉花-花生间作 4∶6模式 | 1 | 48 | 54 | 52 | 57 | 7 | 9 | 5 | 5 |
| | 2 | 46 | 52 | 54 | 58 | 8 | 6 | 4 | 5 |
| | 3 | 49 | 50 | 52 | 58 | 7 | 9 | 6 | 5 |
| | 平均 | 49.830 | 49.830 | 55.167 | 55.160 | 7.670 | 7.660 | 5.00 | 5.00 |

## （四）花生产量的测定及效益分析

**1. 田间样点实收测产** 花生成熟时，每小区按照五点取样法，每样点1米双行收刨。

首先，测出平均行距。量取4行花生行宽，平均行距0.41米。每样点面积：0.41米×2行×1米＝0.82平方米，数出样点实有株数，折算出亩株数。

**2. 数出各小区0.82平方米实收株数，再折算出亩株数**

（1）单作花生。

重复1：（24＋23＋22＋22＋24）÷5＝23，折算出亩株数＝18 700株/亩。

重复2：（23＋22＋24＋23＋24）÷5＝23.2，折算出亩株数＝18 861株/亩。

重复3：（23＋24＋24＋23＋22）÷5＝23.2，折算出亩株数＝18 861株/亩。

（2）2棉∶4花生模式。

重复1：（22＋23＋23＋21＋24）÷5＝22.6，折算出亩株数＝18 374株/亩。

重复2：（25＋23＋22＋24＋24）÷5＝23.6，折算出亩株数＝19 187株/亩。

重复3：（24＋23＋24＋22＋24）÷5＝23.4，折算出亩株数＝19 024株/亩。

（3）4棉∶4花生模式。

重复1：（23＋24＋22＋25＋23）÷5＝23，折算出亩株数＝18 699株/亩。

重复2：（23＋24＋24＋23＋24）÷5＝23.6，折算出亩株数＝19 187株/亩。

重复3：（24＋24＋23＋22＋24）÷5＝23.4，折算出亩株数＝19 024株/亩。

（4）4 棉：6 花生模式。

重复 1：（24＋22＋24＋23＋24）÷5＝23.4，折算出亩株数＝19 024 株/亩。

重复 2：（23＋22＋24＋22＋23）÷5＝22.8，折算出亩株数＝18 536 株/亩。

重复 3：（24＋23＋22＋24＋23）÷5＝23.2，折算出亩株数＝18 861 株/亩。

3. **田间考察** 每个小区随机取 5 墩共 10 株，调查主茎高、侧枝长、总分枝、结果枝数、结果数、饱果数、秕果数，计算单株结果数、饱果率、秕果率。结果见表 4-14-4、表 4-14-5、表 4-14-6。

4. **花生收获期** 每小区随机拔取 20 株，自然晒干，称重。调查百果重、百仁重、千克仁数、千克果数、出仁率。

5. **产量结果** 亩产量（千克/亩）＝小区样点株数×单株果数（饱果数）×果重/区，再折亩产。

**表 4-14-4 花生荚果产量统计表**（亩产根据 1 平方米×666.67 折算）

| 处理 | 小区荚果产量（1 千克/平方米） | | | | | 折合亩产（千克） | 比对照增产（%） | 位次 | 备注 |
|---|---|---|---|---|---|---|---|---|---|
| | Ⅰ | Ⅱ | Ⅲ | 合计 | 平均 | | | | |
| 单作花生 | 0.339 | 0.368 | 0.411 | 1.116 | 0.373 | 248.67 | — | 3 | |
| 棉花-花生间作 2：4 模式 | 0.395 | 0.471 | 0.349 | 1.215 | 0.405 | 270.00 | 8.89 | 1 | |
| 棉花-花生间作 4：4 模式 | 0.390 | 0.270 | 0.302 | 0.962 | 0.321 | 213.78 | －13.80 | 4 | 水淹 |
| 棉花-花生间作 4：6 模式 | 0.395 | 0.419 | 0.358 | 1.172 | 0.391 | 260.45 | 5.02 | 2 | |

**表 4-14-5 花生荚果产量统计表**（亩产根据 1 平方米×666.67 折算）

| 处理 | 小区荚果产量（千克）×1.95 万×株果数×百果重×0.01 | | | | 比对照±（%） | 位次 | 备注 |
|---|---|---|---|---|---|---|---|
| | Ⅰ | Ⅱ | Ⅲ | 合计 | | | |
| 单作花生 | 288.50 | 310.00 | 347.00 | 945.50 | — | 3 | |
| 棉花-花生间作 2：4 模式 | 341.24 | 390.00 | 292.49 | 1 023.73 | 8.27 | 1 | |
| 棉花-花生间作 4：4 模式 | 331.49 | 224.25 | 258.70 | 814.44 | －13.86 | 4 | 水淹 |
| 棉花-花生间作 4：6 模式 | 331.50 | 360.76 | 303.22 | 995.48 | 5.29 | 2 | |

**表 4-14-6 花生籽仁产量统计表**（亩产根据 1 平方米×666.67 折算）

| 处理 | 小区籽仁产量（千克） | | | | | 折合亩产（千克） | 比对照±（%） | 位次 | 备注 |
|---|---|---|---|---|---|---|---|---|---|
| | Ⅰ | Ⅱ | Ⅲ | 合计 | 平均 | | | | |
| 单作花生 | 0.339×59% | 0.368×62% | 0.411×58% | 0.666 55 | 0.222 0 | 180.64 | — | | |
| 棉花-花生间作 2：4 模式 | 0.395×60% | 0.471×58% | 0.349×66% | 0.740 52 | 0.258 8 | 172.54 | －4.48 | 1 | |
| 棉花-花生间作 4：4 模式 | 0.390×59% | 0.270×61% | 0.302×58% | 0.569 96 | 0.180 0 | 126.66 | －29.88 | 3 | 水淹 |
| 棉花-花生间作 4：6 模式 | 0.395×56% | 0.419×65% | 0.358×59% | 0.704 77 | 0.234 9 | 156.62 | －13.30 | 2 | |

6. **效益分析**

（1）棉花-花生间作成本分析。结果见表 4-14-7、表 4-14-8。

**表 4-14-7 棉花-花生间作试验田亩投资**

| 投资成本项目 | 成本明细分类 | | 折亩投资（元/亩） | 备注 |
|---|---|---|---|---|
| 机械成本 | 深翻 | | 60.00 | 深翻1亩60元 |
| | 旋地 | | 60.00 | 旋地1亩60元 |
| 物化成本 | 肥料 | 复合肥 | 180.00 | 50千克 |
| | | 调土中微量 | 160.00 | 40千克 |
| | | 生物肥 | 160.00 | 80千克 |
| | | 追肥 | 120.00 | 7月20日30-5-5 15千克；8月15日10-5-25 15千克 |
| | 拌种 | 巴斯夫鑫尊杀菌 | 35.00 | 1亩用药1瓶，1瓶35元 |
| | | 吡虫啉杀虫 | 2.00 | 1亩用药1瓶，1瓶2元 |
| | 封闭除草剂 | 巴斯夫二甲戊灵 | 40.00 | 1亩用药200毫升（1瓶），40元 |
| | 化控药 | 化控烯唑醇 | 30.00 | 1瓶药5元，兑药1桶，1亩用药2桶，每亩打3次，共30元 |
| | 农药成本 | 杀虫＋杀菌＋营养 | 200.00 | 1次1亩2～3壶水，每壶水用药成本15～20元，平均一次药50元，4次200元 |
| 劳务用工 | 播种 | | 260.00 | 5亩5个人2天，1亩地用工＝10个工×130元/5亩＝260元/亩 |
| | 追肥 | | 312.00 | 1亩用工1.2个，追肥两次，1.2×2×130.00 |
| | 喷药 | | 130.00 | 1人1天喷8桶药水，4亩地，亩用工32.5元×4次用药＝130元/亩 |
| | 中耕 | | 650.00 | 1亩中耕1次用工1人/天，中耕5次，时间分别是6月10日、6月23日、7月10日、7月23日、8月2日 |
| | 化控 | | 97.50 | 1亩化控1次用工0.25人/天，化控3次 |
| | 整枝打叉 | | 390.00 | 1亩打叉用工1天，每亩3次整枝，130.00×3＝390.00 |
| | 采土样用工 | | 104.00 | 5个处理×3个重复×2个土层×5个点/小区＝150个样点。2人1天2.5亩＝130×2/2.5＝104.00元 |
| | 排涝费 | | 52.00 | 5亩地1人排涝4次半天，1亩排涝用工0.4人/天 |
| | 数据调查 | | 78.00 | 5亩，每次2人0.5天，3次 |
| | 室内考种 | | 104.00 | 5亩地，2人室内考种2天 |
| | 收花 | | 156.00 | 收花测产1亩0.4个工，3次：0.4×130×3 |
| 土地租用 | | | 550.00 | 土地租用费 |
| 交通费 | | | 520.00 | 2.152亩地分摊 |
| 调查材料 | | | 24.50 | 邮寄费245元 |
| 土样化验 | | | 499.20 | 52个样×96/个＝4 992.00，10亩分摊 |
| 土壤化验 | | | 360.00 | 30个样×60.00＝1 800.00，5亩分摊 |
| 调查专用材料 | | | 10.50 | 方便袋、口取纸等 |
| 合计 | | | 5 344.70 | |

**表 4-14-8　棉花-花生间作试验投资**

| 投资成本项目 | 成本明细分类 | | 2.313 亩花生投资（元） | 折亩投资（元/亩） | 备　注 |
|---|---|---|---|---|---|
| 机械成本 | 深翻 | | 138.78 | 60.00 | 深翻 1 亩 60 元 |
| | 旋地 | | 138.78 | 60.00 | 旋地 1 亩 60 元 |
| 物化成本 | 肥料 | 复合肥 | 416.34 | 180.00 | 复合肥 50 千克 180 元 |
| | | 调土中微量 | 370.08 | 160.00 | 调土中微量 40 千克 160 元 |
| | | 生物肥 | 370.08 | 160.00 | 生物肥 80 千克 160 元 |
| | 拌种 | 巴斯夫鑫尊杀菌 | 80.96 | 35.00 | 1 亩用药 1 瓶，1 瓶 35 元 |
| | | 吡虫啉杀虫 | 4.63 | 2.00 | 1 亩用药 1 瓶，1 瓶 2 元 |
| | 封闭除草剂 | 巴斯夫二甲戊灵 | 92.52 | 40.00 | 1 亩用药 1 瓶，1 瓶 40 元 |
| | 农药 | 巴斯夫鑫尊 | 462.60 | 200.00 | 1 次 1 亩用药 50 元，4 次 200 元 |
| | | 化控烯唑醇 | 46.26 | 20.00 | 1 包药 5 元兑药 1 桶，1 亩用药 2 桶，1 亩打 2 次 20 元 |
| 劳务用工 | 播种 | | 601.38 | 260.00 | 5 亩 5 个人 2 天，1 亩地用工＝10 个工×130 元/5 亩＝260 元/亩 |
| | 喷药 | | 300.69 | 130.00 | 1 人 1 天喷 8 桶药水 4 亩地，亩用工 32.5 元×4 次用药＝130 元/亩 |
| | 中耕 | | 902.07 | 390.00 | 1 亩中耕 1 次用工 1 人/天，需 3 次 |
| | 化控 | | 150.35 | 65.00 | 1 亩化控 1 次用工 0.25 人/天，化控 2 次 |
| | 采土样用工 | | 240.55 | 104.00 | 5 个处理×3 个重复×2 个土层×5 个点/小区＝150 个样点。<br>2 人 1 天 2.5 亩＝130×2/2.5＝104 元 |
| | 排涝费 | | 120.28 | 52.00 | 5 亩地 1 人排涝 4 次半天，1 亩排涝用工 0.4 人/天 |
| | 数据调查 | | 180.41 | 78.00 | 5 亩地 2 人数据调查 3 次，每次 0.5 天 |
| | 室内考种 | | 240.55 | 104.00 | 5 亩地 2 人室内考种 2 天 |
| | 9 月 15 日测产 | | 90.21 | 39.00 | 5 亩地 3 人 0.5 天 |
| | 9 月 28 日测产 | | 60.14 | 26.00 | 5 亩地 2 人 0.5 天 |
| | 土地租用 | | 1 272.15 | 550.00 | 土地租用费 |
| | 交通费 | | 1 202.76 | 520.00 | 2.313 亩地分摊 |
| | 调查材料 | | 56.67 | 24.50 | 邮寄费 245 元 |
| | 土样化验 | | 1 065.83 | 460.80 | 播前样 4 份、播后样 48 份计 4 608 元 |
| | 测产 | | 120.28 | 52.00 | 5 亩 4 人测产 0.5 天 |
| | 调查专用材料 | | 24.29 | 10.50 | 方便袋、口取纸等 |
| | | | 8 749.62 | 3 782.80 | |

棉花-花生间作中，棉花每亩投入合计 5 344.70 元。其中，物化成本元 927.00 元，占总投入的 17.34%；人工成本 2 333.50 元，占总投入的 43.66%。化验费、地租、交

通机械等成本 2 084.20 元，占总投入的 39.00%。棉花种植面积 2.152 亩。共用资金 11 501.79 元。

花生每亩成本 3 782.80 元。其中，物化成本 797.00 元；人工成本 1 248 元（按 130 元/工计算），主要包括播种、中耕、喷药、采土样、田间数据调查、室内考种等用工；其他成本 1 737.80 元，包括土样化验费、土地租用、交通费、机械成本等。花生种植面积 2.313 亩，使用资金 8 749.62 元。合计投入 11 501.79＋8 749.62＝20 251.41 元。

（2）棉花-花生间作效益分析见表 4-14-9。

**表 4-14-9　棉花-花生间作经济效益分析**（按棉花价格 10 元/千克，花生价格 6 元/千克计算）

| 处理 | 重复 | 物化成本（元/亩） | 人工成本（元/亩） | 用工个数（亩） | 总成本（元/亩） | 棉花产量（千克/亩） | 花生产量（千克/亩） | 经济效益（元/亩） |
|---|---|---|---|---|---|---|---|---|
| 单作花生 | 1 | 797.00 | 1 248.00 | 9.60 | 2 045.00 | — | 288.50 | −314.00 |
| | 2 | 797.00 | 1 248.00 | 9.60 | 2 045.00 | — | 310.00 | −185.00 |
| | 3 | 797.00 | 1 248.00 | 9.60 | 2 045.00 | — | 347.00 | 37.00 |
| | 平均 | 797.00 | 1 248.00 | 9.60 | 2 045.00 | — | 315.17 | −154.00 |
| 单作棉花 2387 | 1 | 927.00 | 2 333.50 | 17.95 | 3 260.50 | 57.50 | — | −2 685.50 |
| | 2 | 927.00 | 2 333.50 | 17.95 | 3 260.50 | 55.90 | — | −2 701.50 |
| | 3 | 927.00 | 2 333.50 | 17.95 | 3 260.50 | 25.60 | — | −3 004.50 |
| | 平均 | 927.00 | 2 333.50 | 17.95 | 3 260.50 | 46.33 | — | −2 797.17 |
| 棉花-花生间作 2∶4 模式 | 1 | 839.85 | 1 605.90 | 12.35 | 2 445.75 | 70.90 | 341.24 | 310.69 |
| | 2 | 839.85 | 1 605.90 | 12.35 | 2 445.75 | 65.20 | 390.00 | 546.25 |
| | 3 | 839.85 | 1 605.90 | 12.35 | 2 445.75 | 39.80 | 292.49 | −292.81 |
| | 平均 | 839.85 | 1 605.90 | 12.35 | 2 445.75 | 58.63 | 341.24 | 187.99 |
| 棉花-花生间作 4∶4 模式 | 1 | 868.06 | 1 841.30 | 14.15 | 2 709.36 | 62.10 | 331.49 | −99.42 |
| | 2 | 868.06 | 1 841.30 | 14.15 | 2 709.36 | 61.90 | 224.25 | −744.86 |
| | 3 | 868.06 | 1 841.30 | 14.15 | 2 709.36 | 50.50 | 258.70 | −652.16 |
| | 平均 | 868.06 | 1 841.30 | 14.15 | 2 709.36 | 58.17 | 271.48 | −498.78 |
| 棉花-花生间作 4∶6 模式 | 1 | 626.89 | 1 276.63 | 9.82 | 1 903.52 | 69.45 | 331.50 | 779.98 |
| | 2 | 626.89 | 1 276.63 | 9.82 | 1 903.52 | 74.20 | 360.76 | 1 003.04 |
| | 3 | 626.89 | 1 276.63 | 9.82 | 1 903.52 | 43.25 | 303.22 | 348.30 |
| | 平均 | 626.89 | 1 276.63 | 9.82 | 1 903.52 | 62.30 | 331.83 | 710.46 |
| 单作 979 | 1 | 927.00 | 2 333.50 | 17.95 | 3 260.5 | 65.80 | — | −2 602.50 |
| | 2 | 927.00 | 2 333.50 | 17.95 | 3 260.5 | 71.15 | — | −2 549.00 |
| | 3 | 927.00 | 2 333.50 | 17.95 | 3 260.50 | 32.90 | — | −2 931.50 |
| | 平均 | 927.00 | 2 333.50 | 17.95 | 3 260.50 | 56.62 | — | −2 694.33 |

# 五、结论与讨论

由表 4-14-10 可以得出以下结论：

（1）间作增产、增效。间作比单作经济效益高。

（2）具体模式。间作中 4∶6 模式、2∶4 模式效益好，但是田间表现 4∶4 模式与 2∶4 模式、4∶6 模式差异没有这么大，这有可能是取样误差导致的，有待于进一步试验。

（3）配合机械化。这个种植模式的推广应用需要结合机械化作业才有前途。

**表 4-14-10　经济效益汇总表**

| 处　理 | 经济效益（元/亩） | 排　序 |
| --- | --- | --- |
| 单作花生 | －154 | 3 |
| 单作棉花 2387 | －2 797 | 6 |
| 棉花-花生间作 2∶4 模式 | 188.04 | 2 |
| 棉花-花生间作 4∶4 模式 | －498.81 | 4 |
| 棉花-花生间作 4∶6 模式 | 710.44 | 1 |
| 单作 979 | －2 694.33 | 5 |

（4）防病害。间作有助于解决连作导致的土传病害，是保证粮食安全的一个方向。

附 2021 年花生空壳比例普遍增加的原因分析

花生是乳山市的主要经济作物，乳山的花生常年种植面积 28 万亩，平均亩产 300 千克。乳山市土壤为砂性壤土，出产的花生荚果饱满、外壳较白，质量优，商品性好，在出口上有得天独厚的优势，乳山花生出口量占山东出口量的 70%，乳山市的花生加工企业众多，花生是乳山三宝之一。农技部门及农民重视花生高产栽培技术的应用。

2021 年间作实验中，花生空壳多的原因如下。

**1. 大花生易空壳**　乳山市农业部门 2014—2016 年的田间调查结果显示，于干旱年份选择种植珍珠系列的品种，空壳会少很多。花育 22 因果壳较厚，干旱时容易造成空壳，长出来的花生果壳很大，籽粒很少甚至不结籽粒。2021 年属雨水大的年份，空壳瘪果情况这么严重，还是第一次。

在乳山市，花育 22 想实现亩产超过 500 千克，需要土质好、有机质含量高、水肥条件好的土壤。这次的试验地块是高产地块，一般亩产花生 500 千克以上。

**2. 密度过高**　在高产地块，花生亩株数为 20 000，密度过高。如降低种植密度，空壳现象会有所减轻。

**3. 土壤酸化严重**　本次试验，化验 52 个土样，pH 平均 4.06，其中小于 4 的 19 个，最高为 4.76。土壤酸化，导致钙活性变差且流失严重。

**4. 持续降雨钙流失严重**　花生花针期以后地下部荚果需钙量大，90%以上靠果针、幼果自身直接从周围土壤中吸取，从果针入土到果仁饱满的 70 多天中，只要结荚果的土层中出现严重缺钙或供钙不足，就会直接影响到荚果的形成。2021 年乳山在花生花针膨果期持续降雨，7—9月花针生育期内降水755毫升，加剧了钙离子的流失，瘪果严重。在生产过程中，底肥、叶面肥都增加了钙肥的施用。周边没有注意施用钙肥的大花生亩产量多为150～200千克，有的低于150千克。相比之下，正华基地试验田亩产250～300千克的产量还不错。

5. **降水集中** 花荚期持续降水，会降低根系吸收功能。6—9月降雨频繁，田间大面积积水，土壤湿度过大，透气性、氧气含量降低，使花生果荚因缺氧而发育不良，同时也严重影响根系对钙的吸收，最终导致空壳瘪粒。

花生具有“喜涝天，不喜涝地”和“地干不下针，地湿不鼓粒”的特点。特别在花生生长后期，花生田绝对不能积水。遇雨或连阴雨，会造成茎叶徒长，土壤通气不良，影响根系和荚果鼓粒，导致烂果、发芽。

附 棉花田间管理技术措施棉花田间管理技术措施见附表4-14-1。

**附表4-14-1 田间管理技术措施记录表**（棉花）

| 处理名称 | 棉花 | | | | |
|---|---|---|---|---|---|
| 基肥 | 名称 | 日期 | 种类 | 数量 | 施用方法 |
| | 复肥 | 5月22日 | 13-12-20 | 50千克 | 撒施后旋地 |
| | 土将军土理剂 | 5月22日 | 调土补钙镁中微量 | 40千克 | |
| | 根多菌 | 5月22日 | 2亿生物有机肥 | 80千克 | |
| 追肥 | 次数 | 日期 | 种类 | 数量 | 施用方法 |
| | 1 | 6月12日 | 芸薹素＋0.5％二氢钾 | 150克二氢钾＋1小包芸薹素，兑30千克水 | 叶喷雾促根抗逆 |
| | 1 | 6月18日 | 0.5％二氢钾＋悠满多（海藻中微量） | 150克二氢钾＋富美实海藻中微量，兑30千克水 | 叶喷雾促根抗逆 |
| | 1 | 7月24日 | 钙硼＋0.5％二氢钾 | 钙硼＋150克二氢钾，兑30千克水 | 叶喷雾，开花坐果 |
| | 1 | 7月20日 | 30-5-5 | 15千克 | 沟施 |
| | 1 | 8月15日 | 10-5-25 | 15千克 | 沟施 |
| 中耕除草培土 | 日期 | 中耕深度 | 培土高度 | 工作 | 备注 |
| | 6月10日 | 6厘米 | — | 除草 | 雨后划锄 |
| | 6月23日 | 6厘米 | — | 除草 | 雨后划锄 |
| | 7月10日 | 6厘米 | — | 除草 | 雨后划锄 |
| | 7月23日 | 10厘米 | 蕾期深耕，断根促新根 | 除草 | 雨后划锄 |
| | 8月2日 | 10厘米 | | 除草 | 雨后划锄 |
| 治虫 | 日期 | 虫害种类 | 用药种类和浓度 | | 效果 |
| | 5月22日拌种 | 蛴螬蚜虫 | 60％吡虫啉150毫升，兑30千克水 | | 好 |
| | 6月12日 | 蓟马蚜虫 | 吡虫啉70％2 000倍2克，兑30千克水 | | 一般 |

（续）

<table>
<tr><td rowspan="4">治虫</td><td>日期</td><td>虫害种类</td><td>用药种类和浓度</td><td>效果</td></tr>
<tr><td>6 月 18 日</td><td>蓟马蚜虫</td><td>10%氟啶虫酰胺 50 克，兑 30 千克水</td><td>好</td></tr>
<tr><td>7 月 24 日</td><td>棉铃虫</td><td>20%氯虫苯甲酰胺 2 克 3%＋啶虫米 2 000 倍，兑 30 千克水</td><td>好</td></tr>
<tr><td>8 月 18 日</td><td>棉铃虫、棉春象</td><td>20%氯虫苯甲酰胺 2 克 3%＋啶虫米 2 000 倍，兑 30 千克水</td><td>好</td></tr>
<tr><td>调节物质应用情况</td><td colspan="4">时间：7 月 20 日用量：5%烯效唑 5 克，兑 30 千克水<br>时间：8 月 1 日用量：5%烯效唑 5 克，兑 30 千克水<br>时间 9 月 30 日用量：乙烯利 100 毫升</td></tr>
<tr><td rowspan="6">农药</td><td>日期</td><td>作用</td><td>用药种类和浓度</td><td>效果</td></tr>
<tr><td>5 月 22 日拌种</td><td>防根腐病茎腐病、抗病、抗低温、壮苗促根</td><td>巴斯夫鑫尊：（吡唑＋甲基硫菌灵）150 毫升</td><td>好</td></tr>
<tr><td>6 月 12 日</td><td>促根、防立枯病烂根、壮苗</td><td>恶霉灵＋百泰 1 500 倍 20 克＋微肥＋芸苔素 6 毫升</td><td>好</td></tr>
<tr><td>6 月 18 日</td><td>促根、防根腐病茎腐病、壮苗</td><td>恶霉灵＋百泰 1 500 倍 20 克＋微肥＋芸苔素 6 毫升</td><td>好</td></tr>
<tr><td>7 月 24 日</td><td>防炭疽角斑病</td><td>25%吡唑醚菌酯 50 毫升＋10%微量元素 30 毫升</td><td>好，雨前防护</td></tr>
<tr><td>8 月 18 日</td><td>防叶斑病</td><td>25%丙环唑 20 毫升 1 000 倍＋吡唑 1 500 倍＋磷酸二氢钾</td><td>好，多雨</td></tr>
<tr><td>棉花生育期气象简况</td><td colspan="4">1. 5 月 22 日播种　墒情 70%，气温 15～23 ℃；10 厘米地温 15.5 ℃<br>2. 6 月 6 日出苗，播种到出苗期间降水 55 毫米，较多年同期增加 66.5%<br>3. 6 月 2 日、9 日、14 日、25 日降雨；28 日中雨。温度：平均低温 16～18 ℃。极端温度 9.6 度。6 月降水合计 112 毫米<br>4. 6 月 13 日单作 2387，2 片叶，其他处理 3 片叶；中棉炭疽严重。气温 14～27 ℃<br>5. 6 月 26 日单作 2387 2～3 片叶，其他处理 4 片叶；中棉炭疽严重。气温 18～27 ℃<br>6. 7 月 10 日渍涝僵苗不长，主根系浅，毛细根少<br>7. 7 月 16 日单作 23876 为 7 片叶，其他处理 7～8 片叶；3—14 日降水 134.8 毫米，15—16 日降雨 52.2 毫米，气温 23～27 ℃。北地头中棉区、单作 2387 区低洼部分水冲倒伏<br>8. 7 月 23 日现蕾，7 月 20—25 日温度 18～25 ℃，平均 23 ℃。7 月合计降水 236 毫米，较多年同期增加 558%，其中 11 日、16 日小雨；13 日、14 日、15 日、16 日、30 日中雨。平均高温 26 ℃，平均低温 22 ℃。极端低温 18 ℃，极端高温 33 ℃<br>9.7 月 25 日打顶。气温 21—25 ℃<br>10. 开花期为 8 月 13 日，气温 20—28 ℃<br>11. 封行期为 8 月 15 日，气温 18—23 ℃，中雨 23 毫米。8 月合计降水 238.5 毫米，较多年同期增加 44.3%，其中 3 日、10 日、20 日、23 日，31 日暴雨。温度：平均高温 27 ℃、平均低温 21 ℃。极端低温 18 ℃<br>12. 9 月合计降水 111 毫米，较多年同期增加 47.3%，温度：平均高温 26 ℃，平均低温 18 ℃。极端低温 15 度<br>13. 采棉。10 月合计降水 57.5 毫米，较多年同期增加 50.73%，温度：平均高温 19 ℃，平均低温 9 ℃。极端低温 3 ℃（10 月 17 日）。<br>10 月 13 日，吐絮<br>10 月 25 日，第 2 次采棉<br>11 月 10 日，第 3 次采棉</td></tr>
</table>

（续）

| | |
|---|---|
| 其他农事记录 | 1. 旋地、施基肥　5月5日复合肥50千克+土壤调理剂40千克+生物有机肥80千克<br>2. 播种　5月22日<br>3. 拌种　杀菌+杀虫用巴斯夫鑫尊+吡虫啉<br>4. 封闭除草用巴斯夫二甲戊灵播种<br>5. 6月9日出苗，播后18天出苗<br>6. 6月9日田间查看棉花出苗率<br>7. 6月10日第一次中耕，深度4厘米<br>8. 6月18日齐苗喷药，防蓟马、盲椿象、棉蚜、立枯病、棉铃虫。用恶霉灵+芸薹素+吡虫啉+氯虫苯甲酰胺<br>9. 6月23日防炭疽病+第二次防蓟马、蚜虫<br>10. 6月26日3—4叶定苗，结合第二次中耕除草<br>11. 7月10日小雨，第三次中耕，深度10厘米<br>12. 7月14日挖水沟，具有暴雨，防田间积水连续5天降雨，7月16日为现蕾期，高温多湿，进行了防病虫害工作<br>13. 7月16日现蕾前第五次中耕，深度10厘米<br>14. 7月25日打顶，按照省技术指导，打顶时间最晚为初霜前3个月，实际上株高不够60厘米<br>15. 7月26日开沟追肥，施30-5-5肥，共15千克<br>16. 8月1日控旺，打烯效唑5%烯效唑5克，用30千克水，封群尖和控顶<br>17. 8月10日—13日，以花为界剪去幼蕾、修边、抹赘芽<br>18. 8月15日开沟追花铃肥，用10-5-25肥15千克<br>19. 8月18日防蚜虫、红蜘蛛、棉铃虫、蓟马、叶斑病，施25%丙环唑20毫升1 000倍+吡唑1 500倍+磷酸二氢钾+啶虫米+氯虫苯甲酰胺<br>20. 9月2日打疯叉、剪空枝 |
| 整枝 | 第一次：7月25日，打顶<br>第二次：8月10日—13日，抹赘芽<br>第三次：8月13日，修边<br>第四次：9月2日，打疯叉 |
| 备注 | 1. 出苗弱抗性比较差。前期温度低，雨水比较多，墒比较重，有立枯病、炭疽病现象<br>2. 打顶时间7月25日，摘一叶一心；现蕾时株高不够60厘米<br>3. 8月1日控旺，每亩施3克烯效唑<br>4. 试验田各处理第三重复苗弱 |

# 棉花-花生间作试验技术总结报告（棉花部分）

乳山市农业科学研究院

## 一、试验研究项目背景及意义

为优化山东省种植业结构，实现棉油生产节本增效，促进全省棉花生产稳定并适度恢复，提高棉花生产综合效益，山东省农业农村厅印发《2021年山东省传统棉作制度调整优化技术试验示范项目实施方案》（鲁农棉字〔2021〕6号）。本试验根据方案进行。

乳山市土壤酸化严重，在山东属于较重区域，尤其乳山东部、南近海区域耕地盐渍化面积占比高。棉花耐盐渍化，20世纪70年代乳山市有种植棉花的历史。2021年4月山东省棉花生产技术指导站与乳山市正华农林科技示范园有限公司共同开展“棉花-花生间作技术试验”，乳山市农业农村局为项目的丙方，负责试验经费监管与协作指导。

## 二、试验设计

### （一）供试品种

鲁棉2387、中棉979、花育22。

### （二）试验地点

试验地点在乳山市南黄镇东洋水村。

### （三）棉花-花生间作田间试验设计

试验设置5个处理，分别为单作花生、单作棉花、棉花-花生间作（分为2∶4模式、4∶4模式和4∶6模式），重复4次，共20个小区。

（省定方案设计是3个重复、15个小区。但由于方案上要求至少3个宽带，还要保证棉花-花生间作试验田面积不小于5亩，故在布置田间小区时增加了一个宽带作为重复。田间数据考查设在东面3个重复15个小区中）。

棉花-花生间作试验总面积：试验总面积4.465亩，其中花生占地2.313亩、棉花占地2.152亩。

**1. 单作鲁棉2387** 棉花平地种植，种植密度为6 000株/亩，行距66厘米，株距17厘米，4个重复，每个7行，共28行棉花，行长（小区长）25米。

棉花小区面积为0.66米×28行×25米=462平方米。

**2. 单作花生**　花生垄作种植，垄宽为 80 厘米，一垄两行，小行距 30 厘米。种植密度为 2 万株/亩，双粒播种，4 个重复，每个小区 11 行，加 2 行保护行，共 46 行（23 垄），行长 25 米。

花生占地 0.8×23 垄×25 米=460 平方米。

**3. 棉花-花生间作**　棉花种植密度为 6 000 株/亩，行距 66 厘米，株距 17 厘米；花生垄作种植，垄宽为 80 厘米，一垄两行，小行距 30 厘米，种植密度为 2 万株/亩，双粒播种；棉花与花生的行距为 50 厘米。3 种间作模式每个模式重复 4 次，即 4 个带宽，行长 25 米。

（1）2∶4 模式。2 行棉花 4 行花生（带宽 2.51 米）。

2.51×4 个重复=10.04 米（宽度）。

其中，棉花占地（0.66+0.25）×25×4=91 平方米。

花生占地（0.8+0.8+0.25）×25×4=185 平方米。

（2）4∶4 模式。4 行棉花 4 行花生（3.83 米）。

3.83×4 个重复=15.32 米（宽度）。

其中，棉花占地（0.66+0.66+0.66+0.25）×25×4=223 平方米。

花生占地（0.8+0.8+0.25）×25×4=185 平方米。

（3）4∶6 模式。4 行棉花 6 行花生（4.63 米）。

4.63×4 个重复=18.52 米（宽度）。

其中，棉花占地（0.66+0.66+0.66+0.25）×25×4=223 平方米。花生占地（0.8+0.8+0.8+0.25）×25×4=265 平方米。

**4. 南北长条对照区**　田间种植时考虑观察方便，于棉花及棉花-花生间作两试验田中间，从南到北全长种植 10 行中棉 979、5 行鲁棉 2387，面积分摊：其中 10 行中棉 979 属于棉花单作区，另外 5 行鲁棉 2387 分摊到棉花-花生间作区。行距 66 厘米，株距 17 厘米。

5 行鲁棉 2387 占地：5×0.66×132 米=435.6 平方米。

**5. 各小区花生补齐面积**　每个处理的宽带不同，试验田以最宽的 4∶6 模式的 18.52 米为标准，缺口的部分用花育 22 补齐：

（1）单作鲁棉 2387。0.66×28=18.48 米，不用补。

（2）2∶4 模式。补齐花生 21 行。

带宽 2.51×4 个重复=10.04 米（宽度）−18.52=8.48 米，补齐花生 21 行。

补齐花生面积：8.48×25=237.44 平方米。

（3）4∶4 模式。补齐花生 4 行。

宽带 3.83×4 个重复=15.32 米（宽度）−18.52=3.2 米，补齐花生 4 行。

补齐花生面积：3.2×25=80 平方米。

**6. 花生保护行**　地块总长度 132 米，最北地头剩余 7 米，以花生做保护行。面积 18.52×7=129.64 平方米。

**7. 合计**　棉花-花生间作试验总面积如下：

花生占地。460+185+185+265+237.44+80+129.64=1 542.08 平方米≈2.313 亩。

棉花占地。462＋91＋223＋223＋435.6＝1434.6 平方米≈2.152 亩。

试验总面积：4.465 亩。

## （四）田间管理措施

### 1. 播种期管理

（1）播种。每穴 3 粒，播种深度 2 厘米。土壤湿度 65％～70％。

（2）拌种。防立枯病、根腐病及苗期蓟马蚜虫，用进口药拌种。60％吡虫啉＋巴斯夫鑫尊 100 毫升。

（3）基肥。亩施商品生物有机肥 80 千克，13-12-20 氯基复合肥 50 千克，调土、补中微量元素功能肥 40 千克。

### 2. 前期管理

（1）间苗定苗。6 月 8 日 2～3 叶时轻间苗，因为苗不见长，故二次间苗。6 月 13 日二次间苗，定苗时间为 6 月 15 日，3～4 片叶。

（2）中耕。分别于 6 月 10 日、6 月 23 日、7 月 13 日、7 月 23 日、8 月 2 日中耕 5 次。

因降雨频繁（6 月降水 112 毫米，7 月降水 236 毫米），6 月僵苗，故中耕提地温；7 月雨大，故中耕散墒；8 月 15 日封行前除草中耕。

（3）结合防病虫喷肥促长。第一次为 6 月 12 日，因苗期僵苗不长，喷 0.3％磷酸二氢钾＋0.3％液体硼＋芸薹素芸苔素 6 毫升，配合打蓟马、蚜虫；第二次为 6 月 18 日，喷 0.3％磷酸二氢钾＋0.3％液体硼＋海藻悠满多配合病虫防治。

### 3. 中后期管理情况

（1）第一次测量数据。7 月 23 日刚到现蕾期时第一次测量数据。各处理间株高、节位、果枝数没有差异。降雨地黏，故比方案规定的 7 月 15 日推迟一周测量数据。

（2）开沟追肥。为提苗促壮促蕾，7 月 26 日追高氮肥 30-5-5 每亩 15 千克，追肥深度 8～10 厘米。

（3）第二次追肥。为于花盛期促花铃，8 月 18 日追肥 10-5-25 每亩 15 千克，追肥深度 8～10 厘米。

（4）打顶促铃。按照最晚打顶日期为霜前 3 个月计算，于 7 月 25 日打顶结束。打一心一叶，打顶株高还不到 60 厘米。打顶时长势弱，8 月中旬花后才封行。

（5）8 月化控 2 次，剪枝打边心 2 次。常规 6～7 叶现蕾时控旺，因为苗弱，未进行此工作。7 月 25 日打顶一周后于 8 月 1 日控一次，5％烯效唑 5 克，同时配合 0.3％磷酸二氢钾叶面追肥。控旺效果不明显，8 月 15 日又控一次，用 5％烯效唑 5 克，每次每亩兑 30 千克水。8 月中后期温度、湿度适宜，前期肥力又集中供应，导致植株疯长、行间郁闭、落铃严重。8 月 13 日、9 月 2 日打边心、赘芽，剪空枝。

（6）水控。6、7、8 月的降雨量分别是：112 毫米、134.8 毫米、238.5 毫米，土壤墒情为 70％～80％，没做到水控。

**4. 病虫害综合防治**

（1）拌种。5月22日播种用巴斯夫杀菌加杀虫拌种，防苗期蓟马、蚜虫、立枯病。

苗期喷药两次。出苗一周后，打药防蓟马、蚜虫并促根，防立枯病、烂根，同时壮苗：

于6月12日施用吡虫啉70%2 000倍2克＋恶灵＋百泰1 500倍20克＋微肥＋芸苔素6毫升，兑30千克水；蚜虫防得不彻底。6月18日打第2次药防蓟马、蚜虫，结合促根、防根腐病、茎腐病、壮苗：用10%氟啶虫酰胺50克＋恶霉灵＋百泰1 500倍20克＋微肥＋芸苔素6毫升，兑30千克水。

（2）蕾期防棉铃虫、椿象进行叶部病害防治。7月24日现蕾后结合防治棉铃虫、炭疽角斑病，喷20%氯虫苯甲酰胺2克＋啶虫米2 000倍＋25%吡唑醚菌酯50毫升＋10%微量元素30毫升＋磷酸二氢钾150克/亩，因长势弱配合芸薹素及进口海藻酸，兑30千克水。

8月18日喷药，于花铃期防治棉铃虫、棉春象、秋蚜虫配合防叶斑病，用25%丙环唑20毫升1 000倍＋吡唑1 500倍＋磷酸二氢钾＋阿维菌素＋液体硼。

**5. 采收** 9月30日用40%乙烯利100毫升催熟，兑30千克水均匀喷全部棉铃，促吐絮，同时每亩混配磷酸二氢钾100克。

10月13日第1次定点收花。10月13日为吐絮期。10月25日第2次定点收花；11月10日第3次定点收花。

**6. 施肥方面** 底肥施用复合肥13-12-20 50千克/亩、2亿生物有机肥80千克/亩，多元素及调理土壤多功能肥40千克/亩。将肥料均匀撒施至地面后旋耕，然后播种。

因苗期僵苗不长，配合病虫害防治，喷施三次叶面肥。第1次于6月12日进行，喷0.3%磷酸二氢钾＋0.3%液体硼＋芸苔素6毫升；第2次于6月18日进行，喷0.3%磷酸二氢钾＋0.3%液体硼＋进口海藻悠满多；第3次于7月24日进行，喷150克二氢钾＋10%钙硼微量元素30毫升。

## （五）测定项目与方法

**1. 棉花生育期记录** 记录棉花播种期、出苗期、现蕾期、开花期、吐絮期等。

**2. 棉花农艺性状调查** 在每个处理的每个小区中间4行其中1行定点连续选取10株棉花，分别于7月15日、8月15日、9月15日调查株高、第一果枝高度、第一果枝节位、果枝数、成铃数、花与幼铃数、烂铃数、吐絮铃数量。试验过程中，若定点植株受损，则剔除该植株的相关数据。

**3. 棉花产量品质测定**

（1）棉花实收产量测定。在每个小区随机选取长势一致的棉花标记样点，量取10米长的相邻两行，待该小区的吐絮率达到30%～40%时，第1次收花；于10月25日第2次收花；截至11月10日所有小区最后一次收花，剩余未开裂棉铃不计产量。每次收获的籽棉自然晒干并称重（籽棉产量），每个小区棉花标记样点3次收花的产量之和为该样点的籽棉产量。

（2）棉花产量构成因素。于第1次收花前，每个小区选择长势一致的棉花标记样点，测量0.01亩面积的株数、吐絮铃数、青铃数、烂铃数，以吐絮铃数、青铃数、烂铃数相加为总铃数。第2次收花时（10月25日），在每个标记样点内收取内围正常吐絮的50个棉铃，晒干（水分11%～12%）后称重，取平均值作为样点单铃重，依据样点籽棉产量（样点内的50个铃的重量计入样点实收产量）和铃重计算铃数。对晒干并称重后的50个棉铃进行轧花，得到衣分率，依据该衣分率和样点籽棉产量计算出样点皮棉产量。

（3）棉花纤维品质测定。对样点50铃轧花后的皮棉进行纤维品质检测。

## 三、环境条件

### （一）试验地土壤肥力条件

在棉花播种前、收获后采集0～20厘米和20～40厘米土层土样，测定土壤有机质、pH、碱解氮、有效磷、速效钾等土壤指标。

### （二）取样方法

播种前，整个试验地按“五点取样”法采集土样，最后将样品混合成0～20厘米、20～40厘米各1个检测样；收获后，每个处理的每个小区分别取0～20厘米和20～40厘米土层土样，每个小区混合成0～20厘米、20～40厘米各1个检测样，其中，棉花-花生间作的3种模式，每个小区分别在棉花行间、行间取0～20厘米、20～40厘米土样。

## 四、结果与分析

### （一）不同处理对土壤养分含量的影响

具体影响见表4-15-1。

表4-15-1为中国水稻所化验数据，从中可见：

①单作棉对地力消耗最重，间作花生有培肥地力的作用。

②间作模式中培肥地力4∶6模式最好，2∶4模式与4∶4模式相当。

③不同种植模式对土壤pH的影响没有差异。

**表4-15-1　棉花-花生间作土壤化验数据**（0～20厘米+20～40厘米）

| 化验编号 | 处理 | 重复 | pH | 碱解氮（毫克/千克） | 速效磷（毫克/千克） | 速效钾（毫克/千克） | 有机质（克/千克） |
|---|---|---|---|---|---|---|---|
| 19 | 棉花-花生间作2∶4模式 | 重复1（0～20厘米） | 4.00 | 82.60 | 68.53 | 62.00 | 9.91 |
| 22 | 棉花-花生间作2∶4模式 | 重复1（20～40厘米） | 3.96 | 79.80 | 73.27 | 59.00 | 10.42 |
| 20 | 棉花-花生间作2∶4模式 | 重复2（0～20厘米） | 4.22 | 84.00 | 50.67 | 74.00 | 10.49 |

（续）

| 化验编号 | 处理 | 重复 | pH | 碱解氮（毫克/千克） | 速效磷（毫克/千克） | 速效钾（毫克/千克） | 有机质（克/千克） |
|---|---|---|---|---|---|---|---|
| 23 | 棉花-花生间作 2：4 模式 | 重复 2（20～40 厘米） | 4.38 | 84.00 | 32.35 | 70.50 | 9.83 |
| 21 | 棉花-花生间作 2：4 模式 | 重复 3（0～20 厘米） | 3.86 | 100.80 | 57.04 | 91.50 | 12.55 |
| 24 | 棉花-花生间作 2：4 模式 | 重复 3（20～40 厘米） | 4.08 | 75.60 | 34.68 | 81.00 | 8.98 |
| 25 | 棉花-花生间作 4：4 模式 | 重复 1（0～20 厘米） | 3.91 | 82.60 | 59.43 | 51.50 | 8.94 |
| 28 | 棉花-花生间作 4：4 模式 | 重复 1（20～40 厘米） | 3.79 | 77.00 | 59.92 | 55.00 | 10.07 |
| 26 | 棉花-花生间作 4：4 模式 | 重复 2（0～20 厘米） | 3.93 | 91.00 | 48.71 | 62.50 | 11.58 |
| 29 | 棉花-花生间作 4：4 模式 | 重复 2（20～40 厘米） | 3.87 | 93.80 | 44.45 | 58.00 | 10.22 |
| 27 | 棉花-花生间作 4：4 模式 | 重复 3（0～20 厘米） | 4.01 | 75.60 | 49.78 | 63.50 | 9.72 |
| 30 | 棉花-花生间作 4：4 模式 | 重复 3（20～40 厘米） | 4.22 | 65.80 | 39.42 | 60.50 | 7.86 |
| | | 平均 | 3.96 | 80.64 | 48.46 | 59.90 | 9.89 |
| 31 | 棉花-花生间作 4：6 模式 | 重复 1（0～20 厘米） | 3.85 | 102.20 | 56.73 | 86.00 | 13.91 |
| 34 | 棉花-花生间作 4：6 模式 | 重复 1（20～40 厘米） | 3.91 | 78.40 | 37.16 | 71.50 | 10.34 |
| 32 | 棉花-花生间作 4：6 模式 | 重复 2（0～20 厘米） | 3.76 | 88.20 | 50.82 | 79.00 | 15.42 |
| 35 | 棉花-花生间作 4：6 模式 | 重复 2（20～40 厘米） | 3.79 | 84.00 | 42.67 | 82.50 | 10.80 |
| 33 | 棉花-花生间作 4：6 模式 | 重复 3（0～20 厘米） | 3.50 | 110.60 | 72.05 | 78.00 | 13.79 |
| 36 | 棉花-花生间作 4：6 模式 | 重复 3（20～40 厘米） | 3.76 | 82.60 | 59.34 | 64.50 | 10.26 |
| | | 平均 | 3.76 | 91.00 | 53.13 | 76.92 | 12.42 |
| 37 | 单作棉花 | 重复 1（0～20 厘米） | 3.94 | 88.20 | 49.32 | 69.50 | 10.38 |
| 40 | 单作棉花 | 重复 1（20～40 厘米） | 4.00 | 86.80 | 44.02 | 55.50 | 10.84 |
| 38 | 单作棉花 | 重复 2（0～20 厘米） | 3.98 | 79.80 | 28.79 | 103.00 | 11.46 |
| 41 | 单作棉花 | 重复 2（20～40 厘米） | 4.18 | 67.20 | 22.85 | 83.50 | 7.04 |
| 39 | 单作棉花 | 重复 3（0～20 厘米） | 4.07 | 68.60 | 40.50 | 56.00 | 9.14 |
| 42 | 单作棉花 | 重复 3（20～40 厘米） | 4.49 | 63.00 | 18.17 | 43.00 | 6.69 |
| | | 平均 | 4.11 | 75.60 | 33.94 | 68.40 | 9.26 |
| 49 | 棉花-花生间作 | （0～20 厘米）播种前 | 4.71 | 105.00 | 71.65 | 151.25 | 14.32 |
| 50 | 棉花-花生间作 | （20～40 厘米）播种前 | 4.76 | 98.00 | 74.59 | 161.25 | 13.12 |
| | | 播前平均 | 4.74 | 101.50 | 73.12 | 156.25 | 13.72 |

## （二）不同处理对棉花生育期的影响

不同处理对棉花生育期的影响见表 4-15-2。

由表 4-15-2 可知：

开花前，间作与单作处理间没有差异，封行、开花后，间作比单作开花、吐絮提前 5～7 天。因为内涝各个处理的第三重复（从南到北）发育迟缓 5～7 天。乳山棉花生育进程比鲁中、鲁西延迟 25～30 天。

棉花各个生育期天数情况如下。播种出苗期：播种至出苗 15 天。苗期：出苗至现蕾 40 天。蕾期：现蕾至开花 28 天。花铃期：开花至吐絮 55 天。吐絮期：11 月 10 日收花结束，吐絮到收花结束 33 至 40 天。

**表 4-15-2　棉花-花生间作生育期调查记录表**

| 处理 | 重复 | 播种期（日/月） | 出苗期（日/月） | 现蕾期（日/月） | 打顶期（日/月） | 开花期（日/月） | 封行期（日/月） | 吐絮期（日/月） |
|---|---|---|---|---|---|---|---|---|
| 鲁棉 2387 | 1 东 | 22/5 | 6/6 | 16/7 | 25/7 | 13/8 | 15/8 | 9/10 |
| | 2 中 | 22/5 | 6/6 | 16/7 | 25/7 | 13/8 | 15/8 | 9/10 |
| | 3 西 | 22/5 | 10/6 | 26/7 | 25/7 | 20/8 | 18/8 | 13/10 |
| 棉花-花生间作 2∶4 模式 | 1 东 | 22/5 | 6/6 | 16/7 | 25/7 | 7/8 | 10/8 | 2/10 |
| | 2 中 | 22/5 | 6/6 | 16/7 | 25/7 | 7/8 | 10/8 | 2/10 |
| | 3 西 | 22/5 | 10/6 | 26/7 | 25/7 | 12/8 | 13/8 | 9/10 |
| 棉花-花生间作 4∶4 模式 | 1 东 | 22/5 | 6/6 | 16/7 | 25/7 | 7/8 | 10/8 | 2/10 |
| | 2 中 | 22/5 | 6/6 | 16/7 | 25/7 | 7/8 | 10/8 | 2/10 |
| | 3 西 | 22/5 | 10/6 | 26/7 | 25/7 | 12/8 | 13/8 | 9/10 |
| 棉花-花生间作 4∶6 模式 | 1 东 | 22/5 | 6/6 | 16/7 | 25/7 | 7/8 | 10/8 | 2/10 |
| | 2 中 | 22/5 | 6/6 | 16/7 | 25/7 | 7/8 | 10/8 | 2/10 |
| | 3 西 | 22/5 | 10/6 | 26/7 | 25/7 | 12/8 | 13/8 | 9/10 |

## （三）不同处理对棉花农艺性状的影响

不同处理对棉花农艺性状的影响见表 4-15-3。

由表 4-15-3 的调查数据可以看出：间作与单作相比，株高方面，各处理间作比单作鲁棉 2387 高 5～7 厘米，只有 4∶6 模式处理因为内涝原因，长势较差；中棉 979 比鲁棉 2387 长势稍显旺壮。第一果枝高度方面，单作高 0.6 厘米，第一果枝节位单作高出 0.8 厘米。果枝数方面，单作比间作少 0.43 个。蕾铃数方面，单作少 1.5 个。成铃数方面，单作多 0.14 个。

由此可知棉花、花生单作与间作相比，在对棉花的农艺性状影响上，营养生长方面单作略优，生殖生长方面间作占优势。

**表 4-15-3　棉花-花生间作农艺性状记录表**（9 月 15 日）

| 株号 | 株高（厘米） | 第一果枝高度（厘米） | 第一枝节位（厘米） | 果枝数（枝） | 蕾数（个） | 花与幼铃数（个） | 成铃数（个） | 吐絮铃数（个） | 烂铃数（个） |
|---|---|---|---|---|---|---|---|---|---|
| 鲁棉 2387 | 86.1 | 10.60 | 5.10 | 7.43 | 7.4 | 8.17 | 3.6 | 0 | 1.20 |
| 棉花-花生间作 2∶4 模式 | 93.4 | 8.96 | 4.10 | 8.00 | 7.5 | 9.00 | 3.8 | 0 | 0.90 |
| 棉花-花生间作 4∶4 模式 | 91.9 | 10.70 | 4.30 | 8.50 | 10.1 | 10.00 | 3.5 | 0 | 0.83 |
| 棉花-花生间作 4∶6 模式 | 80.9 | 9.90 | 4.27 | 7.10 | 9.1 | 9.00 | 3.1 | 0 | 0.70 |
| 中棉 979 | 92.3 | 11.20 | 4.36 | 8.20 | 11.3 | 11.40 | 3.0 | 0 | 2.10 |

## （四）棉花产量的测定及效益分析

棉花产量的测定及效益分析见表 4-15-4、表 4-15-5。

**表 4-15-4　棉花-花生间作产量构成因素记录表**（双行 5 米，面积 0.01 亩，10 月 13 日）

| 处理 | 重复 | 株数（株） | 吐絮数（个） | 青铃数（个） | 烂铃数（个） | 总铃数（个） |
|---|---|---|---|---|---|---|
| 单作鲁棉 2387 | 1 | 51 | 148 | 116 | 18 | 282 |
| | 2 | 53 | 122 | 99 | 23 | 244 |
| | 3 | 52 | 161 | 123 | 31 | 315 |
| | 平均 | 52 | 144 | 113 | 24 | 280 |
| 单作中棉 979 | 1 | 54 | 147 | 231 | 23 | 401 |
| | 2 | 53 | 109 | 217 | 30 | 356 |
| | 3 | 52 | 162 | 144 | 22 | 328 |
| | 平均 | 53 | 139 | 197 | 25 | 362 |
| 棉花-花生间作 2∶4 模式 | 1 | 53 | 145 | 199 | 35 | 379 |
| | 2 | 52 | 126 | 223 | 14 | 363 |
| | 3 | 57 | 162 | 178 | 26 | 366 |
| | 平均 | 54 | 144 | 200 | 25 | 369 |
| 棉花-花生间作 4∶4 模式 | 1 | 55 | 158 | 126 | 15 | 299 |
| | 2 | 58 | 101 | 211 | 11 | 323 |
| | 3 | 54 | 186 | 174 | 27 | 387 |
| | 平均 | 56 | 148 | 170 | 18 | 336 |
| 棉花-花生间作 4∶6 模式 | 1 | 51 | 127 | 196 | 13 | 336 |
| | 2 | 52 | 152 | 152 | 26 | 330 |
| | 3 | 55 | 183 | 202 | 32 | 417 |
| | 平均 | 53 | 154 | 183 | 24 | 361 |

由表 4-15-4、表 4-15-5 分析可知，在同一块条田里，不同处理条件下，棉花的产量结构、籽棉产量差异较大：

### 1. 产量结构分析

（1）单铃重。相比单作鲁棉 2387，间作 2∶4 模式高 19.86%、4∶4 模式高 14.28%、4∶6 模式高 6.27%；单作 979 高－0.7%。

（2）衣分率。相比单作鲁棉 2387，间作 2∶4 高模式 4.42%、4∶4 模式高 4.98%、4∶6 模式高－9.43%；单作中棉 979 高 6.23%。

（3）亩成铃数。与单作鲁棉 2387 比较：

间作 2∶4 模式比单作亩高 5.51%；间作 4∶4 模式比单作亩高 8.85%；间作 4∶6 模式比单作亩高 11.20%；中棉 979 单作比鲁棉 2387 单作高 20.54%。

（4）籽棉产量。与单作鲁棉 2387 比较，间作 2∶4 模式增产 26.5%；4∶4 模式比单作增产 25.49%；4∶6 模式比单作鲁棉 2387 增产 34.41%。

（5）两个品种比较。单作中棉 979 比单作鲁棉 2387 增产 22.15%。

（6）生育进程。生育进程应是：5 月 22 日播种，6 月初出苗，7 月中旬以前现蕾，8 月上旬开花，10 月中旬吐絮。没有伏前桃、伏桃，只有棉株基部的早秋桃，平均 3 个/株，9 月 15 日左右开花结束，10 月 13 日、10 月 25 日、11 月10 日 3 次收花。

## 2. 棉花-花生间作经济效益分析

棉花-花生间作经济效益分析见表 4-15-6、表 4-15-7。

（1）投入资金。棉花-花生间作中，棉花占地 2 亩×5 344.7 元/亩＝10 689.4 元花生占地 2.313 亩×3 782.80 元＝8 749.62 元，合计 19 439.02 元。

**表 4-15-5　棉花-花生间作产量测定记录表**（3 次收花，0.02 亩）

| 处理 | 重复 | 第1次收花10月13日籽棉（克） | 第2次收花10月25日 | | 50铃皮棉重P | 第3次收花11月10日籽棉（克） | 平均 | | 3次收花合计 | | 折亩籽棉（斤/亩） | 折亩皮棉（斤/亩） |
|---|---|---|---|---|---|---|---|---|---|---|---|---|
| | | | 籽棉（克） | 50铃重W（克） | | | 单铃重D（克）D=W/50 | 衣分率Y（%）Y=P/W | 籽棉A（克） | 皮棉（克）A×Y | | |
| 单作鲁棉2387 | 1 | 122.00 | 743.00 | 154.00 | 47.74 | 132.00 | 3.08 | 31.00 | 1 151.00 | 356.81 | 115.10 | 35.681 |
| | 2 | 96.00 | 824.00 | 132.00 | 40.92 | 66.00 | 2.64 | 31.00 | 1 118.00 | 346.58 | 111.80 | 34.658 |
| | 3 | 80.00 | 177.00 | 145.00 | 42.05 | 110.00 | 2.90 | 29.00 | 512.00 | 148.48 | 51.20 | 14.848 |
| | 平均 | 99.33 | 581.33 | 143.67 | 43.57 | 102.67 | 2.87 | 30.33 | 927.00 | 281.15 | 92.70 | 28.116 |
| 棉花-花生间作2：4模式 | 1 | 132.00 | 787.00 | 173.00 | 55.36 | 326.00 | 3.46 | 32.00 | 1 418.00 | 453.76 | 141.80 | 45.376 |
| | 2 | 107.00 | 915.00 | 162.00 | 53.46 | 120.00 | 3.24 | 33.00 | 1 304.00 | 430.32 | 130.40 | 43.032 |
| | 3 | 90.00 | 453.00 | 181.00 | 54.30 | 72.00 | 3.62 | 30.00 | 796.00 | 238.80 | 79.60 | 23.880 |
| | 平均 | 109.67 | 718.33 | 172.00 | 54.37 | 172.67 | 3.44 | 31.61 | 1 172.67 | 371.38 | 117.27 | 37.138 |
| 棉花-花生间作4：4模式 | 1 | 152.00 | 825.00 | 168.00 | 57.12 | 97.00 | 3.36 | 34.00 | 1 242.00 | 422.28 | 124.20 | 42.228 |
| | 2 | 94.00 | 627.00 | 175.00 | 56.00 | 342.00 | 3.50 | 32.00 | 1 238.00 | 396.16 | 123.80 | 39.616 |
| | 3 | 69.00 | 413.00 | 154.00 | 44.66 | 374.00 | 3.08 | 29.00 | 1 010.00 | 292.90 | 101.00 | 29.290 |
| | 平均 | 105.00 | 621.67 | 165.67 | 52.59 | 271.00 | 3.31 | 31.74 | 1 163.34 | 370.41 | 116.33 | 37.040 |
| 棉花-花生间作4：6模式 | 1 | 87.00 | 1 011.00 | 151.00 | 48.32 | 140.00 | 3.02 | 32.00 | 1 389.00 | 444.48 | 138.90 | 44.448 |
| | 2 | 119.00 | 1 127.00 | 155.00 | 51.15 | 83.00 | 3.10 | 33.00 | 1 484.00 | 489.72 | 148.40 | 48.972 |
| | 3 | 97.00 | 549.00 | 152.00 | 45.60 | 67.00 | 3.04 | 30.00 | 865.00 | 259.5 | 86.50 | 25.950 |
| | 平均 | 101.00 | 895.67 | 152.67 | 48.36 | 96.67 | 3.05 | 31.67 | 1 246.01 | 342.28 | 124.60 | 34.228 |
| 单作中棉979 | 1 | 100.00 | 908.00 | 148.00 | 47.36 | 160.00 | 2.96 | 32.00 | 1 316.00 | 421.12 | 131.60 | 42.112 |
| | 2 | 116.00 | 910.00 | 145.00 | 47.85 | 252.00 | 2.90 | 33.00 | 1 423.00 | 469.59 | 142.30 | 46.959 |
| | 3 | 89.00 | 316.00 | 135.00 | 41.85 | 118.00 | 2.70 | 31.00 | 658.00 | 203.98 | 65.80 | 20.398 |
| | 平均 | 101.67 | 711.33 | 142.67 | 45.69 | 176.67 | 2.85 | 32.03 | 1 132.34 | 364.84 | 113.23 | 36.484 |

**表 4-15-6　棉花-花生间作试验田亩投资**

| 投资成本项目 | 成本明细分类 | | 折亩投资（元/亩） | 备　注 |
|---|---|---|---|---|
| 机械成本 | 深翻 | | 60.00 | 深翻 1 亩 60 元 |
| | 旋地 | | 60.00 | 旋地 1 亩 60 元 |
| 物化成本 | 肥料 | 复合肥 | 180.00 | 50 千克 |
| | | 调土中微量 | 160.00 | 40 千克 |
| | | 生物肥 | 160.00 | 80 千克 |
| | | 追肥 | 120.00 | 7 月 20 日施 30-5-5 肥 15 千克；8 月 15 日施 10-5-25 肥 15 千克 |
| | 拌种 | 巴斯夫鑫尊希菌 | 35.00 | 1 亩用药 1 瓶，1 瓶 35 元 |
| | | 吡虫啉（杀虫） | 2.00 | 1 亩用药 1 瓶，1 瓶 2 元 |
| | 封闭除草剂 | 巴斯夫二甲戊灵 | 40.00 | 1 亩用药 200 毫升（1 瓶），40 元 |
| | 化控药 | 化控烯唑醇 | 30.00 | 1 瓶药 5 元兑药 1 桶，1 亩用药 2 桶，每亩打 3 次，共 30 元 |
| | 农药成本 | 杀虫＋杀菌＋营养 | 200.00 | 1 次 1 亩 2～3 壶水，每壶用药成本 15～20 元，平均一次用药 50 元，4 次 200 元 |
| 劳务用工 | | 播种 | 260.00 | 5 亩 5 个人 2 天，1 亩地用工＝10 个工×130 元/5 亩＝260 元/亩 |
| | | 追肥 | 312.00 | 1 亩用工 1.2 个，追了两次 1.2×2 次×130.00 |
| | | 喷药 | 130.00 | 1 人 1 天喷 8 桶药水 4 亩地，亩用工 32.5 元×4 次用药＝130 元/亩 |
| | | 中耕 | 650.00 | 1 亩中耕 1 次用工 1 人/天，中耕 5 次，分别是 6 月 10 日、6 月 23 日、7 月 10 日、7 月 23 日、8 月 2 日 |
| | | 化控 | 97.50 | 1 亩化控 1 次用工 0.25 人/天，化控 3 次 |
| | | 整枝打叉 | 390.00 | 1 亩打叉用 1 天，每亩 3 次整枝，130.00×3 |
| | | 采土样用工 | 104.00 | 5 个处理×3 个重复×2 个土层×5 个点/小区＝150 个样点。2 人 1 天 2.5 亩＝130×2/2.5＝104 元 |
| | | 排涝费 | 52.00 | 5 亩地 1 人排涝 4 次半天，1 亩排涝用工 0.4 人/天 |
| | | 数据调查 | 78.00 | 5 亩，每次 2 人 0.5 天，3 次 |
| | | 室内考种 | 104.00 | 5 亩地，2 人室内考种 2 天 |
| | | 收花 | 156.00 | 收花测产 1 亩 0.4 个工，3 次费用：0.4×130×3＝156.00 元 |
| 土地租用 | | | 550.00 | 土地租用费 |
| 交通费 | | | 520.00 | 2.313 亩地分摊 |
| 调查材料 | | | 24.50 | 邮寄费 245 元 |
| 土样化验 | | | 499.20 | 52 个样×96/个＝4 992.00，10 亩分摊 |
| 土壤化验 | | | 360.00 | 30 个样×60.00＝1 800.00，5 亩分摊 |
| 调查专用材料 | | | 10.50 | 方便袋、口取纸等 |
| 合计 | | | 5 344.70 | |

**表 4-15-7　花生（棉花-花生间作）试验投资**

| 投资成本项目 | | 成本明细分类 | 2.313 亩花生投资（元） | 折亩投资（元/亩） | 备　注 |
|---|---|---|---|---|---|
| 机械成本 | 深翻 | | 138.78 | 60.00 | 深翻 1 亩 60 元 |
| | 旋地 | | 138.78 | 60.00 | 旋地 1 亩 60 元 |
| 物化成本 | 肥料 | 复合肥 | 416.34 | 180.00 | 复合肥 50 千克 180 元 |
| | | 调土中微量 | 370.08 | 160.00 | 调土中微量 40 千克 160 元 |
| | | 生物肥 | 370.08 | 160.00 | 生物肥 80 千克 160 元 |
| | 拌种 | 巴斯夫鑫尊杀菌 | 80.96 | 35.00 | 1 亩用药 1 瓶，一瓶 35 元 |
| | | 吡虫啉杀虫 | 4.63 | 2.00 | 1 亩用药 1 瓶，一瓶 2 元 |
| | 封闭除草剂 | 巴斯夫二甲戊灵 | 92.52 | 40.00 | 1 亩用药 1 瓶，一瓶 40 元 |
| | 农药 | 巴斯夫鑫尊 | 462.60 | 200.00 | 1 次 1 亩用药 50 元，4 次 200 元 |
| | | 化控烯唑醇 | 46.26 | 20.00 | 1 瓶药 5 元兑药 1 桶，1 亩用药 2 桶，1 亩打 2 次 20 元 |
| 劳务用工 | | 播种 | 601.38 | 260.00 | 5 亩 5 个人 2 天，1 亩地用工＝10 个工×130 元/5 亩＝260 元/亩 |
| | | 喷药 | 300.69 | 130.00 | 1 人 1 天喷 8 桶药水 4 亩地，亩用工 32.5 元×4 次用药＝130 元/亩 |
| | | 中耕 | 902.07 | 390.00 | 1 亩中耕 1 次用工 1 人/天，需 3 次 |
| | | 化控 | 150.35 | 65.00 | 1 亩化控 1 次用工 0.25 人/天，化控 2 次 |
| | | 采土样用工 | 240.55 | 104.00 | 5 个处理×3 个重复×2 个土层×5 个点/小区＝150 个样点<br>2 人 1 天 2.5 亩＝130×2/2.5＝104 元 |
| | | 排涝费 | 120.28 | 52.00 | 5 亩地 1 人排涝 4 次半天，1 亩排涝用工 0.4 人/天 |
| | | 数据调查 | 180.41 | 78.00 | 5 亩地 2 人数据调查 3 次 0.5 天 |
| | | 室内考种 | 240.55 | 104.00 | 5 亩地 2 人室内考种 2 天 |
| | | 9 月 15 日测产 | 90.21 | 39.00 | 5 亩地 3 人 0.5 天 |
| | | 9 月 28 日测产 | 60.14 | 26.00 | 5 亩地 2 人 0.5 天 |
| 土地租用 | | | 1 272.15 | 550.00 | 土地租用费 |
| 交通费 | | | 1 202.76 | 520.00 | 2.313 亩地分摊 |
| 调查材料 | | | 56.67 | 24.50 | 邮寄费 245 元 |
| 土样化验 | | | 1 065.83 | 460.80 | 播前样 4 份、播后样 48 份计 4 608 元 |
| 测产 | | | 120.28 | 52.00 | 5 亩 4 人测产 0.5 天 |
| 调查专用材料 | | | 24.29 | 10.50 | 方便袋、口取纸等 |
| | | | 8 749.64 | 3 782.80 | |

棉花-花生间作中，棉花的物化成本 927 元，占总投入的 17.34%；人工成本 2 333.50 元，占总投入的 43.66%。化验费、地租、交通机械等成本 2 084.20 元，占总

投入的 39.00%。棉花每亩投入合计 5 344.70 元，占地面积 2 亩。共投入资金 10 689.4 元。

花生每亩成本 3 782.8 元。其中，物化成本 797 元；人工成本 1 248 元（130 元/工），主要包括播种、中耕、喷药、采土样、田间数据调查、室内考种等用工；其他成本 1 737.8 元，包括土样化验费、土地租用、交通费、机械成本等。花生占地 2.313 亩，投入资金 8 749.62 元。合计总投入资金 19 439.02 元。

（2）棉花-花生间作效益分析见表 4-15-8。

**表 4-15-8　棉花-花生间作经济效益**（分析棉花价格按 10 元/千克，花生价格按 6 元/千克计算）

| 处理 | 重复 | 物化成本（元/亩） | 人工成本（元/亩） | 用工个数（亩） | 总成本（元/亩） | 棉花产量（千克/亩） | 花生产量（千克/亩） | 经济效益（元/亩） |
|---|---|---|---|---|---|---|---|---|
| 单作花生 | 1 | 797 | 1 248.00 | 9.60 | 2 045.00 | — | 288.50 | −314.00 |
| | 2 | 797 | 1 248.00 | 9.60 | 2 045.00 | — | 310.00 | −185.00 |
| | 3 | 797 | 1 248.00 | 9.60 | 2 045.00 | — | 347.00 | 37.00 |
| | 平均 | 797 | 1 248.00 | 9.60 | 2 045.00 | — | 315.17 | −154.98 |
| 单作棉花鲁棉 2387 | 1 | 927 | 2 333.50 | 17.95 | 3 260.50 | 57.50 | — | −2 685.50 |
| | 2 | 927 | 2 333.50 | 17.95 | 3 260.50 | 55.90 | — | −2 701.50 |
| | 3 | 927 | 2 333.50 | 17.95 | 3 260.50 | 25.60 | — | −3 004.50 |
| | 平均 | 927 | 2 333.50 | 17.95 | 3 260.50 | 46.33 | — | −2 797.20 |
| 棉花-花生间作 2∶4 模式 | 1 | 839.85 | 1 605.90 | 12.35 | 2 445.75 | 70.90 | 341.24 | 310.69 |
| | 2 | 839.85 | 1 605.90 | 12.35 | 2 445.75 | 65.20 | 390 | 546.25 |
| | 3 | 839.85 | 1 605.90 | 12.35 | 2 445.75 | 39.80 | 292.49 | −292.81 |
| | 平均 | 839.85 | 1 605.90 | 12.35 | 2 445.75 | 58.63 | 341.24 | 187.99 |
| 棉花-花生间作 4∶4 模式 | 1 | 868.06 | 1 841.30 | 14.15 | 2 709.36 | 62.10 | 331.49 | −99.42 |
| | 2 | 868.06 | 1 841.30 | 14.15 | 2 709.36 | 61.90 | 224.25 | −744.86 |
| | 3 | 868.06 | 1 841.30 | 14.15 | 2 709.36 | 50.50 | 258.70 | −652.16 |
| | 平均 | 868.06 | 1 841.30 | 14.15 | 2 709.36 | 58.17 | 271.48 | −498.78 |
| 棉花-花生间作 4∶6 模式 | 1 | 626.89 | 1 276.63 | 9.82 | 1 903.52 | 69.45 | 331.50 | 779.98 |
| | 2 | 626.89 | 1 276.63 | 9.82 | 1 903.52 | 74.20 | 360.76 | 1 003.04 |
| | 3 | 626.89 | 1 276.63 | 9.82 | 1 903.52 | 43.25 | 303.22 | 348.30 |
| | 平均 | 626.89 | 1 276.63 | 9.82 | 1 903.52 | 62.30 | 331.83 | 710.46 |
| 单作 979 | 1 | 927.00 | 2 333.50 | 17.95 | 3 260.50 | 65.80 | — | −2 602.50 |
| | 2 | 927.00 | 2 333.50 | 17.95 | 3 260.50 | 71.15 | — | −2 549.00 |
| | 3 | 927.00 | 2 333.50 | 17.95 | 3 260.50 | 32.90 | — | −2 931.50 |
| | 平均 | 927.00 | 2 333.50 | 17.95 | 3 260.50 | 56.62 | — | −2 694.30 |

由表 4-15-8 可知：

①所有处理经济效益为负数，主要原因为成本高，小区试验人工成本高，其他投入中化验费用也较高；棉花产量低也是效益偏低的主要原因之一。

②在产量方面，2∶4模式、4∶4模式、4∶6模式、单作中棉979模式棉花平均产量分别比单作鲁棉2387增产26.55%、25.55%、34.47%、22.21%。

③在间作处理中，4∶6模式产量最高；经济效益方面，4∶6模式最高。

其他情况有待于进一步探索。

### （五）棉花纤维指标检测

按照方案取各个处理棉花样品30个，送农业农村部棉花品质监督检测中心化验中心检测。

## 五、结论与讨论

（1）对棉花的影响。从棉花-花生间作生产试验情况来看，棉花生育期过长，造成不能正常成熟的棉桃数比例偏高，从而直接影响棉花产量、棉花品质。

（2）地理情况。2021年乳山市棉花试验的生育进程比西部棉区推迟20～30天，棉花贪青、晚熟桃多。棉花喜温暖气候，乳山市春季气温回升慢，导致产量低。初步结论：乳山市为棉花次适宜区。

（3）注意控旺。从2021年对棉田的管理来看，棉花花铃期最难控制的就是旺长，旺长的问题比较突出。封行后，营养生长控制不住，上桃慢且少，虽然生物产量比较高，但棉桃数量较少、产量低。

（4）防落蕾落果。2021年中后期雨频、郁闭，造成棉花内堂蕾铃脱落严重。底部2—3苔果枝不孕籽多，第5—7苔蕾铃几乎脱落。国庆节连续一周阴雨天气，导致10月3次收花烂铃多。

（5）促棵早发，防贪青晚熟。后期棉花贪青晚熟、郁闭、烂铃。棉棵高、大、空，导致后期花蕾多、空果枝多。

（6）调理酸性土壤。试验中土壤pH4，说明土壤酸化严重，影响根系发育，导致根系吸收功能差，苗弱，现蕾开花晚。

附：乳山市气候与土壤环境

（1）位置。乳山市位于胶东半岛的东南部。地理坐标为东经121°11′至121°51′，北纬36°41′至37°08′，南北长48千米、东西宽60千米，地域保护范围面积1 668平方公里。西北连烟台，东南临黄海，西南接青岛。境内多山地或丘陵，属于暖温带大陆性季风气候，四季分明，气候温和，日照充足，雨量适中，空气湿润。

（2）气温。年平均气温12.1 ℃～12.7 ℃，年平均无霜期205天～210天。

（3）光照。年平均日照时数2 499.7小时～2 530小时。

（4）降水量。年平均降水505毫米～744.7毫米。降水集中在6—8月。2021年6—10月年降水量960多毫米，为往年的2倍，降雨集中，形成阶段性雨涝。

（5）土壤。砂壤土占土地总面积的70%左右，土质较细而松软，耕性良好，保水力强，土壤中有机质含量10克/千克以上，pH5.5～6.5。

棉花田间管理技术措施见附表4-15-1。

**附表 4-15-1　棉花田间管理技术措施**

| 处理名称 | 棉花 | | | | |
|---|---|---|---|---|---|
| 基肥 | 名称 | 日期 | 种类 | 数量 | 施用方法 |
| | 复肥 | 5 月 22 日 | 13-12-20 | 50 千克 | 撒施后旋地 |
| | 土将军土理剂 | 5 月 22 日 | 调土补钙镁中微量 | 40 千克 | |
| | 根多菌 | 5 月 22 日 | 2 亿生物有机肥 | 80 千克 | |
| 追肥 | 次数 | 日期 | 种类 | 数量 | 施用方法 |
| | 1 | 6 月 12 日 | 芸薹素＋0.5％二氢钾 | 150 克二氢钾＋1 小包芸薹素兑 30 千克水 | 叶喷雾促根抗逆 |
| | 1 | 6 月 18 日 | 0.5％二氢钾＋悠满多（海藻中微量） | 150 克二氢钾＋富美实海藻中微量兑 30 千克水 | 叶喷雾促根抗逆 |
| | 1 | 7 月 24 日 | 钙硼＋0.5％二氢钾 | 钙硼＋150 克二氢钾兑 30 千克水 | 叶喷雾，开花坐果 |
| | 1 | 7 月 20 日 | 30-5-5 | 15 千克 | 沟施 |
| | 1 | 8 月 15 日 | 10-5-25 | 15 千克 | 沟施 |
| 中耕除草培土 | 日期 | 中耕深度 | 备注 | 除草 | 备注 |
| | 6 月 10 日 | 6 厘米 | — | 除草 | 雨后划锄 |
| | 6 月 23 日 | 6 厘米 | — | 除草 | 雨后划锄 |
| | 7 月 10 日 | 6 厘米 | — | 除草 | 雨后划锄 |
| | 7 月 23 日 | 10 厘米 | 蕾期深耕，断根促新根 | 除草 | 雨后划锄 |
| | 8 月 2 日 | 10 厘米 | — | 除草 | 雨后划锄 |
| 治虫 | 日期 | 虫害种类 | 用药种类和浓度 | | 效果 |
| | 5 月 22 日拌种 | 防蛴螬蚜虫 | 60％吡虫啉 150 毫升，兑 30 千克水 | | 好 |
| | 6 月 12 日 | 防蓟马蚜虫 | 吡虫啉 70％2 000 倍 2 克，兑 30 千克水 | | 一般 |
| | 6 月 18 日 | 防蓟马蚜虫 | 10％氟啶虫酰胺 50 克，兑 30 千克水 | | 好 |
| | 7 月 24 日 | 防棉铃虫 | 20％氯虫苯甲酰胺 2 克 3％＋啶虫米 2 000 倍，兑 30 千克水 | | 好 |
| | 8 月 18 日 | 防棉铃虫、棉春象 | 20％氯虫苯甲酰胺 2 克 3％＋啶虫米 2 000 倍，兑 30 千克水 | | 好 |
| 调节物质应用情况 | 时间：7 月 20 日。用量：5％烯效唑 5 克，兑 30 千克水<br>时间：8 月 1 日。用量：5％烯效唑 5 克，兑 30 千克水<br>时间：9 月 30 日。用量：乙烯利 100 毫升 | | | | |
| 病害 | 日期 | 作用 | 用药种类和浓度 | | 效果 |
| | 5 月 22 日拌种 | 防根腐病茎腐病、抗病、抗低温、壮苗、促根 | 巴斯夫鑫尊（吡唑＋甲基硫菌灵）150 毫升 | | 好 |
| | 6 月 12 日 | 促根、防立枯病烂根、壮苗 | 恶霉灵＋百泰 1 500 倍 20 克＋微肥＋芸苔素 6 毫升 | | 好 |

（续）

<table>
<tr><td rowspan="4">病害</td><td>日期</td><td>作用</td><td>用药种类和浓度</td><td>效果</td></tr>
<tr><td>6 月 18 日</td><td>促根、防根腐病茎腐病、壮苗</td><td>恶霉灵＋百泰 1 500 倍 20 克＋微肥＋芸苔素 6 毫升</td><td>好</td></tr>
<tr><td>7 月 24 日</td><td>防炭疽角斑病</td><td>25%吡唑醚菌酯 50 毫升＋10%微量元素 30 毫升</td><td>好，雨前防护</td></tr>
<tr><td>8 月 18 日</td><td>防叶斑病</td><td>25%丙环唑 20 毫升 1 000 倍＋吡唑 1 500 倍＋磷酸二氢钾</td><td>好，多雨</td></tr>
<tr><td>棉花生育期气象简况</td><td colspan="4">1. 5 月 22 日播种　墒情 70%，气温 15～23 ℃；10 厘米地温 15.5 ℃<br>2. 6 月 6 日出苗播种到出苗期间降雨 55 毫米，较多年同期增加 66.5%<br>6 月 2 日、9 日、14 日、25 日小雨；28 日中雨。温度：平均低温 16～18 ℃。极端温度 9.6 ℃。6 月降水合计 112 毫米<br>3. 6 月 13 日　单作 2387 为 2 片叶，其他处理 3 片叶；中棉炭疽严重。气温 14～27 ℃<br>4. 6 月 26 日　单作 2387 为 2～3 片叶，其他处理 4 片叶；中棉炭疽严重。气温 18～27 ℃<br>5. 7 月 10 日　渍涝僵苗不长，主根系浅，毛细根少<br>6. 7 月 16 日　单作 2387 为 6～7 片叶，其他处理 7—8 片叶；3—14 日降雨 134.8 毫米，15—16 日降雨 52.2 毫米，气温 23～27 ℃。北地头中棉区、单作 2387 区低洼部分水冲倒伏<br>7. 7 月 23 日现蕾，20～25 日温度为 18～25 ℃，平均 23 ℃。7 月合计降水 236 毫米，较多年同期增加 558%，其中 11 日、16 日小雨，13 日、14 日、15 日、16 日、30 日中雨。温度：平均高温 26 ℃、平均低温 22 ℃，极端低温 18 ℃、极端高温 33 ℃<br>8. 7 月 25 日打顶。气温 21～25 ℃<br>9. 开花期：8 月 13 日，气温 20～28 ℃<br>10. 8 月 15 日封行期　气温 18～23 ℃，中雨 23 毫米。8 月合计降水 238.5 毫米，较多年同期增加 44.3%，其中 3 日、10 日、20 日、23 日小中雨，31 日暴雨。温度：平均高温 27 ℃、平均低温 21 ℃，极端低温 18 ℃<br>11. 后期天气情况　9 月合计降水 111 毫米，较多年同低温期增加 47.3%。温度：平均高温 26 ℃、平均低温 18 ℃，极端低温 15 ℃<br>11. 采棉 10 月合计降水 57.5 毫米，较多年同期增加 50.73%。温度：平均高温 19 ℃、平均低温 9 ℃，极端低温 3 ℃（10 月 17 日）。第二次采棉<br>10 月 13 日，吐絮<br>10 月 25 日，第二次采棉<br>11 月 10 日，第三次采棉</td></tr>
<tr><td>其他农事记录</td><td colspan="4">1. 旋地、施基肥　5 月 5 日施复合肥 50 千克＋土壤调理剂 40 千克＋生物有机肥 80 千克<br>2. 播种　5 月 22 日<br>3. 拌种　杀菌＋杀虫，施巴斯夫鑫尊＋吡虫啉<br>4. 封闭除草　巴斯夫二甲戊灵播种<br>5. 6 月 9 日出苗，播后 18 天出苗，6 月 9 日田间查看棉花出苗率<br>6. 6 月 10 日第一次中耕，深度 4 厘米<br>7. 6 月 18 日齐苗喷药，防蓟马、盲椿象、棉蚜、立枯病、棉铃虫。用恶霉灵＋芸薹素＋吡虫啉＋氯虫苯甲酰胺<br>8. 6 月 23 日防炭疽病＋第二次防蓟马、蚜虫<br>9. 6 月 26 日 3～4 叶定苗，结合第二次中耕除草<br>10. 7 月 10 日小雨，进行第三次中耕，深度 10 厘米<br>11. 7 月 14 日挖水沟防田间积水，以备暴雨。连续 5 天降雨。7 月 16 日现蕾期，高温多湿，防病虫害<br>12. 7 月 16 日现蕾前第五次中耕，深度 10 厘米<br>13. 7 月 25 日打顶，按照省技术指导，打顶时间最晚初霜前 3 个月，实际上株高不够 60 厘米</td></tr>
</table>

（续）

| | |
|---|---|
| 其他农事记录 | 14. 7月26日开沟追肥，施30-5-5肥15千克<br>15. 8月1日，控旺，打5%烯效唑5克，兑30千克水，封群尖和控顶<br>16. 8月10日—13日，以花为界剪去幼蕾、修边、抹赘芽<br>17. 8月15日开沟追花铃肥10-5-25 15千克<br>18. 8月18日防蚜虫、红蜘蛛、棉铃虫、蓟马、叶斑病，施25%丙环唑20毫升1 000倍＋吡唑<br>19. 1 500倍＋磷酸二氢钾＋啶虫米＋氯虫苯甲酰胺<br>20. 9月2日，打疯叉、剪空枝<br>21. 10月14日采棉<br>22. 10月25日采棉<br>23. 11月10日采棉 |
| 整枝 | 第一次：7月25日打顶<br>第二次：8月10日—13日抹赘芽<br>第三次：8月13日修边<br>第四次：9月2日打疯叉 |
| 调节物质应用情况 | 时间：7月20日用量：5%烯效唑5克，兑30千克水<br>时间：8月1日用量：5%烯效唑5克，兑30千克水<br>时间：8月18日用量：25%丙环唑20毫升800倍 |
| 病害情况 | 鲁棉2387轻，中棉炭疽，重叶斑炭疽病　　　　6月13日 |
| 备注 | 1. 出苗弱抗性比较差　前期温度低，雨水比较多，墒比较重，发生立枯病、炭疽病<br>2. 打顶时间7月25日，摘一叶一心，现蕾时株高不够60厘米<br>3. 8月1日控旺3克烯效唑<br>4. 试验田各处理第三重复苗弱 |

# 曹县棉花-大豆间作技术试验总结

曹县农业科学研究所

为有效解决传统棉作模式存在的作物间茬口不顺、环节间衔接不畅、产业间技术协同性不强等问题，探索适用于我区的短季棉应用技术，曹县开展“传统棉作结构调整优化推进工程麦后直播短季棉试验”项目。

## 一、试验地点

试验地在孙老家镇仝店村西，地力水平均匀一致，地势平坦、灌排便利、地力中上等、四周无不良环境影响。

## 二、试验设计及处理

试验设置8个处理，分别为单作大豆、单作棉花、棉花-大豆间作南北走向种植（分为2∶4模式、4∶4模式和4∶6模式）、棉花-大豆间作东西走向种植（分为2∶4模式、4∶4模式和4∶6模式）重复3次，共24个小区，试验总面积6亩。选择1个大豆品种（齐黄34），1个棉花品种（鲁棉2387）。

### （一）单作大豆

大豆平地种植，行距60厘米，株距28厘米，种植密度8 000株/亩，双粒播种（每亩4 000穴），小区种8行大豆，行长10米。

### （二）单作棉花

棉花平地种植，种植密度为6 000株/亩，行距66厘米，株距17厘米，小区种植8行棉花，行长10米。

### （三）棉花-大豆间作

棉花种植密度为7 200株/亩，行距66厘米，株距14厘米；大豆平作种植，行距60厘米，株距28厘米，种植密度为8 000株/亩，双粒播种（每亩4 000穴）；棉花与大豆的间距为50厘米。3种间作模式每个模式重复3次，即3个带宽，行长10米。

**1. 2∶4 模式** 2 行棉花 4 行大豆（带宽 3.46 米），南北走向种植。

**2. 4∶4 模式** 4 行棉花 4 行大豆（带宽 4.78 米），南北走向种植。

**3. 4∶6 模式** 4 行棉花 6 行大豆（带宽 5.98 米），南北走向种植。

**4. 2∶4 模式** 2 行棉花 4 行大豆（带宽 3.46 米），东西走向种植。

**5. 4∶4 模式** 4 行棉花 4 行大豆（带宽 4.78 米），东西走向种植。

**6. 4∶6 模式** 4 行棉花 6 行大豆（带宽 5.98 米），东西走向种植。

## 三、田间管理

于 2021 年 6 月 6 日小麦收获后，机械旋耕后抢时直播，采用开沟、施肥、播种、镇压、覆土一次性完成的精量播种联合作业机直接播种，精量条播每亩用种量 2.0 千克。2021 年麦收后，较旱，播种后浇蒙头水。

利用播种施肥一体化机械，随播种将短季棉全生育期所需化肥一次性深施入 12 厘米以下的土壤中，亩施磷酸二铵 10 千克、普通尿素 5 千克＋控释尿素（控释期 90 天）10 千克、硫酸钾 10 千克。

播后每亩均匀喷施 96％异丙甲草胺乳油 100 毫升。棉苗第 2 片真叶展开后按照试验要求的密度进行定苗，使所有小区达到预定密度。

各处理于 7 月 28 日前后人工打顶，除打顶外不采取其他任何整枝措施。

## 四、调查与测定项目

### （一）土壤指标测定

在棉花播种前、收获后采集 0～20 厘米和 20～40 厘米土层土样，测定土壤有机质、pH、碱解氮、有效磷、速效钾等土壤指标。取样方法：播种前，整个试验地按“五点取样”法采集土样，最后将样品混合成 0～20 厘米、20～40 厘米各 1 个检测样；收获后，每个处理的每个小区分别取 0～20 厘米和 20～40 厘米土层土样，每个小区混合成 0～20 厘米、20～40 厘米各 1 个检测样。其中，棉花-大豆间作 3 种模式，每个小区分别在棉花行间、大豆行间取 0～20 厘米、20～40 厘米土样。土样剔除可见植物残体，风干，磨细过 0.01 毫米筛，用于土壤养分性质检测。

### （二）棉花、大豆田间管理措施记录

**1. 棉花** 记录棉花施肥次数和数量，农药、化控次数和用量，耕整地、排灌水情况等田间管理措施。

**2. 大豆** 记录大豆施肥数量，农药、化控次数和用量，耕整地、播种、收获及排灌水情况等田间管理措施。

具体管理措施记录见表 4-16-1。

**表 4-16-1　棉花-大豆间作田间管理技术措施记录表**

| 处理名称 | | | | | |
|---|---|---|---|---|---|
| 基肥 | 名称 | 日期 | 种类 | 数量 | 施用方法 |
| | | 6 月 6 日 | 17-17-17 | 50 千克 | 种肥 |
| 追肥 | 次数 | 日期 | 种类 | 数量 | 施用方法 |
| | | 7 月 26 日 | 22-8-10 | 30 千克 | 追肥 |
| 治虫 | 日期 | 虫害种类 | 用药种类和浓度 | | 效果 |
| | 7 月 1 日 | 蚜虫 | 25%噻虫嗪水分散粒剂16 克/亩 | | 良 |
| | 7 月 23 日 | 蚜虫、象甲虫 | 无人机喷施 20%氯虫苯甲酰胺悬浮剂 5 毫升/亩＋25%吡蚜・噻嗪酮悬乳剂 100 克 | | 良 |
| 调节物质应用情况 | 时间：7 月 6 日　用量：97%缩节胺 0.5 克/亩<br>时间：7 月 23 日　用量：97%缩节胺 2 克/亩 | | | | |
| 病害 | 日期 | 病害种类 | 用药种类和浓度 | | 效果 |
| | 7 月 1 日 | 立枯病、叶斑病 | 40%百菌清悬乳剂 40 毫升＋30%恶霉灵水剂 20 克 | | 良 |

## (三) 棉花、大豆生育期记录

**1. 棉花**　记录棉花播种期、出苗期、现蕾期、开花期、吐絮期等，详情见表 4-16-2。

由表 4-16-2 可以看出，各个间作模式的生育期相差不大，棉花-大豆间作 2∶4 模式比单作吐絮稍提前 2 天左右，其他间作模式提前 1 天左右。

**表 4-16-2　棉花生育期调查记录表**

| 处理 | 重复 | 播种期（日/月） | 出苗期（日/月） | 现蕾期（日/月） | 开花期（日/月） | 封行期（日/月） | 打顶期（日/月） | 吐絮期（日/月） |
|---|---|---|---|---|---|---|---|---|
| 单作棉花 | 1 | 6/6 | 12/6 | 11/7 | 31/7 | 2/8 | 4/8 | 25/9 |
| | 2 | 6/6 | 12/6 | 11/7 | 31/7 | 2/8 | 4/8 | 25/9 |
| | 3 | 6/6 | 12/6 | 11/7 | 31/7 | 2/8 | 4/8 | 25/9 |
| 棉花-大豆间作 2∶4 模式（南北） | 1 | 6/6 | 12/6 | 11/7 | 31/7 | 2/8 | 4/8 | 23/9 |
| | 2 | 6/6 | 12/6 | 11/7 | 31/7 | 2/8 | 4/8 | 23/9 |
| | 3 | 6/6 | 12/6 | 11/7 | 31/7 | 2/8 | 4/8 | 23/9 |
| 棉花-大豆间作 4∶4 模式（南北） | 1 | 6/6 | 12/6 | 11/7 | 31/7 | 2/8 | 4/8 | 24/9 |
| | 2 | 6/6 | 12/6 | 11/7 | 31/7 | 2/8 | 4/8 | 24/9 |
| | 3 | 6/6 | 12/6 | 11/7 | 31/7 | 2/8 | 4/8 | 24/9 |
| 棉花-大豆间作 4∶6 模式（南北） | 1 | 6/6 | 12/6 | 11/7 | 31/7 | 2/8 | 4/8 | 25/9 |
| | 2 | 6/6 | 12/6 | 11/7 | 31/7 | 2/8 | 4/8 | 25/9 |
| | 3 | 6/6 | 12/6 | 11/7 | 31/7 | 2/8 | 4/8 | 25/9 |

（续）

| 处理 | 重复 | 播种期（日/月） | 出苗期（日/月） | 现蕾期（日/月） | 开花期（日/月） | 封行期（日/月） | 打顶期（日/月） | 吐絮期（日/月） |
|---|---|---|---|---|---|---|---|---|
| 棉花-大豆间作 2∶4 模式（东西） | 1 | 6/6 | 12/6 | 11/7 | 31/7 | 2/8 | 4/8 | 23/9 |
| | 2 | 6/6 | 12/6 | 11/7 | 31/7 | 2/8 | 4/8 | 23/9 |
| | 3 | 6/6 | 12/6 | 11/7 | 31/7 | 2/8 | 4/8 | 23/9 |
| 棉花-大豆间作 4∶4 模式（东西） | 1 | 6/6 | 12/6 | 11/7 | 31/7 | 2/8 | 4/8 | 25/9 |
| | 2 | 6/6 | 12/6 | 11/7 | 31/7 | 2/8 | 4/8 | 24/9 |
| | 3 | 6/6 | 12/6 | 11/7 | 31/7 | 2/8 | 4/8 | 24/9 |
| 棉花-大豆间作 4∶6 模式（东西） | 1 | 6/6 | 12/6 | 11/7 | 31/7 | 2/8 | 4/8 | 25/9 |
| | 2 | 6/6 | 12/6 | 11/7 | 31/7 | 2/8 | 4/8 | 24/9 |
| | 3 | 6/6 | 12/6 | 11/7 | 31/7 | 2/8 | 4/8 | 25/9 |

**2. 大豆** 记录大豆播种期、出苗期、开花期、收获期。具体情况见表 4-16-3。由表 4-16-3 可以看出，各间作模式下大豆生育期、生物学特性相差不大。

**表 4-16-3 大豆生育期及生物学特性记录表**

| 处理 | 重复 | 播种期（日/月） | 出苗期（日/月） | 出苗率（%） | 开花期（日/月） | 收获期（日/月） |
|---|---|---|---|---|---|---|
| 单作大豆 | 1 | 6/6 | 12/6 | 98.2 | 26/7 | 25/9 |
| | 2 | 6/6 | 12/6 | 98.1 | 26/7 | 25/9 |
| | 3 | 6/6 | 12/6 | 98.1 | 26/7 | 25/9 |
| 棉花-大豆间作 2∶4 模式（南北） | 1 | 6/6 | 12/6 | 98.1 | 26/7 | 25/9 |
| | 2 | 6/6 | 12/6 | 98.1 | 26/7 | 25/9 |
| | 3 | 6/6 | 12/6 | 98.1 | 26/7 | 25/9 |
| 棉花-大豆间作 4∶4 模式（南北） | 1 | 6/6 | 12/6 | 98.1 | 26/7 | 25/9 |
| | 2 | 6/6 | 12/6 | 98.1 | 26/7 | 25/9 |
| | 3 | 6/6 | 12/6 | 98.1 | 26/7 | 25/9 |
| 棉花-大豆间作 4∶6 模式（南北） | 1 | 6/6 | 12/6 | 98.1 | 26/7 | 25/9 |
| | 2 | 6/6 | 12/6 | 98.1 | 26/7 | 25/9 |
| | 3 | 6/6 | 12/6 | 98.1 | 26/7 | 25/9 |
| 棉花-大豆间作 2∶4 模式（东西） | 1 | 6/6 | 12/6 | 98.1 | 26/7 | 25/9 |
| | 2 | 6/6 | 12/6 | 98.1 | 26/7 | 25/9 |
| | 3 | 6/6 | 12/6 | 98.1 | 26/7 | 25/9 |
| 棉花-大豆间作 4∶4 模式（东西） | 1 | 6/6 | 12/6 | 98.1 | 26/7 | 25/9 |
| | 2 | 6/6 | 12/6 | 98.1 | 26/7 | 25/9 |
| | 3 | 6/6 | 12/6 | 98.1 | 26/7 | 25/9 |
| 棉花-大豆间作 4∶6（东西） | 1 | 6/6 | 12/6 | 98.1 | 26/7 | 25/9 |
| | 2 | 6/6 | 12/6 | 98.1 | 26/7 | 25/9 |
| | 3 | 6/6 | 12/6 | 98.1 | 26/7 | 25/9 |

## （四）棉花、大豆农艺性状调查

1. **棉花** 单作棉花取中间2行，其中1行定点连续选取10株棉花；间作棉花在各处理的每个小区每行定点连续选取5株棉花（分行分别记载调查），分别于7月15日、8月15日、9月15日调查株高、第一果枝高度、第一果枝节位、果枝数、成铃数、花与幼铃数、烂铃数、吐絮铃数。试验过程中，若定点植株受损，则剔除该植株的相关数据。棉花农艺性状见表4-16-4、表4-16-5、表4-16-6。

**表4-16-4 棉花农艺性状记录表**（7月5日）

| 处理 | 重复 | 株高（厘米） | 果枝数（枝） |
| --- | --- | --- | --- |
| 单作棉花 | 1 | 37.2 | 1.7 |
| | 2 | 37.4 | 1.7 |
| | 3 | 37.8 | 1.8 |
| 棉花-大豆间作2：4模式（南北） | 1 | 37.2 | 1.8 |
| | 2 | 37.4 | 1.8 |
| | 3 | 37.1 | 1.7 |
| 棉花-大豆间作4：4模式（南北） | 1 | 37.2 | 1.6 |
| | 2 | 37.3 | 1.6 |
| | 3 | 37.2 | 1.7 |
| 棉花-大豆间作4：6模式（南北） | 1 | 37.2 | 1.4 |
| | 2 | 37.4 | 1.8 |
| | 3 | 37.5 | 1.8 |
| 棉花-大豆间作2：4模式（东西） | 1 | 37.8 | 1.6 |
| | 2 | 37.9 | 1.8 |
| | 3 | 37.8 | 1.4 |
| 棉花-大豆间作4：4模式（东西） | 1 | 40.0 | 2.0 |
| | 2 | 37.6 | 1.6 |
| | 3 | 37.8 | 1.7 |
| 棉花-大豆间作4：6模式（东西） | 1 | 37.8 | 2.2 |
| | 2 | 38.4 | 2.0 |
| | 3 | 36.9 | 1.9 |

**表4-16-5 棉花农艺性状记录表**

| 处理 | 重复 | 株高（厘米） | 果枝数（枝） | 花与幼铃（个） | 成铃（个） |
| --- | --- | --- | --- | --- | --- |
| 单作棉花 | 1 | 81.2 | 9.5 | 2.3 | 2.1 |
| | 2 | 81.3 | 9.6 | 2.4 | 2.4 |
| | 3 | 81.5 | 9.7 | 2.1 | 2.3 |

（续）

| 处理 | 重复 | 株高（厘米） | 果枝数（枝） | 花与幼铃（个） | 成铃（个） |
|---|---|---|---|---|---|
| 棉花-大豆间作 2∶4 模式（南北） | 1 | 79.3 | 9.5 | 2.6 | 2.5 |
| | 2 | 79.1 | 9.6 | 2.9 | 2.6 |
| | 3 | 78.4 | 9.8 | 2.8 | 2.8 |
| 棉花-大豆间作 4∶4 模式（南北） | 1 | 80.1 | 9.8 | 2.4 | 2.4 |
| | 2 | 80.6 | 9.2 | 2.3 | 2.5 |
| | 3 | 80.2 | 9.5 | 2.5 | 2.2 |
| 棉花-大豆间作 4∶6 模式（南北） | 1 | 80.5 | 9.5 | 2.6 | 2.7 |
| | 2 | 80.2 | 9.6 | 2.4 | 2.2 |
| | 3 | 80.3 | 9.7 | 2.3 | 2.6 |
| 棉花-大豆间作 2∶4 模式（东西） | 1 | 79.5 | 9.5 | 2.8 | 2.6 |
| | 2 | 79.6 | 9.3 | 2.6 | 2.9 |
| | 3 | 79.8 | 9.5 | 2.9 | 2.7 |
| 棉花-大豆间作 4∶4 模式（东西） | 1 | 80.3 | 9.4 | 2.6 | 2.4 |
| | 2 | 80.1 | 9.3 | 2.3 | 2.2 |
| | 3 | 80.5 | 9.2 | 2.6 | 2.5 |
| 棉花-大豆间作 4∶6 模式（东西） | 1 | 80.5 | 9.6 | 2.6 | 2.7 |
| | 2 | 80.3 | 9.8 | 2.8 | 2.6 |
| | 3 | 80.6 | 9.2 | 2.4 | 2.3 |

**表 4-16-6　棉花农艺性状记录表**（9 月 18 日）

| 处理 | 重复 | 花与幼铃（个） | 成铃（个） | 烂铃（个） | 吐絮铃（个） |
|---|---|---|---|---|---|
| 单作棉花 | 1 | 5.6 | 5.9 | 0.2 | 无 |
| | 2 | 4.8 | 7.2 | 0.1 | 无 |
| | 3 | 7.2 | 6.8 | — | 无 |
| 棉花-大豆间作 2∶4 模式（南北） | 1 | 4.1 | 7.8 | — | 无 |
| | 2 | 5.2 | 7.6 | — | 无 |
| | 3 | 6.1 | 7.5 | — | 无 |
| 棉花-大豆间作 4∶4 模式（南北） | 1 | 5.2 | 6.9 | — | 无 |
| | 2 | 6.3 | 7.3 | 0.1 | 无 |
| | 3 | 6.2 | 6.9 | 0.1 | 无 |
| 棉花-大豆间作 4∶6 模式（南北） | 1 | 3.2 | 7.5 | — | 无 |
| | 2 | 5.3 | 7.0 | 0.1 | 无 |
| | 3 | 5.8 | 7.3 | — | 无 |
| 棉花-大豆间作 2∶4 模式（东西） | 1 | 3.5 | 7.4 | — | 无 |
| | 2 | 4.6 | 7.8 | — | 无 |
| | 3 | 3.7 | 7.6 | — | 无 |

（续）

| 处理 | 重复 | 花与幼铃（个） | 成铃（个） | 烂铃（个） | 吐絮铃（个） |
|---|---|---|---|---|---|
| 棉花-大豆间作 4∶4 模式（东西） | 1 | 4.5 | 7.4 | 0.2 | 无 |
| | 2 | 3.7 | 6.8 | — | 无 |
| | 3 | 4.6 | 6.8 | — | 无 |
| 棉花-大豆间作 4∶6 模式（东西） | 1 | 3.5 | 7.4 | — | 无 |
| | 2 | 4.8 | 7.5 | 0.1 | 无 |
| | 3 | 3.7 | 7.8 | — | 无 |

2. **大豆**　单作大豆在每个小区随机选取 2 株，间作大豆在各处理的每个小区每行定点连续选取 2 株（分行分别记载调查），分别于分枝期、开花结荚期、鼓粒成熟期调查株高、底荚高、节数、有效分枝数、单株有效荚数、单株粒数、单株粒重。结果见表 4-16-7。

**表 4-16-7　大豆主要经济性状记录表**（9 月 20 日）

| 处理 | 重复 | 株高（厘米） | 底荚高（厘米） | 有效分枝数（枝） | 单株有效荚数（个） | 单株粒数（个） | 百粒重（克） |
|---|---|---|---|---|---|---|---|
| 单作大豆 | 1 | 71 | 15 | 2 | 56 | 123.2 | 26.9 |
| | 2 | 69 | 12 | 2 | 49 | 151.8 | 26.9 |
| | 3 | 72 | 11 | 1.9 | 59 | 129.8 | 26.9 |
| 棉花-大豆间作 2∶4 模式 | 南北 1 | 68 | 11 | 2 | 50 | 132.0 | 26.9 |
| | 南北 2 | 67 | 13 | 1.2 | 43 | 94.6 | 26.9 |
| | 南北 3 | 63.2 | 14 | 1.8 | 56 | 123.2 | 26.9 |
| 棉花-大豆间作 4∶4 模式 | 南北 1 | 69 | 13 | 2 | 49 | 129.8 | 26.9 |
| | 南北 2 | 68.2 | 16 | 1.8 | 54 | 118.8 | 26.9 |
| | 南北 3 | 64 | 14 | 1.5 | 48 | 105.6 | 26.9 |
| 棉花-大豆间作 4∶6 模式 | 南北 1 | 72 | 15 | 2 | 51 | 134.2 | 26.9 |
| | 南北 2 | 69 | 14 | 1.2 | 48 | 105.6 | 26.9 |
| | 南北 3 | 71 | 10 | 1.8 | 56 | 123.2 | 26.9 |
| 棉花-大豆间作 2∶4 模式 | 东西 1 | 68 | 15 | 2 | 50 | 132.0 | 26.9 |
| | 东西 2 | 67 | 12 | 1.6 | 52 | 114.4 | 26.9 |
| | 东西 3 | 63.2 | 9 | 1.6 | 45 | 99.0 | 26.9 |
| 棉花-大豆间作 4∶4 模式 | 东西 1 | 69 | 12 | 2 | 49 | 129.8 | 26.9 |
| | 东西 2 | 68.2 | 11 | 1.6 | 50 | 110.0 | 26.9 |
| | 东西 3 | 64 | 11 | 1.7 | 44 | 96.8 | 26.9 |
| 棉花-大豆间作 4∶6 模式 | 东西 1 | 72 | 17 | 1.4 | 46 | 101.2 | 26.9 |
| | 东西 2 | 69 | 12 | 2 | 51 | 134.2 | 26.9 |
| | 东西 3 | 71 | 13 | 1.7 | 52 | 114.4 | 26.9 |

## （五）棉花和大豆产量品质测定

（1）棉花实收产量测定。单作棉花在每个小区随机选取长势一致的棉花标记样点，量取 10 米长的中间两行。间作棉花在每个小区随机选取长势一致的棉花标记样点，量取每行 5 米长。待该小区的吐絮率达到 30%～40%时，第 1 次收花；于 10 月 25 日第 2 次收花；截至 11 月 10 日所有小区最后一次收花，剩余未开裂棉铃不计产量。每次收获的籽棉自然晒干并称重（籽棉产量），每个小区棉花标记样点 3 次收花的产量之和为该样点的籽棉产量。

（2）棉花产量构成因素。于第 1 次收花前，每个小区选择长势一致的棉花标记样点，测量 0.01 亩面积的株数、吐絮铃数、青铃数、烂铃数，以吐絮铃数、青铃数、烂铃数相加为总铃数。第 2 次收花时（10 月 25 日），在每个标记样点内收取内围正常吐絮的 50 个棉铃，晒干（水分 11%～12%）后称重，取平均值作为样点单铃重，依据样点籽棉产量（样点内的 50 个铃的重量计入样点实收产量）和铃重计算铃数。对晒干并称重后的 50 个棉铃进行轧花，得到衣分率，依据该衣分率和样点籽棉产量计算出样点皮棉产量。结果见表 4-16-8。

（3）棉花纤维品质测定。对样点 50 铃轧花后的皮棉进行纤维品质检测，棉籽测定含油率（不饱和脂肪酸含量）、蛋白含量及其组分变化情况。

**表 4-16-8　棉花产量测定记录表**

| 处理 | 重复 | 株数（0.01 亩） | 吐絮铃数（个） | 青铃数（个） | 烂铃数（个） | 总铃数（个） | 单铃重（克） | 衣分率（%） | 产量（千克） | 间作亩产量（千克/亩） |
|---|---|---|---|---|---|---|---|---|---|---|
| 单作棉花 | 1 | 60 | 225 | 249 | 64 | 538 | 4.8 | 39.1 | 0.858 | 85.8 |
| | 2 | 59 | 210 | 257 | 58 | 525 | 4.8 | 39.1 | 0.812 | 81.2 |
| | 3 | 60 | 172 | 227 | 81 | 480 | 4.8 | 39.1 | 0.765 | 76.5 |
| 棉花-大豆间作 2∶4 模式 | 南北 1 | 60 | 285 | 329 | 6 | 620 | 5.0 | 40.0 | 1.054 | 37.4 |
| | 南北 2 | 59 | 241 | 360 | 4 | 605 | 5.0 | 40.0 | 1.028 | 36.5 |
| | 南北 3 | 59 | 270 | 345 | 8 | 615 | 5.0 | 40.0 | 1.045 | 37.1 |
| 棉花-大豆间作 4∶4 模式 | 南北 1 | 59 | 210 | 324 | 11 | 545 | 4.9 | 39.5 | 0.897 | 47.0 |
| | 南北 2 | 60 | 230 | 358 | 2 | 590 | 4.9 | 39.5 | 0.971 | 50.9 |
| | 南北 3 | 59 | 255 | 310 | 15 | 580 | 4.9 | 39.5 | 0.954 | 50.0 |
| 棉花-大豆间作 4∶6 模式 | 南北 1 | 59 | 259 | 338 | 8 | 605 | 4.9 | 39.6 | 0.997 | 42.2 |
| | 南北 2 | 60 | 281 | 313 | 6 | 600 | 4.9 | 39.6 | 0.988 | 41.8 |
| | 南北 3 | 60 | 275 | 307 | 6 | 588 | 4.9 | 39.6 | 0.968 | 41.0 |
| 棉花-大豆间作 2∶4 模式 | 东西 1 | 59 | 268 | 347 | 5 | 620 | 5.0 | 40.0 | 1.054 | 37.4 |
| | 东西 2 | 60 | 250 | 365 | 3 | 618 | 5.0 | 40.0 | 1.034 | 36.7 |
| | 东西 3 | 60 | 290 | 314 | 16 | 620 | 5.0 | 40.0 | 1.054 | 37.4 |
| 棉花-大豆间作 4∶4 模式 | 东西 1 | 60 | 265 | 328 | 12 | 605 | 4.9 | 39.6 | 0.997 | 52.2 |
| | 东西 2 | 60 | 175 | 358 | 7 | 540 | 4.9 | 39.6 | 0.889 | 46.6 |
| | 东西 3 | 59 | 260 | 328 | 13 | 601 | 4.9 | 39.6 | 0.991 | 51.9 |

（续）

| 处理 | 重复 | 株数（0.01亩） | 吐絮铃数（个） | 青铃数（个） | 烂铃数（个） | 总铃数（个） | 单铃重（克） | 衣分率（%） | 产量（千克） | 间作亩产量（千克/亩） |
|---|---|---|---|---|---|---|---|---|---|---|
| 棉花-大豆间作4：6模式 | 东西1 | 60 | 285 | 320 | 3 | 608 | 4.9 | 39.7 | 1.005 | 42.5 |
| | 东西2 | 60 | 236 | 353 | 11 | 600 | 4.9 | 39.7 | 0.992 | 42.0 |
| | 东西3 | 59 | 255 | 348 | 7 | 610 | 4.9 | 39.7 | 1.008 | 42.6 |

（4）大豆产量测定。每个处理选取3个样点，在样点中连续测量11行的距离，分别除以10，计算出平均行距（米）。产量（千克）＝亩株数（株）×株粒数（粒）×百粒重（克）×85%×$10^{-5}$。结果见表4-16-9。

**表4-16-9　大豆产量测定统计表**

| 处理 | 小区大豆产量（千克） | | | | | 折合亩产（千克） | 位次 |
|---|---|---|---|---|---|---|---|
| | 重复1 | 重复2 | 重复3 | 合计 | 平均 | | |
| 单作大豆 | 16.2 | 20.0 | 17.2 | 53.4 | 17.8 | 246.8 | 1 |
| 棉花-大豆间作2：4模式（南北） | 26.0 | 18.4 | 24.2 | 68.6 | 22.9 | 136.6 | 2 |
| 棉花-大豆间作4：4模式（南北） | 25.7 | 23.4 | 20.7 | 69.8 | 23.3 | 102.3 | 6 |
| 棉花-大豆间作4：6模式（南北） | 39.7 | 30.9 | 36.6 | 107.2 | 35.7 | 127.5 | 4 |
| 棉花-大豆间作2：4模式（东西） | 26.0 | 22.8 | 19.6 | 68.4 | 22.8 | 136.2 | 3 |
| 棉花-大豆间作4：4模式（东西） | 25.7 | 21.9 | 19.0 | 66.6 | 22.2 | 97.8 | 7 |
| 棉花-大豆间作4：6模式（东西） | 29.6 | 39.1 | 34.0 | 102.7 | 34.2 | 122.4 | 5 |

（5）棉花-大豆间作经济效益分析。记录不同处理的人工成本、物化成本、总成本，根据价格、产量计算经济效益。结果见表4-16-10。

**表4-16-10　棉花-大豆间作经济效益分析**（棉花价格25.9元/千克、大豆价格5.8元/千克）

| | 重复 | 物化成本（元/亩） | 人工成本（元/亩） | 用工个数（亩） | 总成本（元/亩） | 棉花产量（亩） | 大豆产量（亩） | 经济效益（元/亩） | 平均经济效益（元/亩） |
|---|---|---|---|---|---|---|---|---|---|
| 单作大豆 | 1 | 800 | 300 | 5 | 1 100 | — | 246.8 | 331.4 | 331.4 |
| | 2 | 800 | 300 | 5 | 1 100 | — | 246.8 | 331.4 | |
| | 3 | 800 | 300 | 5 | 1 100 | — | 246.8 | 331.4 | |
| 单作棉花 | 1 | 900 | 540 | 9 | 1 440 | 85.8 | — | 782.2 | 662.3 |
| | 2 | 900 | 540 | 9 | 1 440 | 81.2 | — | 663.1 | |
| | 3 | 900 | 540 | 9 | 1 440 | 76.5 | — | 541.4 | |
| 棉花-大豆间作2：4模式（南北） | 1 | 850 | 420 | 7 | 1 270 | 37.4 | 136.6 | 490.9 | 480.6 |
| | 2 | 850 | 420 | 7 | 1 270 | 36.5 | 136.6 | 467.6 | |
| | 3 | 850 | 420 | 7 | 1 270 | 37.1 | 136.6 | 483.2 | |
| 棉花-大豆间作4：4模式（南北） | 1 | 850 | 420 | 7 | 1 270 | 47.0 | 102.3 | 540.6 | 600.2 |
| | 2 | 850 | 420 | 7 | 1 270 | 50.9 | 102.3 | 641.7 | |
| | 3 | 850 | 420 | 7 | 1 270 | 50.0 | 102.3 | 618.3 | |

（续）

| | 重复 | 物化成本（元/亩） | 人工成本（元/亩） | 用工个数（亩） | 总成本（元/亩） | 棉花产量（亩） | 大豆产量（亩） | 经济效益（元/亩） | 平均经济效益（元/亩） |
|---|---|---|---|---|---|---|---|---|---|
| 棉花-大豆间作 4∶6 模式（南北） | 1 | 850 | 420 | 7 | 1 270 | 42.2 | 127.5 | 562.5 | 548.6 |
| | 2 | 850 | 420 | 7 | 1 270 | 41.8 | 127.5 | 552.1 | |
| | 3 | 850 | 420 | 7 | 1 270 | 41.0 | 127.5 | 531.4 | |
| 棉花-大豆间作 2∶4 模式（东西） | 1 | 850 | 420 | 7 | 1 270 | 37.4 | 136.2 | 488.6 | 482.6 |
| | 2 | 850 | 420 | 7 | 1 270 | 36.7 | 136.2 | 470.5 | |
| | 3 | 850 | 420 | 7 | 1 270 | 37.4 | 136.2 | 488.6 | |
| 棉花-大豆间作 4∶4 模式（东西） | 1 | 850 | 420 | 7 | 1 270 | 52.2 | 97.8 | 649.2 | 598.3 |
| | 2 | 850 | 420 | 7 | 1 270 | 46.6 | 97.8 | 504.2 | |
| | 3 | 850 | 420 | 7 | 1 270 | 51.9 | 97.8 | 641.5 | |
| 棉花-大豆间作 4∶6 模式（东西） | 1 | 850 | 420 | 7 | 1 270 | 42.5 | 122.4 | 540.7 | 537.2 |
| | 2 | 850 | 420 | 7 | 1 270 | 42.0 | 122.4 | 527.7 | |
| | 3 | 850 | 420 | 7 | 1 270 | 42.6 | 122.4 | 543.3 | |

由于今年棉花价格较高，皮棉售价达 25.9 元/千克，对各模式效益不好比较，但各模式中棉花面积种植越大，效益越高。

南北向与东西向棉花-大豆间作模式效果差别不明显。

棉花-大豆间作 4∶2 模式的通风透光好，棉花吐絮早 1～2 天，吐絮畅，而且棉花铃大，衣分率高，结铃多 1～2 个，烂铃较少，边行优势明显。

# 山东省棉花花生“两花”产业生态位互作技术试验

王德鹏

## 一、试验地点

试验地点为山东省临沂市莒南县、沂水县和沂南县。试验地地力水平均匀一致，地势平坦、灌排便利、地力中上等、四周无不良环境影响。

## 二、试验设计及处理

试验采用播期、种植模式、品种不同的多因素试验。

### （一）供试品种

1个直立型的花生品种；2个棉花品种（鲁棉532、鲁棉696）。

### （二）播期处理

根据当地种植时间设置3个播期处理（播期处理相隔5天）。

### （三）种植模式

单作花生，单作棉花，棉花-花生2∶4间作（2行棉花+4行花生），棉花-花生4∶4间作（4行棉花+4行花生），棉花-花生4∶6间作（4行棉花+6行花生）。

试验重复3次，每个试验点81个小区（9×3×3），每个小区60平方米，每个点试验面积不少于9亩（7.28亩/0.8）。3个试验点小区总数为243个，3个试验点总试验面积不少于27亩。棉花和花生收获后均种植油菜，根据当地种植情况选取油菜品种和施肥管理方法，小区设置不变。试验小区图如图4-17-1。

种植模式处理如下：

1. **单作花生** 花生种植分为平作和垄作两种方式，平作行距为35厘米；垄作进行起垄，垄宽为75厘米或80厘米，一垄两行，小行距30厘米。种植密度为2万株/亩，双粒播种，小区至少种8行花生，行长8～10米（如果是大区种植，行长根据地块地形而定，如果长度不到8米，则应增加带宽）（图4-17-2）。

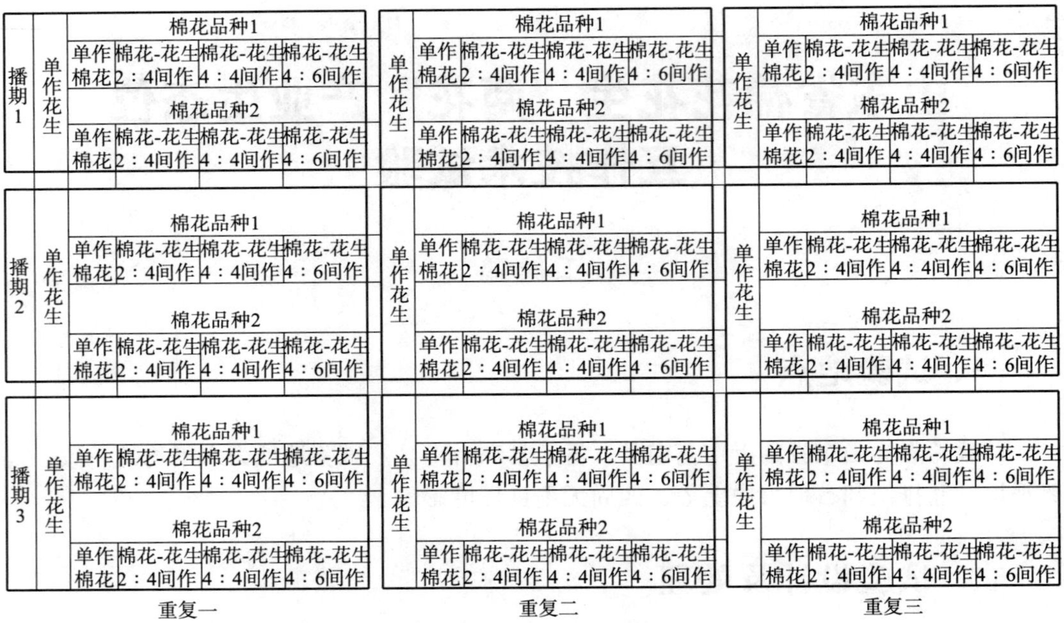


图 4-17-1　试验小区图

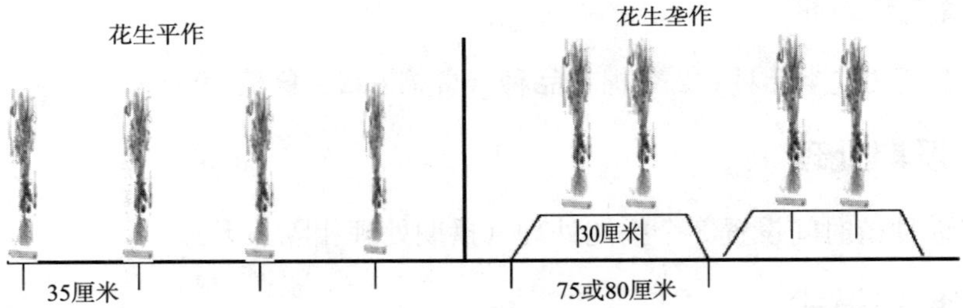


图 4-17-2　单作花生示意图

**2. 单作棉花**　棉花平地种植，种植密度为 6 000 株/亩和 4 500 株/亩，行距分布为 66 厘米和 76 厘米，小区至少种植 8 行棉花，行长 8～10 米（如果是大区种植，行长根据地块地形而定，如果长度不到 8 米，则应增加带宽）（图 4-17-3）。

**3. 棉花-花生间作**　棉花种植密度为 6 000 株/亩，行距 76 厘米，株距 17 厘米；花生垄作种植，垄宽为 75 厘米或 80 厘米，一垄两行，小行距 30 厘米，种植密度为 20 000 株/亩，双粒播种；棉花与花生的行距为 50 厘米。3 种间作模式每个模式最少重复3 次，即至少 3 个带宽，行长 8～10 米。如果是大区示范种植，至少 5 个带宽，带长因地块大小而定。棉花和花生每年进行轮作。

棉花-花生间作采用 2∶4 模式、4∶4 模式和 4∶6 模式（3 个模式）。

（1）2∶4 模式。采用种植 2 行棉花和 4 行花生的间作模式，棉花种植密度为 4 500 株/亩，行距 76 厘米；花生种植密度为 20 000 株/亩，双粒播种，种植方式分为垄作和平作，平作行距为35 厘米，垄作的垄宽为75 或80 厘米，一垄两行，小行距30 厘米；

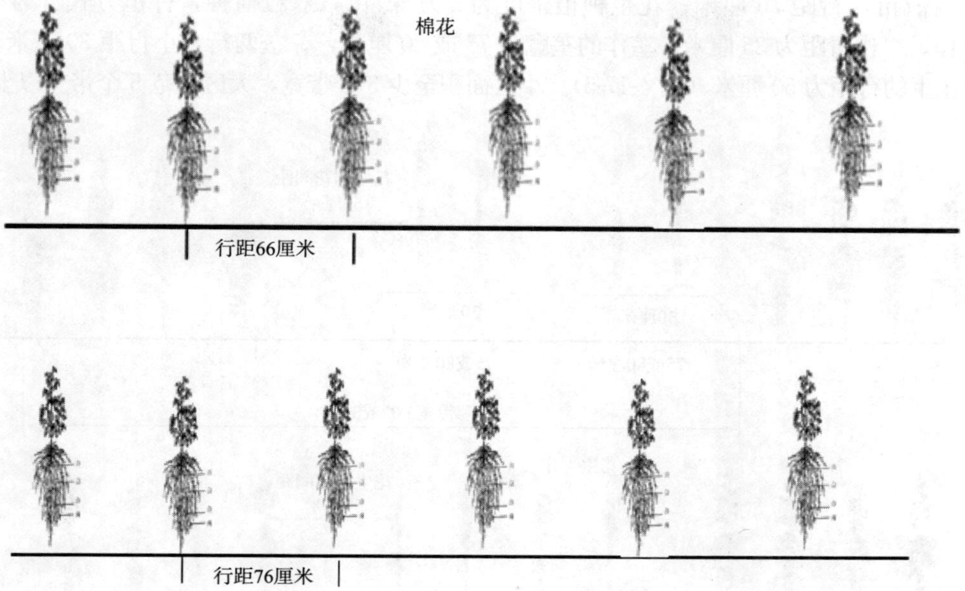


图 4-17-3　单作棉花示意图

棉花与花生的行距为 50 厘米（图 4-17-4）。小区面积至少 3 个带宽，或者大区示范 5 个带宽以上。

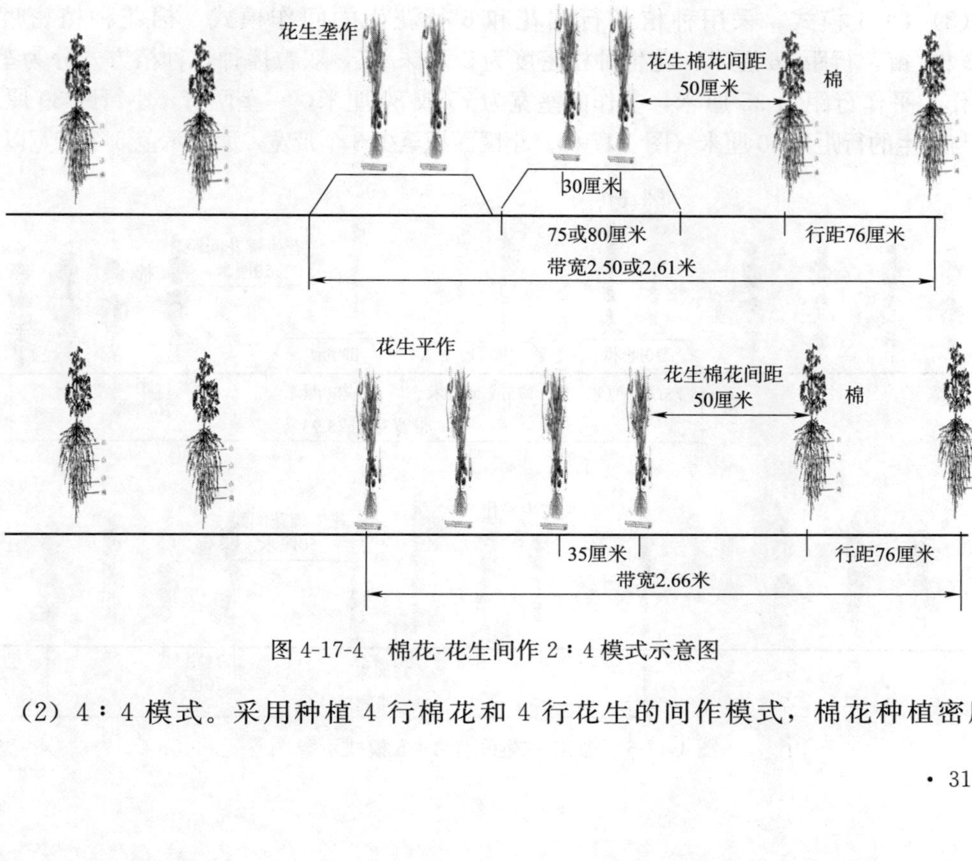


图 4-17-4　棉花-花生间作 2∶4 模式示意图

（2）4∶4 模式。采用种植 4 行棉花和 4 行花生的间作模式，棉花种植密度为

4 500 株/亩，行距 76 厘米；花生种植密度为 2 万株/亩，双粒播种，种植方式分为垄作和平作，平作行距为 35 厘米，垄作的垄宽为 75 或 80 厘米，一垄两行，小行距 30 厘米；棉花与花生的行距为 50 厘米（图 4-17-5）。小区面积至少 3 个带宽，大区示范 5 个带宽以上。

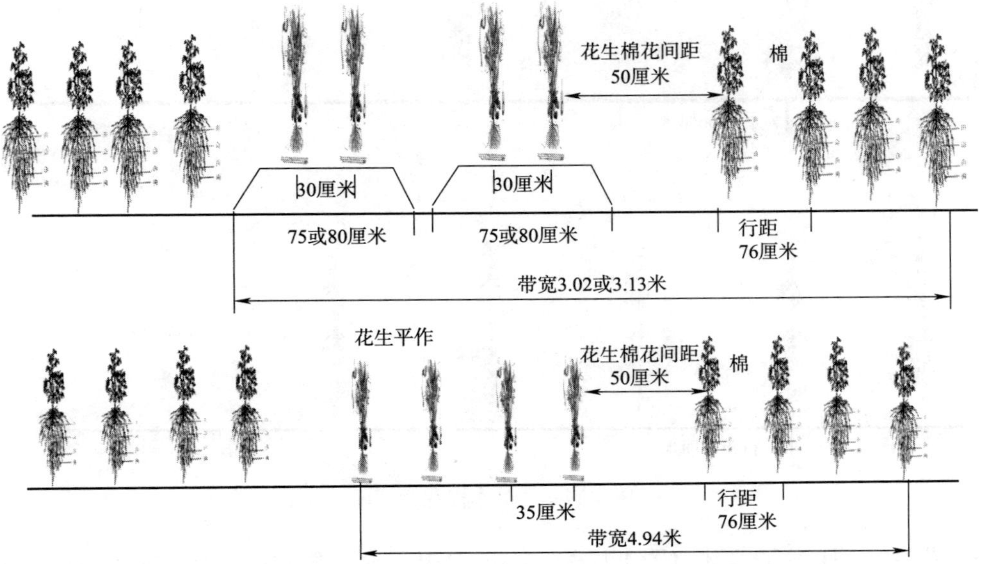


图 4-17-5　棉花-花生间作 4∶4 示意图

（3）4∶6 模式。采用种植 4 行棉花和 6 行花生的间作模式，棉花种植密度为 4 500 株/亩，行距 76 厘米；花生种植密度为 2 万株/亩，双粒播种，种植方式分为垄作和平作，平作行距为 35 厘米，垄作的垄宽为 75 或 80 厘米，一垄两行，小行距 30 厘米；棉花与花生的行距为 50 厘米（图 4-17-6）。小区面积至少 3 个带宽，大区示范 5 个带宽以上。

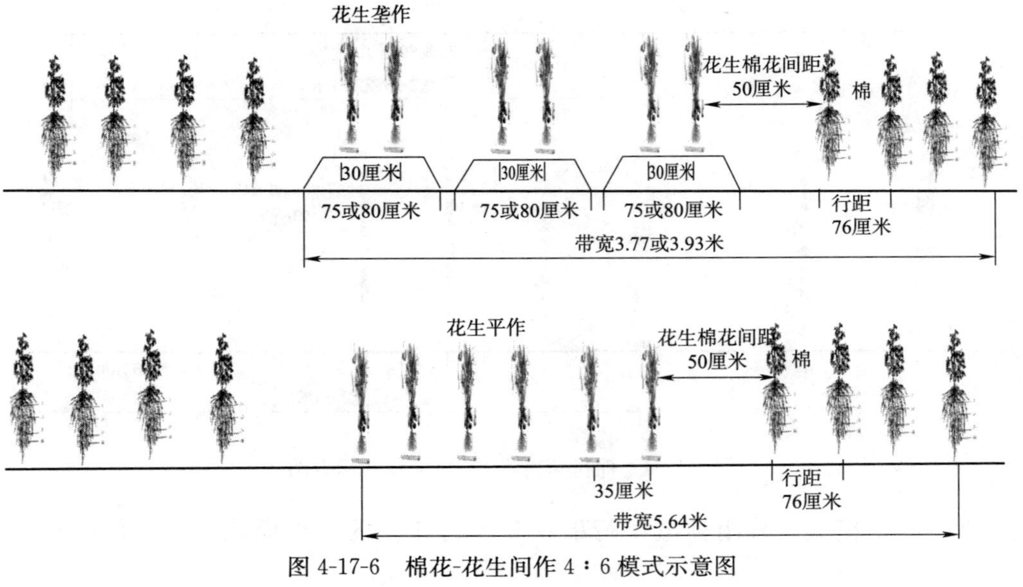


图 4-17-6　棉花-花生间作 4∶6 模式示意图

试验共9个处理，每个处理3个重复，总共27个小区。

## 三、田间管理

施肥、灌水、化控等田间管理按照当地高产田标准进行，除试验要求外，各处理的管理应做到均匀一致。

## 四、研究结果

### （一）棉花田间管理技术措施记录

棉花田间管理技术措施记录见表4-17-1、表4-17-2、表4-17-3。

**表4-17-1　棉花田间管理技术措施**（4月28日播种）

| 播期 | 2021年4月28日播种 | | | | |
|---|---|---|---|---|---|
| 追肥 | 次数 | 日期 | 种类 | 数量 | 施用方法 |
| | 2 | 6月16日/7月1日 | 磷酸二氢钾 | 100克/150克 | 叶面喷肥 |
| 治虫 | 日期 | 虫害种类 | 用药种类和浓度 | | 效果 |
| | 5月25日/6月5日/6月16日 | 蚜虫 | 10%吡虫啉2 000倍/1 500倍/1 000倍 | | 一般、一般、较好 |
| 调节物质应用情况 | 时间：6月16日　用量：10克　时间：7月1日　用量：15克 | | | | |
| 病害情况 | 病害很轻，故没有进行防治 | | | | |
| 棉花生育期气象简况 | 今年天气前期干旱、多风，后期雨水较大、光照不足，对成铃量、品质、吐絮量、衣分率有一定影响 | | | | |

**表4-17-2　棉花田间管理技术措施**（5月3日播种）

| 播期 | 2021年5月3日播种 | | | | |
|---|---|---|---|---|---|
| 追肥 | 次数 | 日期 | 种类 | 数量 | 施用方法 |
| | 2 | 6月16日/7月1日 | 磷酸二氢钾 | 100克/150克 | 叶面喷肥 |
| 治虫 | 日期 | 虫害种类 | 用药种类和浓度 | | 效果 |
| | 5月25日/6月5日/6月16日 | 蚜虫 | 10%吡虫啉2 000倍/1 500倍/1 000倍 | | 一般、一般、较好 |
| 调节物质应用情况 | 时间：6月16日　用量：10克　时间：7月1日　用量：15克 | | | | |
| 病害情况 | 病害很轻，故没有进行防治 | | | | |
| 棉花生育期气象简况 | 今年天气前期干旱、多风，后期雨水较大，光照不足，对成铃量、品质、吐絮量、衣分率有一定影响 | | | | |

**表 4-17-3　棉花田间管理技术措施**（5 月 8 日播种）

| 播期 | 2021 年 5 月 8 日播种 | | | | |
|---|---|---|---|---|---|
| 追肥 | 次数 | 日期 | 种类 | 数量 | 施用方法 |
| | 2 | 6 月 16 日/7 月 1 日 | 磷酸二氢钾 | 100 克/150 克 | 叶面喷肥 |
| 治虫 | 日期 | 虫害种类 | 用药种类和浓度 | | 效果 |
| | 5 月 25 日/6 月 5 日/6 月 16 日 | 蚜虫 | 10%吡虫啉 2 000 倍/1 500 倍/1 000 倍 | | 一般、一般、较好 |
| 调节物质 | 时间：6 月 16 日　　用量：10 克　　时间：7 月 1 日　　用量：15 克 | | | | |
| 病害情况 | 病害很轻，故没有进行防治　　月　　日 | | | | |
| 棉花生育期气象简况 | 今年天气前期干旱、多风，后期雨水较大，光照不足，对成铃量、品质、吐絮量、衣分率有一定影响 | | | | |

## （二）棉花生育期调查记录表

棉花生育期调查记录见表 4-17-4。

**表 4-17-4　棉花生育期调查记录表**

| 播期 | 品种 | 小区 | 播种期（日/月） | 出苗期（日/月） | 现蕾期（日/月） | 开花期（日/月） | 封行期（日/月） | 打顶期（日/月） | 吐絮期（日/月） |
|---|---|---|---|---|---|---|---|---|---|
| 播期 1 | 品种 1 | 单作棉花 | 28/4 | 4/5 | 9/6 | 10/7 | 20/7 | 10/8 | 30/8 |
| | | 2∶4 模式 | 28/4 | 4/5 | 9/6 | 10/7 | 20/7 | 10/8 | 30/8 |
| | | 4∶4 模式 | 28/4 | 4/5 | 9/6 | 10/7 | 20/7 | 10/8 | 30/8 |
| | | 4∶6 模式 | 28/4 | 4/5 | 9/6 | 10/7 | 20/7 | 10/8 | 30/8 |
| | 品种 2 | 单棉模式 | 28/4 | 4/5 | 9/6 | 15/7 | 20/7 | 10/8 | 30/8 |
| | | 2∶4 模式 | 28/4 | 4/5 | 9/6 | 15/7 | 20/7 | 10/8 | 30/8 |
| | | 4∶4 模式 | 28/4 | 4/5 | 9/6 | 15/7 | 20/7 | 10/8 | 30/8 |
| | | 4∶6 模式 | 28/4 | 4/5 | 9/6 | 15/7 | 20/7 | 10/8 | 30/8 |
| 播期 2 | 品种 1 | 单作棉花 | 3/5 | 9/5 | 14/6 | 10/7 | 20/7 | 12/8 | 2/9 |
| | | 2∶4 模式 | 3/5 | 9/5 | 14/6 | 10/7 | 20/7 | 12/8 | 2/9 |
| | | 4∶4 模式 | 3/5 | 9/5 | 14/6 | 10/7 | 20/7 | 12/8 | 2/9 |
| | | 4∶6 模式 | 3/5 | 9/5 | 14/6 | 10/7 | 20/7 | 12/8 | 2/9 |
| | 品种 2 | 单作棉花 | 3/5 | 9/5 | 14/6 | 15/7 | 20/7 | 12/8 | 2/9 |
| | | 2∶4 模式 | 3/5 | 9/5 | 14/6 | 15/7 | 20/7 | 12/8 | 2/9 |
| | | 4∶4 模式 | 3/5 | 9/5 | 14/6 | 15/7 | 20/7 | 12/8 | 2/9 |
| | | 4∶6 模式 | 3/5 | 9/5 | 14/6 | 15/7 | 20/7 | 12/8 | 2/9 |
| 播期 3 | 品种 1 | 单作棉花 | 8/5 | 14/5 | 21/6 | 15/7 | 23/7 | 15/8 | 5/9 |
| | | 2∶4 模式 | 8/5 | 14/5 | 21/6 | 15/7 | 23/7 | 15/8 | 5/9 |
| | | 4∶4 模式 | 8/5 | 14/5 | 21/6 | 15/7 | 23/7 | 15/8 | 5/9 |
| | | 4∶6 模式 | 8/5 | 14/5 | 21/6 | 15/7 | 23/7 | 15/8 | 5/9 |
| | 品种 2 | 单作棉花 | 8/5 | 14/5 | 21/6 | 20/7 | 23/7 | 15/8 | 5/9 |
| | | 2∶4 模式 | 8/5 | 14/5 | 21/6 | 20/7 | 23/7 | 15/8 | 5/9 |
| | | 4∶4 模式 | 8/5 | 14/5 | 21/6 | 20/7 | 23/7 | 15/8 | 5/9 |
| | | 4∶6 模式 | 8/5 | 14/5 | 21/6 | 20/7 | 23/7 | 15/8 | 5/9 |

## (三) 棉花产量测定记录表

棉花产量测定记录见表 4-17-5、表 4-17-6、表 4-17-7、表 4-17-8。

**表 4-17-5 棉花产量测定记录表**(0.01 亩,9 月 30 日调查)

| 播期 | 品种 | 小区 | 株数(株) | 吐絮铃数(个) | 成铃数(个) | 烂铃数(个) | 花数(个) | 幼铃数(个) |
|---|---|---|---|---|---|---|---|---|
| 播期 1<br>4 月 28 日 | 品种 1 | 单作棉花 | 45 | 262 | 192 | 27 | 10 | 45 |
| | | 2∶4 模式 | 44 | 243 | 121 | 15 | 6 | 27 |
| | | 4∶4 模式 | 44 | 260 | 92 | 26 | 10 | 21 |
| | | 4∶6 模式 | 44 | 276 | 95 | 22 | 5 | 20 |
| | 品种 2 | 单作棉花 | 44 | 138 | 256 | 17 | 5 | 15 |
| | | 2∶4 模式 | 44 | 137 | 245 | 14 | 4 | 12 |
| | | 4∶4 模式 | 44 | 145 | 232 | 12 | 3 | 8 |
| | | 4∶6 模式 | 44 | 136 | 226 | 12 | 3 | 10 |
| 播期 2<br>5 月 3 日 | 品种 1 | 单作棉花 | 44 | 276 | 170 | 30 | 4 | 20 |
| | | 2∶4 模式 | 44 | 230 | 158 | 23 | 4 | 25 |
| | | 4∶4 模式 | 44 | 223 | 176 | 25 | 5 | 22 |
| | | 4∶6 模式 | 44 | 221 | 198 | 18 | 5 | 16 |
| | 品种 2 | 单作棉花 | 44 | 127 | 210 | 12 | 3 | 20 |
| | | 2∶4 模式 | 44 | 132 | 200 | 13 | 5 | 25 |
| | | 4∶4 模式 | 45 | 135 | 181 | 11 | 5 | 20 |
| | | 4∶6 模式 | 44 | 134 | 180 | 15 | 6 | 20 |
| 播期 3<br>5 月 8 日 | 品种 1 | 单作棉花 | 44 | 243 | 178 | 13 | 6 | 24 |
| | | 2∶4 模式 | 44 | 233 | 158 | 22 | 7 | 30 |
| | | 4∶4 模式 | 45 | 231 | 168 | 16 | 6 | 27 |
| | | 4∶6 模式 | 44 | 221 | 179 | 13 | 7 | 32 |
| | 品种 2 | 单作棉花 | 44 | 199 | 187 | 12 | 3 | 12 |
| | | 2∶4 模式 | 45 | 192 | 191 | 20 | 4 | 16 |
| | | 4∶4 模式 | 44 | 181 | 184 | 15 | 6 | 20 |
| | | 4∶6 模式 | 44 | 190 | 199 | 12 | 5 | 18 |

**表 4-17-6 棉花产量测试记录表**(4 月 28 日播种)

| 品种 | 小区 | 时间 | 籽棉(克) | 铃数(个) | 单铃重(克) |
|---|---|---|---|---|---|
| 品种 1 | 单作棉花 | 9 月 25 日 | 600 | 116 | 5.17 |
| | | 10 月 15 日 | 300 | 57 | 5.26 |
| | | 11 月 5 日 | 250 | 50 | 5.00 |

（续）

| 品种 | 小区 | 时间 | 籽棉（克） | 铃数（个） | 单铃重（克） |
|---|---|---|---|---|---|
| 品种 1 | 2：4 模式 | 9 月 25 日 | 600 | 109 | 5.50 |
| | | 10 月 15 日 | 450 | 84 | 5.35 |
| | | 11 月 5 日 | 250 | 48 | 5.21 |
| | 4：4 模式 | 9 月 25 日 | 700 | 127 | 5.51 |
| | | 10 月 15 日 | 300 | 57 | 5.26 |
| | | 11 月 5 日 | 240 | 46 | 5.21 |
| | 4：6 模式 | 9 月 25 日 | 750 | 140 | 5.36 |
| | | 10 月 15 日 | 300 | 56 | 5.36 |
| | | 11 月 5 日 | 250 | 49 | 5.10 |
| 品种 2 | 单作棉花 | 9 月 25 日 | 630 | 105 | 6.00 |
| | | 10 月 15 日 | 650 | 109 | 5.96 |
| | | 11 月 5 日 | 800 | 137 | 5.84 |
| | 2：4 模式 | 9 月 25 日 | 630 | 103 | 6.12 |
| | | 10 月 15 日 | 640 | 104 | 6.15 |
| | | 11 月 5 日 | 830 | 136 | 6.10 |
| | 4：4 模式 | 9 月 25 日 | 700 | 111 | 6.31 |
| | | 10 月 15 日 | 580 | 94 | 6.17 |
| | | 11 月 5 日 | 700 | 119 | 5.88 |
| | 4：6 模式 | 9 月 25 日 | 650 | 104 | 6.25 |
| | | 10 月 15 日 | 550 | 92 | 5.99 |
| | | 11 月 5 日 | 700 | 115 | 6.09 |

**表 4-17-7　棉花产量测定表**（5 月 3 日播种）

| 品种 | 小区 | 时间 | 籽棉（克） | 铃数（个） | 单铃重（克） |
|---|---|---|---|---|---|
| 品种 1 | 单作棉花 | 9 月 25 日 | 710 | 138 | 5.14 |
| | | 10 月 15 日 | 600 | 113 | 5.30 |
| | | 11 月 5 日 | 250 | 49 | 5.10 |
| | 2：4 模式 | 9 月 25 日 | 510 | 90 | 5.67 |
| | | 10 月 15 日 | 600 | 111 | 5.40 |
| | | 11 月 5 日 | 200 | 39 | 5.13 |
| | 4：4 模式 | 9 月 25 日 | 550 | 103 | 5.34 |
| | | 10 月 15 日 | 600 | 114 | 5.26 |
| | | 11 月 5 日 | 220 | 41 | 5.36 |
| | 4：6 模式 | 9 月 25 日 | 500 | 99 | 5.05 |
| | | 10 月 15 日 | 700 | 133 | 5.26 |
| | | 11 月 5 日 | 220 | 43 | 5.12 |

（续）

| 品种 | 小区 | 时间 | 籽棉（克） | 铃数（个） | 单铃重（克） |
|---|---|---|---|---|---|
| 品种 2 | 单作棉花 | 9 月 25 日 | 600 | 99 | 6.06 |
| 品种 2 | 单作棉花 | 10 月 15 日 | 900 | 146 | 6.16 |
| 品种 2 | 单作棉花 | 11 月 5 日 | 280 | 46 | 6.09 |
| 品种 2 | 2∶4 模式 | 9 月 25 日 | 630 | 103 | 6.12 |
| 品种 2 | 2∶4 模式 | 10 月 15 日 | 850 | 137 | 6.20 |
| 品种 2 | 2∶4 模式 | 11 月 5 日 | 270 | 45 | 6.00 |
| 品种 2 | 4∶4 模式 | 9 月 25 日 | 650 | 107 | 6.07 |
| 品种 2 | 4∶4 模式 | 10 月 15 日 | 830 | 134 | 6.19 |
| 品种 2 | 4∶4 模式 | 11 月 5 日 | 270 | 45 | 6.00 |
| 品种 2 | 4∶6 模式 | 9 月 25 日 | 650 | 104 | 6.25 |
| 品种 2 | 4∶6 模式 | 10 月 15 日 | 770 | 124 | 6.21 |
| 品种 2 | 4∶6 模式 | 11 月 5 日 | 260 | 43 | 6.05 |

**表 4-17-8　棉花产量测定表**（5 月 8 日播种）

| 品种 | 小区 | 时间 | 籽棉（克） | 铃数（个） | 单铃重（克） |
|---|---|---|---|---|---|
| 品种 1 | 单作棉花 | 9 月 25 日 | 560 | 111 | 5.04 |
| 品种 1 | 单作棉花 | 10 月 15 日 | 550 | 106 | 5.19 |
| 品种 1 | 单作棉花 | 11 月 5 日 | 290 | 58 | 5.00 |
| 品种 1 | 2∶4 模式 | 9 月 25 日 | 525 | 103 | 5.10 |
| 品种 1 | 2∶4 模式 | 10 月 15 日 | 500 | 95 | 5.26 |
| 品种 1 | 2∶4 模式 | 11 月 5 日 | 260 | 52 | 5.00 |
| 品种 1 | 4∶4 模式 | 9 月 25 日 | 700 | 127 | 5.50 |
| 品种 1 | 4∶4 模式 | 10 月 15 日 | 530 | 103 | 5.14 |
| 品种 1 | 4∶4 模式 | 11 月 5 日 | 520 | 100 | 5.20 |
| 品种 1 | 4∶6 模式 | 9 月 25 日 | 470 | 91 | 5.16 |
| 品种 1 | 4∶6 模式 | 10 月 15 日 | 590 | 113 | 5.22 |
| 品种 1 | 4∶6 模式 | 11 月 5 日 | 270 | 54 | 5.00 |
| 品种 2 | 单作棉花 | 9 月 25 日 | 330 | 53 | 6.22 |
| 品种 2 | 单作棉花 | 10 月 15 日 | 730 | 118 | 6.18 |
| 品种 2 | 单作棉花 | 11 月 5 日 | 310 | 51 | 6.07 |
| 品种 2 | 2∶4 模式 | 9 月 25 日 | 430 | 70 | 6.14 |
| 品种 2 | 2∶4 模式 | 10 月 15 日 | 750 | 121 | 6.20 |
| 品种 2 | 2∶4 模式 | 11 月 5 日 | 306 | 50 | 5.90 |
| 品种 2 | 4∶4 模式 | 9 月 25 日 | 390 | 63 | 6.19 |
| 品种 2 | 4∶4 模式 | 10 月 15 日 | 720 | 116 | 6.21 |

（续）

| 品种 | 小区 | 时间 | 籽棉（克） | 铃数（个） | 单铃重（克） |
|---|---|---|---|---|---|
| 品种 2 | 4∶4 模式 | 11 月 5 日 | 290 | 48 | 6.04 |
| | 4∶6 模式 | 9 月 25 日 | 415 | 67 | 6.19 |
| | | 10 月 15 日 | 560 | 91 | 6.15 |
| | | 11 月 5 日 | 310 | 51 | 6.08 |

## （四）花生产量测定记录表

花生产量测定记录见表 4-17-9。

**表 4-17-9　花生产量测定记录表**

| 播期 | 品种 | 小区 | 小区产量（千克） | 花生果数（个/千克） | 花生仁数（个/千克） | 百果重（克） | 百仁重（克） | 出仁率（%） |
|---|---|---|---|---|---|---|---|---|
| 播期 1 | 品种 1 | 2∶4 模式 | 15.75 | 458 | 1 104 | 218 | 90.6 | 70.5 |
| | | 4∶4 模式 | 10.30 | 469 | 1 132 | 213 | 88.3 | 70.3 |
| | | 4∶6 模式 | 12.99 | 482 | 1 161 | 207 | 86.1 | 70.2 |
| | 品种 2 | 2∶4 模式 | 15.10 | 465 | 1 128 | 215 | 88.7 | 70.4 |
| | | 4∶4 模式 | 9.60 | 478 | 1 142 | 209 | 87.6 | 70.3 |
| | | 4∶6 模式 | 12.20 | 488 | 1 153 | 205 | 86.7 | 70.0 |
| | 单作花生 | | 28.90 | 492 | 1 192 | 203 | 83.9 | 70.2 |
| 播期 2 | 品种 1 | 2∶4 模式 | 11.60 | 473 | 1 125 | 211 | 88.9 | 70.0 |
| | | 4∶4 模式 | 7.80 | 484 | 1 113 | 206 | 89.8 | 69.9 |
| | | 4∶6 模式 | 11.60 | 501 | 1 158 | 199 | 86.4 | 69.8 |
| | 品种 2 | 2∶4 模式 | 14.00 | 482 | 1 157 | 207 | 86.4 | 70.1 |
| | | 4∶4 模式 | 9.20 | 498 | 1 182 | 201 | 84.6 | 70.2 |
| | | 4∶6 模式 | 11.50 | 509 | 1 190 | 196 | 84.0 | 70.1 |
| | 单作花生 | | 30.50 | 469 | 1 092 | 211 | 91.6 | 70.2 |
| 播期 3 | 品种 1 | 2∶4 模式 | 14.20 | 482 | 1 145 | 207 | 87.3 | 70.0 |
| | | 4∶4 模式 | 9.10 | 495 | 1 178 | 202 | 84.9 | 69.8 |
| | | 4∶6 模式 | 11.90 | 501 | 1 201 | 200 | 83.3 | 69.9 |
| | 品种 2 | 2∶4 模式 | 13.70 | 502 | 1 192 | 199 | 83.9 | 70.0 |
| | | 4∶4 模式 | 8.90 | 509 | 1 206 | 197 | 82.9 | 69.8 |
| | | 4∶6 模式 | 11.70 | 518 | 1 236 | 193 | 80.9 | 69.7 |
| | 单作花生 | | 28.70 | 472 | 1 165 | 212 | 85.8 | 70.1 |

## （五）棉花经济效益测定记录表

棉花经济效益测定记录见表 4-17-10。

**表 4-17-10　棉花经济效益测定记录表**

| 播期 | 品种 | 小区 | 播种时间（日/月） | 收获时间（日/月） | 皮棉产量（千克/亩） | 价格（元/千克） | 人工成本（元） | 物化成本（元） | 总成本（元） | 经济效益（元/亩） |
|---|---|---|---|---|---|---|---|---|---|---|
| 播期 1 | 品种 1 | 单作棉花 | 28/4 | 5/11 | 236 | 10 | 1 200 | 500 | 1 700 | 660 |
| | | 2∶4 模式 | 28/4 | 5/11 | 211 | 10 | 1 200 | 500 | 1 700 | 410 |
| | | 4∶4 模式 | 28/4 | 5/11 | 202 | 10 | 1 200 | 500 | 1 700 | 320 |
| | | 4∶6 模式 | 28/4 | 5/11 | 207 | 10 | 1 200 | 500 | 1 700 | 370 |
| | 品种 2 | 单作棉花 | 28/4 | 5/11 | 252 | 10 | 1 200 | 500 | 1 700 | 820 |
| | | 2∶4 模式 | 28/4 | 5/11 | 243 | 10 | 1 200 | 500 | 1 700 | 730 |
| | | 4∶4 模式 | 28/4 | 5/11 | 236 | 10 | 1 200 | 500 | 1 700 | 660 |
| | | 4∶6 模式 | 28/4 | 5/11 | 227 | 10 | 1 200 | 500 | 1 700 | 570 |
| 播期 2 | 品种 1 | 单作棉花 | 3/5 | 5/11 | 241 | 10 | 1 200 | 500 | 1 700 | 710 |
| | | 2∶4 模式 | 3/5 | 5/11 | 223 | 10 | 1 200 | 500 | 1 700 | 530 |
| | | 4∶4 模式 | 3/5 | 5/11 | 224 | 10 | 1 200 | 500 | 1 700 | 540 |
| | | 4∶6 模式 | 3/5 | 5/11 | 225 | 10 | 1 200 | 500 | 1 700 | 550 |
| | 品种 2 | 单作棉花 | 3/5 | 5/11 | 218 | 10 | 1 200 | 500 | 1 700 | 480 |
| | | 2∶4 模式 | 3/5 | 5/11 | 217 | 10 | 1 200 | 500 | 1 700 | 470 |
| | | 4∶4 模式 | 3/5 | 5/11 | 205 | 10 | 1 200 | 500 | 1 700 | 350 |
| | | 4∶6 模式 | 3/5 | 5/11 | 206 | 10 | 1 200 | 500 | 1 700 | 360 |
| 播期 3 | 品种 1 | 单作棉花 | 8/5 | 5/11 | 226 | 10 | 1 200 | 500 | 1 700 | 560 |
| | | 2∶4 模式 | 8/5 | 5/11 | 221 | 10 | 1 200 | 500 | 1 700 | 510 |
| | | 4∶4 模式 | 8/5 | 5/11 | 227 | 10 | 1 200 | 500 | 1 700 | 570 |
| | | 4∶6 模式 | 8/5 | 5/11 | 220 | 10 | 1 200 | 500 | 1 700 | 500 |
| | 品种 2 | 单作棉花 | 8/5 | 5/11 | 244 | 10 | 1 200 | 500 | 1 700 | 740 |
| | | 2∶4 模式 | 8/5 | 5/11 | 240 | 10 | 1 200 | 500 | 1 700 | 700 |
| | | 4∶4 模式 | 8/5 | 5/11 | 236 | 10 | 1 200 | 500 | 1 700 | 660 |
| | | 4∶6 模式 | 8/5 | 5/11 | 249 | 10 | 1 200 | 500 | 1 700 | 790 |

## (六) 花生经济效益测定记录表

花生经济效益测定记录见表 4-17-11。

**表 4-17-11　花生经济效益测定记录表**

| 播期 | 品种 | 小区 | 播种时间（日/月） | 收获时间（日/月） | 产量（千克/亩） | 价格（元/千克） | 人工成本（元） | 物化成本（元） | 总成本（元） | 经济效益（元/亩） |
|---|---|---|---|---|---|---|---|---|---|---|
| 播期 1 | 品种 1 | 单作花生 | 28/4 | 5/9 | 317 | 6 | 700 | 450 | 1 150 | 752 |
| | | 2∶4 模式 | 28/4 | 5/9 | 345 | 6 | 700 | 450 | 1 150 | 920 |
| | | 4∶4 模式 | 28/4 | 5/9 | 342 | 6 | 700 | 450 | 1 150 | 902 |
| | | 4∶6 模式 | 28/4 | 5/9 | 336 | 6 | 700 | 450 | 1 150 | 866 |

（续）

| 播期 | 品种 | 小区 | 播种时间（日/月） | 收获时间（日/月） | 产量（千克/亩） | 价格（元/千克） | 人工成本（元） | 物化成本（元） | 总成本（元） | 经济效益（元/亩） |
|---|---|---|---|---|---|---|---|---|---|---|
| 播期 1 | 品种 2 | 单作花生 | 28/4 | 5/9 | 317 | 6 | 700 | 450 | 1 150 | 752 |
| | | 2∶4 模式 | 28/4 | 5/9 | 335 | 6 | 700 | 450 | 1 150 | 860 |
| | | 4∶4 模式 | 28/4 | 5/9 | 320 | 6 | 700 | 450 | 1 150 | 770 |
| | | 4∶6 模式 | 28/4 | 5/9 | 316 | 6 | 700 | 450 | 1 150 | 746 |
| 播期 2 | 品种 1 | 单作花生 | 3/5 | 7/9 | 338 | 6 | 700 | 450 | 1 150 | 878 |
| | | 2∶4 模式 | 3/5 | 7/9 | 257 | 6 | 700 | 450 | 1 150 | 392 |
| | | 4∶4 模式 | 3/5 | 7/9 | 260 | 6 | 700 | 450 | 1 150 | 410 |
| | | 4∶6 模式 | 3/5 | 7/9 | 300 | 6 | 700 | 450 | 1 150 | 650 |
| | 品种 2 | 单作花生 | 3/5 | 7/9 | 338 | 6 | 700 | 450 | 1 150 | 878 |
| | | 2∶4 模式 | 3/5 | 7/9 | 245 | 6 | 700 | 450 | 1 150 | 320 |
| | | 4∶4 模式 | 3/5 | 7/9 | 306 | 6 | 700 | 450 | 1 150 | 686 |
| | | 4∶6 模式 | 3/5 | 7/9 | 298 | 6 | 700 | 450 | 1 150 | 638 |
| 播期 3 | 品种 1 | 单作花生 | 8/5 | 10/9 | 318 | 6 | 700 | 450 | 1 150 | 758 |
| | | 2∶4 模式 | 8/5 | 10/9 | 316 | 6 | 700 | 450 | 1 150 | 746 |
| | | 4∶4 模式 | 8/5 | 10/9 | 301 | 6 | 700 | 450 | 1 150 | 656 |
| | | 4∶6 模式 | 8/5 | 10/9 | 308 | 6 | 700 | 450 | 1 150 | 698 |
| | 品种 2 | 单作花生 | 8/5 | 10/9 | 318 | 6 | 700 | 450 | 1 150 | 758 |
| | | 2∶4 模式 | 8/5 | 10/9 | 305 | 6 | 700 | 450 | 1 150 | 680 |
| | | 4∶4 模式 | 8/5 | 10/9 | 297 | 6 | 700 | 450 | 1 150 | 632 |
| | | 4∶6 模式 | 8/5 | 10/9 | 303 | 6 | 700 | 450 | 1 150 | 668 |

# 棉花花生“两花”产业互作试验和棉花良繁体系建设研究——与棉纤维发育相关的 AtSND1 同源 NAC 基因的鉴定：电子分析和基因表达模式

临沂大学　王丽晨

## 一、项目实施情况总结

棉花是最重要的纤维作物之一，棉花纤维细胞的分化、发育机制一直是棉花研究的热点。NAC（NAM、ATAF 和 CUC2）是一类植物特异性转录因子家族，调节植物生长发育的多个方面。此前，我们根据纤维相关转录组分析，在陆地棉中鉴定了 33 个差异表达的 NAC 基因。本研究以优质陆地棉参考基因组为基础，对 242 个 NAC 基因组进行了染色体定位、系统进化和基因结构分析。此外，利用裸籽纤维突变体 n2NSM 和 Xu142fl 早期纤维起始阶段的胚珠，通过 RT-PCR 对 16 个差异表达的 GHNAC 进行了表达模式分析。结果表明，GhNAC230 和 GhNAC115 与 AtSND1 关系最为密切，与 n2NSM 相比，Xu142fl 胚珠中 GhNAC230 和 GhNAC115 表达下调。对 GhNAC230 的 qRTPCR 分析表明，与 n2NSM 相比，GhNAC230 在 n2NSM 中从-1DPA 逐渐积累到 1DPA，并进一步证实其在 Xu142fl 的 1DPA 胚珠中的表达下调。目前的研究预测了一对 NAC 基因，它们可能是皮棉纤维发育的关键候选基因。

为了鉴定陆地棉中的 NAC 家族基因，我们首先在 Cottongen 网站的默认条件下，使用 NAM 结构域（cl03558）的一致序列，通过 blastp 搜索 TM-1 蛋白（WHUv1）（Huang 等人，2020），并获得 242 个同源 NAC 基因，包括通过转录组分析鉴定的 32 个 NAC。然后，获得 242 个同源 NAC 基因的蛋白质序列，使用 NCBI 的批处理 WebCD 搜索工具搜索 pfam 数据库（https：//www. ncbi. nlm. nih. gov/Structure/cdd/wrpsb. cgi），以确认它们应该拥有的 NAM 结构域，并根据它们的染色体位置将其重命名。为了构建染色体定位，从 Cottongen 下载的 gff3 文件和 242 个 NAC 基因的 ID 被上传到 TBtools 软件（v0. 66763）的 GFF/GTF 工具的惊人基因位置（Chen 等人，2020）。为了进行系统发育树分析，从 TAIR 数据库下载了 242 个 GHNAC 和 5 个 ATNAC 的蛋白质序列，包括 SND1、NST1、NST2、NTL8 和 NTM1（https：//www. arabidopsis. org/index. jsp），上载到 MEGAX 软件进行多重对齐并生成树，引导值设置为 1 000。保守结构域和基因结构分析由 TBtools 软件进行（Chen 等人，2020 年）。处理后的结果见表 4-18-1。

**表 4-18-1　NAC 基因重命名情况**

| GeneID（WHU） | Rename | GeneID（WHU） | Rename |
|---|---|---|---|
| Ghi _ A01G00056 | GhNAC1 | Ghi _ A05G06341 | GhNAC34 |
| Ghi _ A01G00376 | GhNAC2 | Ghi _ A05G10421 | GhNAC35 |
| Ghi _ A01G01501 | GhNAC3 | Ghi _ A05G11161 | GhNAC36 |
| Ghi _ A01G01561 | GhNAC4 | Ghi _ A05G14596 | GhNAC37 |
| Ghi _ A01G02626 | GhNAC5 | Ghi _ A05G17091 | GhNAC38 |
| Ghi _ A01G02936 | GhNAC6 | Ghi _ A05G17111 | GhNAC39 |
| Ghi _ A01G02941 | GhNAC7 | Ghi _ A05G19826 | GhNAC40 |
| Ghi _ A01G04846 | GhNAC8 | Ghi _ A05G20646 | GhNAC41 |
| Ghi _ A01G06996 | GhNAC9 | Ghi _ A05G21671 | GhNAC42 |
| Ghi _ A01G11671 | GhNAC10 | Ghi _ A05G22571 | GhNAC43 |
| Ghi _ A02G02566 | GhNAC11 | Ghi _ A05G22656 | GhNAC44 |
| Ghi _ A02G03216 | GhNAC12 | Ghi _ A05G24096 | GhNAC45 |
| Ghi _ A02G04781 | GhNAC13 | Ghi _ A06G02411 | GhNAC46 |
| Ghi _ A02G05031 | GhNAC14 | Ghi _ A06G06421 | GhNAC47 |
| Ghi _ A02G09711 | GhNAC15 | Ghi _ A06G07281 | GhNAC48 |
| Ghi _ A02G10016 | GhNAC16 | Ghi _ A06G08121 | GhNAC49 |
| Ghi _ A03G00346 | GhNAC17 | Ghi _ A06G08991 | GhNAC50 |
| Ghi _ A03G00796 | GhNAC18 | Ghi _ A06G12121 | GhNAC51 |
| Ghi _ A03G03681 | GhNAC19 | Ghi _ A06G12731 | GhNAC52 |
| Ghi _ A03G07141 | GhNAC20 | Ghi _ A06G12736 | GhNAC53 |
| Ghi _ A03G10101 | GhNAC21 | Ghi _ A07G02376 | GhNAC54 |
| Ghi _ A03G10111 | GhNAC22 | Ghi _ A07G03556 | GhNAC55 |
| Ghi _ A03G11296 | GhNAC23 | Ghi _ A07G04606 | GhNAC56 |
| Ghi _ A03G13176 | GhNAC24 | Ghi _ A07G06286 | GhNAC57 |
| Ghi _ A04G01416 | GhNAC25 | Ghi _ A07G07686 | GhNAC58 |
| Ghi _ A04G01421 | GhNAC26 | Ghi _ A07G08956 | GhNAC59 |
| Ghi _ A04G02541 | GhNAC27 | Ghi _ A07G12161 | GhNAC60 |
| Ghi _ A04G02626 | GhNAC28 | Ghi _ A07G12991 | GhNAC61 |
| Ghi _ A04G03386 | GhNAC29 | Ghi _ A07G14016 | GhNAC62 |
| Ghi _ A04G03496 | GhNAC30 | Ghi _ A08G02166 | GhNAC63 |
| Ghi _ A04G04866 | GhNAC31 | Ghi _ A08G06801 | GhNAC64 |
| Ghi _ A04G07451 | GhNAC32 | Ghi _ A08G07016 | GhNAC65 |
| Ghi _ A05G00556 | GhNAC33 | Ghi _ A08G07906 | GhNAC66 |

（续）

| GeneID（WHU） | Rename | GeneID（WHU） | Rename |
|---|---|---|---|
| Ghi_A08G10126 | GhNAC67 | Ghi_A11G05466 | GhNAC102 |
| Ghi_A08G10886 | GhNAC68 | Ghi_A11G05581 | GhNAC103 |
| Ghi_A08G11926 | GhNAC69 | Ghi_A11G05586 | GhNAC104 |
| Ghi_A08G12211 | GhNAC70 | Ghi_A11G07406 | GhNAC105 |
| Ghi_A08G14206 | GhNAC71 | Ghi_A11G09486 | GhNAC106 |
| Ghi_A08G14256 | GhNAC72 | Ghi_A11G09911 | GhNAC107 |
| Ghi_A08G14261 | GhNAC73 | Ghi_A11G14576 | GhNAC108 |
| Ghi_A08G14346 | GhNAC74 | Ghi_A11G14596 | GhNAC109 |
| Ghi_A08G14351 | GhNAC75 | Ghi_A11G17206 | GhNAC110 |
| Ghi_A08G14356 | GhNAC76 | Ghi_A12G00721 | GhNAC111 |
| Ghi_A09G00251 | GhNAC77 | Ghi_A12G01781 | GhNAC112 |
| Ghi_A09G00866 | GhNAC78 | Ghi_A12G03311 | GhNAC113 |
| Ghi_A09G03141 | GhNAC79 | Ghi_A12G07281 | GhNAC114 |
| Ghi_A09G04741 | GhNAC80 | Ghi_A12G10656 | GhNAC115 |
| Ghi_A09G06031 | GhNAC81 | Ghi_A12G12396 | GhNAC116 |
| Ghi_A09G06066 | GhNAC82 | Ghi_A12G12841 | GhNAC117 |
| Ghi_A09G06866 | GhNAC83 | Ghi_A12G13991 | GhNAC118 |
| Ghi_A09G07356 | GhNAC84 | Ghi_A12G14071 | GhNAC119 |
| Ghi_A09G09926 | GhNAC85 | Ghi_A13G03471 | GhNAC120 |
| Ghi_A09G10616 | GhNAC86 | Ghi_A13G04066 | GhNAC121 |
| Ghi_A09G10681 | GhNAC87 | Ghi_A13G07226 | GhNAC122 |
| Ghi_A09G11461 | GhNAC88 | Ghi_A13G08596 | GhNAC123 |
| Ghi_A09G12121 | GhNAC89 | Ghi_A13G08906 | GhNAC124 |
| Ghi_A09G12181 | GhNAC90 | Ghi_A13G09931 | GhNAC125 |
| Ghi_A10G02051 | GhNAC91 | Ghi_A13G10091 | GhNAC126 |
| Ghi_A10G04071 | GhNAC92 | Ghi_A13G11176 | GhNAC127 |
| Ghi_A10G04176 | GhNAC93 | Ghi_D01G00056 | GhNAC128 |
| Ghi_A10G12636 | GhNAC94 | Ghi_D01G00366 | GhNAC129 |
| Ghi_A11G00926 | GhNAC95 | Ghi_D01G01446 | GhNAC130 |
| Ghi_A11G01556 | GhNAC96 | Ghi_D01G01516 | GhNAC131 |
| Ghi_A11G01871 | GhNAC97 | Ghi_D01G02411 | GhNAC132 |
| Ghi_A11G02196 | GhNAC98 | Ghi_D01G04116 | GhNAC133 |
| Ghi_A11G03211 | GhNAC99 | Ghi_D01G04211 | GhNAC134 |
| Ghi_A11G03661 | GhNAC100 | Ghi_D01G10821 | GhNAC135 |
| Ghi_A11G03876 | GhNAC101 | Ghi_D02G03191 | GhNAC136 |

（续）

| GeneID（WHU） | Rename | GeneID（WHU） | Rename |
|---|---|---|---|
| Ghi _ D02G03756 | GhNAC137 | Ghi _ D06G12476 | GhNAC172 |
| Ghi _ D02G06821 | GhNAC138 | Ghi _ D07G02296 | GhNAC173 |
| Ghi _ D02G06896 | GhNAC139 | Ghi _ D07G03466 | GhNAC174 |
| Ghi _ D02G09666 | GhNAC140 | Ghi _ D07G04481 | GhNAC175 |
| Ghi _ D02G10816 | GhNAC141 | Ghi _ D07G05996 | GhNAC176 |
| Ghi _ D02G12666 | GhNAC142 | Ghi _ D07G07301 | GhNAC177 |
| Ghi _ D03G00156 | GhNAC143 | Ghi _ D07G07346 | GhNAC178 |
| Ghi _ D03G05216 | GhNAC144 | Ghi _ D07G08311 | GhNAC179 |
| Ghi _ D03G05446 | GhNAC145 | Ghi _ D07G11361 | GhNAC180 |
| Ghi _ D03G09441 | GhNAC146 | Ghi _ D07G12136 | GhNAC181 |
| Ghi _ D03G09946 | GhNAC147 | Ghi _ D07G13166 | GhNAC182 |
| Ghi _ D04G00211 | GhNAC148 | Ghi _ D08G06126 | GhNAC183 |
| Ghi _ D04G01546 | GhNAC149 | Ghi _ D08G06356 | GhNAC184 |
| Ghi _ D04G01616 | GhNAC150 | Ghi _ D08G07591 | GhNAC185 |
| Ghi _ D04G03411 | GhNAC151 | Ghi _ D08G09536 | GhNAC186 |
| Ghi _ D04G03891 | GhNAC152 | Ghi _ D08G10246 | GhNAC187 |
| Ghi _ D04G06551 | GhNAC153 | Ghi _ D08G11256 | GhNAC188 |
| Ghi _ D04G08081 | GhNAC154 | Ghi _ D08G13416 | GhNAC189 |
| Ghi _ D04G10141 | GhNAC155 | Ghi _ D08G13471 | GhNAC190 |
| Ghi _ D04G10176 | GhNAC156 | Ghi _ D08G13541 | GhNAC191 |
| Ghi _ D05G05596 | GhNAC157 | Ghi _ D08G13546 | GhNAC192 |
| Ghi _ D05G06316 | GhNAC158 | Ghi _ D08G13551 | GhNAC193 |
| Ghi _ D05G09706 | GhNAC159 | Ghi _ D09G00221 | GhNAC194 |
| Ghi _ D05G11306 | GhNAC160 | Ghi _ D09G00871 | GhNAC195 |
| Ghi _ D05G11321 | GhNAC161 | Ghi _ D09G02901 | GhNAC196 |
| Ghi _ D05G12891 | GhNAC162 | Ghi _ D09G04451 | GhNAC197 |
| Ghi _ D05G12966 | GhNAC163 | Ghi _ D09G05626 | GhNAC198 |
| Ghi _ D05G14081 | GhNAC164 | Ghi _ D09G05661 | GhNAC199 |
| Ghi _ D05G14096 | GhNAC165 | Ghi _ D10G01311 | GhNAC200 |
| Ghi _ D06G02306 | GhNAC166 | Ghi _ D10G03956 | GhNAC201 |
| Ghi _ D06G06126 | GhNAC167 | Ghi _ D10G04056 | GhNAC202 |
| Ghi _ D06G07076 | GhNAC168 | Ghi _ D10G06791 | GhNAC203 |
| Ghi _ D06G07606 | GhNAC169 | Ghi _ D10G11656 | GhNAC204 |
| Ghi _ D06G08756 | GhNAC170 | Ghi _ D11G00826 | GhNAC205 |
| Ghi _ D06G11866 | GhNAC171 | Ghi _ D11G01451 | GhNAC206 |

（续）

| GeneID（WHU） | Rename | GeneID（WHU） | Rename |
|---|---|---|---|
| Ghi _ D11G01786 | GhNAC207 | Ghi _ D12G01941 | GhNAC225 |
| Ghi _ D11G02076 | GhNAC208 | Ghi _ D12G03076 | GhNAC226 |
| Ghi _ D11G02286 | GhNAC209 | Ghi _ D12G04296 | GhNAC227 |
| Ghi _ D11G02521 | GhNAC210 | Ghi _ D12G08036 | GhNAC228 |
| Ghi _ D11G02811 | GhNAC211 | Ghi _ D12G10621 | GhNAC229 |
| Ghi _ D11G03491 | GhNAC212 | Ghi _ D12G11351 | GhNAC230 |
| Ghi _ D11G03921 | GhNAC213 | Ghi _ D12G12976 | GhNAC231 |
| Ghi _ D11G04146 | GhNAC214 | Ghi _ D12G13381 | GhNAC232 |
| Ghi _ D11G05781 | GhNAC215 | Ghi _ D12G14526 | GhNAC233 |
| Ghi _ D11G05861 | GhNAC216 | Ghi _ D12G14596 | GhNAC234 |
| Ghi _ D11G05866 | GhNAC217 | Ghi _ D13G02896 | GhNAC235 |
| Ghi _ D11G07141 | GhNAC218 | Ghi _ D13G03986 | GhNAC236 |
| Ghi _ D11G09216 | GhNAC219 | Ghi _ D13G06116 | GhNAC237 |
| Ghi _ D11G09596 | GhNAC220 | Ghi _ D13G07426 | GhNAC238 |
| Ghi _ D11G13831 | GhNAC221 | Ghi _ D13G07746 | GhNAC239 |
| Ghi _ D11G13841 | GhNAC222 | Ghi _ D13G08826 | GhNAC240 |
| Ghi _ D11G16366 | GhNAC223 | Ghi _ D13G09006 | GhNAC241 |
| Ghi _ D12G00721 | GhNAC224 | Ghi _ D13G10101 | GhNAC242 |

采用异硫氰酸胍法提取棉花胚珠的总 RNA（Hu 等人，2016）。提取分两轮进行，即提取和纯化。在第一轮提取中，将约 0.1 克胚珠用液氮彻底研磨，然后将样品在冰上的溶解溶液中保存 10 分钟。裂解后，用等体积的氯仿提取样品两次，然后用离心机输送上清液。然后加入等体积异丙醇，使核酸在－20 ℃沉淀 20 分钟，然后离心并用 75％乙醇洗涤两次，干燥并用灭菌 DEPC 水溶解。最后，根据制造商的 DNA 消化说明，用 RQ1 无核糖核酸酶 DNA 酶（Promega，USA）处理分离的 RNA。以 1％琼脂糖凝胶电泳检测提取总 RNA 的完整性。使用 NanoDrop2000（ThermoScientific）进行 RNA 定量。根据制造商的说明，使用 RevertAid 第一链 cDNA 合成试剂盒表 4-18-2 反转结果（ThermoScientific），使用 2μgRNA 进行反转录。反转结果见表 4-18-2。

**表 4-18-2 反转录结果**

| Primer name | Sequence（5′to3′） | Redundant gene * |
|---|---|---|
| GhNAC225f | TGGAGGGAGACCAAACCG | GhNAC112 |
| GhNAC225r | CCATCTGGGAGGCGATAC | GhNAC112 |
| GhNAC166f | GAGCCGCAATGGAAGGA | GhNAC46 |
| GhNAC166r | TGGAAATGGGCAGGAAAC | GhNAC46 |
| GhNAC104f | GAGATCGGCAAGAAAAGGA | GhNAC217 |

（续）

| Primer name | Sequence（5′to3′） | Redundant gene * |
|---|---|---|
| GhNAC104r | CCAAGTTAGGAGGCAAATAGTG | GhNAC217 |
| GhNAC12f | TCCAACGGATGAGGAACTG | GhNAC137 |
| GhNAC12r | CTCGGTGAAAAGAAATACCACT | GhNAC137 |
| GhNAC150f | GGATACTGGAAAGCGACCG | GhNAC43 |
| GhNAC150r | CGACATAACACCCAATCATCAA | GhNAC43 |
| GhNAC81f | CACCTTGTTATCCCAGTCCTC | GhNAC198 |
| GhNAC81r | GACCATTGTTTTCTTCATCCC | GhNAC198 |
| GhNAC211f | TTTGTCAAGTGTTTCAAGCAGA | GhNAC6 |
| GhNAC211r | ACATCGTTTTGGAGCGTTT | GhNAC6 |
| GhNAC67f | GGTTTGCCAATCTGCTTCC | GhNAC186 |
| GhNAC67r | ATCAGTCGCCCTCGGTTC | GhNAC186 |
| GhNAC86f | CAGAGGTGGATCTACTTGAGGA | GhNAC89 |
| GhNAC86r | TTTTCGTTTGTGCCGTGT | GhNAC89 |
| GhNAC182f | CAAGAGGGAATGGCATGG | — |
| GhNAC182r | GGTGAAGTAGGTTGAGGAGGAC | — |
| GhNAC180f | TGAACCCGAAGGCAACAG | — |
| GhNAC180r | CAAGCCAGAACCCGTCATT | — |
| GhNAC205f | CGTGGGATTTGCCTCATT | — |
| GhNAC205r | CGCCTCGGTAGCCCTATT | — |
| GhNAC154f | CCTTTGCCTGCCTCTATCA | — |
| GhNAC154r | CATCCATTTGGGGCTTTT | — |
| GhNAC230f | AGCAACGGGGAAAGACAA | — |
| GhNAC230r | ATGAACCCATATTAACCAGACC | — |
| GhNAC115f | AGCAACGGGGAAAGACAA | — |
| GhNAC115r | GCAGTTTTAGGGAGATTATGGA | — |
| GhNAC97f | TTTCCCGCAAAACCCG | — |
| GhNAC97r | CATCAAATGTCTTCTTTCCACTC | — |
| GhUBQ7f | GAAGGCATTCCACCTGACCAAC | — |
| GhUBQ7r | CTTGACCTTCTTCTTCTTGTGCTTG | — |

## 二、良繁棉花田间管理技术措施记录

良繁棉花田间管理技术措施记录见表 4-18-3、表 4-18-4、表 4-18-5。

**表 4-18-3　田间管理技术措施记录表**（鲁棉2387）

| 播期<br>4月29日 | 品种：鲁棉2387 | | | |
|---|---|---|---|---|
| 中耕除草<br>培土 | 日期 | 中耕深度 | 培土高度 | 方法 |
| | 6月6日<br>6月24日 | 3厘米<br>10厘米 | <br>15厘米 | 划锄、除草<br>拖拉机中耕培土 |
| 整枝 | 去叶枝：6月15日　抹赘芽：7月3日<br>打边心：第一次7月25日　第二次8月10日<br>打顶心：7月25日 | | | |
| 治病虫害 | 日期 | 病虫害种类 | 用药种类和浓度 | 效果 |
| | 4月29日<br>5月14日<br>5月26日<br>7月23日 | 地下害虫<br>立枯、猝倒病<br>蚜虫、红蜘蛛<br>棉铃虫 | 0.1%毒死蜱溶液<br>恶霉灵<br>吡虫啉、哒螨灵<br>甲维虫螨腈 | 播种同时使用效果较好 |
| 调节物质<br>应用情况 | 时间：7月2日　　用量：25%助壮素8毫升/亩<br>时间：7月19日　　用量：助壮素12毫升/亩 | | | |
| 病害情况 | 5月9日发现有少量立枯病、猝倒病等苗期病害发生，6月24日发现有叶斑病发生 | | | |
| 产量 | 籽　棉　253.2千克/亩<br>霜前花　232.95千克/亩 | | 皮　棉　斤/亩<br>霜后花　斤/亩 | |
| 棉花生育期<br>气象简况 | 墒情较好出苗较齐，苗期、现蕾期雨水较充沛。开花结铃期雨量过大，超常年同时期平均降水量80%，产生涝害 | | | |

**表 4-18-4　田间管理措施记录表**（mjz30）

| 播期<br>4月29日 | 品种：mjz30 | | | |
|---|---|---|---|---|
| 中耕除草<br>培土 | 日期 | 中耕深度 | 培土高度 | 方法 |
| | 6月6日<br>6月24日 | 3厘米<br>10厘米 | <br>15厘米 | 划锄、除草<br>拖拉机中耕培土 |
| 整枝 | 去叶枝：6月15日　抹赘芽：7月3日<br>打边心：第一次7月25日　第二次8月10日<br>打顶心：7月25日 | | | |
| 治虫 | 日期 | 虫害种类 | 用药种类和浓度 | 效果 |
| | 4月29日<br>5月14日<br>5月26日<br>7月23日 | 地下害虫<br>立枯、猝倒病<br>蚜虫、红蜘蛛<br>棉铃虫 | 0.1%毒死蜱溶液<br>恶霉灵<br>吡虫啉、哒螨灵<br>甲维虫螨腈 | 播种同时使用效果较好 |
| 调节物质<br>应用情况 | 时间：7月2日　　用量：25%助壮素8毫升/亩　　时间：7月19日<br>用量：助壮素12毫升/亩　　时间：8月4日　　用量：助壮素20毫升/亩 | | | |
| 病害情况 | 5月9日发现有少量立枯病、猝倒病等苗期病害发生，6月24日发现有叶斑病发生 | | | |
| 产量 | 籽　棉　257.45千克/亩<br>霜前花　213.7千克/亩 | | 皮　棉　斤/亩<br>霜后花　斤/亩 | |
| 棉花生育期<br>气象简况 | 墒情较好，出苗较齐，苗期、现蕾期雨水较充沛。开花结铃期雨量过大，超常年同时期平均降水量80%，发生涝害 | | | |

**表 4-18-5　田间管理技术措施记录表**（中棉 425）

<table>
<tr><td>播期<br>6月7日</td><td colspan="4">品种：中棉 425</td></tr>
<tr><td rowspan="2">中耕除草<br>培土</td><td>日期</td><td>中耕深度</td><td>培土高度</td><td>方法</td></tr>
<tr><td>6月22日<br>7月16日</td><td>3厘米<br>5厘米</td><td>15厘米</td><td>划锄、除草<br>先除草、再穿犁开沟、铁锹培土</td></tr>
<tr><td>整枝</td><td colspan="4">去叶枝：第一次7月11日　抹赘芽：8月2日<br>打边心：第一次8月2日　第二次9月6日<br>打顶心：8月2日</td></tr>
<tr><td rowspan="2">治虫</td><td>日期</td><td>虫害种类</td><td>用药种类和浓度</td><td>效果</td></tr>
<tr><td>6月10日<br>7月1日<br>7月21日<br>8月10日</td><td>地老虎<br>潜叶蝇、盲蝽<br>菜青虫、潜叶蝇<br>菜青虫、棉铃虫</td><td>毒死蜱50毫升/亩<br>阿维菌素、吡虫啉3 000倍液<br>阿维菌素3 000倍液<br>茚虫威3 000倍液</td><td></td></tr>
<tr><td>调节物质<br>应用情况</td><td colspan="4">时间：7月14日　用量：25%助壮素7毫升　时间：7月19日<br>用量：25%助壮素15毫升　时间：8月4日　用量：25%助壮素20毫升</td></tr>
<tr><td>病害情况</td><td colspan="4">6月26日苗期有轻微叶斑病发生</td></tr>
<tr><td>产量</td><td colspan="2">籽　棉　293.505千克/亩<br>霜前花　87.1千克/亩</td><td colspan="2">皮　棉　斤/亩<br>霜后花　斤/亩</td></tr>
<tr><td>棉花生育期<br>气象简况</td><td colspan="4">出苗期遇雨，苗期雨水较充沛。现蕾期、开花结铃期雨量过大，超常年同时期平均降水量80%，发生涝害</td></tr>
</table>

## 三、良种繁育棉花性状

棉花农艺性状记录表结果见表 4-18-6 至表 4-18-14。

**表 4-18-6　良种繁育棉花性状表**（鲁棉 2387，7 月 15 日）

播期：4月29日　　品种：鲁棉 2387　　种植方式：单作　　调查日期：7月15日

| 株号 | 株高（厘米） | 果枝数（枝） | 花数（朵） | 幼铃数（个） | 成铃数（个） | 烂铃数（个） | 吐絮铃数（个） |
|---|---|---|---|---|---|---|---|
| 1 | 80 | 12 | 2 | 6 | 3 | 0 | 0 |
| 2 | 73 | 11 | 1 | 5 | 2 | 0 | 0 |
| 3 | 85 | 12 | 2 | 4 | 2 | 0 | 0 |
| 4 | 88 | 12 | 3 | 3 | 3 | 0 | 0 |
| 5 | 98 | 12 | 2 | 3 | 0 | 0 | 0 |
| 6 | 72 | 9 | 2 | 3 | 0 | 0 | 0 |
| 7 | 82 | 10 | 1 | 2 | 0 | 0 | 0 |
| 8 | 90 | 11 | 1 | 4 | 0 | 0 | 0 |
| 9 | 87 | 10 | 1 | 3 | 0 | 0 | 0 |
| 10 | 86 | 11 | 2 | 4 | 1 | 0 | 0 |

**表 4-18-7　良种繁育棉花性状表**（鲁棉 2387，8 月 15 日）

播期：4 月 29 日　　品种：鲁棉 2387　　种植方式：单作　　调查日期：8 月 15 日

| 株号 | 株高（厘米） | 果枝数（枝） | 花数（朵） | 幼铃数（个） | 成铃数（个） | 烂铃数（个） | 吐絮铃数（个） |
|---|---|---|---|---|---|---|---|
| 1 | 82 | 14 | 0 | 0 | 17 | 0 | 4 |
| 2 | 80 | 13 | 0 | 1 | 11 | 1 | 2 |
| 3 | 88 | 15 | 0 | 2 | 14 | 1 | 4 |
| 4 | 93 | 14 | 0 | 2 | 19 | 0 | 2 |
| 5 | 102 | 16 | 0 | 11 | 37 | 0 | 0 |
| 6 | 78 | 11 | 1 | 2 | 7 | 0 | 2 |
| 7 | 83 | 12 | 0 | 12 | 12 | 1 | 1 |
| 8 | 93 | 13 | 1 | 1 | 15 | 0 | 0 |
| 9 | 89 | 14 | 1 | 4 | 17 | 1 | 0 |
| 10 | 92 | 13 | 0 | 2 | 22 | 0 | 1 |

**表 4-18-8　良种繁育棉花性状表**（鲁棉 2387，9 月 15 日）

播期：4 月 29 日　　品种：鲁棉 2387　　种植方式：单作　　调查日期：9 月 15 日

| 株号 | 株高（厘米） | 果枝数（枝） | 花数（朵） | 幼铃数（个） | 成铃数（个） | 烂铃数（个） | 吐絮铃数（个） |
|---|---|---|---|---|---|---|---|
| 1 | 82 | 14 | 0 | 0 | 3 | 3 | 14 |
| 2 | 80 | 13 | 0 | 0 | 1 | 1 | 12 |
| 3 | 88 | 15 | 0 | 0 | 4 | 0 | 17 |
| 4 | 93 | 14 | 0 | 0 | 7 | 0 | 15 |
| 5 | 102 | 16 | 0 | 0 | 31 | 0 | 17 |
| 6 | 78 | 11 | 0 | 0 | 2 | 0 | 9 |
| 7 | 83 | 12 | 0 | 0 | 3 | 1 | 10 |
| 8 | 93 | 13 | 0 | 0 | 3 | 3 | 8 |
| 9 | 89 | 14 | 0 | 0 | 4 | 0 | 16 |
| 10 | 92 | 13 | 0 | 0 | 8 | 0 | 14 |

**表 4-18-9　良种繁育棉花性状表**（MJZ30，7 月 15 日）

播期：4 月 29 日　　品种：MJZ30　　种植方式：单作　　调查日期：7 月 15 日

| 株号 | 株高（厘米） | 果枝数（枝） | 花数（朵） | 幼铃数（个） | 成铃数（个） | 烂铃数（个） | 吐絮铃数（个） |
|---|---|---|---|---|---|---|---|
| 1 | 92 | 12 | 2 | 4 | 4 | — | — |
| 2 | 102 | 10 | 2 | 3 | 3 | — | — |
| 3 | 85 | 9 | 1 | 3 | 3 | — | — |
| 4 | 95 | 11 | 1 | 1 | 3 | — | — |
| 5 | 98 | 10 | 1 | 2 | 2 | — | — |
| 6 | 78 | 9 | 0 | 3 | — | — | — |
| 7 | 92 | 11 | 1 | 2 | 2 | — | — |
| 8 | 90 | 11 | 1 | 2 | 2 | — | — |
| 9 | 87 | 9 | 1 | 1 | 1 | — | — |
| 10 | 95 | 11 | 1 | 3 | 2 | — | |

**表 4-18-10　良种繁育棉花性状表**（MJZ30，8 月 15 日）

播期：4 月 29 日　　品种：MJZ30　　种植方式：单作　　调查日期：8 月 15 日

| 株号 | 株高（厘米） | 果枝数（枝） | 花数（朵） | 幼铃数（个） | 成铃数（个） | 烂铃数（个） | 吐絮铃数（个） |
|---|---|---|---|---|---|---|---|
| 1 | 125 | 15 | 2 | 1 | 37 | — | — |
| 2 | 122 | 15 | 0 | 1 | 16 | — | 1 |
| 3 | 106 | 12 | 0 | 2 | 13 | — | — |
| 4 | 107 | 14 | 1 | 5 | 18 | — | — |
| 5 | 115 | 113 | 1 | 0 | 25 | — | — |
| 6 | 103 | 11 | 0 | 3 | 10 | — | — |
| 7 | 112 | 14 | 1 | 0 | 23 | — | — |
| 8 | 117 | 14 | 1 | 0 | 18 | — | — |
| 9 | 103 | 12 | 1 | 1 | 16 | — | — |
| 10 | 111 | 15 | 1 | 3 | 22 | — | — |

**表 4-18-11　良种繁育棉花性状表**（MJZ30，9 月 15 日）

播期：4 月 29 日　　品种：MJZ30　　种植方式：单作　　调查日期：9 月 15 日

| 株号 | 株高（厘米） | 果枝数（枝） | 花数（个） | 幼铃数（个） | 成铃数（个） | 烂铃数（个） | 吐絮铃数（个） |
|---|---|---|---|---|---|---|---|
| 1 | 125 | 15 | 0 | 0 | 17 | — | 20 |
| 2 | 122 | 15 | 0 | 0 | 4 | 1 | 12 |
| 3 | 106 | 12 | 0 | 0 | 6 | — | 9 |
| 4 | 107 | 11 | 0 | 0 | 12 | — | 15 |
| 5 | 115 | 13 | 0 | 0 | 10 | 3 | 12 |
| 6 | 103 | 11 | 0 | 0 | 7 | — | 6 |
| 7 | 112 | 14 | 0 | 0 | 9 | 2 | 11 |
| 8 | 117 | 14 | 0 | 0 | 10 | 2 | 6 |
| 9 | 103 | 12 | 0 | 0 | 7 | 3 | 6 |
| 10 | 111 | 15 | 0 | 0 | 14 | — | 12 |

**表 4-18-12　良种繁育棉花性状表**（中棉 425，7 月 15 日）

播期：6 月 07 日　　品种：中棉 425　　种植方式：单作　　调查日期：7 月 15 日

| 株号 | 株高（厘米） | 果枝数（枝） | 花数（个） | 幼铃数（个） | 成铃数（个） | 烂铃数（个） | 吐絮铃数（个） |
|---|---|---|---|---|---|---|---|
| 1 | 22 | 1 | — | — | — | — | — |
| 2 | 20 | 1 | — | — | — | — | — |
| 3 | 20 | — | — | — | — | — | — |
| 4 | 14 | — | — | — | — | — | — |
| 5 | 17 | — | — | — | — | — | — |
| 6 | 18 | — | — | — | — | — | — |
| 7 | 15 | — | — | — | — | — | — |
| 8 | 20 | 2 | — | — | — | — | — |
| 9 | 21 | 2 | — | — | — | — | — |
| 10 | 19 | 1 | — | — | — | — | — |
| 11 | 20 | — | — | — | — | — | — |

**表 4-18-13　良种繁育棉花性状表**（中棉 425，8 月 15 日）

播期：4 月 29 日　　品种：中棉 425　　种植方式：单作　　调查日期：8 月 15 日

| 株号 | 株高（厘米） | 果枝数（枝） | 花数（个） | 幼铃数（个） | 成铃数（个） | 烂铃数（个） | 吐絮铃数（个） |
|---|---|---|---|---|---|---|---|
| 1 | 93 | 12 | 2 | 6 | 7 | 0 | 0 |
| 2 | 103 | 13 | 0 | 7 | 9 | 0 | 0 |
| 3 | 100 | 11 | 1 | 3 | 6 | 0 | 0 |
| 4 | 64 | 9 | 1 | 2 | 1 | 0 | 0 |
| 5 | 80 | 10 | 1 | 4 | 1 | 0 | 0 |
| 6 | 78 | 9 | 0 | 2 | 1 | 0 | 0 |
| 7 | 75 | 9 | 0 | 1 | 1 | 0 | 0 |
| 8 | 80 | 11 | 1 | 6 | 1 | 0 | 0 |
| 9 | 90 | 13 | 1 | 6 | 4 | 0 | 0 |
| 10 | 72 | 8 | 1 | 3 | 0 | 0 | 0 |
| 11 | 86 | 11 | 1 | 7 | 4 | 0 | 0 |

**表 4-18-14　良种繁育棉花性状表**（中棉 425，9 月 15 日）

播期：6 月 7 日　　品种：中棉 425　　种植方式：单作　　调查日期：9 月 15 日

| 株号 | 株高（厘米） | 果枝数（枝） | 花数（个） | 幼铃数（个） | 成铃数（个） | 烂铃数（个） | 吐絮铃数（个） |
|---|---|---|---|---|---|---|---|
| 1 | 95 | 13 | 2 | 10 | 25 | 0 | 0 |
| 2 | 104 | 14 | 0 | 12 | 22 | 0 | 0 |
| 3 | 101 | 11 | 0 | 16 | 13 | 0 | 0 |
| 4 | 65 | 9 | 1 | 11 | 11 | 0 | 0 |
| 5 | 80 | 10 | 1 | 11 | 14 | 0 | 0 |
| 6 | 82 | 10 | 0 | 13 | 16 | 0 | 0 |
| 7 | 76 | 9 | 1 | 6 | 10 | 0 | 0 |
| 8 | 80 | 11 | 1 | 6 | 11 | 0 | 0 |
| 9 | 90 | 13 | 1 | 19 | 20 | 0 | 0 |
| 10 | 90 | 11 | 1 | 16 | 21 | 0 | 0 |

# 鲁北棉区棉秆还田及棉饲轮作提升耕地质量技术试验课题技术总结报告

聊城市东昌府区农业农村局　彭　杰

## 一、试验研究背景及意义

聊城市东昌府区本为传统棉区，因经济发展造成种植结构调整，目前棉花种植面积下降到1 500亩左右。但是，棉花仍然是东昌府区盐碱区域、河套区域的重要经济作物。尤其是堂邑镇和梁水镇，存在大面积盐碱地块。于这些地块种植棉花是最好的选择，其他作物效益极低。由于棉花栽培技术及品种培育技术滞后于经济、社会发展，一些盐碱地块撂荒严重。

东昌府区的盐碱地棉花栽培，由于长期“重氮肥，轻磷、钾、微肥”和“重化肥，轻有机肥”，土壤中养分不平衡，化肥利用率低，棉田土壤中有机质含量大多在1%以下，棉田钾肥和微量元素缺乏严重。过量的化肥使用和单一的耕作方式，还造成棉田生态环境恶化，土壤酶活性和土壤团粒结构系统功能及形成条件严重减退，直接影响到关系我区棉花产量稳定和品质改善的基础肥力，这一问题已成为制约我区棉花绿色高质高效可持续发展的一大基础瓶颈。另外，我区盐碱地块即使进行棉花栽培也只种一季，种植品种落后且不统一，其他时间土地处于闲置状态。

为加快推进东昌府区盐碱地棉秆还田、提升棉作耕地质量，建立绿色高效棉饲两熟高效生态产业结构，促进棉花绿色高质量发展，有效解决传统棉作模式作物间茬口不顺、环节间衔接不畅、产业间技术协同不强等问题，建立适合我区的新型棉作制度，在省农业农村厅和市农业农村局的领导和支持下，我们开展了“棉饲两熟轮作技术试验”和“棉秆还田提升耕地质量技术试验”项目。期望通过该项目的实施，使我区盐碱地块得到充分利用，产棉质量提升、土地利用率提高，同时农民收入增加。

## 二、试验设计

### （一）供试品种

试验品种为鲁棉696、鲁棉2387。

### （二）试验地点和设计

试验地块位于聊城市东昌府区堂邑镇崔陈屯村。

“鲁北棉区棉秆还田提升耕地质量技术试验”共设 7 个处理，每个处理用地 1 亩。试验设计见表 4-19-1。

**表 4-19-1　不同试验处理详情表**

| 处理编号 | 还田时间 | 秸秆粉碎后增施尿素量（千克） | 增施秸秆腐熟剂 | 施肥方案 |
|---|---|---|---|---|
| 处理 1 | 不还田 | — | — | 正常施肥 |
| 处理 2 | 冬季还田 | — | — | 正常施肥 |
| 处理 3 | 冬季还田 | — | 增施秸秆腐熟剂 1（清道夫） | 正常施肥 |
| 处理 4 | 冬季还田 | 5/亩 | — | 正常施肥 |
| 处理 5 | 冬季还田 | — | — | 正常基肥、不追肥 |
| 处理 6 | 冬季还田 | — | 增施秸秆腐熟剂 2（亿安） | 正常施肥 |
| 处理 7 | 春季还田 | — | — | 正常施肥 |

“棉饲两熟轮作技术试验”共设 7 个处理，每个处理 1 亩。试验设置 3 个种植模式和 3 个种植密度，每个处理设 3 个重复，共计 27 个小区。

**1. 3 个种植模式**　短季棉鲁棉 2387 一年一熟（对照）、短季棉鲁棉 2387→冬牧 70、短季棉鲁棉 2387→小黑麦。

**2. 3 个种植密度**　短季棉 5 000 株/亩、6 000 株/亩、7 000 株/亩。

## （三）田间管理措施

试验前对土壤、棉秆进行了取样，划定试验小区 14 个。地块两端设 8 米缓冲区域。总面积共计约 16 亩。

其中棉花秸秆还田小区 7 个，每个小区面积/亩。于 2020 年 12 月 28 日按试验要求对处理 3 和处理 6 增施了腐熟剂（清道夫、亿安每亩 1 千克），处理 4 施用了5 千克尿素。除处理 1 外，其他小区进行了棉花秸秆还田、旋耕待播。处理 7 于播种前进行了秸秆还田。所有处理于 2021 年 4 月 30 日进行施肥后旋耕，所施肥料为 N∶P∶K 为 15∶15∶15 的复合肥，每亩施 25 千克。5 月 2 日播种，棉花品种为鲁棉 696，播种量 10 千克/亩，平均行距 54.5 厘米，播前施用二甲戊灵除草剂，机播覆膜。5 月6 日以大水漫灌方式进行浇水，5 月 17 日出苗率超 90%。在播种期晚 1 天、浇水晚 2 天的情况下，苗期长势远优于当地品种。

棉饲轮作所有小区于 2020 年 12 月 28 日进行秸秆还田、旋耕。29 日小黑麦和冬牧 70 小区进行播种，由于气候原因及鸟害严重，本次播种失败。2021 年 2 月 21 日重新对该地块进行旋耕、播种，并架设防鸟网。播种量为 10 千克/亩。播种后未浇水，本次播种成功。由于播期太晚，牧草基本没有产量，短季棉播种时有少量冬牧 70 和小黑麦株高能达到 50 厘米高度并孕穗。2021 年 5 月 17 日施肥、旋耕。所施肥料为 N∶P∶K 比例 15∶15∶15 的复合肥，每亩 32.5 千克。5 月 18 日鲁棉 2387 播种，机播，同时使用二甲戊灵除草剂并覆膜，播种量为 5 千克/亩。平均行距 54.5 厘米。随即以大水漫灌的方式浇水。5 月 26 日出苗。

### （四）测定项目与方法

行距测定公式：边行到边行距离/（行数－1），测定得出平均行距为 54.5 厘米。

## 三、环境条件

### （一）试验地土壤肥力条件

1. **土壤肥力测定**　前茬棉花秸秆还田之前，整个试验地“五点取样”，最后将样品混合成 0～20 厘米、20～40 厘米各 1 个检测样，寄送至检测机构检测土壤碱解氮、有效磷、速效钾、pH、有机质含量。

2. **棉花秸秆还田量测定**　棉花秸秆还田前，整块试验地按“三点取样”选取三个面积 0.01 亩的样点，统计每个样点的株数，并从中分别选取 5 株植株，寄送至检测机构检测干物质量、计算还田量。

### （二）气候条件(试验期间降水、温度、有效积温等)

2021 年受特殊气候影响，棉花整个生育期雨水较多，我们从本地气候部门得到如下数据（表 4-19-2）：

**表 4-19-2　2020—2021 年东昌府区气候情况**

| 年 | 月 | 平均气温（℃） | 降水（毫米） | 有效积温（℃） |
|---|---|---|---|---|
| 2020 | 10 | 13.9 | 10.4 | 431.0 |
| 2020 | 11 | 8.5 | 48.9 | 254.4 |
| 2020 | 12 | －0.3 | 4.4 | 31.3 |
| 2021 | 1 | －0.9 | 0.1 | 34.4 |
| 2021 | 2 | 6.3 | 45.5 | 176.6 |
| 2021 | 3 | 9.6 | 16.1 | 297.2 |
| 2021 | 4 | 14.4 | 26.7 | 430.7 |
| 2021 | 5 | 20.1 | 21.8 | 624.6 |
| 2021 | 6 | 26.5 | 129.5 | 794.0 |
| 2021 | 7 | 27.5 | 301.8 | 851.3 |
| 2021 | 8 | 25.7 | 130.3 | 796.9 |
| 2021 | 9 | 22.4 | 291.4 | 673.4 |
| 2021 | 10 | 14.5 | 54.0 | 450.1 |
| 2021 | 11 | 8.5 | 56.7 | 253.9 |

其中，2021 年气候数据和 2020 年同期相比，降雨量增加 34%，有效积温和平均气温基本没有变化。

# 四、结论与讨论

因实验地块后期雨水较多，对棉花生长及各项数据影响较大，我们主要采用鲁棉2387棉饲轮作地块8月15日调查数据进行分析。

1. **株高** 调查数据显示，在打顶时间一致的情况下，株高随着密度增加而增加。如图4-19-1。

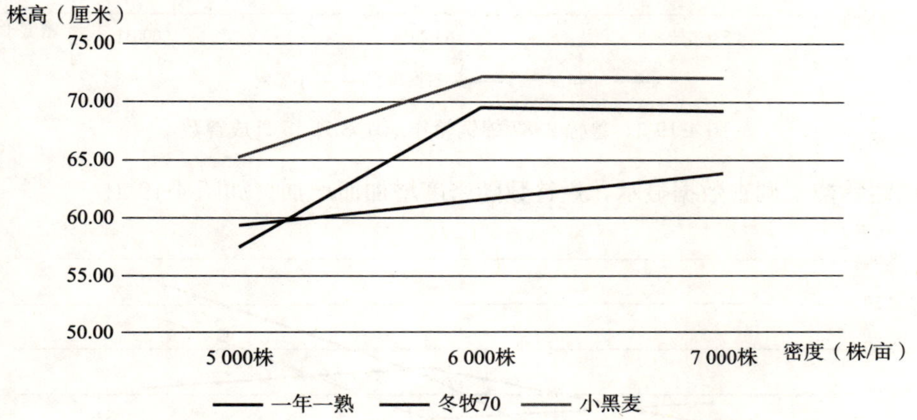


图4-19-1 鲁棉2387棉饲轮作地块8月15日株高

2. **果枝数** 调查数据显示，果枝数6 000株/亩和7 000株/亩密度下差别不大，但是都明显高于5 000株/亩密度。如图4-19-2。

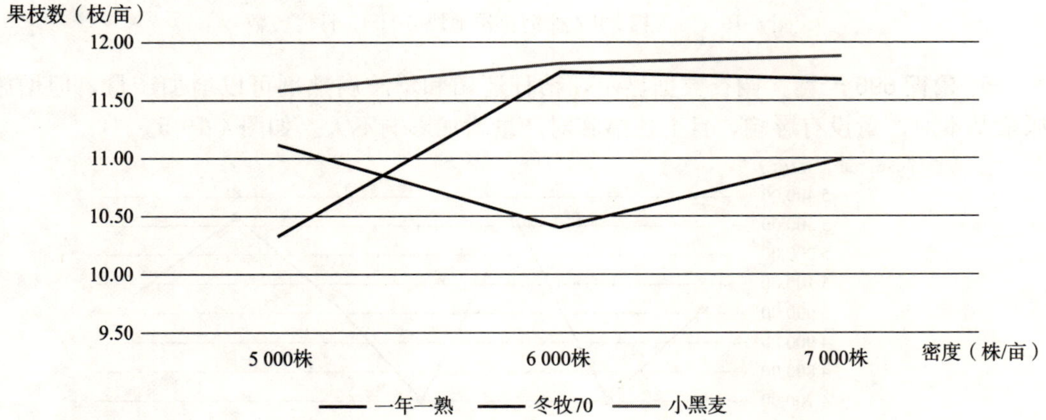


图4-19-2 鲁棉2387棉饲轮作地块8月15日果枝数

3. **成铃数** 调查数据显示，成铃数在3个密度下差别不大。如图4-19-3。

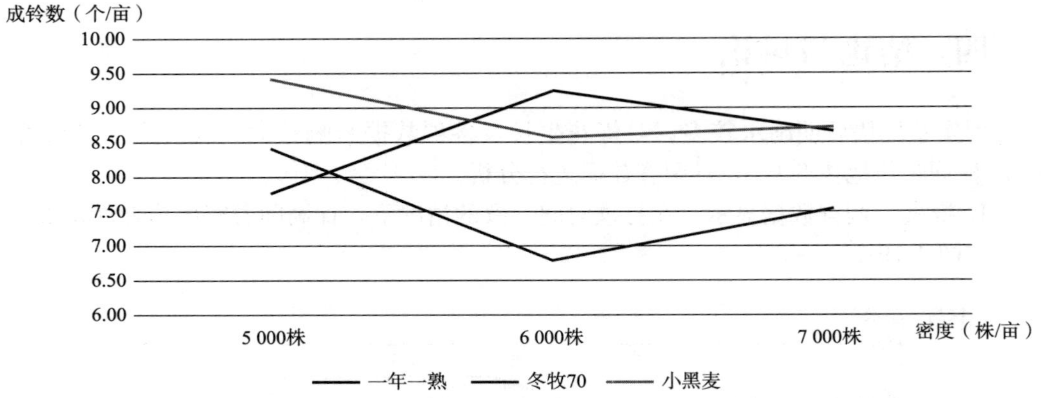


图 4-19-3　鲁棉 2387 棉饲轮作地块 8 月 15 日成铃数

4. **烂铃数**　调查数据显示，烂铃数随密度增加而增加。如图 4-19-4。

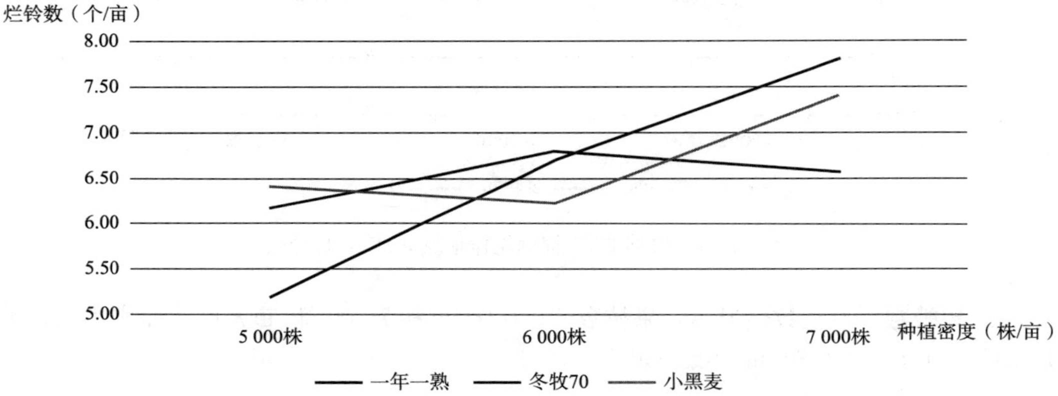


图 4-19-4　鲁棉 2387 棉饲轮作地块 8 月 15 日烂铃数

5. **鲁棉 696 产量**　调查数据显示，秸秆还田和增施腐熟剂可以增加产量，但增施尿素基本对产量没有影响，且上述措施对产量增加影响不大。如图 4-19-5。

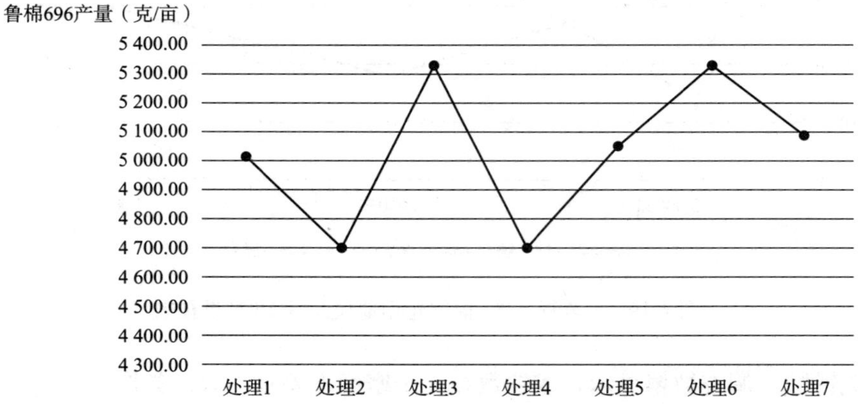


图 4-19-5　鲁棉 696 棉饲轮作地块产量

**6. 鲁棉 2387 产量** 调查数据显示，鲁棉 2387 是否进行棉饲轮作对产量几乎没有影响。如图 4-19-6。

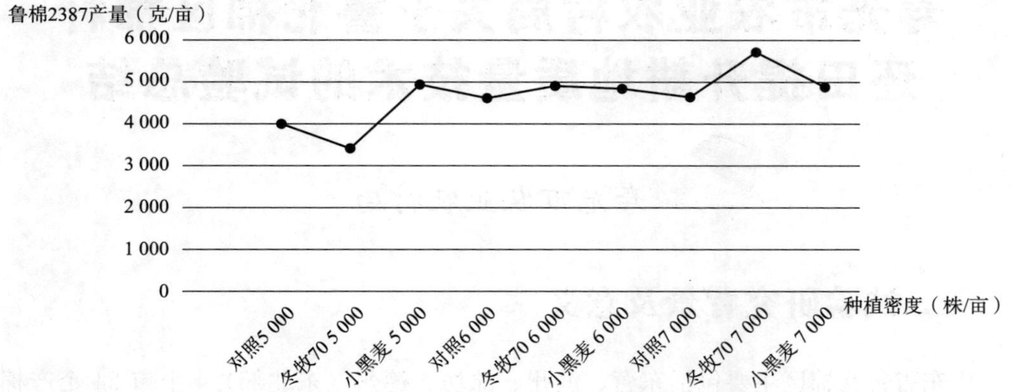


图 4-19-6 鲁棉 2387 棉饲轮作地块产量

**7. 讨论** 根据为期一年的试验，认为鲁棉 2387 和鲁棉 696 花期集中，管理用工少，和当地品种相比具有很大的优势，已经得到当地百姓的认可。目前看 6 000 株/亩的种植密度比较适合当地的情况，也适合当地的栽培习惯。其中鲁棉 2387 明显表现出早熟性，适合当地棉饲轮作及麦、蒜后直播。

# 寿光市农业农村局关于鲁北棉区棉秆还田提升耕地质量技术的试验总结

寿光市农业农村局

## 一、试验研究背景及意义

山东省鲁北棉区主要包括东营、滨州、潍坊、德州（东北部）4个市24个产棉县（市、区），2019年棉花播种面积74.99万亩，占全省棉花播种面积的29.5%。鲁北棉区大多为滨海盐碱地，由于长期“重氮肥，轻磷、钾、微肥”和“重化肥，轻有机肥”，土壤中养分不平衡，化肥利用率低，棉田土壤中有机质含量大多在1%以下，约70%（棉秆带走大量的钾元素）棉田缺钾严重，80%以上的基础棉田缺乏微量元素。过量的化肥使用和单一的耕作方式，还造成棉田生态环境恶化，土壤酶活性和土壤团粒结构系统功能及形成条件严重减退，直接影响到关系传统盐碱地棉区棉花产量稳定和品质改善的基础肥力。土壤已成为制约我省棉花绿色高质高效可持续发展的一大基础瓶颈。

棉秆作为棉花收获后的副产品，其主要化学成分为木质素（22%）、纤维素和半纤维素（60%）、多缩戊糖（13%），还含有单宁、果胶素、有机溶剂抽取物（包括树脂、脂肪、蜡等）、色素及灰分等少量成分，是一种宝贵的可再生有机肥资源。山东省是棉花生产大省，按2019年棉花产量19.6万吨计算，棉秆资源约98万吨（棉花草谷比按5.0计算）。近十年来，我省70%左右的棉秆（主要是鲁北一熟制棉区）进行了燃料化利用，部分用作纤维板材用料，少量作基料用，肥料化利用率极低，致使棉田土壤单向循环严重，土壤有机质得不到有效补充，耕地质量严重下降，可耕性变差。研究表明，棉秆粉碎还田肥料化利用能够增加土壤有机质、速效氮、速效钾及矿物质营养元素含量，改善土壤水稳性团粒结构和理化性能，特别是对抑制连作棉田严重缺钾和磷元素流失及鲁北耕地次生盐碱化、实现用地养地结合、平衡土壤肥力效果显著。

为加快推进山东省鲁北盐碱地棉秆还田，提升棉作耕地质量，建立绿色高效棉饲两熟高效生态产业结构，促进棉花产业绿色高质量发展，根据《山东省农业农村厅关于印发鲁北棉区棉秆还田及棉饲轮作提升耕地质量技术试验实施方案的通知》（鲁农棉字〔2020〕11号）相关要求，开展本试验研究。

## 二、试验设计

### （一）供试品种

供试品种为国欣棉3号。

## （二）试验地点和设计

试验地点位于山东省潍坊寿光市羊口镇官台村村北，试验田面积8亩，地块南北向种植，从西向东共设8个试验处理，每个处理面积1亩地。不设重复。从东向西的试验设计见表4-20-1。

**表4-20-1　不同试验处理详情表**

| 处理编号 | 还田时间（日/月） | 秸秆粉碎后增施尿素量（千克） | 增施秸秆腐熟剂 | 施肥方案 |
|---|---|---|---|---|
| 处理1 | 不还田 | — | — | 正常施肥 |
| 处理2 | 3/25 | — | — | 正常施肥 |
| 处理3 | 3/25 | — | 增施秸秆腐熟剂1（清道夫） | 正常施肥 |
| 处理4 | 3/25 | 10斤/亩 | — | 正常施肥 |
| 处理5 | 3/25 | — | — | 正常基肥、不追肥 |
| 处理6 | 3/25 | — | 增施秸秆腐熟剂2（亿安） | 正常施肥 |
| 处理7 | 3/25 | — | — | 正常施肥 |
| 处理8 | 3/25 | — | — | 不施肥 |

其中，处理正常施肥是指：每亩施氮肥（N）15千克、磷肥（$P_2O_5$）6.5千克、钾肥（$K_2O$）7.5千克。磷肥全部基施，氮肥、钾肥基追比2∶3。正常基肥、不追肥是指：每亩施氮肥（N）6千克、磷肥（$P_2O_5$）6.5千克、钾肥（$K_2O$）3.0千克，全部基施。

由于2020年冬天和2021年春天降水多，至3月25日方进行秸秆还田。

## （三）田间管理措施

田间管理措施包括棉秆粉碎还田，病虫害防治，打头、去萌芽、摘耳子等整枝活动，化控（控壮、催熟）等农事活动。

## （四）测定项目方法

测定项目包括取土化验测定土壤肥力和土壤养分含量、测植株高度等农艺性状、采摘絮棉测产等。

测定土壤肥力取土均采取每个处理进行对角线五点取样的方法，每个点分别取0～20厘米、20～40厘米的土样，分别混合均匀后，寄送到有关部门进行化验。

测植株高度和测产均采取在每个处理中按照对角线五点取样的方法，每个点测量5株的植株高度、结果枝数量和单株棉铃数，然后按照理论棉铃重和衣分率计算每个处理的棉花产量。

棉花秸秆还田量测定的方法为：棉花秸秆还田前，整块试验地按“三点取样”选取三个面积0.01亩的样点，统计每个样点的株数，并从中分别选取5株植株，寄送至检测机构，检测干物质量，计算还田量。

# 三、环境条件

## （一）试验地土壤肥力条件

试验地土壤肥力条件见表 4-20-2。

**表 4-20-2　土壤肥力条件**

| 处理措施 | | 备注 | 水解性氮（毫克/千克） | 有效磷（毫克/千克） | 速效钾（毫克/千克） | 有机质（克/千克） | pH |
|---|---|---|---|---|---|---|---|
| 处理 1 | 不还田、正常施肥 | 0～20 厘米 | 52.8 | 7.0 | 451 | 10.90 | 7.58 |
| | | 20～40 厘米 | 48.3 | 5.0 | 410 | 10.80 | 8.03 |
| 处理 2 | 还田正常施肥 | 0～20 厘米 | 54.0 | 4.0 | 444 | 12.10 | 7.99 |
| | | 20～40 厘米 | 46.4 | 4.0 | 404 | 10.20 | 8.08 |
| 处理 3 | 还田清道夫处理正常施肥 | 0～20 厘米 | 55.3 | 8.2 | 468 | 13.40 | 8.08 |
| | | 20～40 厘米 | 50.6 | 5.5 | 444 | 12.20 | 8.04 |
| 处理 4 | 还田、亩增尿素 10 斤正常施肥 | 0～20 厘米 | 56.6 | 7.0 | 471 | 13.90 | 8.13 |
| | | 20～40 厘米 | 32.6 | 1.5 | 222 | 8.92 | 8.20 |
| 处理 5 | 还田正常基肥不追肥 | 0～20 厘米 | 62.6 | 7.5 | 575 | 15.60 | 8.05 |
| | | 20～40 厘米 | 38.4 | 1.8 | 250 | 9.24 | 8.11 |
| 处理 6 | 亿安处理还田正常施肥 | 0～20 厘米 | 61.5 | 5.5 | 505 | 14.70 | 8.12 |
| | | 20～40 厘米 | 41.1 | 3.0 | 316 | 10.30 | 8.21 |
| 处理 7 | 还田正常施肥 | 0～20 厘米 | 58.3 | 4.5 | 491 | 13.70 | 8.10 |
| | | 20～40 厘米 | 29.4 | 1.5 | 232 | 7.42 | 8.46 |
| 处理 8 | 还田不追肥 | 0～20 厘米 | 58.4 | 5.8 | 461 | 14.40 | 8.05 |
| | | 20～40 厘米 | 26.4 | 1.5 | 186 | 8.52 | 8.50 |

从土壤肥力检测结果来看，经过还田处理的棉田表层土壤中的有机质含量明显高于没有进行秸秆还田的棉田，而深层土壤有机质含量却明显低于没有进行秸秆还田的棉田，这和水解性氮、有效磷、速效钾在土壤中的浓度变化是一致的，从另一个侧面说明了棉花是深根系作物。经过了棉花整个生育期的吸收，深层土壤的养分含量有所减少；用清道夫和亿安处理的棉田、水解性氮、有效磷、速效钾和有机质的含量均高于其他处理的棉田，说明清道夫和亿安在促进有机质降解、促进养分吸收方面作用较大。

## （二）气候条件

根据寿光市气象局提供的气象资料，2021 年 4 月 20 日到 10 月 31 日我市棉花种植区降水量达到 743.1 毫米，比常年偏多，故于棉花生长期间没有浇水；光照时数为 1 176.1 小时，比常年偏少；大于 10 ℃的有效积温为 4 268.3 ℃。光照和积温能满足棉花正常生长需要。

# 四、结果与分析

## （一）不同试验处理对土壤肥力的影响

不同试验处理对土壤肥力的影响见表 4-20-3。

**表 4-20-3　不同试验处理对土壤肥力的影响**

| 处理措施 | | 备注 | 水解性氮（毫克/千克） | 有效磷（毫克/千克） | 速效钾（毫克/千克） | 有机质（克/千克） | pH |
|---|---|---|---|---|---|---|---|
| 处理 1 | 不还田、正常施肥 | 0～20 厘米 | 52.8 | 7.0 | 451 | 10.90 | 7.58 |
| | | 20～40 厘米 | 48.3 | 5.0 | 410 | 10.80 | 8.03 |
| 处理 2 | 还田正常施肥 | 0～20 厘米 | 54.0 | 4.0 | 444 | 12.10 | 7.99 |
| | | 20～40 厘米 | 46.4 | 4.0 | 404 | 10.20 | 8.08 |
| 处理 3 | 还田清道夫处理正常施肥 | 0～20 厘米 | 55.3 | 8.2 | 468 | 13.40 | 8.08 |
| | | 20～40 厘米 | 50.6 | 5.5 | 444 | 12.20 | 8.04 |
| 处理 4 | 还田、亩增尿素 5 千克正常施肥 | 0～20 厘米 | 56.6 | 7.0 | 471 | 13.9 | 8.13 |
| | | 20～40 厘米 | 32.6 | 1.5 | 222 | 8.92 | 8.20 |
| 处理 5 | 还田正常基肥不追肥 | 0～20 厘米 | 62.6 | 7.5 | 575 | 15.60 | 8.05 |
| | | 20～40 厘米 | 38.4 | 1.8 | 250 | 9.24 | 8.11 |
| 处理 6 | 亿安处理还田，正常施肥 | 0～20 厘米 | 61.5 | 5.5 | 505 | 14.70 | 8.12 |
| | | 20～40 厘米 | 41.1 | 3.0 | 316 | 10.30 | 8.21 |
| 处理 7 | 还田正常施肥 | 0～20 厘米 | 58.3 | 4.5 | 491 | 13.70 | 8.10 |
| | | 20～40 厘米 | 29.4 | 1.5 | 232 | 7.42 | 8.46 |
| 处理 8 | 还田不追肥 | 0～20 厘米 | 58.4 | 5.8 | 461 | 14.40 | 8.05 |
| | | 20～40 厘米 | 26.4 | 1.5 | 186 | 8.52 | 8.50 |

从土壤肥力检测结果来看，经过还田处理的棉田，表层土壤中的有机质含量明显高于没有进行秸秆还田的棉田，而深层土壤有机质含量却明显低于没有进行秸秆还田的棉田，这和水解性氮、有效磷、速效钾在土壤中的浓度变化是一致的，从另一个侧面说明了棉花是深根系作物。经过了棉花全生育期的吸收，深层土壤的养分含量有所减少；用清道夫和亿安处理的棉田水解性氮、有效磷、速效钾和有机质的含量均高于其他处理的棉田，说明清道夫和亿安在促进有机质降解、促进养分吸收方面作用较大。

## （二）不同试验处理对棉花生育期的影响

由于农户在 10 月 5 日喷施催熟剂乙烯利，导致棉花落叶、棉铃加快成熟，不同试验处理对棉花生育期的影响未能确定。

## （三）不同试验处理对棉花农艺性状的影响

不同试验处理对棉花农艺性状的影响见表 4-20-4。

表 4-20-4　不同试验处理对棉花农艺性状的影响

| | 处理措施 | 果枝数（枝） | 成铃数（个） | 絮铃数（个） | 幼铃数（个） | 烂铃数（个） |
|---|---|---|---|---|---|---|
| 处理 1 | 不还田、正常施肥 | 9.1 | 5.7 | 4.90 | 0.00 | 0.00 |
| 处理 2 | 还田正常施肥 | 13.6 | 14.6 | 4.90 | 0.43 | 0.60 |
| 处理 3 | 还田清道夫处理正常施肥 | 12.2 | 14.0 | 4.50 | 2.00 | 1.70 |
| 处理 4 | 还田、亩增尿素 5 千克正常施肥 | 11.3 | 7.8 | 7.00 | 0.00 | 1.00 |
| 处理 5 | 还田正常基肥不追肥 | 11.8 | 17.0 | 3.50 | 0.00 | 0.50 |
| 处理 6 | 亿安处理还田正常施肥 | 8.4 | 13.8 | 0.83 | 0.00 | 0.67 |
| 处理 7 | 还田正常施肥 | 11.0 | 13.5 | 7.50 | 0.00 | 0.67 |
| 处理 8 | 还田不追肥 | 11.3 | 11.3 | 7.00 | 0.00 | 0.67 |

从表中可见，秸秆还田的棉田，其果枝数、成铃数和絮铃数量都明显增加，其中棉秆还田的棉田单株平均果枝数为 11.4 个，比没有进行棉秆还田的单株平均果枝数 9.1 个增加 2.3 个，棉秆还田的单株平均成铃数和絮铃数总计为 18.13 个，比没有进行棉秆还田的平均单株成铃数 10.6 个增加 7.53 个。

需要特别指出的是，尽管进行棉秆还田的处理中都有烂铃，说明这些烂铃在雨季前就已成铃，棉秆还田能促进早开花，使花多、铃多，为丰产打好基础。用清道夫秸秆腐熟剂处理的棉秆还田幼铃特别多，说明土壤养分供应均衡，生长过程中不脱肥。

## （四）不同试验处理对棉花干物质积累与分配的影响

从表 4 可以看出，进行棉秆还田的处理的平均单株果枝数高于没有进行棉秆还田的处理的果枝数。可见秸秆还田的处理能促进棉苗早期生长。而用清道夫秸秆腐熟剂的处理的单株平均烂铃数高于其他处理，说明棉秆还田能促进棉花早期开花现蕾。幼铃数的增加说明该处理土壤养分供应均衡，在棉花生长过程中能持续不断地为开花现蕾供应养分。

## （五）棉花产量测定与效益分析

棉花产量测定与效益分析情况见表 4-20-5。

表 4-20-5　不同试验处理的产量与效益

| | 处理措施 | 籽棉亩产（千克） | 籽棉亩收益（元/亩）（籽棉亩产量×平均售价） | 成本（元/亩）（耕地、施肥、打药收获费用） |
|---|---|---|---|---|
| 处理 1 | 不还田、正常施肥 | 236.13 | 1 232.6 | 1 376 |
| 处理 2 | 还田正常施肥 | 441.07 | 2 302.4 | 1 092 |
| 处理 3 | 还田、清道夫处理正常施肥 | 434.39 | 2 267.6 | 1 112 |
| 处理 4 | 还田、亩增尿素 5 千克正常施肥 | 367.56 | 1 918.7 | 1 112 |
| 处理 5 | 还田、正常基肥不追肥 | 462.23 | 2 412.8 | 1 092 |
| 处理 6 | 亿安处理还田、正常施肥 | 334.14 | 1 744.2 | 1 112 |
| 处理 7 | 还田、正常施肥 | 338.60 | 1 767.5 | 1 092 |
| 处理 8 | 还田、不追肥 | 416.57 | 2 174.5 | 618 |

以处理 1 与处理 2、7 相比可见，棉秆还田后利于棉花增产；以处理 3、6 与处理 2、4 相比可见，用清道夫棉秆腐熟剂处理棉秆，可使棉花增产，亿安棉秆腐熟剂处理效果不明显。以处理 2 与处理 8 相比较可见，追肥可使棉花增产。

### （六）棉花纤维指标检测结果

各处理棉花纤维指标检测结果见表 4-20-6。

表 4-20-6　各处理棉花纤维指标检测结果

| 处理措施 | | 上半部平均长度（毫米） | 整齐度指数% | 断裂比强度（毫牛/特克斯） | 马克隆值 | 伸长率（%） |
|---|---|---|---|---|---|---|
| 处理 1 | 不还田、正常施肥 | 28.0 | 83.4 | 29.6 | 4.5 | 6.5 |
| 处理 2 | 还田、正常施肥 | 28.1 | 86.2 | 29.6 | 5.0 | 6.7 |
| 处理 3 | 还田、清道夫处理正常施肥 | 27.5 | 83.5 | 29.9 | 5.0 | 6.6 |
| 处理 4 | 还田、亩增尿素 5 千克正常施肥 | 28.1 | 82.5 | 29.4 | 5.1 | 6.7 |
| 处理 5 | 还田、正常基肥不追肥 | 27.7 | 81.1 | 29.1 | 4.5 | 6.7 |
| 处理 6 | 亿安处理、还田正常施肥 | 27.4 | 84.6 | 29.0 | 5.0 | 6.6 |
| 处理 7 | 还田、正常施肥 | 28.1 | 83.0 | 28.5 | 5.0 | 6.6 |
| 处理 8 | 还田、不追肥 | 27.0 | 83.7 | 28.4 | 5.1 | 6.6 |

从棉花纤维指标检测结果来看，未发现有何规律，未观察到棉秆还田对棉花纤维品质有何影响。

## 五、结论与讨论

### （一）棉秆还田能够增加表层土壤有机质的含量

试验证明，棉秆还田的处理较未还田的处理 0～20 厘米土壤有机质含量增加约 11%。因而棉秆粉碎还田肥料化利用能够增加土壤表层有机质，使棉田 0～20 厘米土壤有机质得到有效补充。

### （二）棉秆还田能够增加棉花果枝数量、成铃数和絮棉数

棉秆还田的单株平均果枝数为 11.4 个，比没有进行棉秆还田的单株平均果枝数 9.1 个增加 2.3 个。棉秆还田的单株平均成铃数和絮铃数总计为 18.13 个，比没有进行棉秆还田的平均单株成铃数 10.6 个增加 7.53 个。

需要特别指出的是，进行棉秆还田的处理中都有烂铃，说明这些烂铃在雨季前就已成铃，证明棉秆还田能促进早开花，使花多、铃多，为丰产打好基础。

### （三）增施秸秆腐熟剂，可促进棉秆有机质分解，使棉花生产过程中不脱肥

使用棉秆腐熟剂清道夫和亿安的棉田，水解性氮、有效磷、速效钾和有机质的含量

均高于其他处理的棉田，说明清道夫和亿安在促进有机质降解、促进养分吸收方面作用较大。喷施秸秆腐熟剂清道夫的棉秆还田处理幼铃较多，说明土壤养分供应均衡，生长过程中不脱肥。

### （四）棉秆还田对籽棉产量的影响

从籽棉产量看，用秸秆腐熟剂处理的棉田虽然不是产量最高的，但相对产量很高。从而可以断定秸秆腐熟剂在促进秸秆腐熟、促进棉花产量增加有一定作用，但是一定要结合施用复合肥。所有处理的棉田棉纤维马克隆值都达到了 A 级标准，为优质棉，可见秸秆腐熟剂具有提高棉花品质的作用。

**图书在版编目（CIP）数据**

山东棉花绿色高效技术模式研究/王桂峰主编．—北京：中国农业出版社，2024.5
ISBN 978-7-109-31953-0

Ⅰ．①山…　Ⅱ．①王…　Ⅲ．①棉花-高产栽培-栽培技术-山东　Ⅳ．①S562

中国国家版本馆 CIP 数据核字（2024）第 095274 号

中国农业出版社出版
地址：北京市朝阳区麦子店街 18 号楼
邮编：100125
责任编辑：吕　睿
版式设计：王　晨　　责任校对：吴丽婷
印刷：中农印务有限公司
版次：2024 年 5 月第 1 版
印次：2024 年 5 月北京第 1 次印刷
发行：新华书店北京发行所
开本：787mm×1092mm　1/16
印张：22.5
字数：519 千字
定价：108.00 元